新商科大数据系列精品教材

慕课版

Excel

数据处理与分析

郭　晔　田西壮◎主　编

电子工业出版社

Publishing House of Electronics Industry

北京·BEIJING

内 容 简 介

本书以 Excel 2016 基本功能为切入点，每章均设有学习目标、学习重点、思政导学、微课视频、知识链接、本章小结、实践和习题几个模块，全面介绍了 Excel 2016 在数据分析与处理中的强大功能。全书内容包括 Excel 基础知识、数据输入与格式设置、公式与函数应用、数据分析工具应用、数据管理与处理、图表处理与数据可视化，以及 Excel 在人力资源管理、企业会计、运营、税收和生产决策中的应用。

本书突出"教、学、练、做、用"一体化的特点，图文并茂、内容翔实、案例充分、资源丰富，配有电子课件、电子教案、微课视频、习题及同步实验等，重视知识性和实用性的结合。本书既可作为高等院校非计算机专业"Excel 数据处理与分析"或"Excel 实践与提高"课程的教材，也可作为计算机应用和高级办公自动化方面的培训教程或参考用书。

图书在版编目（CIP）数据

Excel 数据处理与分析 / 郭晔，田西壮主编. —北京：电子工业出版社，2023.6

ISBN 978-7-121-45065-5

Ⅰ．①E⋯　Ⅱ．①郭⋯　②田⋯　Ⅲ．①表处理软件　Ⅳ．①TP391.13

中国国家版本馆 CIP 数据核字（2023）第 028688 号

责任编辑：卢小雷　　　文字编辑：韩玉宏

印　　刷：三河市华成印务有限公司

装　　订：三河市华成印务有限公司

出版发行：电子工业出版社

　　　　　北京市海淀区万寿路 173 信箱　邮编：100036

开　　本：787×1 092　1/16　印张：22　字数：563.2 千字

版　　次：2023 年 6 月第 1 版

印　　次：2023 年 6 月第 1 次印刷

定　　价：68.00 元

凡所购买电子工业出版社图书有缺损问题，请向购买书店调换。若书店售缺，请与本社发行部联系，联系及邮购电话：（010）88254888，88258888。

质量投诉请发邮件至 zlts@phei.com.cn，盗版侵权举报请发邮件至 dbqq@phei.com.cn。

本书咨询联系方式：（010）88254199，sjb@phei.com.cn。

前 言

在信息化时代，在大数据背景下，数据处理与数据分析及应用能力影响着人类行为方式和自身对问题的处理能力。微软公司 Excel 提供的数据服务，以超强的数据处理、数据分析及数据管理能力和操作简单及兼容、开放等优势，一直活跃在全球市场中，成为数据分析与应用人员使用最广泛的工具之一。人们渴望通过灵活运用 Excel 工具软件来提高工作效率和提升职业岗位竞争力。为了适应社会的需求，大多数高校面向财经、商经、经济、统计、管理等专业开设了"Excel 数据处理与分析""Excel 实践与提高"等相关课程，对 Excel 应用进行深入学习。本书主要介绍 Excel 数据处理与分析，力求通俗易懂，体现实用性，将教学内容和岗位工作任务相融合，以企业真实经济数据与管理岗位案例为素材贯穿各个章节。

本书是基于新工科、新文科的要求编写的新形态立体化慕课版教材。在内容讲解上，对于 Excel 重要的概念，摈弃一些细节，淡化版本，注重方法，并据此选取书中的知识模块，在强化 Excel 普适技术应用的基础上，适时引入 Excel 实践与提高，强调 Excel 在不同专业中的作用，增加用 Excel 解决专业领域问题的方式方法。本书注重内容和教学方法的结合：一是给出思政导学，从而增强课程的代入感；二是所有实践均用统一综合数据源，增加课程的系统性与应用的深度；三是适时给出相关链接，解决对所处理数据的知识背景认知和应用扩展性的问题；四是内容安排提出重要性原则，对于综合性操作均给出微课视频，增加理解知识背景及 Excel 应用的创新特性；五是资源丰富，提供与本书配套的数据源、思政点播、课件、教案、视频、实验及教学大纲等，读者可登录华信教育资源网（www.hxedu.com.cn）免费下载。

本书共 10 章：第 1 章是 Excel 基础知识，主要介绍数据与信息的关系、工作簿的构成和应用等；第 2 章是数据输入与格式设置，主要介绍数据输入与格式化等；第 3 章是公式与函数应用，主要介绍公式、函数的应用方法及应用技巧等；第 4 章是数据分析工具应用，主要介绍常用的数据分析工具；第 5 章是数据管理与处理，主要介绍数据管理、排序、筛选、分类汇总、合并计算、数据透视表与数据透视图等；第 6 章是图表处理与数据可视化，主要介绍图表的创建与编辑、特殊图表可视化等；第 7 章到第 10 章均用一个完整的案例，分别介绍 Excel 在人力资源管理中的应用、Excel 在企业会计中的应用、Excel 在运营中的应用、Excel 在税收和生产决策中的应用等。具体体现为：首先较为系统地介绍数据、数据应用场景及 Excel 相关概念，重点强调 Excel 能够处理对象的内涵及组织数据的方法；然后通过一个完整的"贷款数据管理"工作簿案例系统地介绍 Excel 在数据处理与分析中的操作和应用，同时强调公式的应用技巧及灵活使用函数的方法；最后通过介绍不同专业领域应用 Excel 的完整案例，培养学生解决专业领域问题的综合能力。为了使不同基础的学生在有限的学时内能够系统地理解 Excel 涉及的知识点，本

书采用"弹性教材"的形式，每个章节安排熟练掌握、掌握、基本掌握的知识体系，在主体内容的基础上加入相辅相成的微课视频，学生通过扫码看课程的重点和难点的知识分解，对于案例中涉及的专业背景知识点，安排有针对性的链接，使 Excel 应用与专业知识较好对接，从而为本书易教、易学、易用提供方便。

本书由两项陕西省普通高等学校优秀教材一等奖获得者郭晔教授、田西壮副教授担任主编；第 1 章由郭晔编写，第 2 章由田西壮、汤慧编写，第 3 章由汤慧编写，第 4 章由赵蕾编写，第 5 章由田西壮、赵蕾编写，第 6、9 章由殷亚玲编写，第 7 章由冯居易编写，第 8 章由史西兵编写，第 10 章由赵蕾、汤慧编写；视频脚本内容由郭晔负责，案例素材、视频录制由田西壮、冯居易及章节编写者负责；全书由郭晔、田西壮统稿。隋东旭老师对本书做了细致的审校工作，王浩鸣教授、李翠博士对书中内容提出了许多宝贵的建议或意见，西安财经大学教务处、实践教学中心、信息学院及电子工业出版社姜淑晶老师对本书的出版工作给予了大力支持，在本书编写过程中很多教学一线的老师提出了很好的建议，在此一并表示衷心的感谢。

本书的写作团队坚持"尺寸教材，悠悠国事"的理念，根据多年的教学实践，在内容的甄选、全书组织形式等方面多次讨论、反复推敲，做了大量扎实有效的工作。受水平、时间和精力所限，书中难免存在一些不足和缺陷，诚请各位专家和读者不吝赐教！

编者 E-mail: guoyexinxi@xaufe.edu.cn。

编　者

目 录

第1章
Excel 基础知识

【学习目标】

- ✓ 熟悉 Excel 的用户界面、功能、操作方式。
- ✓ 熟悉工作簿、工作表、单元格、单元格区域的概念与表示。
- ✓ 熟练掌握工作簿的创建、保存、打开及关闭的操作方法。
- ✓ 掌握工作表、单元格的作用与使用方法。
- ✓ 掌握保护工作簿和工作表，以及切换工作簿窗口的方法。
- ✓ 掌握 Excel 的页面设置功能与操作方法，熟练掌握工作表的打印方法。

【学习重点】

- ✓ 熟悉 Excel 用户界面的组成，理解各组成部分的含义。
- ✓ 掌握打开、关闭和创建工作簿、工作表的方法。
- ✓ 熟悉利用编辑栏输入或修改数据的方法。
- ✓ 熟悉利用名称框来快速定位单元格，以及选取单元格区域的方法。
- ✓ 掌握保护工作簿和工作表的方法。
- ✓ 掌握工作表打印页面、纸张、标题、页码等的设置方法。

【思政导学】

- ✓ 关键字：信息技术、数据处理、数据应用。
- ✓ 内涵要义：Excel 电子表格软件的主要功能是对数据进行处理与分析，熟练使用 Excel 已成为人们学习和工作的必备技能之一，在对数据进行处理与分析时要科学严谨、求真务实。
- ✓ 思政点播：放眼全球，互联网、大数据、云计算、人工智能、区块链等技术加速创新，日益融入经济社会发展各领域和全过程。数字经济发展速度之快、辐射范围之广、影响程度之深前所未有，正在成为重组全球要素资源、重塑全球经济结构、改变全球竞争格局的关键力量。通过信息技术中数字化之日常使学生了解信息技术时代人们应用数据的重要性，知悉数据本质，掌握数据处理工具及分析方法，提高科学应用数据的能力，彰显思维的力量，从而增强课程的代入感。
- ✓ 思政目标：培养学生具有正确的课程学习态度及数字化人才应具有的科学精神。

进入 21 世纪现代信息化社会,计算机技术的快速发展和广泛应用给人们的工作和生活带来了深远的影响。一个国家的信息化程度和信息技术应用水平体现了其综合国力,信息化是决定国际竞争地位并取得自主权的战略性举措,"没有信息化就没有现代化"。"数据处理与分析"是信息化技术发展及其应用的关键。本书选择 Excel 2016(以下简称 Excel)讲解利用 Excel 对数据进行处理与分析的方法,掌握适应信息化时代发展对数据处理与应用需求的技能。

Excel 是 Microsoft Office 重要的组成部分,它和 Word、PowerPoint、Access 等组件一起构成了 Microsoft Office 的完整体系,是专业化的电子表格处理工具,其除具有方便、快捷地生成和编辑表格及数据的功能外,还具有强大的数据处理与分析功能。Excel 提供了各种公式和函数,可进行数据的排序、筛选和分类汇总,可制作数据透视图表,以及提供数据分析和规划求解等数据处理、数据展示和数据分析工具,并且可以方便地与 Microsoft Office 其他组件相互调用数据,实现资源共享。利用 Power Query 数据清洗与整合、Power Pivot 数据建模与分析、Power View 数据可视化等可以对商业智能数据进行处理与分析。

1.1　数据认知基础

信息技术如火山喷发式发展,影响着全球经济、科技、生活等,尤其是现如今涌现出了 5G 通信技术、大数据、云计算、云共享等。如何适应信息技术的快速发展至关重要。在信息化发展并且能造福于社会的快速发展历程中,应用计算机进行数据处理已经遍布于人类工作、学习和生活的方方面面。无论做什么,都会强烈感觉对问题求解与数据处理的必要性。掌握信息技术时代数据与信息的联系,给数据处理与分析赋予新内涵,已经成为人类生活中一种无处不在的文化。

 1.1.1　数据与信息概述

1. 数据

数据(data)是现实世界中的客体在计算机中的抽象表示,是数据库中存储的基本对象。具体地说,它是对现实世界中客观事物的符号表示,是一种存储于计算机内的符号串,是用于输入到计算机中进行处理,具有一定意义的数字、字母、符号和模拟量等的通称。数据可以是狭义上的数字(如 245.23、–890、￥417、$525.29 等),也可以是具有一定意义的文字、字母、数字、符号的组合,还可以是图形、图像、视频、音频等,是客观事物的属性、数量、位置及其相互关系的抽象表示。例如,"0、1、2""阴、雨、下降、气温""企业贷款记录、学生课程数据管理、高校大学生图书借阅情况"等都涉及不同类型的数据。单纯的数据形式是不能完全表达其内容的,需要经过解释。因此,数据和关于数据的解释是不可分割的,数据的解释是关于数据含义的说明。数据的含义称为语义。例如,数

据"85"可以解释为某同学"Excel 数据处理与分析"考试成绩为 85 分，也可以解释为某同学在本次考试中成绩排名为第 85 名等。由于数据的解释和产生数据的背景密不可分，因此数据要经过加工处理，变为有意义的信息，信息符号化后变成计算机可存储的数据。

数据的特性有表现形式的多样性、可构造性（结构化数据、半结构化数据与非结构化数据）、挥发性与持久性、私有性与共享性及海量性。

随着计算机技术的进步与应用需求的扩大，数据的特性在发生变化，这些变化主要表现为以下几个方面。

（1）数据的量由小量到大量进而到海量。

（2）数据的组织形式由非结构化到结构化。

（3）数据的服务范围由私有到共享。

（4）数据的存储周期由挥发到持久。

数据的这些变化使得现在的数据具有海量的、结构化的、持久的和共享的特点。在本书中，若不做特别说明，则所涉及的数据均具有这 4 种特性。

2. 信息

信息（information）是一种已经加工为特定形式的数据。这种数据形式对接收者来说是具有确定意义的，它不但会对人们当前和未来活动产生影响，而且会对接收者的决策产生实际价值。

信息的特性有事实性、等级性、精确性、完整性、可压缩性、及时性、扩散性、传输性、经济性及共享性。

3. 数据与信息的联系

数据与信息有着不可分割的联系，信息是数据处理系统加工过的数据，它们之间是原料和成品的关系，如图 1-1 所示。

数据与信息的联系表现为以下几个方面。

（1）数据是信息的符号表示（或称载体）。

（2）信息是数据的内涵，是数据的语义解释。

（3）数据是符号化的信息。

（4）信息是语义化的数据。

例如，图 1-2 所示为一幅黑白图像：从数据角度看是黑白点阵，从信息角度看是笑脸图像。

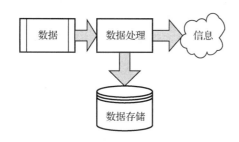

图 1-1　数据与信息的关系

图 1-2　示意图

数据与信息是两个不同的概念，数据是指客体在计算机中的表示形式，而信息则是客体的具体表现。数据与信息是一个事物不同方面的表示，在计算机处理时可以根据需要通过约定相互转换。

📺 1.1.2　数据应用场景

微课视频 1-1

从"数据与信息的联系"不难看出，软件应用已经成为信息技术发展的关键。Excel 具有强大的数据处理与分析能力，在各行各业中应用广泛，是财务人员、证券从业人员、办公室文秘、科技人员、企业管理者不可缺少的表格处理、图表制作和数据分析的理想工具，通常用于账务处理、证券图表分析、人事档案管理、绩效工资计算、科研数据仿真、经营数据分析等。应用 Excel 对数据进行处理与分析，类似于制作银行表、法人表、贷款表、销售表、成绩单、工资表、考勤表、材料库存表等应用越来越多，数据处理内容丰富多彩，借助强有力的数据处理工具，将数据加工为有用的信息。

1.　应用实例

（1）企业贷款数据管理：涉及银行、法人、贷款等信息，实现企业贷款数据的处理、分析、查询、统计、汇总等。

（2）高考成绩数据应用：实现成绩录入的准确、高效和安全性，并对成绩进行客观统计分析等。不同用户有不同的权限，登录后能进行不同的操作，工作人员、招生人员及考生均可按需索取。

（3）银行管理数据应用：实现普通操作员、高级管理员、存取款、开户销户、用户修改密码、卡号挂失、当天数据备份、银行注册、查询历史存取信息、浏览及打印等功能。

（4）航空运输管理数据应用：能够有效而快速地完成航班管理、客票管理、行李运输管理及货物运输管理等，实现基于网络环境的全面管理。

（5）学生宿舍数据管理：对学生基本信息进行管理，包含宿舍管理、财产管理等。

2.　数据处理概述

对数据进行采集、存储、检索、加工、变换和传输的过程称为数据处理。数据处理无处不在。随着信息技术的快速发展和广泛应用，通过计算机进行数据处理已成为信息管理主要的应用，如统计管理、经济管理、测绘制图管理、仓库管理、财会管理、交通运输管理、技术情报管理、办公室自动化等。在统计学中，统计调查项目、指标、调查问卷等，也有大量社会经济数字（人口、交通、工农业等）经常要求进行综合性数据处理。数据处理需要考虑事物之间的联系，建立相关数据集合，系统地整理和存储相关数据以减少冗余，充分利用软件技术进行数据管理与分析。目前，数据处理软件种类繁多，其功能侧重点不同，本书借助 Excel 强大的功能，深入研究其应用技术，科学地对数据进行处理。

3.　数据展示

数据展示也称数据可视化，就是用最简单的、易于理解的形式，把数据分析的结果

呈现给决策者，帮助决策者理解数据所反映的规律和特性。

数据展示的常用形式有简单文本、表格、图表等。

（1）如果数据分析的最终结果只反映在个别指标上，则采用突出显示的数字和一些辅助性的简单文字来表达观点最为合适。

（2）当需要展示更多数据时，如果需要保留具体的数据资料、需要对不同的数值进行精确比较或需要展示的数据具有不同的计量单位，则使用表格更简单。例如，要进行企业贷款数据的处理，涉及银行、法人、贷款等信息，就可以用表格表示，如表1-1所示的法人表。

表1-1　法人表

法人编号	法人名称	法人性质	注册资本（万元）	法人代表	出生日期	性别	是否党员
EGY001	服装公司一	国有企业	¥8,000.00	高郁杰	1975年1月29日	男	TRUE
EGY002	电信公司一	国有企业	¥30,000.00	王皓	1978年9月19日	男	FALSE
EGY003	石油公司二	国有企业	¥51,000.00	吴锋	1971年6月11日	男	TRUE
EGY004	电信公司二	国有企业	¥50,000.00	刘萍	1974年3月15日	女	TRUE
EGY005	图书公司三	国有企业	¥6,000.00	张静初	1974年7月28日	女	FALSE
EGY006	运输公司二	国有企业	¥11,000.00	薛清海	1969年4月27日	男	TRUE
EGY007	医药公司三	国有企业	¥50,000.00	梁雨琛	1968年3月5日	男	TRUE
EGY008	电信公司三	国有企业	¥60,000.00	李建宙	1973年10月15日	男	FALSE

（3）图表是对表格数据的一种图形化展现形式，通过图表与人的视觉形成交互，能够快速传达事物的关联、趋势、结构等抽象信息。图表是数据可视化的重要形式。

常用的图表有柱形图、条形图、折线图、散点图、饼图、雷达图、瀑布图、帕累托图等。图1-3所示为法人表中法人编号与注册资本柱形图。当然，也可以通过柱形图直观展示法人中男女性别的人数、党员和非党员的人数。可以通过表格的形式展示各个银行季度或年度贷款总额，进而生成各个银行随时间变化的贷款总额折线图。

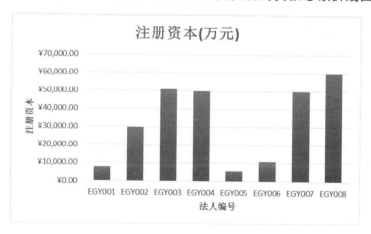

图1-3　法人表中法人编号与注册资本柱形图

4. 数据采集

数据采集也称数据获取，是利用特定装置或接口，从系统外部或其他系统采集数据并输入到系统内部的过程。常见的数据采集工具有摄像头、传声器（麦克风）、温度/湿度传感器、GPS接收器、射频识别（RFID）设备等。数据采集技术被广泛应用在各个领域。用户也可以编写专用数据输入软件人工输入数据，或者通过数据转换、导入工具从其他数据源导入数据。

如图1-4所示，可将其他数据导入到Excel文件中。许多数据管理软件都提供了数据导入、导出工具。

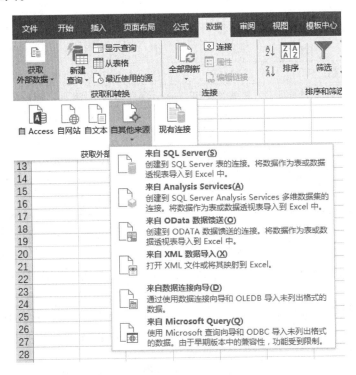

图1-4　Excel的获取外部数据功能

1.2　Excel 概述

1.2.1　Excel 用户界面

安装了 Microsoft Office 2016 后，启动 Excel 2016 应用程序，选择"空白工作簿"选项，打开 Excel 2016 用户界面，如图1-5所示。Excel 2016 用户界面由功能区和工作表区两个部分组成。

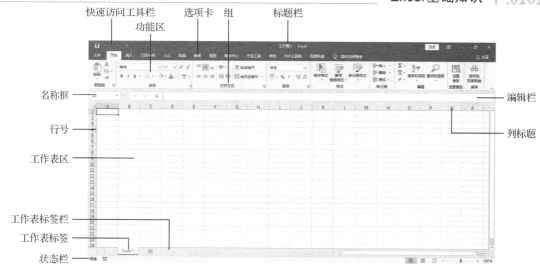

图1-5　Excel 2016 用户界面

1．功能区

微课视频 1-2

　　功能区是将传统应用程序界面的菜单栏和工具栏中的操作命令，按其功能进行逻辑分组，将实现同类操作的命令放在一个逻辑组中，然后将各逻辑组摆放在可视化的面板中。其目的是让用户能够直观、便捷地查找、了解和使用应用程序提供的命令，简化操作流程。

　　Excel 功能区主要包括"文件"菜单、选项卡、组、快速访问工具栏和标题栏。

　　（1）"文件"菜单

　　单击"文件"选项卡即可看到 Backstage 视图，如图1-6所示。

　　在 Backstage 视图中，可以选择新建、打开、保存、打印、共享及设置选项；可以查看账户、对 Excel 进行选项设置、向功能区中添加自定义按钮或命令等；还可以在 Backstage 视图中管理文件及其相关数据，如创建、保存、检查隐藏的元数据或个人信息，以及设置选项。简而言之，可通过该视图对文件执行所有无法在文件内部完成的操作。

　　（2）选项卡

　　功能区包括"开始""插入""页面布局""公式""数据""审阅"等选项卡，每个选项卡以特定任务或方案为主题组织其中的控件。例如，"开始"选项卡如图1-5所示，以表格常用功能为主题布置其中的控件，将平时工作中使用频繁的命令按钮集中在这里，包含复制、粘贴，设置字体、字号、对齐方式、数字表示形式等。"审阅"选项卡，包含"校对""中文简繁转换""语言""批注"等逻辑组，如图1-7所示。

图 1-6　Backstage 视图

图 1-7　"审阅"选项卡

功能区一次只能显示一个选项卡。当要使用某个选项卡中的命令按钮时，单击该选项卡的名称就可以激活该选项卡，显示其中的命令按钮了。

为了使功能区显得简洁，选项卡采用了动态显示的方式，某些选项卡平时是隐藏的，在执行相应的操作时，它们会自动显示。例如，在图 1-5 中没有显示"图表工具"选项卡，但在工作表中插入或激活某图表后，"图表工具"选项卡就会自动显示出来。

（3）组

每个选项卡又分为几个逻辑组（简称组），每个组能够完成某种类型的子任务，其中放置的是实现该子任务的具体控件。例如，在图 1-5 中，"剪贴板""字体""对齐方式"等都是组，每个组都与某项特定任务相关，"剪贴板"组包含实现复制和粘贴等功能的控件，"字体"组则包含设置字体的大小、类型、颜色等功能的控件。

（4）快速访问工具栏

位于 Excel 界面左上角的是快速访问工具栏，其中包含一组独立于选项卡的命令按钮，无论选择哪个选项卡，它都将一直显示，为用户提供操作的便利。在默

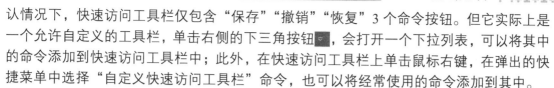

认情况下，快速访问工具栏仅包含"保存""撤销""恢复"3个命令按钮。但它实际上是一个允许自定义的工具栏，单击右侧的下三角按钮 ，会打开一个下拉列表，可以将其中的命令添加到快速访问工具栏中；此外，在快速访问工具栏上单击鼠标右键，在弹出的快捷菜单中选择"自定义快速访问工具栏"命令，也可以将经常使用的命令添加到其中。

（5）标题栏

标题栏位于功能区的顶部，Excel在其中显示当前正在使用的工作簿文件的名称。在图1-5中，当前正在使用的工作簿文件名称为"工作簿1"。

2. 工作表区

工作表区是Excel为用户提供的"日常办公区域"，由多个工作表构成，每个工作表相当于人们日常工作中的一张表格，可在其中填写数据、执行计算、制作图表，并在此基础上制作各种类型的工作报表。

（1）工作表

工作表就是人们常说的电子表格，是Excel中用于存储和处理数据的场所。它与我们日常生活中的表格基本相同，由一些横向和纵向的单元格组成，横向的称为行，纵向的称为列，在单元格中可以填写不同的数据。一个工作表最多可以包含1048576行、16384列数据。当前正在使用的工作表称为活动工作表（也称当前工作表）。

（2）工作表标签栏

工作表标签栏中的工作表标签代表工作表的名称。在图1-5中，Sheet1 就是工作表标签。在Excel 2016中，新建工作簿在默认状态下只有一个工作表，单击右边的"新工作表"按钮 ，可以向工作簿中添加新工作表。当存在多个工作表，其中某些工作表标签不可见时，可以通过标签导航按钮 来滚动工作表标签，显示出被遮住的工作表标签。

单击工作表标签可以使对应的工作表成为活动工作表，双击工作表标签可以修改工作表的名称，因为Sheet1、Sheet2这样的名称不能说明工作表中的内容，把它们改为"银行表""贷款表"等这样的名称更直观且有意义。

（3）行号

一个工作表最多包含1048576行，每行用一个数字进行编号，称为行号（也称行标题）。在图1-5中，工作表左边的数字1、2、3等就是行号。

单击行号，可以选定其对应的整行单元格；在行号上单击鼠标右键，将弹出相应的快捷菜单；上下拖动行号的下边线，可以增减行高。

（4）列标题

一个工作表最多包含16384列，每列用英文字母进行编号，称为列标题（也称列标、列号）。在图1-5中，工作表上方的A、B、C、D等就是列标题。26个英文字母用完后，就用两个字母表示，如AA表示第27列，AB表示第28列……。两个字母的列标题用完后，就用3个字母表示，最后的列标题是XFD。

单击列标题，可以选定其对应的整列单元格；在列标题上单击鼠标右键，将弹出相应的快捷菜单；左右拖动列标题的右边线，可以增减列宽；双击某列标题的右边线，可以自动调整该列到合适的宽度。

（5）单元格

工作表实际上是一个二维表格，单元格就是这个表格中的一个"格子"，是输入数据、处理数据及显示数据的基本单位。单元格由它所在位置的行号、列标题所确定的坐标来表示和引用，使用时列标题在前面，行号在后面。例如，A1 表示第 1 列和第 1 行交叉处的单元格，C7 表示第 3 列和第 7 行交叉处的单元格。

当前正在使用的单元格称为活动单元格（也称当前单元格），其边框是粗实线，且右下角有一个黑色的实心小方块，称之为填充柄。活动单元格代表当前正在用于输入或编辑数据的单元格。在图 1-5 中，A1 就是活动单元格，从键盘输入的数据就会出现在该单元格中。

单元格中的数据可以是数字、文本或计算公式等。一个单元格最多可以包含 32767 个字符，或者不超过 8192 个字符的公式。

（6）全选按钮和插入函数按钮

工作表行号与列标题交叉处的按钮  称为全选按钮，单击全选按钮，可以选定当前工作表中的全部单元格。单击插入函数按钮 f_x，弹出"插入函数"对话框，可以向活动单元格中的公式输入函数。

（7）名称框和编辑栏

名称框用于指示活动单元格的位置。在任何时候，活动单元格的位置都将显示在名称框中。名称框还具有定位活动单元格的能力，如果要在 A100 单元格中输入数据，则可以直接在名称框中输入"A100"，按下 Enter 键后，A100 单元格成为活动单元格。此外，名称框具有为单元格定义名称的功能。

编辑栏用于显示、输入、修改活动单元格中的公式或函数。在单元格中输入数据时，输入的数据同时会出现在编辑栏中。事实上，在任何时候，活动单元格中的数据都会出现在编辑栏中。当某单元格中的数据较多时，可以直接在编辑栏中输入、修改数据。

（8）状态栏

状态栏位于工作表区的底部，用来显示与当前操作相关的信息。

状态栏右侧提供的 ▦ ▤ ▥ 3 个按钮用于切换工作表的查看方式。其中，▦ 是普通查看方式，这是 Excel 显示工作表的默认方式，图 1-5 就是用这种方式显示工作表的；▤ 是页面布局显示方式，以打印页面的形式显示工作表；▥ 是分页预览方式，当工作表中的数据较多，需要多张打印纸才能打印完成时，在此查看方式下，Excel 将以缩小方式显示整个工作表中的数据，并在工作表中显示一些页边距的分隔线，相当于将所有打印出来的纸张并排在一起查看。

工作表缩放工具 — ▮ + 100% 可以以放大或缩小的方式查看工作表中的数据，单击"+"按钮可以放大工作表，单击"–"按钮可以缩小工作表，每单击一次就缩放 10%。当然，左右拖动 ▮ 也可以缩放工作表。

📺 1.2.2　Excel 的基本功能

Excel 的功能非常强大，功能区中的每个选项卡都对应了相应的功能。下面主要对常用的灵活性较高的表格功能、插入函数功能、数据处理功能、插入图表功能，以及综合

性应用要求较高的插入超链接功能和开发工具功能进行介绍。

1. 表格功能

Excel 具有强大的电子表格操作功能，能胜任各种表格的制作和数据统计，打开表格后就可以在单元格中输入数据了。单击"开始" 开始 选项卡，用户界面如图 1-5 所示。这时可以利用"剪贴板""字体""对齐方式""数字""样式""单元格""编辑""发票查验"等组相应地对表格进行各种操作。例如，可以设置单元格中的字体颜色、对齐等。

2. 插入函数功能

选定要插入函数的单元格，单击"公式" 公式 选项卡"函数库"组工具栏中的"插入函数"命令按钮，弹出"插入函数"对话框，在这里可以选择不同类型的函数进行应用。

3. 数据处理功能

单击"数据" 数据 选项卡各组工具栏中的相应命令按钮，可以对数据进行处理和加工，或者进行数据分析。

4. 插入图表功能

选定表格数据，单击"插入" 插入 选项卡"图表"组工具栏中的相应命令按钮，可以选择需要的图表类型，快速制作出图表。使用表格数据，制作不同类型的图表，从而以不同的形式展示。

5. 插入超链接功能

在表格或图表中，插入的超链接可以是文件中的表格，也可以是外部链接。选定超链接的插入位置，单击"插入" 插入 选项卡"链接"组工具栏中的"链接"命令按钮，如图 1-8 所示，在"插入超链接"对话框中根据需要操作。

图 1-8　Excel 的插入超链接功能

6. 开发工具功能

当综合性应用中需要开发工具功能时，在 Excel 中，可以利用"代码""加载项""控件""XML"组解决需要启用宏、定义宏，以及管理新建宏、设置加载项、定义控件和 XML 等问题。单击"开发工具" 开发工具 选项卡，如图 1-9 所示，根据需要进行综合性操作。需要说明的是，这部分功能对计算机基础知识要求较高，对于初学者，可作为了解内容。

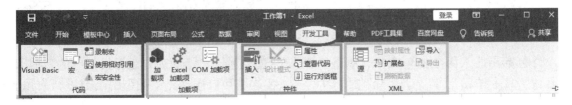

图 1-9　Excel 的开发工具功能

Excel 的基本功能针对的是工作簿包含的电子表格,由功能区和工作表区提供的操作完成用户所需的各种功能,如文件操作、工作簿的编辑、插入各种元素、页面布局、公式和函数计算、数据处理与分析、审核与检查等。

总之,利用 Excel 的数据管理功能,将工作表中的数据按照行和列的形式来组织,运用 Excel 提供的处理数据库的命令和函数,使其具备组织和管理大量数据的能力;Excel 提供了财务函数、日期与时间函数、数学与三角函数、统计函数、数据库函数等十余大类、数百个内置函数,可以满足许多领域的数据处理与分析的要求;Excel 具有强大的图表处理功能,可以方便地将工作表中的有关数据制作成美观实用的图表;Excel 还能够自动建立数据与图表的联系,当数据修改、增加或删除时,图表可以随工作表中数据的变化而自动更新等。

1.3　Excel 工作簿

1.3.1　认识工作簿

1. 工作簿的概念

在 Excel 中创建的文件被称为工作簿,扩展名是 xlsx。工作簿由一个或多个工作表组成。新建第一个工作簿的默认名称为"工作簿 1"。工作簿是 Excel 管理数据的文件单位,相当于常见的台账、账本等,它以独立的文件形式存储在磁盘上。在日常工作中,可以将彼此关联的工作表保存在同一个工作簿中,这样有利于数据的存取、查询和分析。

例如,为对企业贷款数据进行处理与分析,将"法人表""贷款表""银行表"3 个工作表放在一个工作簿中,建立"贷款数据管理"工作簿,图 1-10 所示为工作簿与工作表的关系。

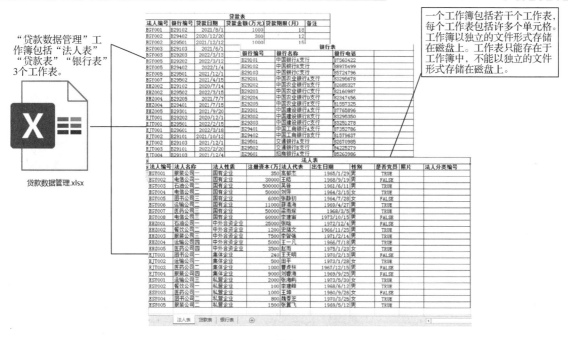

"贷款数据管理"工作簿包括"法人表""贷款表""银行表"3个工作表。

贷款数据管理.xlsx

一个工作簿包括若干个工作表，每个工作表包括许多个单元格。工作簿以独立的文件形式存储在磁盘上。工作表只能存在于工作簿中，不能以独立的文件形式存储在磁盘上。

图 1-10　工作簿与工作表的关系

说明：

Excel 中可以存储不同类型的数据，包括文本、数字、时间、公式等，用户还可以利用 Excel 组织、计算和分析数据，但首先要将数据输入并保存到工作簿中。

2. 工作簿模板

模板即模型、样板，是一种已经建立好的特殊工作簿，已在其中的工作表中设计好了许多格式，如单元格中的字体、字号，设计好了工作表的样式和功能，如财务计算、学生成绩统计、会议安排等。Excel 可以创建与模板具有相同结构和功能的工作簿。

微软官方网站上有许多精美而功能强大的模板，可以用这类模板创建新工作簿。当用户计算机与 Internet 相连接时，用户双击需要的模板，Excel 会自动下载相应的模板，并创建新工作簿。

在线工作簿模板非常灵活，功能强大。在安装 Excel 时，仅将使用最频繁的极少数模板安装在用户端，而将大量的模板放置在网站上，需要时才从网站上下载，这样不仅便于模板的维护，还可以随时将新创建的模板放置在网站上，用户也能随时用到最新创建的模板。

微软官方网站上的模板种类繁多，包括个人理财、家庭收支、财务预算、个人简历、会议安排、采购订单、回执和收据、旅行度假、单位考勤、日程安排及工作计划等。模板是 Excel 一项强大的功能，是一种宝贵的资源，是 Excel 用户彼此之间共享工作成果、减少重复劳动、节省时间、提高效率的一种有效方式。

3. 工作簿文件格式与兼容性

为了在不同环境下使用 Excel 文件，Excel 2016 提供了多种文件格式，支持的工作

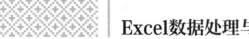

簿文件格式有 25 种，扩展名为 xls、xlam、xlt、xlsm 等，如表 1-2 所示。在保存工作簿文件时，选择"另存为"命令，在如图 1-11 所示的"保存类型"下拉列表中，用户可根据需要选择存储文件格式。

表 1-2　Excel 工作簿文件格式（部分）

格式	扩展名	说明
Excel 工作簿	xlsx	Excel 2007 默认的基于 XML 的文件格式。不能存储 VBA 宏代码或 Excel 4.0 宏工作表（.xlm）
Excel 启用宏的工作簿	xlsm	Excel 2007 基于 XML 且启用宏的文件格式。存储 VBA 宏代码或 Excel 4.0 宏工作表（.xlm）
Excel 二进制工作簿	xlsb	Excel 2007 二进制文件格式（BIFF12）
Excel 模板	xltx	Excel 2007 模板默认的文件格式。不能存储 VBA 宏代码或 Excel 4.0 宏工作表（.xlm）
Excel 启用宏的模板	xltm	Excel 2007 模板启用宏的文件格式。存储 VBA 宏代码或 Excel 4.0 宏工作表（.xlm）
Excel 97-2003 工作簿	xls	Excel 97～Excel 2003 二进制文件格式（BIFF8）
Excel 97-2003 模板	xlt	Excel 97～Excel 2003 模板的二进制文件格式（BIFF8）
XML 电子表格 2003	xml	XML 电子表格 2003 文件格式（XMLSS）
XML 数据	xml	XML 数据格式
Excel 加载宏	xlam	Excel 2007 基于 XML 且启用宏的加载项格式。支持 VBA 项目和 Excel 4.0 宏工作表（.xlm）的使用

图 1-11　选择存储文件格式

说明：

① 自 Microsoft Office 2007 起，引入了一种基于 XML 的新文件格式，即 Microsoft Office Open XML Formats，适用于 2007 及之后版本的 Word、Excel 和 PowerPoint。

② Microsoft Office Open XML Formats 有许多优点。

其一，文件自动压缩。某些情况下文件最多可缩小 75%。

其二，能打开损坏的文件。该格式以模块形式组织文件结构，如果文件中的某个组件（如图表）受到损坏，文件仍然能够打开。

其三，更强的安全性。该格式支持以保密方式共享文件，可避免用文件检查器工具获取信息。

其四，更好的业务数据集成性和互操作性。在 Microsoft Office 中创建的信息容易被其他业务应用程序所采用，只需要一个 ZIP 工具和 XML 编辑器就可打开和编辑 Microsoft Office 文件。

③ 扩展名以 x 与 m 结尾的文件的区别在于：扩展名以 x 结尾保存的文件不能包含 Visual Basic for Applicatons（VBA）宏或 ActiveX 控件，因此不会引发与相关类型的嵌入代码有关的安全风险；扩展名以 m 结尾保存的文件包含 VBA 宏和 ActiveX 控件，这些宏和控件存储在文件的单独一节中。这样做的目的是使包含宏的文件与不包含宏的文件更加容易区分，从而使防病毒软件更容易识别出包含潜在恶意代码的文件。

1.3.2 工作簿的创建、保存、打开及关闭

1. 工作簿的创建

Excel 总是根据模板创建工作簿，创建的工作簿具有模板的结构、内容和功能。在没有指定工作簿模板的情况下，Excel 会依据默认模板创建工作簿，这种工作簿在默认情况下只有"Sheet1"工作表。

创建默认的新工作簿有 3 种方法。

第 1 种：启动 Excel 应用程序，选择"空白工作簿"选项，就会自动创建"工作簿 1.xlsx"。

第 2 种：在已启动 Excel 应用程序的情况下，按下 Ctrl+N 组合键，出现空白工作簿界面，自动生成"工作簿 1.xlsx"。

第 3 种：单击"文件"选项卡，在弹出的"文件"菜单中选择"新建"命令，选择"空白工作簿"选项。

> 新建 Excel 工作簿的 3 种方法：
> https://www.office26.com/excel/excel_14259.html

2. 工作簿的保存

对于新创建的工作簿，无论其编辑、修改操作是否完成，都要将其保存起来，以方便以后使用。

保存工作簿的方法有很多，主要可使用以下方法。

（1）使用"文件"菜单

如果新创建的工作簿未保存过，则单击"文件"选项卡，在弹出的"文件"菜单中选择"保存"命令，弹出"另存为"对话框，在对话框中输入工作簿的名称，选择工作

簿要保存的位置，单击"保存"按钮；对于已经保存过的工作簿，单击"文件"选项卡，在弹出的"文件"菜单中选择"保存"命令，这时不会弹出"另存为"对话框，而是直接将新的编辑、修改操作保存在原工作簿中。

（2）使用快速访问工具栏和组合键

单击快速访问工具栏中的"保存"命令按钮 或按下 Ctrl+S 组合键，也可以弹出"另存为"对话框，实现工作簿的保存。

（3）使用"关闭"按钮

单击 Excel 应用程序窗口右上角的"关闭"按钮 ，会自动弹出如图 1-12 所示的对话框，询问用户是否保存工作簿，单击"保存"按钮实现工作簿的保存。

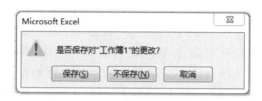

图 1-12　Excel 保存工作簿对话框

说明：

① 保存兼容格式的工作簿。Excel 2016 默认保存的工作簿是扩展名为 xlsx 的类型。用户也可以保存为其他兼容的格式，在图 1-11 中选择需要的格式类型。

② 自动保存工作簿。自动保存工作簿可以防止在突然断电的情况下，用户丢失大量未存盘的数据。例如，用户预先将自动保存设置为 10 分钟，Excel 应用程序每隔 10 分钟就会自动保存一次当前工作簿。如果由于某种原因用户没有来得及保存当前工作簿，Excel 应用程序便关闭了，那么再次启动 Excel 应用程序时，会自动将工作簿恢复到最后一次自动保存的状态，这样会大大减少用户的数据丢失。设置自动保存工作簿的具体操作步骤为：单击"文件"选项卡，在弹出的"文件"菜单中选择"选项"命令，弹出"Excel 选项"对话框，选择"保存"选项，在如图 1-13 所示的界面中对保存工作簿按需要进行设置。

③ 保存为网页或模板。在"另存为"对话框中的"保存类型"下拉列表中选择"网页（*.htm；*.html）"或"Excel 模板（*.xltx）"选项，即可将工作簿保存为网页或模板。

3. 工作簿的打开

（1）打开 Excel 工作簿的常用方法

打开 Excel 工作簿有 4 种常用方法。

第 1 种：双击要打开的工作簿。

第 2 种：在要打开的工作簿上单击鼠标右键，在弹出的快捷菜单中选择"打开"命令。

图 1-13　保存工作簿设置界面

第 3 种：在启动 Excel 应用程序的情况下，可以单击"文件"选项卡，在弹出的"文件"菜单中选择"打开"命令，通过"打开"对话框选择要打开的工作簿。

第 4 种：在启动 Excel 应用程序的情况下，可以按下 Ctrl+O 组合键，通过"打开"对话框选择要打开的工作簿。

（2）以只读方式打开 Excel 工作簿

如果不希望内容审阅者在无意中修改工作簿，则可以以只读方式打开 Excel 工作簿。以只读方式打开 Excel 工作簿，查看的是原始工作簿，但无法保存对它的更改。在"打开"对话框中根据路径查询找到所要打开的工作簿，然后单击"打开"按钮旁的下三角按钮，在打开的下拉列表中选择"以只读方式打开"选项，即可以只读方式打开 Excel 工作簿，如图 1-14 所示。

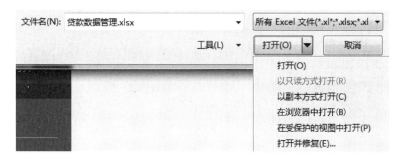

图 1-14　选择 Excel 工作簿打开方式

（3）以副本方式打开 Excel 工作簿

以副本方式打开 Excel 工作簿时，程序将创建工作簿的副本，并且查看的是副本，用户所要做的任何更改都将保存在该副本中。程序为副本提供新名称，在默认情况下是在工作簿名称的开头添加"副本（1）"。在如图 1-14 所示的下拉列表中选择"以副本方式打开"选项，即可以副本方式打开 Excel 工作簿。

（4）打开最近浏览过的工作簿

单击"文件"选项卡，在 Backstage 视图的左侧选择"打开"命令，在右侧显示的"最近使用的工作簿"列表中选择一个将其打开。

4．工作簿的关闭

操作完毕的工作簿要及时关闭，以便保存，或者避免打开的窗口过多而不便操作或产生误操作。如果当前工作簿修改后并未执行保存操作，则会弹出如图 1-12 所示的保存提示对话框，询问用户是否进行保存操作。关闭工作簿有 3 种常用方法。

第 1 种：单击 Excel 应用程序窗口右上角的"关闭"按钮 ✕，退出 Excel 应用程序的同时关闭所有工作簿。

第 2 种：单击打开 Office 菜单，选择"关闭"命令。

第 3 种：按下 Alt+F4 组合键，关闭当前工作簿。

1.3.3 保护工作簿

在一个完整的数据工作簿创建完成后，为了保密及防止他人恶意修改或删除工作簿中的重要数据，可以对工作簿进行安全保护。

1．设置工作簿密码

如果只允许授权的用户查看或修改工作簿中的数据，则可以通过设置密码来保护整个工作簿。在"另存为"对话框中单击"工具"按钮，在打开的下拉列表中选择"常规选项"选项，如图 1-15 所示，弹出"常规选项"对话框，如图 1-16 所示。

图 1-15　选择"常规选项"选项　　　　图 1-16　"常规选项"对话框

说明：

① 如果希望只有知道密码的用户才能查看工作簿中的内容，则在"打开权限密码"

文本框中输入密码。

② 如果希望只有知道密码的用户才能修改工作簿中的内容，则在"修改权限密码"文本框中输入密码。

③ 如果担心其他用户在无意中修改工作簿，则可以勾选"建议只读"复选框。设置了"建议只读"后，再打开工作簿时，会询问用户是否以只读方式打开工作簿。

④ 如果设置了"打开权限密码"，则会使用高级加密方法，工作簿会得到更加安全的保护；如果只设置了"修改权限密码"，则不会使用任何加密方法，工作簿的安全性较差。为了保证工作簿的安全性，建议同时设置"打开权限密码"和"修改权限密码"，并将这两个权限的密码设置成不同的两个字符串。

单击"确定"按钮后，会弹出"确认密码"对话框，重新输入一遍密码，单击"确定"按钮，在"另存为"对话框中单击"保存"按钮。

2. 打开有密码的工作簿

如果要打开的工作簿设置了"打开权限密码"，则打开工作簿时会弹出验证打开权限的"密码"对话框，在该对话框中输入密码，单击"确定"按钮。

如果要打开的工作簿设置了"修改权限密码"，则打开工作簿时会弹出验证修改权限的"密码"对话框，在该对话框中输入密码，单击"确定"按钮后，可以对工作簿进行编辑、修改操作；如果在设置"修改权限密码"时勾选了"建议只读"复选框，则会打开一个警告对话框，询问用户是否以只读方式打开工作簿，单击"只读"按钮，工作簿打开后只能查看内容，不能进行编辑、修改操作。

1.4　Excel 工作表

Excel 2016 如何设置工作表标签的名称及标签的颜色：
https://www.office26.com/ejq/24241.html

微课视频 1-3

▶ 1.4.1　Excel 工作表的基本操作

1. 工作表的选定

（1）单个工作表的选定

要选定一个工作表，既可以使用鼠标选定，也可以使用键盘选定。

① 使用鼠标选定：在工作表标签栏中单击要选定的工作表标签，即可选定该工作表，使之成为当前工作表。被选定的工作表标签以白底显示，而没有被选定的工作表标签以灰底显示。

② 使用键盘选定：如果要选定当前工作表之前的一个工作表，则可按下 Ctrl+PageUp 组合键；如果要选定当前工作表之后的一个工作表，则可按下 Ctrl+PageDown 组合键。

（2）多个连续工作表的选定

如果需要对多个工作表同时进行操作，就需要同时选定多个工作表。选定多个工作表的意义在于，选定多个工作表后，这些工作表即成为工作组，用户对组中的一个工作表的任何改动，都会反映到组中的其他工作表中。利用这个特点，用户可以同时创建或修改一组具有相同结构或内容的工作表。

单击选定范围内的第一个工作表标签，然后在按住 Shift 键的同时，单击最后一个工作表标签，即可选定多个连续的工作表。

（3）多个不连续工作表的选定

单击其中一个工作表标签，然后在按住 Ctrl 键的同时，分别单击要选定的工作表标签，即可选定多个不连续的工作表。

（4）选定工作簿中的全部工作表

在工作表标签栏上单击鼠标右键，在弹出的快捷菜单中选择"选定全部工作表"命令，可以快速选定工作簿中的全部工作表。

2. 工作表的编辑

（1）工作表的插入和删除

在默认状态下，一个新建的工作簿中只有一个工作表，被命名为"Sheet1"。在实际的工作过程中，用户还可以根据需要来插入或删除工作表。

① 插入工作表：在工作表标签上单击鼠标右键，在弹出的快捷菜单中选择"插入"命令，弹出"插入"对话框，在"常用"选项卡中选择"工作表"选项，然后单击"确定"按钮，就会在当前工作表的前面插入一个新工作表。也可以单击工作表标签栏中的"新工作表"按钮 ，快速插入新工作表。

② 删除工作表：选定需要删除的工作表，在该工作表标签上单击鼠标右键，在弹出的快捷菜单中选择"删除"命令。也可以选定需要删除的工作表标签，单击"开始"选项卡"单元格"组工具栏中的"删除"命令按钮，在下拉菜单中选择"删除工作表"命令。

（2）工作表的重命名

在 Excel 中，工作表默认以 Sheet1、Sheet2、Sheet3……方式命名。在完成对工作表中数据的编辑后，如果继续沿用默认的名称，则不能直观地表示每个工作表所包含的内容，不利于用户对工作表进行查找、分类等工作，尤其是当工作簿所包含的工作表数量较多时，这种弊端显得更为突出。因此，用户有必要重命名工作表，使每个工作表的名称都能具体地表达其内容的含义。

重命名工作表有两种常用方法。

第 1 种：直接重命名。双击需要重命名的工作表标签，输入新的工作表名称，按下 Enter 键确定。

第 2 种：使用快捷菜单重命名。在需要重命名的工作表标签上单击鼠标右键，在弹出的快捷菜单中选择"重命名"命令，输入新的工作表名称，按下 Enter 键确定。

（3）工作表的移动和复制

工作表不仅可以在同一个工作簿中移动或复制，也可以移动或复制到其他的工作簿中。

① 在同一个工作簿中移动和复制工作表：选定要移动（或复制）的一个或多个工作表，按住鼠标左键不放，此时鼠标指针变成 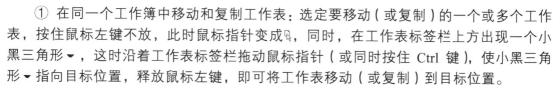，同时，在工作表标签栏上方出现一个小黑三角形 ▾，这时沿着工作表标签栏拖动鼠标指针（或同时按住 Ctrl 键），使小黑三角形 ▾ 指向目标位置，释放鼠标左键，即可将工作表移动（或复制）到目标位置。

② 在不同的工作簿之间移动和复制工作表：将"工作簿 1"中的"Sheet1"工作表移动（或复制）到"贷款数据管理.xlsx"中，具体操作步骤如下。

Step 1 打开要将工作表移动（或复制）到其中的目标工作簿，如"贷款数据管理.xlsx"。

Step 2 切换到包含要移动（或复制）的工作表的工作簿，选定要移动（或复制）的工作表，如"工作簿 1"中的"Sheet1"工作表。

Step 3 在需要移动（或复制）的工作表标签上单击鼠标右键，在弹出的快捷菜单中选择"移动或复制工作表"命令，弹出"移动或复制工作表"对话框。

Step 4 单击"工作簿"下拉列表框右侧的下三角按钮，在打开的下拉列表中选择目标工作簿，如"贷款数据管理.xlsx"，在"下列选定工作表之前"列表框中选择工作表移动（或复制）到目标工作簿中的位置，如图 1-17 所示。注意：如果要复制工作表，则勾选"建立副本"复选框。

图 1-17 "移动或复制工作表"对话框

Step 5 单击"确定"按钮，即可执行移动（或复制）工作表的操作。

（4）工作表的隐藏和取消隐藏

如果当前工作簿中的工作表数量较多，则用户可以将存储有重要数据或暂时不用的工作表隐藏起来，这样不但可以减少屏幕上的工作表数量，而且可以防止工作表中重要数据因错误操作而丢失。

① 隐藏工作表：选定需要隐藏的工作表，在该工作表标签上单击鼠标右键，在弹出的快捷菜单中选择"隐藏"命令，此时该工作表就被隐藏起来了。

② 取消隐藏工作表：在工作簿中的任意工作表标签上单击鼠标右键，在弹出的快捷菜单中选择"取消隐藏"命令，弹出"取消隐藏"对话框，在其中选择需要显示的工作表，然后单击"确定"按钮，可以将隐藏的工作表恢复显示。

在 Excel 中，除可以隐藏工作表外，还可以隐藏行和列。选定要隐藏的行或列，然后单击鼠标右键，在弹出的快捷菜单中选择"隐藏"命令即可。

（5）工作表窗口的拆分和冻结

拆分工作表窗口就是把一个工作表窗口分割成几个部分，各个部分称为窗格。在每个部分中可以用滚动条移动工作表，这样可以在不同的分割区域中显示工作表的不同部分。冻结工作表窗口就是将工作表窗口的上部或左部固定住，不随滚动条移动。

① 工作表窗口的拆分与取消：要拆分工作表窗口，则使活动单元格置于待拆分处（如果要把窗口拆分成上、下两个部分，则需要使活动单元格置于拆分处的第 1 列；如

果要把窗口拆分成左、右两个部分，则需要使活动单元格置于拆分处的第 1 行；如果要把窗口拆分成上、下、左、右 4 个部分，则需要使活动单元格置于拆分处的右下单元格），单击"视图"选项卡"窗口"组工具栏中的"拆分"命令按钮；要取消拆分工作表窗口，则双击拆分条或再次单击"视图"选项卡"窗口"组工具栏中的"拆分"命令按钮。

　　② 工作表窗口的冻结与取消：要冻结工作表窗口，则单击"视图"选项卡"窗口"组工具栏中的"冻结窗格"命令按钮，在下拉菜单中可以选择"冻结拆分窗格"、"冻结首行"或"冻结首列"命令；要取消冻结工作表窗口，则单击"视图"选项卡"窗口"组工具栏中的"冻结窗格"命令按钮，在下拉菜单中选择"取消冻结窗格"命令。

　　（6）工作表的保护和撤销保护

　　若工作表中的数据只允许别人查看，而不能让别人修改，则此时就需要保护工作表。被保护的工作表只有在输入相应的密码后才能对表格中的数据进行编辑和修改。

　　① 保护工作表的操作步骤如下。

　　Step 1 选定需要保护的工作表，单击"审阅"选项卡"保护"组工具栏中的"保护工作表"命令按钮，弹出"保护工作表"对话框，如图 1-18 所示。

图 1-18 "保护工作表"对话框

　　Step 2 勾选"保护工作表及锁定的单元格内容"复选框。

　　Step 3 在"取消工作表保护时使用的密码"文本框中输入密码，在"允许此工作表的所有用户进行"列表框中选择允许用户进行的操作。

　　Step 4 单击"确定"按钮，弹出"确认密码"对话框，在"重新输入密码"文本框中再次输入密码，然后单击"确定"按钮。

　　② 撤销工作表保护的操作步骤如下。

　　Step 1 选定要撤销保护的工作表，单击"审阅"选项卡"保护"组工具栏中的"撤销工作表保护"命令按钮，弹出"撤销工作表保护"对话框。

　　Step 2 在"密码"文本框中输入在"保护工作表"对话框中所设置的密码。

　　Step 3 单击"确定"按钮，即可撤销工作表保护。

　　另外，在需要保护的工作表标签上单击鼠标右键，在弹出的快捷菜单中依次选择"保护工作表"命令和"撤销工作表保护"命令，也可以进行工作表的保护和撤销保护。

1.4.2　Excel 工作表的格式设置

1. 列宽和行高的调整

在编辑工作表时，当表格的列宽和行高影响到数据的显示时，可根据单元格中的数据调整列宽和行高，使单元格中的数据显示得更加清楚、完整。

（1）使用鼠标拖动法

将鼠标指针放在列（或行）标题之间的分界线处，待鼠标指针变成双向箭头形状后，按住鼠标左键拖动，将列宽（或行高）调整到需要的宽度（或高度）后，释放鼠标即可。这是改变列宽或行高最快捷、直观的方法。

（2）使用"格式"菜单

选定一个单元格或单元格区域，单击"开始"选项卡"单元格"组工具栏中的"格式"命令按钮，在下拉菜单中选择"列宽"命令，弹出"列宽"对话框，在其中设置所需的列宽值；或者单击"开始"选项卡"单元格"组工具栏中的"格式"命令按钮，在下拉菜单中选择"行高"命令，弹出"行高"对话框，在其中设置所需的行高值。使用这种方法可以精确地设置列宽和行高的具体数值。

2. 单元格格式的设置

在 Excel 中，可以根据需要设置单元格格式，包括单元格的数字格式、对齐方式、字体格式、边框格式、填充及保护等。

（1）使用"设置单元格格式"对话框

要弹出"设置单元格格式"对话框有两种方法：一种方法是在要设置格式的单元格上单击鼠标右键，在弹出的快捷菜单中选择"设置单元格格式"命令；另一种方法是选定要设置格式的单元格，单击"开始"选项卡"单元格"组工具栏中的"格式"命令按钮，在下拉菜单中选择"设置单元格格式"命令。

在"设置单元格格式"对话框中有 6 个选项卡，如图 1-19 所示。用户可以根据需要进行选择。

① 设置数字格式。

Excel 提供了多种数字格式。在"设置单元格格式"对话框中选择"数字"选项卡，在其中的"分类"列表框中列出了 12 种内置格式，包括常规、数值、货币、会计专用、日期、时间等格式。

在 Excel 中，可以使用数字格式更改数字（包括日期和时间）的外观，而不改变数字的实际数值。如果要取消数字的格式，则单击"开始"选项卡"编辑"组工具栏中的"清除"命令按钮，在下拉菜单中选择"清除格式"命令，可以清除所设置的格式。

② 设置对齐方式。

在单元格中输入数据时，Excel 会按默认的对齐方式进行编排。设置单元格中数据的对齐方式，可以使工作表更加美观。在"设置单元格格式"对话框中选择"对齐"选项卡，可以进行水平对齐、垂直对齐和文本旋转方向等的设置。

图 1-19 "设置单元格格式"对话框

- "水平对齐"下拉列表：包括常规、靠左、居中、靠右、填充、两端对齐、跨列居中、分散对齐。
- "垂直对齐"下拉列表：包括靠上、居中、靠下、两端对齐、分散对齐。
- "自动换行"复选框：当单元格中的数据宽度大于列宽时，单元格中的数据会自动换行，行数的多少取决于单元格的列宽和数据的长度。
- "缩小字体填充"复选框：减小单元格中字符的大小，使数据的宽度与单元格的列宽一致。
- "合并单元格"复选框：将两个或多个单元格合并为一个单元格；当需要将合并的单元格再拆分时，则取消勾选。
- "方向"选择框：用来改变单元格中数据的旋转角度，可以将单元格中的数据由水平显示转换为各个角度的显示。

③ 设置字体格式。

在 Excel 中，默认输入数据的字体为宋体，字号为 11 磅。在"设置单元格格式"对话框中选择"字体"选项卡，可以进行字体、字形、字号、下画线、颜色及特殊效果的设置。

④ 设置边框格式。

工作表中显示的边框线是为输入、编辑方便而预设的，虚框线是不能被打印输出的。若需要打印出边框线，则在"设置单元格格式"对话框中选择"边框"选项卡，可以设置选定单元格或区域的上、下、左、右及斜线边框，线条样式有实线、点虚线、粗实线、

双线等，边框线的颜色在"颜色"下拉列表中设置。

⑤ 设置填充。

在"设置单元格格式"对话框中选择"填充"选项卡，可以进行背景色和填充效果等的设置。

⑥ 设置保护。

在"设置单元格格式"对话框中选择"保护"选项卡，可以对单元格进行一定的保护设置，保护方式分为锁定和隐藏两类。

勾选"锁定"复选框，可以防止对单元格进行移动、修改、删除等操作；勾选"隐藏"复选框，可以隐藏单元格中的公式。注意：要锁定或隐藏单元格，只有在工作表被保护之后才能生效。

（2）使用"开始"选项卡中的命令按钮

"开始"选项卡中的组提供了丰富的命令按钮，使用命令按钮进行格式化操作更加方便、快捷。

① 使用"开始"选项卡"字体"组工具栏中的命令按钮可以设置字体、字形、字号、字体颜色、边框、填充颜色等。

② 使用"开始"选项卡"对齐方式"组工具栏中的命令按钮可以设置左对齐、居中对齐、右对齐、合并后居中、缩进量的增减等。

③ 使用"开始"选项卡"数字"组工具栏中的命令按钮可以设置会计数字格式、千位分隔样式、百分比样式、小数位数的增减等。

在此较为详细地介绍了 Excel 工作表的格式设置中"列宽和行高的调整"及"单元格格式的设置"的基本操作，其他相关操作可详见第 2 章。

1.5　Excel 工作表中的单元格

单元格是工作表中行、列交叉的区域，是 Excel 中存放数据的基本单位。每一个单元格都有一个固定的位置，即单元格地址。单元格地址由单元格所在位置的行号和列标题组成，且列标题在前面，行号在后面。例如，B4 表示该单元格位于第 B 列的第 4 行。

1.5.1　单元格的基本操作

单元格区域是指多个连续单元格的组合，其表示形式为"左上角单元格地址：右下角单元格地址"。例如，A1:B3 代表一个单元格区域，包括 A1、B1、A2、B2、A3、B3 单元格。只包括行号或列标题的单元格区域代表整行或整列。例如，1:1 表示由第 1 行中的全部单元格组成的区域，1:7 则表示由第 1~7 行中的全部单元格组成的区域；A:A 表示由第 1 列中的全部单元格组成的区域，A:D 则表示由 A、B、C、D 4 列中的全部单元格组成的区域。单元格或单元格区域先选定再使用。选定单元格区域包含：选定整行/

整列、选定连续的单元格区域、选定不连续的单元格区域、选定整个工作表区域等。选定单元格后即可完成单元格的插入和删除、单元格的移动和复制、数据的删除、单元格的拆分和合并等。单元格的基本操作是 Excel 中所有操作的基础，在此通过微课视频 1-4 介绍单元格的基本操作，演示其操作效果。

微课视频 1-4

1.5.2 输入数据与填充数据

1. 输入数据

在向单元格中输入数据时，需要掌握 3 种输入方法。

第 1 种：单击单元格，直接输入数据。

第 2 种：单击单元格，将光标定位到编辑栏中，在编辑栏中输入数据。

第 3 种：双击单元格，单元格中会出现插入光标，将光标定位到所需位置后，即可输入数据，这种方法多用于修改单元格中的数据。

在以上 3 种方法中，不论是在单元格中输入数据还是在编辑栏中输入数据，输入时两者都同步显示输入的数据。

2. 填充数据

在编辑电子表格时，有时需要输入一些相同或有规律的数据。如果逐个输入既费时又费力，还容易出错，此时使用 Excel 提供的填充数据功能可以轻松地输入数据，从而提高工作效率。

填充数据是指用户可以使用自动填充的方法，输入有规律的数据，如等差序列、等比序列等。用户在填充数据时，既可以使用预定义的序列，也可以使用自定义序列。

（1）使用填充柄填充数据

填充柄是指鼠标指针位于选定区域右下角时所出现的十字形状（黑十字 **＋**）。选定起始的两个单元格区域，然后将鼠标指针移至所选区域的右下角，待鼠标指针变为填充柄后，按住鼠标左键，拖动填充柄到目标单元格。用户可以通过使用填充柄来填充一组相同的值、等差序列或等比序列。

（2）使用填充序列填充数据

选定含有初始值的单元格区域，单击"开始"选项卡"编辑"组工具栏中的"填充"命令按钮，在下拉菜单中选择"序列"命令，弹出"序列"对话框，在"序列"对话框中可以设置序列产生的方向、序列的类型、步长值及终止值等内容。其中，步长值是指序列中任意两个数值之间的差值（等差序列）或比值（等比序列）。

（3）创建自定义序列

对于一些常用的序列，如星期、月份、季度等，Excel 已经内置这些填充序列，用户可以方便地使用这些序列填充单元格数据。为了更轻松地输入用户经常使用而 Excel 又没有提供的固定序列，可以创建自定义序列。

本小节给出"输入数据与填充数据"的基本方法，其详细方法和操作见第 2 章。

📺 1.5.3 公式在单元格中的应用

Excel 的一个强大功能是可以在单元格中输入公式，并自动在单元格中显示计算结果。人们在 Excel 中应用公式实现各种不同报表数值的计算，如计算职工的工资、计算学生的成绩、计算银行的存款利息、计算股票证券的收益金额等。

Excel 中的公式与数学中的公式相似，由 "=" 符号、常量、运算符、变量和函数组成。公式必须以 "=" 开头。换句话说，在 Excel 单元格中，凡是以 "=" 开头的输入数据都被认为是公式，等号后面可以跟随常量、运算符、变量或函数，在公式中还可以使用括号。例如，在 D7 单元格中输入的 "=7+2*9/3-(7+3)/2" 就是一个公式，最后该公式的计算结果 "8" 显示在 D7 单元格中。

1. 常量

常量是一个固定的值，公式中的常量有数值型常量、文本型常量和逻辑常量。

（1）数值型常量：可以是整数、小数、分数、百分数，如 100、2.8、1/2、10%，不能带千分位和货币符号。

（2）文本型常量：用英文双引号括起来的若干字符，如"A" "B"。

（3）逻辑常量：只有 TRUE 和 FALSE 两个，分别代表真和假。

2. 运算符

运算符是公式中的重要组成部分，在 Excel 公式中主要有 4 种类型的运算符，如表 1-3 所示。

表 1-3　Excel 公式中的主要运算符

名称	运算符	作用	实例
算术运算符	+、-、*、/、%、^（乘方）	完成基本的算术运算	3^2=9
比较运算符	=、>、<、>=、<=、<>（不等于）	比较两个数据的大小，结果为逻辑值 TRUE 或 FALSE	3>2（结果为 TRUE） "B"<"A"（结果为 FALSE）
文本运算符	&	文本的连接	"Ex"&"cel"（结果为 Excel）
引用运算符	:（区域运算符）	包括在两个引用之间的所有单元格的引用	A1:B10（表示 A1 到 B10 之间的矩形区域）
	,（联合运算符）	将多个引用合并为一个引用	A1:B2,C1:C3（表示 A1:B2 和 C1:C3 两个单元格区域）
	空格（交叉运算符）	对多个引用的单元格区域的重叠部分的引用	A1:C3 B2:D4（表示 B2:C3）
	!（工作表运算符）	对其他工作表中单元格的引用	Sheet2!C3
	[ ]（工作簿运算符）	引用其他工作簿中的数据	[工作簿 2.xlsx]Sheet1!A1

Excel 对运算的优先顺序有严格规定，当多个运算符同时出现在公式中时，4 类运算

符的优先级由高到低依次为引用运算符、算术运算符、文本运算符、比较运算符。运算的顺序是先计算括号内的部分，再按照优先级顺序计算，当优先级相同时，按照从左到右的顺序计算。

3. 单元格的引用

（1）引用同一个工作表中的单元格

当使用同一个工作表中单元格中的数据时，直接引用单元格即可，如 A5 和 F6。

（2）引用同一个工作簿中不同工作表中的单元格

当使用同一个工作簿中不同工作表中单元格中的数据时，应该在单元格地址的前面加"工作表名!"。例如，"Sheet2!C3"表示引用"Sheet2"工作表中的 C3 单元格。

（3）引用不同工作簿中工作表中的单元格

当使用不同工作簿中工作表中单元格中的数据时，采用工作簿运算符，其引用方式为：

[工作簿名]工作表名!单元格地址

例如，"[工作簿 2.xlsx]Sheet1!A1"表示引用"工作簿 2"中"Sheet1"中的 A1 单元格。

注意：如果工作簿没有打开，则需要加上工作簿的位置，如"'E:\[工作簿 2.xlsx]Sheet1'!A1"。

4. 单元格地址的引用

单元格地址的引用是指通过单元格地址调用单元格中的数据。在 Excel 中，根据单元格地址被复制到其他单元格中时是否发生改变,单元格地址的引用可以分为相对引用、绝对引用和混合引用。

（1）相对引用

相对引用是指引用的是某给定位置单元格的相对位置。如果公式所在单元格的位置改变，则公式中所引用的单元格地址也随之改变。相对引用的形式是用字母表示列，用数字表示行。例如，在 G2 单元格中输入公式"=D2+E2+F2"，现将 G2 单元格中的公式复制到 G3 单元格中，会发现 G3 单元格中的公式变为"=D3+E3+F3"。

（2）绝对引用

绝对引用是指引用的是某给定位置单元格的绝对位置，它的位置与包含公式的单元格无关。如果公式所在单元格的位置改变，则公式中所引用的单元格地址保持不变。绝对引用是在行号和列标题的前面加上符号"$"。例如，在 G2 单元格中输入公式"=$D$2+$E$2+$F$2"，现将 G2 单元格中的公式复制到 G3 单元格中，会发现 G3 单元格中的公式仍为"=$D$2+$E$2+$F$2"。

（3）混合引用

混合引用是指引用单元格地址时，行（或列）采用相对引用，而列（或行）采用绝对引用。如果公式所在单元格的位置改变，则相对引用改变，而绝对引用不变。例如，$B3 和 C$5 都是混合引用。

5. 输入公式

要向一个单元格中输入公式，先选定要输入公式的单元格，输入等号"="，然后输

入公式的后续部分，按下 Enter 键或单击编辑栏中的"输入"按钮✔确认即可，则公式的计算结果会显示在当前单元格中。

▶ 1.5.4　函数在单元格中的应用

Excel 提供了多种功能完备且易于使用的函数，可以完成复杂的数学计算或文字处理操作。函数是预先定义好的公式，通常由函数名、圆括号和参数 3 个部分组成，其中参数可以是常量、单元格引用或其他函数等。在 Excel 中有财务函数、日期与时间函数、数字与三角函数、统计函数、查找与引用函数等不同类型的函数，其功能强大，使用方法灵活，技巧性和实践性强，故在此通过微课视频 1-5 介绍函数在单元格中的应用，主要介绍函数功能分类、函数的输入、函数应用实例等。公式与函数的系统介绍和综合性应用详见第 3 章。

需要注意工作簿、工作表和单元格的关系。工作簿、工作表、单元格的关系是：一个工作簿包含若干个工作表，每个工作表包含许多个单元格。工作簿以独立的文件形式存储在磁盘上，工作表只能存在于工作簿中，不能以独立的文件形式存储在磁盘上。

微课视频 1-5

1.6　工作表打印与常见问题

▶ 1.6.1　工作表的打印

打印时需要确定：①打印纸的大小；②打印的份数；③是否需要页眉；④是打印指定工作表，还是打印整个工作簿，或者是打印某个工作表中的单元格区域。这些问题均可通过页面设置来解决。

如果需要打印工作簿中的工作表，则可单击"文件"选项卡，在弹出的"文件"菜单中选择"打印"命令，弹出"打印"对话框，在其中可进行打印设置（若需要进行详细设置，则可单击右下角的"页面设置"按钮，在弹出的"页面设置"对话框中进行设置），然后单击"打印"按钮进行打印；也可单击"页面布局"选项卡，如图 1-20 所示，在其中单击相应的命令按钮进行设置，然后进行打印。下面对经常遇到的设置打印区域、插入或删除分页符问题进行讲解。

图 1-20　"页面布局"选项卡

1. 设置打印区域

如果要将工作表中的某个区域或整个工作表、工作簿打印出来，则选定要打印的区域或整个工作表或工作簿，单击"文件"选项卡，在弹出的"文件"菜单中选择"打印"命令，在弹出的"打印"对话框中可以更改打印区域等设置。

如果只需要打印工作表中的某个区域，则可以使用"打印区域"这项功能，即选定要打印的区域，单击"页面布局"选项卡"页面设置"组工具栏中的"打印区域"命令按钮，在下拉菜单中选择"设置打印区域"命令，这样在所选区域的四周将自动添加边框线，Excel 只打印该边框线包围部分的内容。如果还有其他需要打印的内容，则可以继续选择这些区域，再次单击"页面布局"选项卡"页面设置"组工具栏中的"打印区域"命令按钮，在下拉菜单中选择"添加到打印区域"命令，这样可以同时将多个不连续的区域设置为打印区域。

2. 插入或删除分页符

当工作表包含的内容很多且超过一页时，Excel 会自动将多出的内容放到下一页进行打印，并使用虚线来表示分页标记，这种虚线标记被称为分页符。在默认情况下不显示分页符，用户可以单击状态栏中的"页面布局"按钮▣，然后单击"普通"按钮▦，就可以看到虚线的分页符了。

用户有时需要对工作表中的某些内容进行强制分页，这时就需要手动插入分页符了。根据分页后的结果，可以将分页符分为 3 种，即水平分页符、垂直分页符和交叉分页符。

（1）如果需要插入水平分页符，即以行为基准将工作表分为上、下两页，那么就需要将光标定位到 A 列中的某一行，单击"页面布局"选项卡"页面设置"组工具栏中的"分隔符"命令按钮，在下拉菜单中选择"插入分页符"命令，即可在光标上方插入水平分页符。

（2）插入垂直分页符的方法与插入水平分页符的方法类似。将光标定位到第 1 行中的某一列，单击"页面布局"选项卡"页面设置"组工具栏中的"分隔符"命令按钮，在下拉菜单中选择"插入分页符"命令，即可在光标左边插入垂直分页符。

（3）如果光标所在位置既不属于第 1 行，也不属于第 1 列，如 C6，那么在插入分页符时将同时插入水平分页符和垂直分页符。

当需要删除分页符时，单击"页面布局"选项卡"页面设置"组工具栏中的"分隔符"命令按钮，在下拉菜单中选择"删除分页符"命令，即可删除插入的分页符。

▶ 1.6.2　打印中的常见问题与处理

（1）打印纸及页面设置。需要指定纸张大小、设置纸张方向、调整页边距等。

（2）打印与打印预览。在打印时经常会遇到只有一两行（列）的内容被打印到了另一页上，或者整张打印纸内容较少不足一页，页面难看等现象。在实际打印之前，可以使用打印预览查看工作表的打印外观，以便发现问题并及时进行调整。

（3）设置缩放比例以适应纸张。在打印工作表的过程中，经常会遇到只有一两行（列）

的内容被打印到了另一页上的现象，特别是当打印纸的大小有统一规定时，经过对页面进行调整后，依然不能将全部内容打印到同一页上。另一种情况则与之相反，打印的内容不足一页，整张打印纸显得内容较少，页面难看。在遇到上述两种情况时，可以按一定比例对工作表进行缩小或放大后打印。

（4）打印标题和页码。当一个工作表包含的内容较多，需要很多张打印纸才能打印完毕时，表格的标题可能只会被打印在第一页打印纸上，若要将标题打印在每张打印纸上，则要通过设置页眉打印标题。页眉位于打印纸的最上面，在打印纸的上边界到打印内容上边界之间的区域中。页眉中的文本将被打印在每张打印纸上。在页眉中常常设置工作表的页码、制表日期、作者或标题等内容。

对于打印中常见的打印纸及页面设置、打印与打印预览、设置缩放比例以适应纸张、打印标题和页码等问题均可通过单击"页面布局"选项卡"页面设置"组工具栏中的命令按钮进行处理，详见微课视频1-6。

微课视频1-6

本章小结

本章从数据认知基础出发，简述数据与信息的基本概念、数据与信息的联系及数据应用场景，阐述在信息时代数据处理与分析的重要性。用 Excel 建立的表格文件以工作簿的形式存储在磁盘上，工作簿由一个或多个工作表组成，工作表可以保存人们日常工作中的表格。工作表的最小组成单位是单元格，数据都存放在单元格中。工作表、单元格和单元格区域的日常操作包括选定、插入、复制、删除、移动和粘贴等，且操作方法相似。按住 Shift 键可以用鼠标选择连续的多个工作表、单元格或单元格区域，按住 Ctrl 键可以用鼠标选择不连续的多个工作表、单元格或单元格区域。

公式是 Excel 计算工作表中数据的主要方法。在公式中可以通过单元格地址的引用获取单元格中的数据，单元格地址的引用包括相对引用、绝对引用和混合引用。复制应用单元格引用的公式可以极大地提高工作效率，轻松地完成日常工作报表的设计制作。"页面布局"选项卡为工作表打印提供了强大的功能支持，通过"页面布局"选项卡可以设置打印标题、纸张大小、页边距等与打印相关的功能。

实践1："学生课程数据管理"工作簿的创建与应用

1. 创建工作簿

创建包含"信息表""课程表""成绩表"3个工作表的"学生课程数据管理"工作簿，如图1-21所示。

学号	姓名	性别	出生日期	学院	是否党员	籍贯	高考成绩	学费
2131062101	孙明涛	男	2003/6/12	经济学院	是	陕西	550	¥5,000
2131062102	李丽娟	女	2003/1/16	信息学院	否	河南	596	¥6,000
2131062103	刘传平	男	2003/2/26	文学院	否	湖北	578	¥5,000
2131062104	刘娇娇	女	2002/12/21	商学院	否	河北	576	¥5,000
2131062105	李琳	女	2002/10/23	管理学院	否	河南	603	¥5,000
2131062106	杨小琪					山西	560	¥5,000
2131062107	温江涛					湖南	576	¥5,000
2131062108	胡君俊					四川	556	¥5,000
2131062109	张倩雯					湖北	587	¥6,000
2131062110	胡一凡					湖南	567	¥5,000
2131062111	肖梦迪					陕西	541	¥5,000
2131062112	王嘉乐					河南	583	¥5,000
2131062113	刘文欣					湖北	570	¥5,000
2131062114	蒋雅雯					河北	579	¥6,000
2131062115	张莹					北京	536	¥5,000
2131062116	林宇恒					山东	590	¥5,000
2131062117	杨舒曼					四川	556	¥5,000
2131062118	王志鹏					陕西	540	¥5,000
2131062119	陈浩					山东	610	¥5,000
2131062120	王兴业					山西	546	¥5,000

课程号	课程名	学分
1001	高等数学	4
1002	产业经济学	2
1003	会计学	3
1004	管理学	3
1005	微观经济学	2
1006	大学计算机基础	2
1007	数据库应用	2
1008	Excel数据处理与应用	2
2001	大学语文	2
2002	线性代数	3
2003	宏观经济学	2
2004	财务管理学	2
2005	金融学	3
3001	概率论与数理统计	3
3002	中级财务会计	2
3003	成本会计	2

学号	课程号	成绩
2131062101	1001	96
2131062102	1002	76
2131062103	1003	89
2131062103	1007	75
2131062104	1008	87
2131062105	2001	75
2131062105	3001	75
2131062106	3002	60
2131062107	3003	81
2131062107	2002	73
2131062108	2003	92
2131062109	2004	67
2131062109	2003	82
2131062110	1002	83
2131062111	1007	86
2131062111	2001	65
2131062112	1004	80
2131062112	1005	91
2131062113	1006	69
2131062114	3002	63
2131062115	3003	56
2131062116	2005	57
2131062116	1006	65
2131062117	1001	79
2131062117	1008	95
2131062118	2002	73
2131062119	2005	56
2131062119	3001	87
2131062120	3003	93

图 1-21 "学生课程数据管理"工作簿

2. 掌握数据的输入

按照图 1-21 所示输入数据。

3. 掌握公式和函数的使用

调用 AVERAGE 函数，求出高考成绩的平均值。

操作步骤：

Step 1 启动 Excel 应用程序，选择"空白工作簿"选项，在用户界面中单击"新工作表"按钮，在默认"Sheet1"工作表的基础上添加"Sheet2""Sheet3"工作表，并将 3 个工作表重命名为"信息表""课程表""成绩表"，保存工作簿且命工作簿为"学生课程数据管理"。

Step 2 分别选择"信息表""课程表""成绩表"为活动工作表，按照图 1-21 所示输入数据。

Step 3 将光标定位到要计算高考成绩平均值的 H22 单元格中，在单元格中输入"=AVERAGE(H2:H21)"，然后按下 Enter 键或单击编辑栏中的"确认"按钮 ✔ 确认，则公式的计算结果会显示在当前单元格中，完成高考成绩平均值的计算。

实践 2："高校大学生图书借阅数据管理"工作簿的创建与应用

"高校大学生图书借阅数据管理"工作簿中有 3 个工作表。

学生信息表：包括学号、姓名、性别、出生日期、学院、专业、入学时间等。

图书信息表：包括图书编号、书名、类型、作者、出版社、单价、出版日期、库存等。

借阅表：包括学号、图书编号、借阅日期、归还日期、借阅次数等。

（1）根据上述要求，创建工作簿并输入基本数据。

（2）以上述 3 个工作表为数据源，分别从学生、图书管理员、采购员角度分析数据输入过程中有哪些限制，有哪些计算需求，数据整理、数据排序、分类汇总需要什么，数据查询有什么需求。

习题

一、选择题

1. 面对信息技术，应用计算机能力的培养应该从培养（　　　）开始。

A. 技术鉴别的能力　　　　　　　　B. 技术应用的能力

C. 创新应用的能力　　　　　　　　D. 以上均是

2. 在 Excel 中，下面描述错误的是（　　　）。

A. 一个工作簿是一个 Excel 文件

B. 一个工作簿可以只包含一个工作表

C. 工作表由 1048576×16384 个单元格构成

D. 工作簿可以重新命名，但工作表不能重新命名

3. 在 Excel 中，有关工作表的删除、插入与移动操作，下面描述正确的是（　　　）。

A. 在一个工作簿中，工作表的排列顺序是不允许改变的

B. 不允许在一个工作簿中同时删除多个工作表

C. 在工作簿中，一次只允许插入一个工作表

D. 在一个工作簿中，工作表的排列顺序是可以改变的

4. Excel 2016 文件默认的扩展名是（　　　）。

A. pot　　　　　　B. xlsx　　　　　　C. cls　　　　　　D. docx

5. 在 Excel 2016 中，一个工作簿默认有（　　　）个工作表。

A. 1　　　　　　　B. 2　　　　　　　C. 3　　　　　　　D. 4

6. 在 Excel 中，先选定 A1 单元格，再按住 Ctrl 键并拖动单元格边框到 A5 单元格，结果是（　　　）。

A. 将 A1 中的内容移动到 A5

B. 将 A1 中的内容复制到 A5

C. 将 A1 中的内容剪切并粘贴到 A5

D. 将 A1 中的内容复制到 A2、A3、A4、A5

7. 在 Excel 中，在创建自定义序列时，输入的序列各项间应该用（　　　）间隔。

A. 分号　　　　　　B. 回车　　　　　　C. 空格　　　　　　D. 双引号

8. 在 Excel 中，文本数据和数值数据默认的对齐方式分别是（　　　）。

A. 中间对齐、左对齐　　　　　　　　　B. 右对齐、左对齐

C. 左对齐、右对齐　　　　　　　　　　D. 自定义、左对齐

9. 在单元格中输入 1/5，结果为（　　　）。

A. 1/5　　　　　B. 1 月 5 日　　　　　C. 0.2　　　　　　　　D. 1 时 5 分

10. 将两个或多个单元格合并为一个单元格，合并后单元格引用为（　　　）中的数据。

A. 合并前左上角单元格　　　　　　　　B. 合并前右上角单元格

C. 合并前右下角单元格　　　　　　　　D. 合并前左下角单元格

11. 计算工作表中数据区域数值个数的函数是（　　　）。

A. SUM　　　　　B. AVERAGE　　　　　C. MIN　　　　　　D. COUNT

二、填空题

1. 数据是信息的_____表示（或称载体）；信息是数据的内涵，是数据的_____解释；数据是符号化的_____；信息是语义化的_____。

2. 在 Excel 中，工作表的名称显示在工作簿底部的_____上。

3. 在工作表中，由行和列交叉形成的一个个小格称为_____。

4. Excel 公式中的运算符主要有_____、_____、_____和_____4 种类型。

5. 在 Excel 中，在单元格中输入公式时，应该先输入一个_____。

6. 在保护工作簿时，可以保护工作簿的_____和_____。

三、简答题

1. 简述数据与信息的概念，以及数据与信息的联系。

2. 简述数据处理的概念，举例说明数据处理的应用。

3. 简述 Excel 的基本功能，举例说明其应用场景。

4. 简述 Excel 工作表的基本操作，举例说明其应用场景。

5. 简述 Excel 工作表中单元格的基本操作，举例说明其应用场景。

第2章
数据输入与格式设置

【学习目标】

✓ 学会基本数据、规律数据及其他数据的输入方法。
✓ 学会工作表格式化和单元格格式化的方法。
✓ 学会条件格式的设置及应用方法。

【学习重点】

✓ 熟练掌握基本数据、编号、自定义序列、仿真数据的输入方法。
✓ 掌握工作表格式化和单元格格式化的方法。
✓ 掌握条件格式的设置及应用方法。

【思政导学】

✓ 关键字：数据输入、格式设置。
✓ 内涵要义：根据国家数字化人才发展需要，培养采集数据、输入数据真实有效的职业素养，增强诚实守信的意识，在进行数据输入与格式设置时要实事求是、精益求精。
✓ 思政点播：收集并输入我国各省级行政区的森林面积、森林覆盖率及森林蓄积量等森林资源数据，再进行电子表格的格式化操作，引导学生树立崇尚自然、尊重自然的理念，切实增强投身生态文明建设的责任感、使命感。介绍数据输入和格式设置，使学生掌握各类数据的输入方法和电子表格的格式化技巧，促进学生养成严谨认真的工作作风，并提升学生的审美能力。
✓ 思政目标：培养学生具有数字化人才应具备的"工匠精神"。

在日常工作和学习中，人们常常会与不同形式的数据打交道，如银行编号、职工编号、贷款日期、注册资本、学习成绩、电话号码等。在信息化办公的过程中，人们遇到的第一个问题就是将这些数据输入到计算机中。如何快速而准确地输入和编辑原始资料数据，并不是一件简单的事情。利用 Excel 应用程序，针对不同数据的特点，采用不同的输入方法，可达到事半功倍的效果。

格式化可以突出显示重要数据，通过添加提示信息增强工作表的整体结构性和组织性，不仅可以美化工作表，还可以使工作表中数据的含义更加清晰。在输入某些数据时，通过数字格式化还能减少输入，提高工作效率。对不同意义的文本设置不同的字体、字号，用不同色彩表示不同的信息，设置数据条和图案等，可以把工作表中数据所代表的信息表达得更加清楚，更容易被理解和接受。

2.1　基本数据的输入

Excel 中可以存储不同类型的数据，包括文本数据、数值数据等。不同类型数据的存储方式和运算方法不同。

数值数据是 Excel 中使用最广泛的数据类型，可以表现为整数、小数、百分数等。

文本数据就是人们常见的各种文字符号，如姓名、银行账号、通信地址等。需要说明的是，有些数据是由 0~9 数字组成的，如身份证号、邮政编码、电话号码等，其每位都有固定的含义且对其进行算术运算没有意义，类似这样的数据一般按照文本处理。

2.1.1　文本数据的输入

文本数据包括汉字、英文字母、数字、空格及其他能从键盘输入的符号。在输入文本数据时，先单击鼠标选定单元格，然后输入文本数据，此时文本数据会同时出现在活动单元格和编辑栏中。如果要确认输入，则可单击编辑栏中的"输入"按钮 ✔ 或按下 Enter 键；如果要取消输入，则可单击编辑栏中的"取消"按钮 ✕ 或按下 Esc 键；如果要删除光标左边的字符，则按下 Backspace 键即可。在默认情况下，文本数据在单元格中的对齐方式为左对齐。

电话号码、邮政编码、学号等数据全部由数字组成，输入时应在数字前加一个英文状态下的单引号，如'0298121089。这样，Excel 就会将其看作文本数据，并在单元格中左对齐。

在单元格中输入文本数据后，如果要激活与当前单元格相邻右边的单元格，则可按下 Tab 键；如果要激活与当前单元格相邻下方的单元格，则可按下 Enter 键。

例 2-1　在"贷款数据管理"工作簿中完成"银行表"中数据的输入。

按照图 2-1 所示完成银行名称、银行电话等数据的输入。特别提醒：银行电话是文本数据，输入时应在数字前加一个单引号。

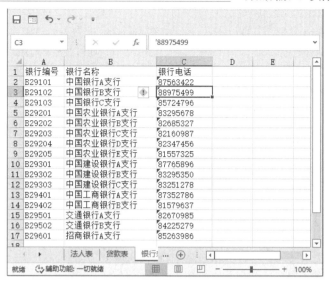

图 2-1　"银行表"中的数据

2.1.2　数值数据的输入

数值数据包括 0~9、+、−、E、e、$、¥、/、%、小数点（.）和千分位（,）等。和输入文本数据一样，在单元格中直接输入数值数据即可，但数值数据输入后在单元格中的对齐方式为右对齐。下面着重介绍分数和负数的输入方法。

1．输入分数

输入分数时，必须在分数前输入 0 和空格。例如，要输入分数"2/3"，必须输入"0 2/3"，然后按下 Enter 键。如果没有输入 0 和空格，则 Excel 会把该数据作为日期处理，认为输入的是"2 月 3 日"。

2．输入负数

输入负数时，可以在数字前输入"−"作为标识，也可以将数字置于括号"()"中。例如，在选定的单元格中输入"(1)"，再按下 Enter 键，即显示为"−1"。

2.1.3　日期和时间数据的输入

在 Excel 中，日期和时间数据是具有特定格式的数值数据。在默认情况下，日期和时间数据在单元格中右对齐。

1．输入日期

输入日期时，可以用斜杠"/"或短线"-"分隔日期的年、月、日。例如，输入"2013-9-20"，代表日期 2013 年 9 月 20 日。

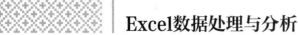

2. 输入时间

在单元格中输入时间的方式有两种，即按 12 小时制和按 24 小时制。在默认情况下，Excel 按 24 小时制来显示时间。如果按 12 小时制输入时间，则在时间后输入一个空格，并输入 A/AM 或 P/PM，其中 A/AM 表示上午，P/PM 表示下午。例如，下午 3 时 10 分 20 秒的输入格式为"3:10:20 P"或"15:10:20"。

例 2-2 在"贷款数据管理"工作簿中完成"贷款表"中贷款日期、贷款金额、贷款期限等数据的输入。

如图 2-2 所示，贷款金额、贷款期限是数值数据，贷款日期是日期数据，要按照不同类型数据的输入要求完成输入。

图 2-2 "贷款表"中的数据

2.1.4 相同数据的输入

一个表格中的同一行、同一列或同一区域包含相同数据的情况经常见到，如同一个班的所有学生都具有相同的入学时间、班级编号、专业名称等。在 Excel 中，至少有 3 种方法可以较快地输入这类数据。

1. 使用 Ctrl+Enter 组合键输入相同的数据

选定要输入相同数据的单元格区域，输入数据后，先按住 Ctrl 键，再按下 Enter 键，则所有被选定的单元格中都会输入相同的数据。

2. 使用填充柄填充相同的数据

选定起始单元格，输入数据后，将鼠标指针移至所选单元格的右下角，待鼠标指针变为填充柄后，按住鼠标左键，拖动填充柄到目标单元格，则鼠标拖过的单元格中输入一组相同的数据。这时释放鼠标左键后，会出现"自动填充选项"按钮，单击"自动填充选项"按钮，在弹出的菜单中可以选择填充的方式。如果选择"复制单元格"选项，则可以实现数据的复制填充；也可以选择"填充序列"实现数据的连续序列填充。

3. 双击填充柄快速填充相同的数据

在单元格中输入数据后，双击该单元格右下角的填充柄，应用程序自动识别出需要填充相同数据的单元格区域并填充。这是同一列填充相同数据的最简单的方法。

例2-3　在"贷款数据管理"工作簿中的"法人表"中练习输入数据。

（1）在 C10 单元格中输入"中外合资企业"，将鼠标指针移至单元格的右下角，待鼠标指针变为填充柄后，按住鼠标左键，拖动填充柄到 C14 单元格，则鼠标拖过的单元格中输入一组相同的数据"中外合资企业"。

（2）在 C19 单元格中输入"私营企业"，将鼠标指针移至单元格的右下角，待鼠标指针变为填充柄后，双击该单元格的填充柄，应用程序自动在单元格区域 C19:C23 中填充相同的数据"私营企业"。结果如图 2-3 所示。

图 2-3　使用填充柄填充相同的数据　　　微课视频 2-1

2.2　规律数据的输入

2.2.1　编号的输入

在不同的表格中，常会看到不同形式的编号，如学号、商品编号等，这些编号具有一定的规律，有的呈现为等差数列，有的呈现为等比序列。在输入这类数据时，可以使用以下方法快速完成，提高输入效率。

1. 使用填充柄填充数据

在相邻单元格中输入等差序列的前两个数据，选定这两个单元格，按住鼠标左键拖动填充柄，将按这两个数据的差值自动生成等差序列填充数据。

2. 使用填充序列填充数据

选定含有初始值的单元格区域，单击"开始"选项卡"编辑"组工具栏中的"填充"命令按钮，在下拉菜单中选择"序列"命令，弹出"序列"对话框，如图2-4所示。在"序列"对话框中可以设置序列产生的方向、序列的类型、步长值及终止值等内容。

例2-4　在"贷款数据管理"工作簿中的"法人表"中练习等差序列、等比序列数据的输入，如图2-5所示。

图2-4　"序列"对话框

（1）等差序列：在L2单元格中输入"1"，在L3单元格中输入"3"，选定单元格区域L2:L3，按住鼠标左键拖动填充柄，将按这两个数据的差值自动生成等差序列填充数据。

（2）等比序列：在M2单元格中输入"2"，选定需要输入等比序列的单元格区域M2:M23，单击"开始"选项卡"编辑"组工具栏中的"填充"命令按钮，在下拉菜单中选择"序列"命令，弹出"序列"对话框，在对话框中的"类型"选区中选中"等比序列"单选按钮，在"步长值"文本框中输入"2"，单击"确定"按钮即可。

图2-5　等差序列、等比序列数据的输入

2.2.2 内置填充序列的输入

对于一些常用的序列，如星期、月份、季度等，Excel 已经内置这些填充序列，用户可以方便地使用这些序列填充单元格数据。

单击“文件”选项卡，在弹出的“文件”菜单中选择“选项”命令，弹出“Excel 选项”对话框。选择左侧列表框中的“高级”选项，在右侧列表的“常规”选区中单击“编辑自定义列表”按钮，弹出“自定义序列”对话框，如图 2-6 所示。在“自定义序列”列表框中列出了 Excel 内置的填充序列。

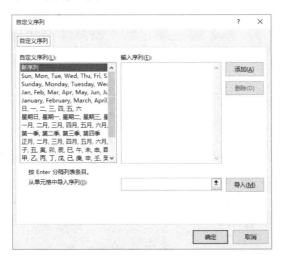

图 2-6 “自定义序列”对话框

例 2-5 在“贷款数据管理”工作簿中的“法人表”中练习从一月到十二月序列的输入。

在 K2 单元格中输入“一月”，使用填充柄向下填充其他单元格数据，结果如图 2-7 所示。

	D	E	F	G	H	I	J	K
1	注册资本(万元)	法人代表	出生日期	性别	是否党员	照片	法人分类编号	月份
2	350	高郁杰	1965/1/29	男	TRUE			一月
3	30000	王皓	1968/9/19	男	FALSE			二月
4	500000	吴锋	1961/6/11	男	TRUE			三月
5	50000	刘萍	1964/3/15	女	TRUE			四月
6	6000	张静初	1964/7/28	女	FALSE			五月
7	11000	薛清海	1969/4/27	男	TRUE			六月
8	50000	梁雨琛	1968/3/5	男	TRUE			七月
9	60000	李建宙	1973/10/15	男	FALSE			八月
10	25000	张晗	1972/12/4	男	FALSE			九月
11	1200	史绪文	1966/11/25	男	TRUE			十月
12	7500	李智强	1971/2/14	男	TRUE			十一月
13	5000	王一凡	1966/7/18	男	TRUE			十二月
14	3500	赵雨	1975/1/23	女	TRUE			一月
15	240	王天明	1970/2/13	男	FALSE			二月
16	500	田平	1973/1/28	女	TRUE			三月
17	1000	曹虎林	1967/12/15	男	FALSE			四月
18	9000	刘睿海	1969/9/25	男	FALSE			五月
19	2000	张海屿	1973/5/30	女	TRUE			六月
20	100	李建峰	1968/6/12	男	TRUE			七月
21	1000	王坤	1960/9/26	女	FALSE			八月

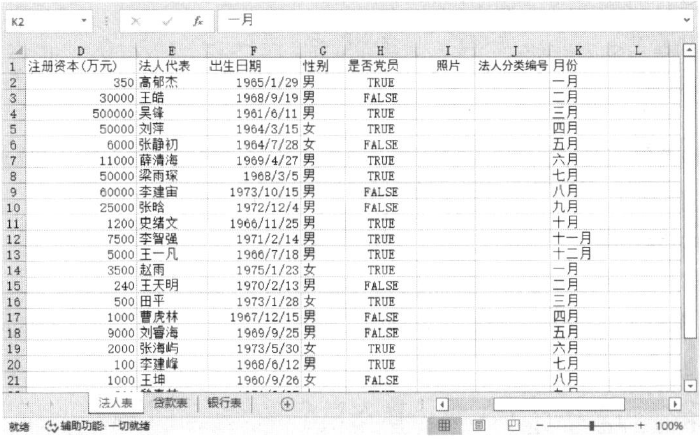

图 2-7 月份的输入

2.2.3　自定义序列的输入

为了更轻松地输入用户经常使用而 Excel 又没有提供的固定序列，可以创建自定义序列。自定义序列是一种较为有效的数据组织方式，为那些没有规律又经常重复使用的数据提供了一种较好的输入方案，极大满足了每个用户的需要。

例 2-6　某大学有商学院、经济学院、管理学院、文学院等，办公应用中经常要用到这些学院的名称，这时就可以创建自定义序列。

Step 1　在工作表中的某行或某列中输入自定义序列的数据，如在 A 列中输入各学院的名称，如图 2-8 所示。

Step 2　单击"文件"选项卡，在弹出的"文件"菜单中选择"选项"命令，弹出"Excel 选项"对话框，选择左侧列表框中的"高级"选项，在右侧列表的"常规"选区中单击"编辑自定义列表"按钮，弹出"自定义序列"对话框。

Step 3　在"从单元格中导入序列"文本框中输入"$A$2:$A$8"，即自定义序列所在的单元格区域，然后单击"导入"按钮，如图 2-9 所示。

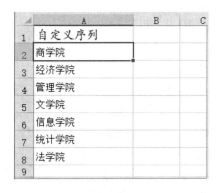

图 2-8　创建自定义序列

图 2-9　"自定义序列"对话框

说明：

① 经过上述操作步骤后，将导入单元格区域中的学院名称，以后需要在其他工作表中输入这些学院的名称时，只要在第一个单元格中输入第一个学院的名称，然后通过填充就能输入其他学院的名称了。

② 如果没有在工作表中输入自定义序列的数据，则可以直接在"自定义序列"对话框中创建自定义序列。选择"自定义序列"列表框中的"新序列"选项，然后在"输入序列"列表框中输入自定义序列的数据，每输入完一个数据，必须按下 Enter 键，接着再输入下一个数据，待整个序列的数据输入完毕后，单击"添加"按钮，将创建的自定义序列保存，或者直接单击"确定"按钮。

2.2.4　使用下拉列表选择数据输入

在工作表中经常出现一些少而规范的数据，如性别（男、女）、法人性质（国有企业、集体企业、中外合资企业、私营企业等），这类数据适合使用下拉列表的方式输入，快速而准确。

1．使用右键快捷菜单在下拉列表中选择数据输入

在输入某列数据时，如果所有可能出现的数据在该列前边的单元格中都已出现过，后边的输入只是某个数据的重复，那么就可以使用右键快捷菜单建立下拉列表，进行数据的选择输入。

例 2-7　在"贷款数据管理"工作簿中的"法人表"中完成性别的输入。

在 G6 单元格上单击鼠标右键，在弹出的快捷菜单中选择"从下拉列表中选择"命令，则 G6 单元格下方显示 G6 单元格上方单元格中已输入的不重复值列表，如图 2-10 所示，在下拉列表中选择数据，完成输入。

说明：

使用右键快捷菜单为单元格输入数据时，要求其上方单元格已经完成输入，不能是空白单元格。

图 2-10　在下拉列表中选择数据输入

2. 使用"数据验证"对话框建立下拉列表选择数据输入

使用"数据验证"对话框可以建立下拉列表，使用下拉列表选择数据输入。

例 2-8 在"贷款数据管理"工作簿中的"法人表"中为"法人性质"列建立下拉列表，完成"法人性质"列数据的输入。

[Step 1] 选定要输入法人性质的单元格区域 C2:C23。

[Step 2] 单击"数据"选项卡"数据工具"组工具栏中的"数据验证"命令按钮，弹出"数据验证"对话框。

[Step 3] 在"允许"下拉列表中选择"序列"选项，在"来源"文本框中输入"国有企业,集体企业,中外合资企业,私营企业"，如图 2-11 中右侧所示，设置完成，单击"确定"按钮即可。

图 2-11 "数据验证"对话框和建立的下拉列表

[Step 4] 建立下拉列表后，单击对应单元格右边的下拉列表按钮，打开下拉列表，如图 2-11 中左侧所示，在显示的可选数据项中选择需要输入的数据即可。

微课视频 2-2

2.2.5 输入数据有效性的设置

为保障输入数据的规范性，减少错误，有些数据可以在输入之前设置条件，如数值取值范围、日期的有效范围、字符的个数等。

例 2-9 在"贷款数据管理"工作簿中，"贷款表"中的贷款金额应介于 100 万元到 5000 万元之间，设置输入数据的有效性，输入出错则弹出错误信息提示对话框。

[Step 1] 在"贷款表"中选定单元格区域 D2:D29。

[Step 2] 单击"数据"选项卡"数据工具"组工具栏中的"数据验证"命令按钮，弹出"数据验证"对话框。

[Step 3] 选择"设置"选项卡，在"允许"下拉列表中选择"整数"选项，在"数

据"下拉列表中选择"介于"选项，在"最小值"文本框中输入"100"，在"最大值"文本框中输入"5000"，如图 2-12（a）所示。

Step 4 选择"出错警告"选项卡，设置样式，输入出错标题及错误信息，如图 2-12（b）所示。

Step 5 设置完成，单击"确定"按钮即可。

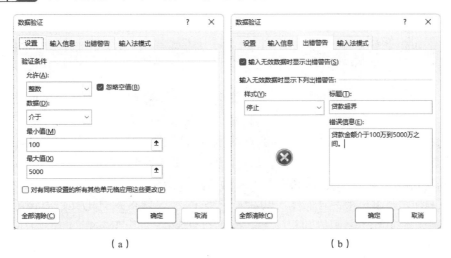

（a）　　　　　　　　　　　　　　　　（b）

图 2-12 "数据验证"对话框中"设置"和"出错警告"选项卡的设置

例 2-10 在"贷款数据管理"工作簿中，"法人表"中的法人名称长度应不超过 20 个字符，设置输入数据的有效性，输入出错则弹出错误信息提示对话框。

Step 1 在"法人表"中选定单元格区域 B2:B23。

Step 2 单击"数据"选项卡"数据工具"组工具栏中的"数据验证"命令按钮，弹出"数据验证"对话框。

Step 3 选择"设置"选项卡，在"允许"下拉列表中选择"文本长度"选项，在"数据"下拉列表中选择"小于或等于"选项，在"最大值"文本框中输入"20"，如图 2-13 所示。

图 2-13 设置文本长度最大值

微课视频 2-3

Step 4 选择“出错警告”选项卡，设置样式，输入出错标题及错误信息。

Step 5 设置完成，单击“确定”按钮即可。

2.3 其他数据的输入

2.3.1 仿真数据的输入

在用 Excel 分析问题的过程中，有时需要大量的实验数据，以检验某些模型的合理性。在学习过程中，也需要大量的仿真数据，以快速掌握 Excel 的主要功能。如果把时间用在工作表仿真数据的输入上，那么这将是一件既费时又无益于工作和学习的事情。使用随机函数生成指定范围内的随机数，能够提高工作效率。

Excel 中的两个随机函数为用户输入大量仿真数据提供便利。

RAND 函数返回一个大于或等于 0 且小于 1 的平均分布的随机实数。该函数不需要参数。若要生成 a 与 b 之间的随机实数，则可以使用公式“=RAND()*(b-a)+a”实现。

RANDBETWEEN 函数返回大于或等于指定的最小值、小于或等于指定的最大值之间的一个随机整数。

语法：=RANDBETWEEN（bottom,top）

参数：bottom 是能返回的最小整数，top 是能返回的最大整数。

例 2-11　生成一组位于区间[0,1）内的随机实数。

Step 1 在 A2 单元格中输入公式“=RAND()”。

Step 2 选定单元格，按住鼠标左键拖动填充柄，填充公式，结果如图 2-14 所示。

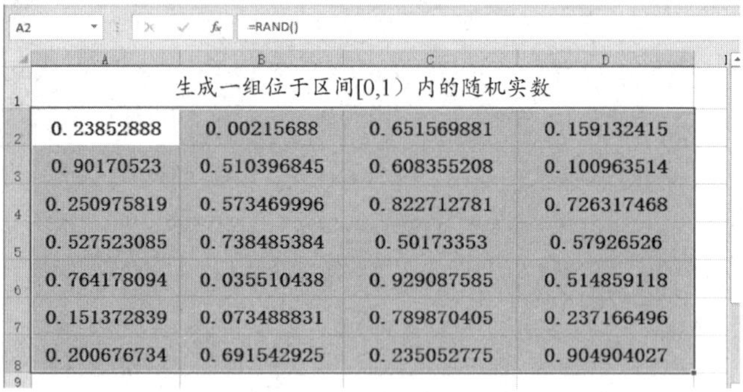
A2 =RAND()

生成一组位于区间[0,1）内的随机实数			
0.23852888	0.00215688	0.651569881	0.159132415
0.90170523	0.510396845	0.608355208	0.100963514
0.250975819	0.573469996	0.822712781	0.726317468
0.527523085	0.738485384	0.50173353	0.57926526
0.764178094	0.035510438	0.929087585	0.514859118
0.151372839	0.073488831	0.789870405	0.237166496
0.200676734	0.691542925	0.235052775	0.904904027

图 2-14　生成一组位于区间[0,1）内的随机实数

例 2-12　生成一组位于区间[500,800)内的随机实数，保留两位小数。

输入公式“=ROUND(500+300*RAND(),2)”，结果如图 2-15 所示。

例 2-13　随机生成一组手机号码，以 130 开头，由 11 位数字组成。

输入公式“=RANDBETWEEN(13000000000,19999999999)”，结果如图 2-16 所示。

A2		fx	=ROUND(500+300*RAND(),2)	

A	B	C	D
生成一组位于区间[500,800）内的随机实数，保留两位小数			
702.51	577.97	510.69	669.99
633.72	786.72	783.09	679.84
534.31	660.44	700.32	665.73
734.83	746.42	552.19	550.55
723.84	512.67	723.11	625.83
665.8	605.74	637.76	597.47
781.97	736.53	505.76	660.02

图 2-15　生成一组位于区间[500,800)内的随机实数，保留两位小数

A2		fx	=RANDBETWEEN(13000000000,19999999999)	

A	B	C	D
随机生成一组手机号码			
14989820398	17607866290	13018132577	13285368155
19771843542	18259362222	18557629421	13172279492
19050368094	15817652044	18448579871	15572964860
15644152761	13093083047	15596473321	13177145480
19053836977	15427936854	15184836040	19748133044
15825930921	15284133292	13320453309	13126967928
14877451594	18955012472	16509788319	19481552917

图 2-16　随机生成一组手机号码

说明：

RAND 函数和 RANDBETWEEN 函数每次计算时都会返回一个新的随机数。

Excel 生成随机数的几种方法及实例教程：
https://www.office26.com/excel/excel_5302.html

2.3.2　外部数据的导入

企业数据常常以多种形式存在，如以数据库或某些特殊文件形式存储在服务器、网站或办公室的某些计算机中。将这些数据导入到 Excel 中，利用 Excel 的数据处理和图表分析功能，能够轻松制作出各类报表。此外，Excel 还是一个高效的数据输入工具，将它与专业数据库、应用系统相结合，作为数据的采集工具，能够提高批量数据输入的效率。

1. 来自文件数据的导入

可以将不同类型的数据文件导入到 Excel 中，数据文件可以是文本文件、Web 文件和 PDF 文件等。

例 2-14　将如图 2-17 所示的文本格式的"课程表"数据文件导入到 Excel 中。

图 2-17 文本格式的"课程表"数据文件

Step 1 单击"数据"选项卡"获取外部数据"组工具栏中的"自文本"命令按钮，弹出"导入文本文件"对话框，在该对话框中选择需要导入的"课程表"数据文件，单击"导入"按钮，弹出文本导入向导第 1 步对话框，如图 2-18 所示。在该对话框中设置文本文件中列数据的分隔方式：如果文本文件中各列数据的宽度不同，则选中"分隔符号"单选按钮；如果文本文件中各列数据的宽度相同，则选中"固定宽度"单选按钮。本例中选中"分隔符号"单选按钮。

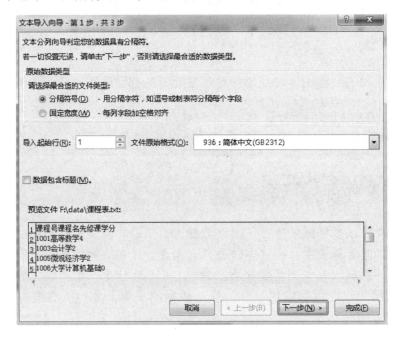

图 2-18 设置文本文件中列数据的分隔方式

Step 2 设置完成后单击"下一步"按钮，弹出文本导入向导第 2 步对话框，如图 2-19 所示。在该对话框中设置列数据所包含的分隔符号，本例中勾选"Tab 键"和"其他"复选框。

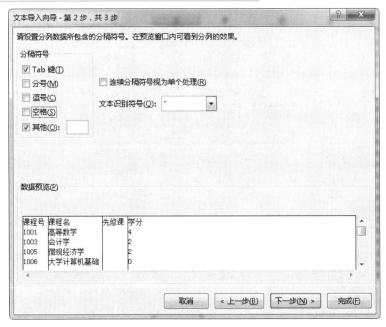

图 2-19　设置列数据所包含的分隔符号

Step 3　设置完成后单击"下一步"按钮，弹出文本导入向导第 3 步对话框，如图 2-20 所示。在该对话框中设置列数据格式，本例中选中"常规"单选按钮。

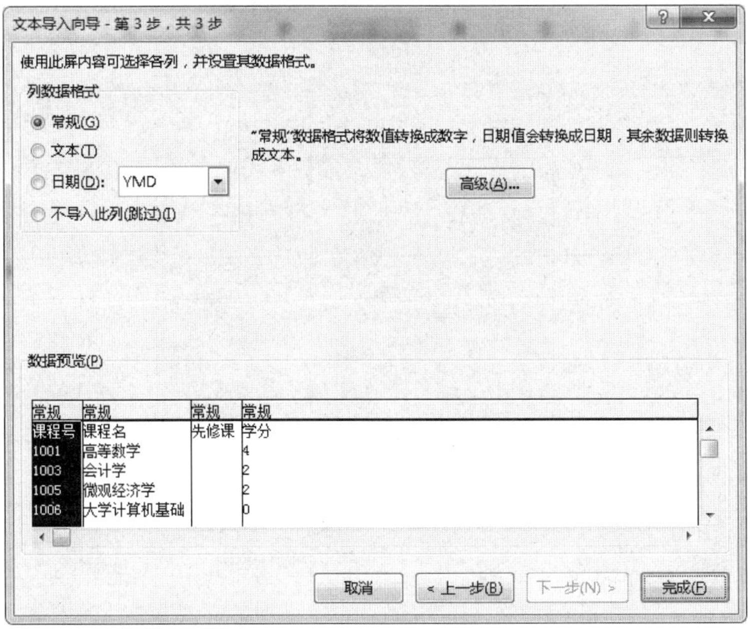

图 2-20　设置列数据格式

Step 4　设置完成后单击"完成"按钮，弹出"导入数据"对话框，如图 2-21 所示。在该对话框中设置导入数据的显示方式及位置，本例中按照图 2-21 所示进行设置。

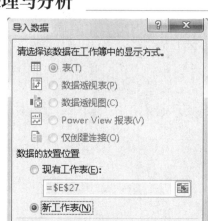

图 2-21 "导入数据"对话框

Step 5 设置完成后单击"确定"按钮,数据导入的结果如图 2-22 所示。

图 2-22 导入到 Excel 中的课程表

2. 来自数据库数据的导入

数据库管理系统不仅实现了对数据的集中保存,还能够为企事业单位人员分配、财务管理、生产管理、档案管理等日常工作提供信息,为企业的决策提供重要依据。

Access 是微软开发的小型数据库管理系统,在数据库管理方面功能齐全且操作简便。例如,利用 Access 创建的"学生课程数据库"中的"学生表"如图 2-23 所示。

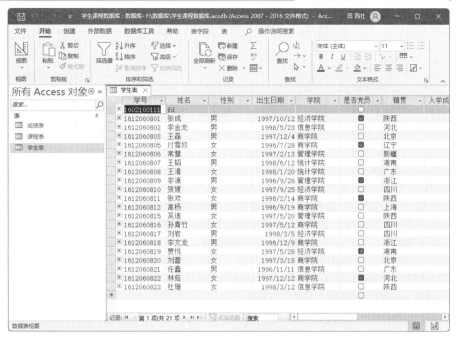

图 2-23　利用 Access 创建的"学生课程数据库"中的"学生表"

数据库管理系统有一套完善而科学的技术理论，用于数据表的建立、管理和维护，其设计与实施必须按照一定的规范进行。一般来说，数据库的建立和维护由专门的数据库开发工具和专业人员来完成。把 Excel 与数据库相结合，从数据库中提取数据到 Excel 的工作表中进行分析，制作各种数据报表和分析图表，或者利用 Excel 高效的数据输入能力，把业务数据输入到工作表中，再将这些数据从 Excel 导入到数据库的数据表中，能够极大地提高工作效率。

例 2-15　将利用 Access 创建的"学生课程数据库"中的"学生表"导入到"贷款数据管理"工作簿中。

操作步骤与例 2-14 类似，具体方法可以查看微课视频 2-4，导入的结果如图 2-24 所示。

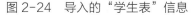

图 2-24　导入的"学生表"信息

微课视频 2-4

2.4　工作表格式化

2.4.1　套用表格格式

没有格式设置的工作表存在表标题不醒目、查看数据容易看错行、整个表不美观等缺点，需要进一步完善。

Excel 为表格预定了许多格式，称为表样式。用户可以套用这些表样式来格式化单元格区域。在套用表样式的过程中，Excel 会先将活动单元格所在的整个区域或预先选定的单元格区域转换成表格，再应用选定的表样式对它进行格式化。套用表样式（也称套用表格格式）格式化工作表是最简单和高效的格式化工作表的方法。

Excel 从颜色、边框、线、底纹等方面为表提供了许多格式化样式，用户可根据表格中的实际内容选择需要的表样式，对工作表进行格式化设置。

"套用表格格式"命令具有自动预览特性。选定表中任意一个单元格后，可以使用"套用表格格式"选项板来预览预定义的表样式。将鼠标指针停留在该选项板中的某个表样式上，则显示将该表样式应用于创建的表中的效果。在选项板中不断移动鼠标指针，就会实时地看到鼠标指针所指表样式应用于表中的效果。只有单击某个样式后，才会真正地应用此表样式格式化工作表。

例 2-16　格式化"贷款数据管理"工作簿中的"法人表"。

Step 1　选定要格式化的单元格区域 A1:J23 或选定其中的任意一个单元格。

Step 2　单击"开始"选项卡"样式"组工具栏中的"套用表格格式"命令按钮，在打开的"套用表格格式"选项板中选择一个表样式，单击即可，结果如图 2-25 所示。

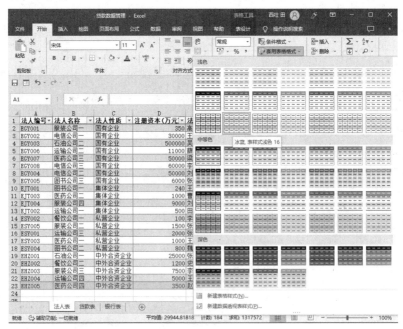

图 2-25　套用表格格式格式化工作表

2.4.2　自定义表格格式

套用表格格式格式化单元格区域后，Excel 会在功能区显示"表格工具表设计"选项卡，其中的"表格样式选项"组中提供了对表进行格式化设置的一些功能，包括标题行、汇总行、镶边行、第一列、最后一列、镶边列、筛选按钮，如图 2-26 所示。

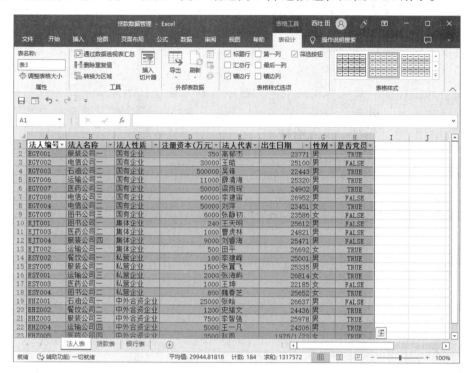

图 2-26　"表格工具表设计"选项卡

标题行：用于设置是否显示表的标题行。表的标题行带有下拉列表按钮。勾选"标题行"复选框，就会显示表的标题行；取消勾选"标题行"复选框，就会隐藏表的标题行。

镶边行：用于对奇数行和偶数行设置不同的显示效果，将所有奇数行的背景设置为一种色彩，而将所有偶数行的背景设置为另一种色彩，以便区分不同行中的数据。当表格中复杂数据行数较多时，用镶边行对表进行设置非常有用。

镶边列：用于对表的奇数列和偶数列设置不同的显示效果。

第一列/最后一列：用于强调表格的第一列/最后一列的显示效果。当勾选某个复选框时，Excel 会用粗体显示对应列中的数据。

若不满意表的某些特征，则可以使用"表格工具表设计"选项卡中的工具对表格的格式做进一步的设计和完善。

2.5　单元格格式化

2.5.1　套用单元格样式

为方便用户格式化单元格，Excel 提供了许多单元格样式，可以直接套用这些单元格样式来格式化单元格或单元格区域。

套用单元格样式格式化单元格或单元格区域的方法是：选定要套用单元格样式的单元格或单元格区域，单击"开始"选项卡"样式"组工具栏中的"单元格样式"命令按钮，打开如图 2-27 所示的"单元格样式"选项板，将鼠标指针停留在该选项板中的某个单元格样式上，则显示选定的单元格或单元格区域应用对应样式后的效果，单击某个样式后，才会将此样式实际应用于选定的单元格或单元格区域中。

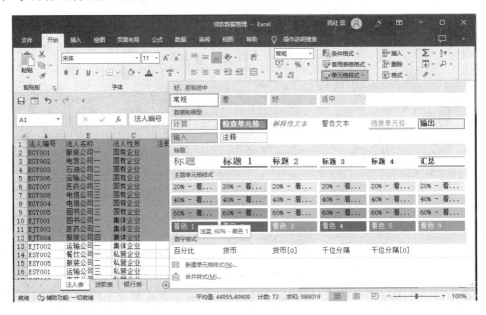

图 2-27　"单元格样式"选项板

"单元格样式"选项板中有 6 个类别的单元格样式，每个类别具有不同的格式化功能。

（1）好、差和适中：此类别下的单元格样式采用不同色彩来突出显示单元格中的数据。选定单元格或单元格区域后，指向其中的"差""好""适中"，就会立即看到选定的单元格或单元格区域应用此样式后的效果。"常规"样式也位于此类别下。选择它时，会对选定的单元格或单元格区域使用默认的单元格样式。

（2）数据和模型：此类别下的单元格样式具有特定的用途。例如"解释性文本"样式将单元格中的数据设置为解释性文本，以斜体字显示，用于设置显示计算结果的单元格。

（3）标题：主要包括一些标题样式，每种标题样式具有不同粗细的边框和底纹，从而将选定的单元格设置为颜色搭配协调的列标题。

（4）主题单元格样式：提供了许多强调文字的样式，这些样式依赖于当前选择的主题颜色。每个主题颜色提供了 4 种级别的强调色百分比，可以以不同的色度显示单元格中的数据。

（5）数字格式：提供了数字的几种显示格式，与"开始"选项卡"数字"组工具栏中的命令按钮功能一致。

（6）新建单元格样式：允许用户定义新的单元格样式，并将用户定义的样式添加在选项板的顶部，以备后用。

2.5.2 自定义单元格格式

在 Excel 中，用户可以根据需要使用"设置单元格格式"对话框或"开始"选项卡中的命令按钮，完成对单元格格式的设置，方法在第 1 章中已介绍，这里不再赘述。实例请看微课视频 2-5。

微课视频 2-5

2.5.3 格式化函数

TEXT 函数可通过格式代码应用于数字格式，进而更改数字的显示方式。若要按可读的格式显示数字，或将数字与文本或符号组合，则使用 TEXT 函数将非常方便。图 2-28 所示为一些常见 TEXT 函数的应用示例。

	公式	显示结果	说 明
2	=TEXT(5360.848,"$#,##0.00")	$5,360.85	货币带有 1 个千位分隔符和 2 个小数，Excel 将该值四舍五入到小数点后两位。
3	= TEXT(TODAY(),"MM/DD/YY")	04/24/22	目前日期采用 YY/MM/DD 格式，如 12/03/14
4	=TEXT(TODAY(),"DDDD")	Sunday	一周中的当天，如周日
5	=TEXT(0.467,"0.0%")	46.7%	百分比，如 28.5%
6	=TEXT(2.75,"# ?/?")	2 3/4	分数
7	=TRIM(TEXT(0.4,"# ?/?"))	2/5	分数表示。注意，这将使用 TRIM 函数删除带十进制值的前导空格。
8	=TEXT(12200000,"0.00E+00")	1.22E+07	科学记数法，如 1.22E+07
9	=TEXT(298307898,"[<=9999999]###-####;(###) ###-####")	(29) 830-7898	特殊（电话号码），如 (29) 830-7898
10	=TEXT(123456,"##0° 00' 00''")	12° 34' 56''	自定义 - 纬度/经度
11	="姓名"&TEXT(TODAY(),"yy/mm/dd")	姓名22/04/24	将日期数据按日期格式转换为字符与字符连接
12	=TEXT(8672,"0000000")	0008672	添加前导零 (0)

图 2-28 常见 TEXT 函数应用示例

例 2-17 将"贷款数据管理"工作簿中"贷款表"中的贷款金额转换为中文大小写数字表示。

在 F2 单元格中输入公式"=TEXT(D2,"[dbnum1]0 拾 0 万 0 仟 0 佰 0 拾 0 万元")"。其中，格式码为"[dbnum1]"，表示为中文小写格式；"0"表示 1 位数字。

从 F4 单元格开始，格式码为"[dbnum2]"，表示为中文大写格式。

用 TEXT 函数实现数字中文大小写如图 2-29 所示。

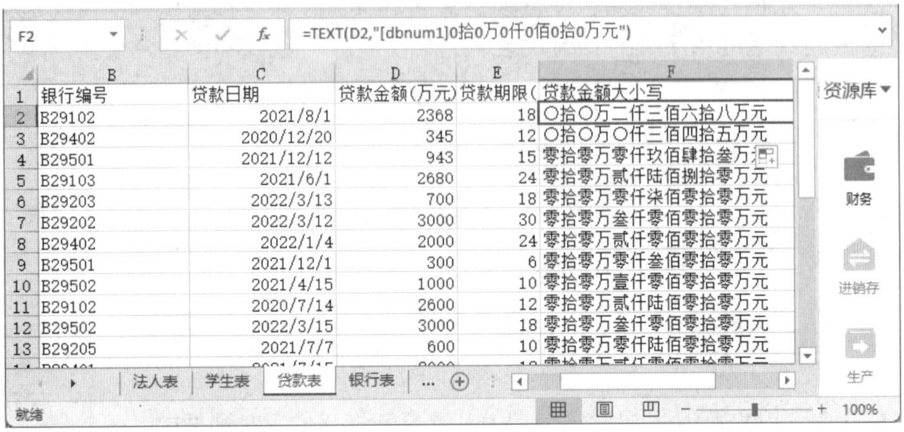

	B	C	D	E	F
1	银行编号	贷款日期	贷款金额(万元)	贷款期限(	贷款金额大小写
2	B29102	2021/8/1	2368	18	○拾○万二仟三佰六拾八万元
3	B29402	2020/12/20	345	12	○拾○万○仟三佰四拾五万元
4	B29501	2021/12/12	943	15	零拾零万零仟玖佰肆拾叁万
5	B29103	2021/6/1	2680	24	零拾零万贰仟陆佰捌拾零万元
6	B29203	2022/3/13	700	18	零拾零万零仟柒佰零拾零万元
7	B29202	2022/3/12	3000	30	零拾零万叁仟零佰零拾零万元
8	B29402	2022/1/4	2000	24	零拾零万贰仟零佰零拾零万元
9	B29501	2021/12/1	300	6	零拾零万零仟叁佰零拾零万元
10	B29502	2021/4/15	1000	10	零拾零万壹仟零佰零拾零万元
11	B29102	2020/7/14	2600	12	零拾零万贰仟陆佰零拾零万元
12	B29502	2022/3/15	3000	18	零拾零万叁仟零佰零拾零万元
13	B29205	2021/7/7	600	10	零拾零万零仟陆佰零拾零万元

F2 =TEXT(D2,"[dbnum1]0拾0万0仟0佰0拾0万元")

图 2-29　用 TEXT 函数实现数字中文大小写

说明：

TEXT 函数会将数字转换为文本，这可能使其在以后的计算中难以引用。最好将原始值保存在一个单元格中，然后在另一个单元格中使用 TEXT 函数。如果需要构建其他公式，则要始终引用原始值，而不是 TEXT 函数结果。

> TEXT 函数应用：
> https://baijiahao.baidu.com/s?id=16314298180269722288&wfr=spider&for=pc

2.6　条件格式

条件格式是指当单元格中的数据满足特定的条件时，将单元格显示成相应条件的单元格格式。一般在需要突出显示公式的计算结果或监视单元格中的值时应用条件格式。应用条件格式更容易达到以下效果：突出显示所关注的单元格或单元格区域，强调异常值，使用数据条、色阶和图标集来直观地显示数据。

2.6.1　条件格式规则

条件格式是根据一组规则来实施完成的，这组规则称为条件格式规则。单击"开始"选项卡"样式"组工具栏中的"条件格式"命令按钮，打开"条件格式"下拉菜单，如图 2-30 所示。

图 2-30　"条件格式"下拉菜单

1. 突出显示单元格规则

突出显示单元格规则仅对包含文本、数值、日期或时间值的单元格设置条件格式，查找单元格区域中的特定单元格时基于比较运算符设置特定单元格的格式。例如，在"贷款数据管理"工作簿中的"贷款表"中为贷款金额超过 2000 万元的单元格设置底纹，结果如图 2-31 所示。

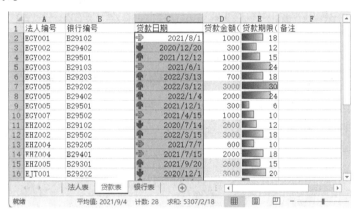

图 2-31　条件格式应用示例

2. 最前/最后规则

最前/最后规则仅对排名靠前或靠后的值设置格式，可以根据指定的截止值查找单元格区域中的最高值、最低值，查找高于或低于平均值的值。

3. 数据条

使用数据条可设置所有单元格的格式，数据条可帮助查看某个单元格中的值相对于其他单元格中的值的高低。数据条的长度代表单元格中的值。数据条越长，表示值越高；数据条越短，表示值越低。在观察大量数据中的较高值和较低值时，数据条尤其有用。例如，在"贷款数据管理"工作簿中的"贷款表"中为贷款期限设置数据条，结果如图 2-31 所示。

4. 色阶

色阶通过三色刻度使用 3 种颜色的渐变来帮助比较单元格区域中的数据，颜色的深浅表示值的高低。色阶作为一种直观的指示，可以帮助了解数据分布和数据变化。

5. 图标集

使用图标集可以对数据进行注释，并可以按阈值将数据分为 3~5 个类别，每个图标代表一个值的范围。例如，在"贷款数据管理"工作簿中的"贷款表"中为贷款日期设置图标集，向上箭头代表较高值，横向箭头代表中间值，向下箭头代表较低值，结果如图 2-31 所示。

Excel 为每个条件格式规则设置了默认值，并将它们关联到各种条件格式中。当应用条件格式对单元格区域进行格式化时，将按默认规则格式化相应的单元格。例如，当应用具有 3 个图标的条件格式时，每个图标各代表三分之一比例的数值范围。

2.6.2 新建条件格式规则

当 Excel 自带的条件格式规则不能满足特定需求时，就需要运用新建条件格式规则进行处理。新建条件格式规则功能强大，能够灵活应对各种各样的数据格式化需求。

单击"开始"选项卡"样式"组工具栏中的"条件格式"命令按钮，在下拉菜单中选择"新建规则"命令，弹出"新建格式规则"对话框，如图 2-32 所示。

图 2-32 "新建格式规则"对话框

在该对话框中有 6 个规则类型选项。第 1 个选项"基于各自值设置所有单元格的格式"包括用于创建数据条、色阶和图标集的所有控件，可通过"编辑规则说明"选区中的"格式样式"下拉列表选择。其余规则的名称已明确表示出该规则条件格式的意义。

例如，第 3 个选项"仅对排名靠前或靠后的数值设置格式"，在"编辑规则说明"选

区中，默认对排名前 10 的数值进行格式设置，可以根据实际重新选择，如图 2-33 所示。

图 2-33　"仅对排名靠前或靠后的数值设置格式"选项说明

例 2-18　在"贷款数据管理"工作簿中的"法人表"中为注册资本设置条件格式，根据注册资本标记出前 20%、后 20% 及中间 3 个不同的区域。

Step 1　在"法人表"中选定需要设置条件格式的单元格区域 D2:D23。

Step 2　单击"开始"选项卡"样式"组工具栏中的"条件格式"命令按钮，在下拉菜单中选择"新建规则"命令，弹出"新建格式规则"对话框。

Step 3　在"选择规则类型"下拉列表中选择"基于各自值设置所有单元格的格式"选项，在"格式样式"下拉列表中选择"图标集"选项。

Step 4　在两个"类型"下拉列表中选择"百分点值"选项，在两个"值"文本框中分别输入值的范围，设置如图 2-34 中右侧所示。

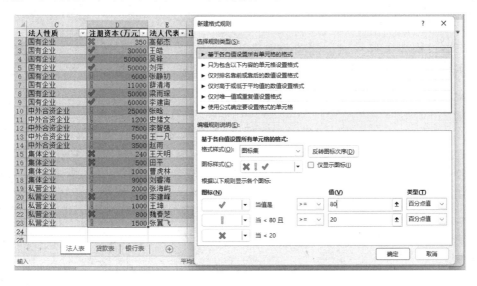

图 2-34　用 3 种图标标记注册资本

Step 5 设置完成，单击"确定"按钮，结果如图 2-34 中左侧所示。

例 2-19 在"贷款数据管理"工作簿中的"银行表"中设置隔行着色。

Step 1 在"银行表"中选定需要设置条件格式的单元格区域 A1:D17。

Step 2 单击"开始"选项卡"样式"组工具栏中的"条件格式"命令按钮，在下拉菜单中选择"新建规则"命令，弹出"新建格式规则"对话框，如图 2-35 中右侧所示。

Step 3 在"选择规则类型"下拉列表中选择"使用公式确定要设置格式的单元格"选项。

Step 4 在"为符合此公式的值设置格式"文本框中输入公式"=MOD(ROW(),2)=0"，单击"确定"按钮，结果如图 2-35 中左侧所示。在公式中，MOD 函数计算两个整数相除的余数，ROW 函数返回当前单元格的行数。

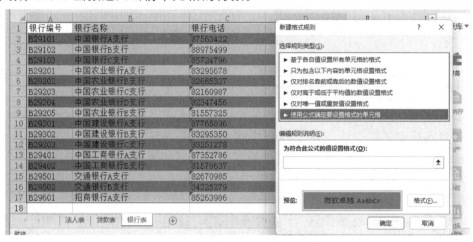

图 2-35 为偶数行设置背景色填充

2.6.3 条件格式规则管理

对区域设置多重条件时，需要分为多次进行，但每次的设置都会发生作用。条件格式最多可以包含 64 个条件。当设置的条件较多时，可以通过条件格式规则管理器进行管理。

单击"开始"选项卡"样式"组工具栏中的"条件格式"命令按钮，在下拉菜单中选择"管理规则"命令，弹出"条件格式规则管理器"对话框，如图 2-36 所示。图 2-36 中显示的是在"贷款表"中的单元格区域 D2:D29 已定义了 4 个条件格式规则。

当多个条件格式规则应用于同一个单元格或单元格区域中时，在条件格式规则管理器中，这些条件格式规则从上向下的次序就是其优先级从高到低的次序。在默认情况下，新规则总是添加到列表的顶部，因此具有较高的优先级。通过条件格式规则管理器中的命令按钮可以调整条件格式规则的优先级次序，可以进行规则的删除、编辑和新建等操作。

图 2-36　条件格式规则管理器

2.6.4　条件格式应用

例 2-20　对"贷款数据管理"工作簿中的"贷款表"进行条件格式设置，使得最终结果如图 2-31 所示。

Step 1 打开"贷款数据管理"工作簿，选定"贷款表"，选定单元格区域 D2:D29，单击"开始"选项卡"样式"组工具栏中的"条件格式"命令按钮，在下拉菜单中选择"突出显示单元格规则"子菜单中的"大于"命令，弹出"大于"条件格式设置对话框，在"为大于以下值的单元格设置格式"文本框中输入"2000"，在"设置为"下拉列表中选择一种条件格式，如图 2-37 所示，完成后单击"确定"按钮。

图 2-37　"突出显示单元格规则"条件格式设置

Step 2 选定单元格区域 E2:E29，单击"开始"选项卡"样式"组工具栏中的"条件格式"命令按钮，在下拉菜单中选择"数据条"命令，在打开的"数据条"选项板中选择一种数据条样式，如图 2-38 所示。

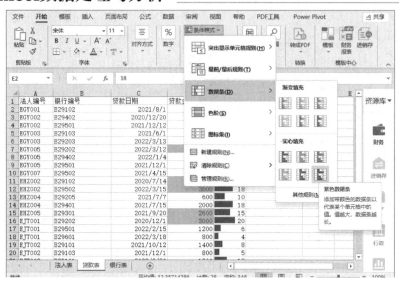

图 2-38 "数据条"条件格式设置

Step 3 选定单元格区域 C2:C29，单击"开始"选项卡"样式"组工具栏中的"条件格式"命令按钮，在下拉菜单中选择"图标集"命令，在打开的"图标集"选项板中选择一种图标集样式，如图 2-39 所示。

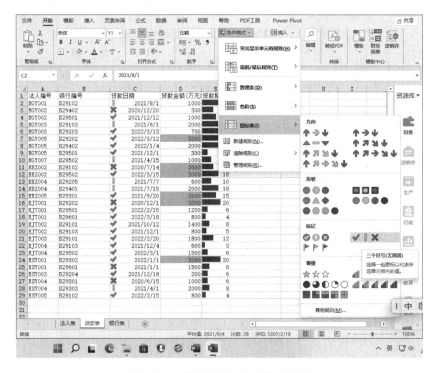

图 2-39 "图标集"条件格式设置

Step 4 单击"开始"选项卡"样式"组工具栏中的"条件格式"命令按钮，在下拉菜单中选择"管理规则"命令，弹出"条件格式规则管理器"对话框，在"显示其格

式规则"下拉列表中选择"当前工作表"选项，可以看到所建的 3 个条件格式规则，如图 2-40 所示。

图 2-40 "贷款表"中所建的条件格式规则

微课视频 2-6

本章小结

本章主要介绍了数据输入与格式设置。不同类型的数据具有不同的输入方法，相同数据可通过复制或使用填充柄产生，连续的编号或序号可使用填充的方法产生。对于比较规范、范围固定的数据，可使用下拉列表选择的方式进行输入，不但快速，而且准确。数据验证功能能够设置数据输入的范围，并对输入的错误数据发出警告信息。使用随机函数可以迅速产生大批量的仿真数据。

工作表格式化包括边框、线、颜色、底纹等的设置。单元格格式化包括数字格式、对齐方式、字体格式、边框格式、填充、保护等的设置。适当地进行工作表格式化和单元格格式化工作，可以制作出精美的工作表。通过套用表格格式、套用单元格样式和设置条件格式，可以简化工作表的格式化过程。此外，用户可以通过自定义表格格式和自定义单元格格式进行格式化工作。

实践 1："学生课程数据管理"工作簿中数据的输入与格式化

1. 数据输入

输入"学生课程数据管理"工作簿中"学生表"中的学生基本信息，掌握数据输入的基本方法，要求如下。

（1）使用填充序列完成"学号"列数据的输入。

（2）使用右键快捷菜单在下拉列表中完成"性别"列数据的输入。

（3）使用随机函数输入"出生日期"列数据，范围是 2000 年 1 月 1 日至 2006 年 12 月 31 日。

（4）使用"数据验证"对话框建立"学院"列的下拉列表选择数据输入。

（5）使用随机函数输入"高考成绩"列数据，范围是 500 至 650 的整数。

操作步骤：

Step 1 打开"学生课程数据管理"工作簿，选定"学生表"，在 A2 单元格中输入"'2131062101"，将鼠标指针移至单元格的右下角，待鼠标指针变为填充柄后，按住鼠标左键拖动填充柄，将自动生成等差序列填充单元格。

Step 2 在 C2 单元格中输入"男"，在 C3 单元格中输入"女"，在 C4 单元格上单击鼠标右键，在弹出的快捷菜单中选择"从下拉列表中选择"命令，则 C4 单元格下方显示 C4 单元格上方单元格中已输入的不重复值列表，在下拉列表中选择数据，用同样的方法完成"性别"列数据的输入。

Step 3 在 D2 单元格中输入公式"=DATE(2000,1,1)+RANDBETWEEN(0,365*7)"，将鼠标指针移至单元格的右下角，待鼠标指针变为填充柄后，按住鼠标左键，拖动填充柄到 D21 单元格，将公式填充到单元格区域 D2:D21，完成"出生日期"列仿真数据的输入。

Step 4 选定要输入学院的单元格区域 E2:E21，单击"数据"选项卡"数据工具"组工具栏中的"数据验证"命令按钮，弹出"数据验证"对话框，在"允许"下拉列表中选择"序列"选项，在"来源"文本框中输入"经济学院,信息学院,文学院,商学院,管理学院,统计学院"，设置完成，单击"确定"按钮；建立下拉列表后，单击对应单元格右边的下拉列表按钮，打开下拉列表，在显示的可选数据项中选择需要输入的数据，完成"学院"列数据的输入。

Step 5 在 H2 单元格中输入公式"=RANDBETWEEN(500,650)"，将鼠标指针移至单元格的右下角，待鼠标指针变为填充柄后，按住鼠标左键，拖动填充柄到 H21 单元格，将公式填充到单元格区域 H2:H21 中，完成"高考成绩"列仿真数据的输入。

2. 格式设置

以"学生表"为数据源，按要求设置格式，参考结果如图 2-41 所示。

（1）添加标题行"学生信息表"，并进行格式设置。

（2）使用"套用表格格式"命令进行表格格式化，表样式自选。

（3）对年龄排名前 20%的数据进行颜色填充，颜色自定。

（4）用 3 种不同图标对高考成绩进行标记，具体范围自定。

操作步骤：

Step 1 在 A1 单元格上单击鼠标右键，在弹出的快捷菜单中选择"插入"命令，在弹出的对话框中选中"整行"单选按钮，合并单元格区域 A1:I1，输入标题"学生信息表"；设置合并后的单元格格式：字体为华文行楷，字号为 20，添加填充色。

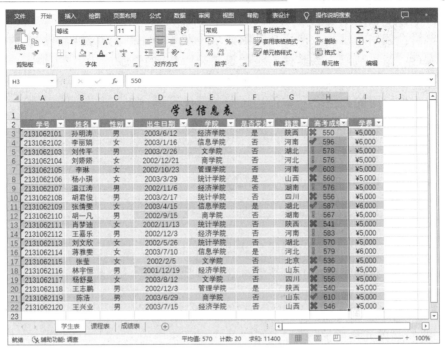

图 2-41　格式设置完成后结果

Step 2　选定单元格区域 A2:I22，单击"开始"选项卡"样式"组工具栏中的"套用表格格式"命令按钮，在打开的"套用表格格式"选项板中选择一个表样式。

Step 3　选定单元格区域 D3:D22，单击"开始"选项卡"样式"组工具栏中的"条件格式"命令按钮，在下拉菜单中选择"最前/最后规则"子菜单中的"最后 10%"命令，在弹出的对话框中，在百分数的文本框中输入"20"，选择格式参数，单击"确定"按钮。

Step 4　选定单元格区域 H3:H22，单击"开始"选项卡"样式"组工具栏中的"条件格式"命令按钮，在下拉菜单中选择"图标集"命令，在打开的"图标集"选项板中选择"其他规则"命令，在弹出的"新建格式规则"对话框中选择 3 种图标样式，修改相关参数，完成后单击"确定"按钮。

实践 2："高校大学生图书借阅数据管理"工作簿中数据的输入与格式化

完成"高校大学生图书借阅数据管理"工作簿中"图书信息表"中的基本数据输入及格式设置，要求如下。

（1）图书编号：由字母和数字组成，使用填充序列完成数据的输入。

（2）类型：包括哲学类、社会科学、政治法律、军事科学、财经管理、历史地理、文化教育等，建立下拉列表选择数据输入。

（3）作者：姓名不超过 10 个字符。

（4）单价：使用随机函数产生，范围是小于或等于 100 元，保留两位小数。

（5）库存：使用随机函数产生，范围是不超过 20 的整数。

（6）设置单价格式为货币格式，用中文格式显示出版日期。

（7）用 3 种不同的颜色表示单价的布局，具体区间自定。

（8）使用数据条对库存数据进行渐变填充。

习题

一、选择题

1. Excel 应用程序窗口中的最下面一行称作状态栏，当输入数据时，状态栏中显示（   ）。

A. 就绪　　　　　　B. 输入　　　　　　　　C. 编辑　　　　　　　　D. 等待

2. 若要使某单元格中显示 0.2，则需要在单元格中输入（   ）。

A. 1/5　　　　　　B. '1/5　　　　　　　C. "1/5　　　　　　　D. =1/5

3. 下面关于单元格格式的叙述，正确的是（   ）。

A. 依输入数据的格式而定，不能更改　　B. 可根据需要随时更改

C. 一旦确定，将不可更改　　　　　　　D. 更改一次后，将不可再更改

4. 在 Excel 工作表中，每个单元格的默认格式为（   ）。

A. 数字　　　　　　B. 文本　　　　　　C. 日期　　　　　　　D. 常规

5. 在 Excel 工作表中，删除单元格时不能选择（   ）。

A. 右侧单元格左移　　　　　　　　　B. 左侧单元格右移

C. 下方单元格上移　　　　　　　　　D. 删除整行或整列

6. 在 Excel 工作表中的 D2 和 E2 单元格中分别输入"八月"和"九月"，则选定这两个单元格并向右拖动填充柄经过 F2 和 G2 单元格后，F2 和 G2 单元格中显示的内容分别是（   ）。

A. 十月、十月　　B. 九月、九月　　　　C. 十月、十一月　　　D. 八月、九月

7. 要在 Excel 的某个单元格中输入文本数据 010001，下面输入正确的是（   ）。

A. '010001　　　B. "010001　　　　C. "010001"　　　　D. '010001'

8. 在 Excel 的单元格中输入日期时，年、月、日间的分隔符可以是（   ）。

A. "/"或"-"　　B. "、"或"|"　　　C. "/"或"\"　　　　　D. "\"或"."

9. 要改变数字格式可使用"设置单元格格式"对话框中的（   ）选项卡。

A. 对齐　　　　　　B. 数值　　　　　　C. 数字　　　　　　　D. 字体

10. 下面"设置单元格格式"对话框中的对齐选项，不属于垂直对齐方式的是（   ）。

A. 靠上　　　　　　B. 靠左　　　　　　C. 两端对齐　　　　　D. 分散对齐

二、填空题

1. 在默认情况下，文本数据是_____对齐，数值数据是_____对齐。

2. 如果文本数据全部由数字组成，则输入时应在数字前加一个_____。

3. 输入分数时，必须在分数前输入_____和空格。

4. 输入日期时，可以用_____或短线"-"分隔日期的年、月、日。

5. 鼠标指针位于选定区域右下角时所出现的十字形状称为_____。

6. RAND 函数返回一个_____0 且_____1 的平均分布的随机实数。

7. RANDBETWEEN 函数返回大于或等于指定的最小值、小于或等于指定的最大值之间的一个_____。

8. Excel 为表格预定了许多格式，称为_____。

9. 单元格保护方式分为_____和_____两类。

10. 当单元格中的数据满足特定的条件时，将单元格显示成相应条件的单元格格式，称之为_____。

三、简答题

1. Excel 数据类型有哪些？

2. 简述条件格式的类型及功能。

3. 简述填充柄的主要用途。

4. 简述数据格式化的作用。

5. 数据格式化包括哪些方面？

第 3 章
公式与函数应用

 【学习目标】

✓ 学会公式的基本操作、检查公式中的错误及审核公式。
✓ 学会使用常用函数。

【学习重点】

✓ 熟练掌握编辑公式、复制公式、移动公式的操作。
✓ 掌握常见的公式返回的错误值，及时查找错误原因，并解决问题。
✓ 掌握常用函数的功能及使用方法，能够正确运用函数解决相关问题。

【思政导学】

✓ 关键字：公式、函数。
✓ 内涵要义：数据计算是 Excel 电子表格软件的一个核心功能，学会使用公式和函数进行数据计算，将给日常的数据处理与分析工作带来很大的便利，在进行数据计算时要科学规范、严谨求真。
✓ 思政点播：使用 RANK 函数对近十年的世界 500 强企业进行排名，通过数据分析发现中国企业保持了稳定发展的态势，上榜的中国企业数量持续增加，从而激发学生对中国改革开放以来取得成果和国家强大的自豪感，进而增强学生为国家富强的伟大事业奋斗的信心和决心。介绍公式和函数的应用，使学生掌握数据计算的方法与技巧，提高学生的数据计算能力，培养学生树立科学的思维方式。
✓ 思政目标：培养学生具有快速、高效进行数据计算的能力，着力培养学生具有利用客观数据进行缘事析理的能力和科学严谨的精神。

公式与函数是 Excel 的核心，是 Excel 处理数据最重要的基本工具。对公式与函数的了解越深入，运用 Excel 处理与分析数据就越轻松。在公式中结合函数，就能把 Excel 变成功能强大的数据处理与分析工具。

本章结合实例主要介绍 Excel 中公式与函数的操作方法及综合应用。掌握了公式与函数的基本知识，应用 Excel 公式与函数解决实际问题时才能得心应手。

3.1　公式与应用

公式是 Excel 工作表中进行数值计算的等式，公式输入是以"="开始的。例如，"=3*2+3"是一个比较简单的公式，表示 3 乘 2 再加 3，结果是 9。要想熟练地使用公式，就要对公式的组成、运算、输入等有所了解。

3.1.1　公式概述

1. 公式中的运算符及其优先级

运算符是构成公式的基本元素之一，一个运算符就是一个符号，代表着一种运算。在 Excel 公式中，运算符有算术运算符、比较运算符、文本运算符和引用运算符 4 种类型，详见第 1 章中表 1-3。

如果在一个公式中有多个运算符，则要按照一定的顺序进行运算。公式的运算顺序与运算符的优先级有关，各种运算符的优先级如表 3-1 所示。对于不同优先级的运算符，按照优先级从高到低的顺序进行运算。如果公式中有相同优先级的运算符，则按照从左到右的顺序进行运算。

表 3-1　运算符的优先级

序号	运算符（优先级从高到低）	说明
1	:	区域运算符
2	,	联合运算符
3	空格	交叉运算符
4	–	负号
5	%	百分比
6	^	乘方
7	*和/	乘法和除法
8	+和–	加法和减法
9	&	文本运算符
10	=、>、<、>=、<=、<>	比较运算符

如果要改变运算顺序，则可以使用括号来控制。例如，公式"=(4+3)*5"就是先求

和，再计算乘积。

公式中的括号可以嵌套使用，即在括号内部还可以有括号，Excel 会先计算最里面括号中的表达式。此外，使用括号时必须是左括号和右括号同时使用，否则 Excel 会显示错误信息来说明这个问题。例如，如果输入这样的公式"=(A3*2-B3*C3+D3*2/2"，则会出现如图 3-1 所示的对话框。此时，可以查看对话框中的更正建议是否符合需要。如果要接受更正，则单击"是"按钮，将公式改为建议的样式。如果希望自己更正公式，则单击"否"按钮，关闭对话框，然后自行更正。对于本例，单击"否"按钮后，会弹出一个警告对话框，如图 3-2 所示。这时单击"确定"按钮，然后可根据提示在编辑栏中进行更正。

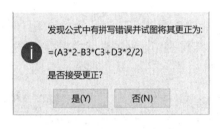

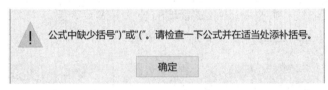

图 3-1　显示错误信息　　　　　　　　　　　　图 3-2　警告对话框

2. R1C1 引用和 A1 引用

在公式中可以使用单元格的引用。在公式中，可以引用同一个工作表中的单元格，也可以引用同一个工作簿中不同工作表中的单元格，还可以引用其他工作簿中的单元格。

Excel 支持两种类型的引用：R1C1 引用和 A1 引用。在默认情况下，Excel 使用 A1 引用。在 A1 引用中，用字母表示列(A ~ XFD，共 16384 列)，用数字表示行(1 ~ 1048576)，这些字母和数字分别称为列标题和行号，若要引用某个单元格，则只需要输入列标题和行号。例如，B2 表示 B 列和第 2 行交叉处的单元格。

在 R1C1 引用中，Excel 指出了行号在 R 后面、列标题(在这种引用中，列标题变成了阿拉伯数字，而不是默认的英文字母)在 C 后面的单元格的位置。例如，R2C4 表示第 2 行和第 4 列交叉处的单元格。R1C1 引用举例如表 3-2 所示。

表 3-2　R1C1 引用举例

引用举例	含义
R[-2]C	对活动单元格的同一列、上方两行交叉处的单元格的相对引用
R[2]C[2]	对活动单元格的下方两行、右边两列交叉处的单元格的相对引用
R2C2	对工作表中的第 2 行、第 2 列交叉处的单元格的绝对引用
R[-1]	对活动单元格整个上方一行单元格区域的相对引用
R	对当前行单元格区域的绝对引用

R1C1 引用常见于宏程序中。在录制宏时，Excel 常用 R1C1 引用方式产生程序代码，但在工作表中通常采用 A1 方式引用单元格。

3. 三维引用

对同一个工作簿中不同工作表中相同位置的单元格或单元格区域的引用称为三维引用，其引用形式为"Sheet1:Sheet$n$!单元格（或单元格区域）"。例如，"Sheet1:Sheet4!C2"和"Sheet1:Sheet4!B2:D5"都是三维引用，前者包括"Sheet1"～"Sheet4"这4个工作表中每个工作表中的C2单元格，后者包括这4个工作表中每个工作表中的单元格区域B2:D5。而对于公式"=SUM(Sheet1:Sheet4!B2:D5)"，则是对这4个工作表中每个工作表中的单元格区域B2:D5计算总和。由此可见，三维引用的计算效率是相当高的。

4. 内部引用与外部引用

在 Excel 公式中，可以引用公式所在工作表中的单元格，也可以引用与公式所在工作表不同工作表中的单元格，还可以引用不同工作簿中的单元格。引用同一个工作表中的单元格称为内部引用，引用不同工作表中的单元格称为外部引用。前面介绍了 3 种常见的单元格引用，下面再补充两种引用示例。

第一种：引用未打开的不同工作簿中的单元格，如 "='C:\dk\[Book1.xlsx]Sheet1'!$A$2+'C:\dk\[Book1.xlsx]Sheet1'!$B$4"。

引用未打开的不同工作簿中的单元格，需要用单引号将引用单元格所在的工作表路径引出来。以上公式中的"'C:\dk\[Book1.xlsx]Sheet1'"表示"C:\dk"文件夹中"Book1.xlsx"工作簿中的"Sheet1"工作表，"Book1.xlsx"工作簿处于未打开状态。

说明：

在公式中引用未打开的工作簿中的单元格时，用手动输入方式容易出错，比较好的方法是同时打开所有的工作簿，然后在公式中通过鼠标单击来选择需要引用工作簿中的单元格，公式创建完成后再关闭引用工作簿，Excel 会将公式中的单元格引用格式改写为相应的形式，即在已关闭工作簿中的引用单元格前面加上它所在的工作表路径，并用单引号将它引出来。

第二种：同一个公式中存在几种不同的引用，如"=[Book1.xlsx]Sheet1!$A$3+Sheet1!D7+F9"。

说明：

该公式位于"Book2.xlsx"工作簿中"Sheet2"工作表中的 A1 单元格中。公式中的"[Book1.xlsx]Sheet1!$A$3"表示引用"Book1.xlsx"工作簿中"Sheet1"工作表中的$A$3单元格，"Sheet1!D7"表示引用与公式在同一个工作簿中，但位于另一个工作表"Sheet1"中的 D7 单元格，F9 则表示与本公式在同一个工作表中的单元格。

在公式中输入单元格引用最简便的方法是采用鼠标单击的方式。

例 3-1　在"Book2.xlsx"工作簿中"Sheet2"工作表中的 A1 单元格中输入公式"=[Book1.xlsx]Sheet1!A2+Sheet1!B7"。

Step 1　同时打开"Book1"和"Book2"两个工作簿，并在"Book2"工作簿中"Sheet2"工作表中的 A1 单元格中输入 "="。

Step 2　用鼠标单击"Book1"工作簿中"Sheet1"工作表中的 A2 单元格。

Step **3** 输入"+"。

Step **4** 用鼠标单击"Book2"工作簿中"Sheet1"工作表中的 B7 单元格。

Step **5** 按下 Enter 键，公式输入完成。

3.1.2 公式的基本操作

1. 编辑公式

输入到单元格中的公式可以再进行编辑，就像编辑单元格中的其他数据一样。在对工作表做了某些改动后，需要对公式进行调整以适应工作表的改动，或者在输入公式后，在计算的过程中发现工作表中某单元格中的公式有错误，就需要对公式进行调整或修改。

（1）通过编辑栏修改公式

选定要修改公式所在的单元格，将光标定位到编辑栏中，在编辑栏中修改公式，如图 3-3 所示，修改公式后按下 Enter 键即可。

图 3-3　通过编辑栏修改公式

（2）通过快捷键修改公式

如果不使用鼠标而只使用键盘，则可以定位到包含公式的单元格中，按下 F2 键进入编辑状态，如图 3-4 所示，修改公式后按下 Enter 键返回新的计算结果。

图 3-4　通过快捷键修改公式

（3）通过双击修改公式

将鼠标指针移至公式所在的单元格，双击即可进入编辑状态，然后修改公式即可。

如果某单元格中的公式不再使用，则可以将其删除。删除公式的方法很简单，选定要删除公式的单元格或单元格区域，按下 Delete 键即可删除公式，单元格中的计算结果同时被删除。

2. 移动公式

（1）可以使用单击命令按钮的方法将公式从一个单元格中移动到另一个单元格中。

Step 1 选定包含要移动的公式的单元格。

Step 2 单击“开始”选项卡“剪贴板”组工具栏中的“剪切”命令按钮。

Step 3 选定目标单元格，再单击“开始”选项卡“剪贴板”组工具栏中的“粘贴”命令按钮。

（2）也可以使用拖动的方法移动公式到其他的单元格中。

Step 1 选定包含要移动的公式的单元格，这时单元格的四周会出现黑色的边框。

Step 2 将鼠标指针移至该单元格的边框上，待鼠标指针变成四向箭头后，按住鼠标左键，拖动鼠标指针到目标单元格。

Step 3 释放鼠标左键，公式移动完毕。

移动公式后，公式中的单元格引用不会发生变化。例如，将图 3-4 中 I3 单元格中的公式移动到 I20 单元格中，如图 3-5 所示。如果将公式移动到原先已被其他公式引用的单元格中，则那些公式会产生错误值“#REF!”，因为原有单元格中数据已经被移动过来的公式代替了。

贷款工作簿.xlsx *
I3 =C3+D3+E3+F3+G3+H3

	A	B	C	D	E	F	G	H	I
1			电器公司2021年上半年销售业绩统计表						
2	姓名	部门	一月	二月	三月	四月	五月	六月	总销售额
3	李小龙	销售1部	66500	92500	95500	98000	86500	71000	510000
4	张丽娜	销售1部	73500	91500	64500	93500	84000	87000	
5	闫换	销售1部	75500	62500	87000	94500	78000	91000	
6	李丽	销售1部	79500	98500	68000	10000	96000	66000	
7	赵娜	销售1部	82050	63500	67500	98500	78500	94000	
8	王斌	销售1部	82500	71000	99500	89500	84500	58000	
9	田鹏	销售1部	87500	63500	67500	98500	78500	94500	
10	孙丽倩	销售1部	88000	82500	83000	75500	62000	85000	
11	白江涯	销售1部	92000	64000	97000	93000	75000	93000	
12	康忠	销售1部	93000	71500	92000	96500	87000	61000	
13	周静元	销售1部	93050	85500	77000	81000	95000	78000	
14	张晓丽	销售1部	96000	72500	10000	86000	62000	87500	
15	李朝	销售1部	96500	86500	90500	94000	99500	70000	
16	李秀杰	销售1部	97500	76000	72000	92500	84500	78000	
17	王海飞	销售2部	56000	77500	85000	83000	74500	79000	
18	栗少龙	销售2部	58500	90000	88500	97000	72000	65000	
19	孙瑜	销售2部	63000	99500	78500	63150	79500	65500	
20									510000

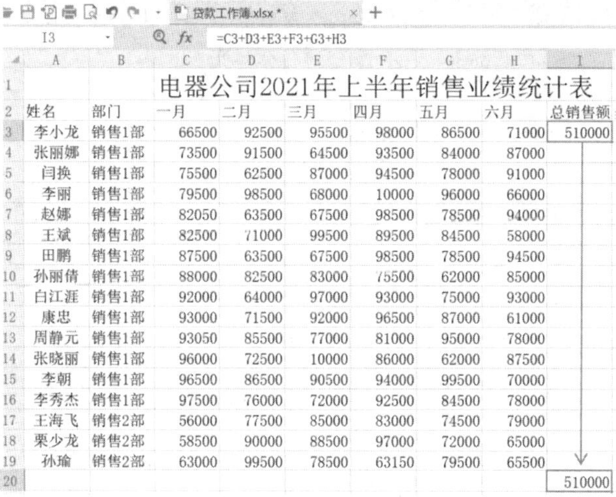

图 3-5 移动公式

3. 复制公式

在 Excel 中，可以将已经编辑好的公式复制到其他单元格中，从而大大提高输入效率。复制公式时，公式中的绝对引用部分会保持不变，而相对引用部分会发生变化。

（1）可以通过依次单击“开始”选项卡“剪贴板”组工具栏中的“复制”和“粘贴”命令按钮来复制公式。

例 3-2　在"贷款工作簿"中，将"电器公司销售业绩统计表"中的 I3 单元格中的公式复制到 I4 单元格中。

Step 1　选定包含公式的 I3 单元格。

Step 2　单击"开始"选项卡"剪贴板"组工具栏中的"复制"命令按钮，或者按下 Ctrl+C 组合键。

Step 3　选定需要复制公式的 I4 单元格。

Step 4　单击"开始"选项卡"剪贴板"组工具栏中的"粘贴"命令按钮，或者按下 Ctrl+V 组合键，在选定的 I4 单元格中出现公式的计算结果，完成公式的复制，在编辑栏中可以看出公式的变化，如图 3-6 所示。

图 3-6　复制公式

（2）也可以使用填充柄复制公式，相当于批量复制公式。对于例 3-2，首先选定 I3 单元格，然后将鼠标指针移至单元格的右下角，待鼠标指针变为填充柄后，按住鼠标左键，拖动填充柄到 I19 单元格，即可将公式复制到单元格区域 I4:I19 中，最后释放鼠标结束公式的复制，如图 3-7 所示。

图 3-7　使用填充柄复制公式的结果

3.1.3 数组公式与公式中的引用

1. 数组公式

普通公式只执行一个简单计算，返回一个计算结果。如果需要同时对一组或一组以上的数据进行计算，则计算的结果可能是一个，也可能是多个，这种情况需要用数组公式来完成。

数组公式可以执行多个计算并返回多个结果。数组公式作用的一组或一组以上的数据称为数组参数。数组参数可以是单元格区域，也可以是数组常量（由多组数据构成的常量表）。每组数组参数必须具有相同数目的行和列。

如果需要对大批量的数据进行处理，且处理结果可能是一个，也可能是多个，则可按照以下操作步骤创建数组公式来完成。

Step 1 选定要保存数组公式计算结果的单元格或单元格区域。

Step 2 输入数组公式。

Step 3 输入完成后按下 Ctrl+Shift+Enter 组合键。

第 3 步比较重要，在任何时候，输入公式后按下 Ctrl+Shift+Enter 组合键都会把输入的公式定义为一个数组公式。如果第 3 步只按下 Enter 键，则输入的只是一个简单公式，Excel 只会在选定单元格区域的第 1 个单元格（选定区域的左上角单元格）中显示一个计算结果。Excel 将在数组公式的两边自动加上大括号"{}"。注意：不要自己输入大括号，否则 Excel 认为输入的是一个正文标签。

例 3-3 在"贷款工作簿"中的"销售公司"表中通过创建数组公式来计算各种产品的总价格。

Step 1 选定单元格区域 D2:D6。

Step 2 输入数组公式"=B2:B6*C2:C6"，如图 3-8 所示。

Step 3 按下 Ctrl+Shift+Enter 组合键结束输入，计算结果如图 3-9 所示。

	A	B	C	D
	名称	数量	单价	总价格
1				
2	CD机	3	800	=B2:B6*C2:C6
3	键盘	5	150	
4	鼠标	12	120	
5	录音机	10	230	
6	刻录机	9	950	

图 3-8　输入数组公式

	A	B	C	D
	名称	数量	单价	总价格
1				
2	CD机	3	800	2400
3	键盘	5	150	750
4	鼠标	12	120	1440
5	录音机	10	230	2300
6	刻录机	9	950	8550

图 3-9　数组公式的计算结果

创建数组公式后，Excel 不允许对数组中的任意一个单元格做修改或删除操作，必须整体修改或删除，因此用数组公式计算安全性更高一些。在数组公式中，通常都使用单元格区域引用，也可以直接输入数组常量。数组常量中的数据必须是常量，不可以是公式。数组常量不能含有货币符号、括号或百分比符号。数组常量中的数据符合下列规则。

（1）数组常量中的数据可以是数值、文本、日期、逻辑值或错误值。

（2）数组常量中的数值可以使用整数、小数或科学记数格式等。

（3）文本必须用双引号括住。

（4）同一个数组常量中可以有不同类型的数据。

数组公式中的数组常量的常用输入方法如下。

（1）直接在数组公式中输入数据，并且用大括号"{}"括起来。

（2）不同列的数据用逗号","分开。

（3）不同行的数据用分号";"分开。

数组公式可以执行多个计算并返回多个结果，这在很多情况下给用户带来了方便。从上述例子可以看出，使用数组公式比使用单个公式然后再复制、粘贴要方便、快捷。

2. 公式中的引用

Excel 公式中引用的作用在于标识工作表中的单元格或单元格区域，并告知 Excel 在何处查找公式中所使用的数据。由于单元格是用"列标题+行号"来标识位置的，所以若要引用单元格，则在公式中输入单元格的"列标题+行号"（即单元格地址）即可。这样，在被引用单元格中的数据变化时，公式所在单元格中的数据也随之变化。

单元格地址引用的类型有相对引用、绝对引用和混合引用。含有相对引用的公式被复制到另一个单元格中，公式中的单元格引用也会随之发生相应变化，变化依据是公式所在原单元格到目标单元格所发生的行、列位移，公式中的所有单元格引用都会进行与公式相同的位移变化。绝对引用表示引用固定位置的单元格，在公式复制过程中绝对引用的单元格不变。

例 3-4 在"贷款数据管理"工作簿中的"法人表"中统计注册资本之和及企业注册资本占总注册资本的比例。

Step 1 选定"法人表"中的 D24 单元格，输入求和公式"=SUM(D2:D23)"。

Step 2 在"法人代表"列的左边插入"比例"列，在 E2 单元格中输入公式"=D2/$D$24"，使用填充柄完成单元格区域 E3:E23 中公式的复制，结果如图 3-10 所示。在上述公式中，D2 是相对引用，在公式复制过程中随之变化；$D$24 是绝对引用，在公式复制过程中保持不变。

	A	B	C	D	E	F	G	H
E2			fx	=D2/$D$24				
1	法人编号	法人名称	法人性质	注册资本(万元)	比例	法人代表	出生日期	性别
2	EGY001	服装公司一	国有企业	350	=D2/$D$24	高郁杰	23771	男
3	EGY002	电信公司一	国有企业	30000	=D3/$D$24	王皓	25100	男
4	EGY003	石油公司一	国有企业	500000	=D4/$D$24	吴锋	22443	男
5	EGY004	电信公司二	国有企业	50000	=D5/$D$24	刘萍	23451	女
6	EGY005	图书公司三	国有企业	6000	=D6/$D$24	张静初	23586	女
7	EGY006	运输公司二	国有企业	11000	=D7/$D$24	薛清海	25320	男
8	EGY007	医药公司二	国有企业	50000	=D8/$D$24	梁雨琛	24902	男
9	EGY008	电信公司三	国有企业	60000	=D9/$D$24	李建宙	26952	男
10	EHZ001	石油公司二	中外合资企业	25000	=D10/$D$24	张晗	26637	男
11	EHZ002	餐饮公司一	中外合资企业	1200	=D11/$D$24	史绪文	24436	男
12	EHZ003	服装公司三	中外合资企业	7500	=D12/$D$24	李智强	25978	男
13	EHZ004	运输公司四	中外合资企业	5000	=D13/$D$24	王一凡	24306	男
14	EHZ005	医药公司四	中外合资企业	3500	=D14/$D$24	赵雨	27417	女
15	EJT001	图书公司一	集体企业	240	=D15/$D$24	王天明	25612	男
16	EJT002	运输公司一	集体企业	500	=D16/$D$24	田平	26692	女
17	EJT003	医药公司一	集体企业	1000	=D17/$D$24	曹虎林	24821	男
18	EJT004	服装公司四	集体企业	9000	=D18/$D$24	刘睿海	25471	男
19	ESY001	运输公司三	私营企业	2000	=D19/$D$24	张海屿	26814	女
20	ESY002	餐饮公司二	私营企业	100	=D20/$D$24	李建峰	25001	男
21	ESY003	医药公司三	私营企业	1000	=D21/$D$24	王坤	22185	女
22	ESY004	图书公司二	私营企业	800	=D22/$D$24	魏春芝	25652	女
23	ESY005	服装公司二	私营企业	1500	=D23/$D$24	张翼飞	25335	男
24			注册资本之和	=SUM(D2:D23)				
25								

法人表　Sheet3　贷款表　银行表

就绪　辅助功能: 调查　　　　　　　　　　100%

图 3-10　相对引用和绝对引用

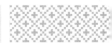

混合引用采用绝对列和相对行，或者绝对行和相对列。例如，\$B3、D\$7 就是混合引用。如果公式所在单元格的位置改变，则相对引用改变，而绝对引用不变。

例 3-5 已知某车企第 1 季度各地区不同系列产品的销售量如图 3-11 所示，计算各地区不同系列产品的销售额。

	A	B	C	D	E	F	G	H	I	J	K
1	第1季度汽车销售统计(辆)						第1季度汽车销售统计(万元)				
2		A系列	B系列	C系列	D系列			A系列	B系列	C系列	D系列
3	陕西	100	601	648	473		单价（万元）	20	16	26	24
4	重庆	777	442	458	368		陕西				
5	云南	422	687	346	266		重庆				
6	河南	535	791	309	762		云南				
7	贵州	681	510	182	234		河南				
8	合计	2515	3031	1943	2103		贵州				
9											

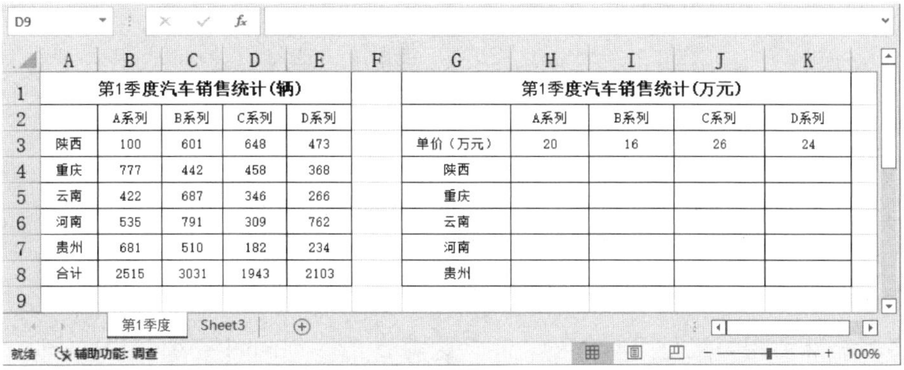

图 3-11　某车企第 1 季度各地区不同系列产品的销售量

（1）选定“第 1 季度”工作表中的 H4 单元格，输入公式“=H\$3*B3”。

（2）使用填充柄完成单元格区域 H4:K8 中其他公式的复制，结果如图 3-12 所示。在上述公式中，B3 是相对引用，在公式复制过程中随之变化；H\$3 是混合引用，在公式复制中，列标题按相对引用规则改变，行号是绝对引用，保持不变。

	A	B	C	D	E	F	G	H	I	J	K
1	第1季度汽车销售统计(辆)						第1季度汽车销售统计(万元)				
2		A系列	B系列	C系列	D系列			A系列	B系列	C系列	D系列
3	陕西	100	601	648	473		单价（万元）	20	16	26	24
4	重庆	777	442	458	368		陕西	=H\$3*B3	=I\$3*C3	=J\$3*D3	=K\$3*E3
5	云南	422	687	346	266		重庆	=H\$3*B4	=I\$3*C4	=J\$3*D4	=K\$3*E4
6	河南	535	791	309	762		云南	=H\$3*B5	=I\$3*C5	=J\$3*D5	=K\$3*E5
7	贵州	681	510	182	234		河南	=H\$3*B6	=I\$3*C6	=J\$3*D6	=K\$3*E6
8	合计	=SUM(B3:	=SUM(C	=SUM(D3:D	=SUM(E3:E7)		贵州	=H\$3*B7	=I\$3*C7	=J\$3*D7	=K\$3*E7
9											

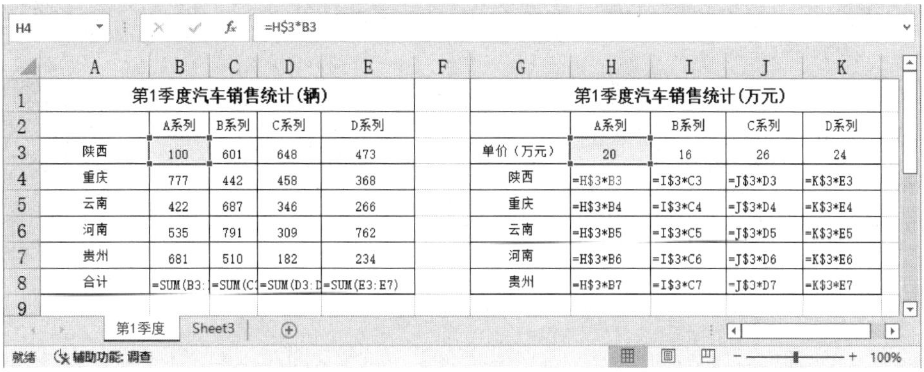

图 3-12　某车企第 1 季度各地区不同系列产品的销售额

说明：

如果在公式中使用不同工作表中单元格中的数据，则需要在单元格地址的前面加“工作表名!”，如图 3-13 所示。

公式引用了自己所在的单元格（不论是直接的还是间接的）称为循环引用，例如，在 A2 单元格中输入公式“=1+A2”，就是一个循环引用，因为该公式出现在 A2 单元格中，相当于 A2 单元格直接引用了自己。当出现循环引用时，Excel 会弹出一个对话框，在其中显示出错信息，错误内容大致是“存在一个或多个循环引用，其中，公式直接或间接地引用其本身的单元格。这可能导致计算不正确”。单击“确定”按钮后，Excel 将对该公式进行计算。在本例中，Excel 在 A2 单元格中显示一个 0 值。

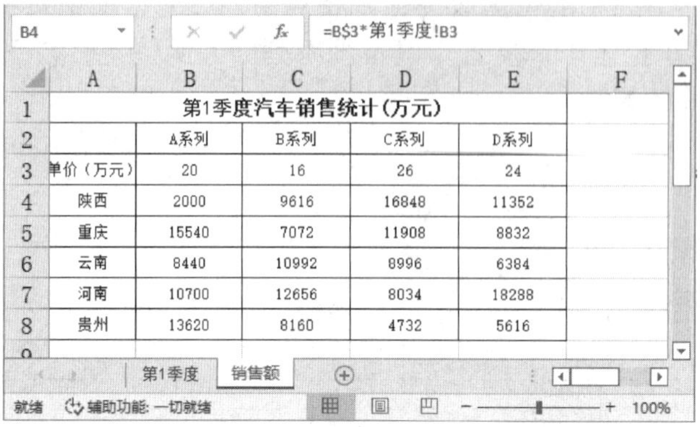

	A	B	C	D	E
1	第1季度汽车销售统计（万元）				
2		A系列	B系列	C系列	D系列
3	单价（万元）	20	16	26	24
4	陕西	2000	9616	16848	11352
5	重庆	15540	7072	11908	8832
6	云南	8440	10992	8996	6384
7	河南	10700	12656	8034	18288
8	贵州	13620	8160	4732	5616

图 3-13　不同工作表中单元格中数据的使用

大多数循环引用公式是可求解的，计算这类公式时，Excel 必须使用前一次迭代（即重复执行公式的计算，直到满足指定的条件才结束计算）的结果来计算循环引用中的每个单元格。如果不改变默认的迭代设置，则 Excel 将在 100 次迭代后或在两次相邻迭代得到的数值的变化小于 0.001 时，停止迭代运算。设置循环引用的最多迭代次数和最大误差的方法如下。

Step 1 单击“文件”选项卡，在弹出的“文件”菜单中选择“选项”命令，弹出“Excel 选项”对话框，选择“公式”选项，勾选“启用迭代计算”复选框。

Step 2 在“最多迭代次数”文本框中输入最多迭代次数。指定的最多迭代次数越多，工作表的计算时间越长。

Step 3 如果要设置两次迭代结果之间可以接受的最大误差，则请在“最大误差”文本框中输入所需的数值。输入的数值越小，工作表的计算时间越长，结果越精确。

一般很少使用循环引用来处理问题。对于迭代求解一类问题，如求数的阶乘、数列求和等问题，可以使用 Excel 提供的函数求解，也可以应用宏代码完成，这样会使问题更简单。

3. 公式中的名称

在公式中引用单元格主要是通过单元格的地址进行的，如果在公式中要引用另一个工作表或工作簿中的单元格，则这样有时很不方便。Excel 允许为单元格或单元格区域定义名称，当需要引用该单元格或单元格区域时，直接使用它的名称即可。在一个工作簿中，同一个名称能够被用于不同的工作表中，在公式中可以使用名称代替要引用的单元格或单元格区域（名称对应的是单元格或单元格区域的绝对引用），可以带来许多方便。此外，名称使公式的意义更加明确，便于理解，增强公式的可读性。

（1）定义名称的规则

① 名称中的第一个字符必须是字母、反斜杠或下画线“_”。名称中的字符可以是字母、数字、汉字、句号和下画线。

② 名称不能与单元格引用相同，如 ZS100、A3、B8、R2C8 等都不能作为名称。

③ 名称可以由多个单词构成，可以用"_"和"."作为单词分隔符（如 Sales_Tax 或 First.Quarter），名称中不能有空格（如 Sales Tax 就不是正确的名称）。

④ 名称的长度不能超过 255 个字符，Excel 中除 R 和 C 外的单个字母也可以作为名称。

⑤ 名称可以包含大写、小写字符，Excel 在名称中不区分大小写。例如，如果已经定义了名称 Sales，接着在同一个工作簿中定义了名称 SALES，则第 2 个名称将替换第 1 个。

⑥ 在默认情况下，Excel 中定义的名称是工作簿级的，即在一个工作表中定义的名称可以在同一个工作簿中另一个工作表的公式中直接使用。也可以定义工作表级的名称，即在一个工作表中定义的名称只能在定义它的工作表中使用。

（2）名称的定义

在 Excel 中，一个独立的单元格，或者多个不连续的单元格组成的单元格组合，或者连续的单元格区域，都可以定义一个名称。定义名称有多种方法，如定义方法、粘贴方法或指定方法等，使用时可以针对具体情况采用不同的方法。这些方法的操作过程基本相同，在此只对定义方法和指定方法两种常用的定义名称方法进行介绍。

① 使用定义方法定义名称。定义方法一次只能定义一个名称。

例 3-6　在"贷款数据管理"工作簿中的"贷款表"中计算贷款利息，要用到一个贷款利率（如 0.04），当不希望使用单元格引用的方式来使用贷款利率的具体数值时，则可以按照以下操作步骤使用定义方法定义名称。

Step 1　单击"公式"选项卡"定义的名称"组工具栏中的"定义名称"命令按钮，弹出"新建名称"对话框。

Step 2　在"名称"文本框中输入名称"贷款利率"，在"引用位置"文本框中输入数值"0.04"，如图 3-14 所示。

Step 3　单击"确定"按钮。定义好名称后，就可以在公式或函数中使用该名称了。例如，可以使用公式"=D3*贷款利率"计算贷款利息，其中 D3 单元格中的数据为某公司在某银行的贷款金额。

图 3-14　输入名称与引用位置

② 使用指定方法定义名称。定义方法一次只能定义一个名称，适用于一个单元格或单元格区域名称的定义。若要一次定义多个名称，则可以使用指定方法定义名称。

例 3-7　在"贷款数据管理"工作簿中的"法人表"中，有许多家企业，银行在发放贷款时需要随时查询企业法人名称，这就需要在 A 列（即"法人编号"列）的许多行数据中进行查找，定义名称能够很好地解决这类问题。

可以一次性地把 A 列数据指定为 B 列的名称，然后就可以使用指定的名称进行法人名称的查询了，具体操作步骤如下。

Step 1　选定要指定名称的区域，即在图 3-15 中选定单元格区域 A2:B17。

Step 2　单击"公式"选项卡"定义的名称"组工具栏中的"根据所选内容创建"

Excel数据处理与分析

命令按钮，弹出"以选定区域创建名称"对话框，勾选"最左列"复选框。

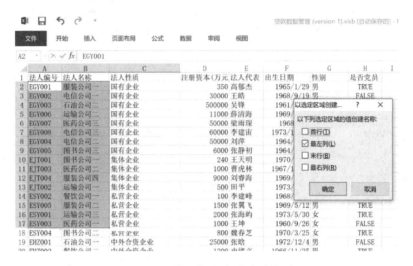

图 3-15　使用指定方法定义名称

Step 3 定义好名称后，就可以在公式或函数中使用名称了。

使用名称的目的就是使公式更简洁、更好理解。名称的使用主要有两种方法：一种是直接手动输入，另一种是粘贴名称。直接手动输入的方法就是直接在需要输入名称的位置输入要使用的名称。粘贴名称的方法是在需要输入名称的单元格中按下 F3 键，此时会弹出"粘贴名称"对话框，在该对话框中列出在该工作表中可以使用的所有名称，选择要使用的名称，单击"确定"按钮即可。也可以单击"公式"选项卡"定义的名称"组工具栏中的"用于公式"命令按钮，同样会出现一个名称列表，如图 3-16 所示。

图 3-16　功能区中的名称列表

Excel 提供了一个名称管理器，从中可以完成工作簿中的名称管理。单击"公式"选项卡"定义的名称"组工具栏中的"名称管理器"命令按钮，弹出"名称管理器"对话框，

如图 3-17 所示，其中列出了工作簿中所有已定义的名称。在"名称管理器"对话框中，可以查找有错误的名称，确认名称的值和引用位置，查看或编辑说明性批注，确定适用范围，还可以对名称列表进行排序和筛选，以及从一个位置轻松地新建、编辑或删除名称。

图 3-17 "名称管理器"对话框

3.1.4 公式中的错误与公式审核

在使用 Excel 公式的过程中，如果不能正确地计算出结果，则会显示一个错误值，如"#DIV/0!""#N/A"等。引起这些错误的原因可能是公式输入不符合语法规则，或者是某个参数无效或缺失等。由于错误原因不同，显示错误值也不同，只有了解这些错误值的含义，才能解决公式中的错误，得到正确的结果。

1. 常见的公式返回的错误值

在单元格中输入公式后，可能会因为某种原因而无法得到或显示正确的结果，因而返回错误值信息，用户需要分析错误值产生的原因，并进行处理。在 Excel 中返回的错误值都以"#"开头。常见的公式返回的错误值、产生的原因及处理方法如表 3-3 所示。

表 3-3　常见的公式返回的错误值、产生的原因及处理方法

错误值	产生的原因	处理方法
#DIV/0!	在公式中有除数为零，或者有除数为空白单元格（Excel 把空白单元格也当作 0）	把除数改为非零的数值，或者使用 IF 函数进行控制
#N/A	在公式中使用具有查找功能的函数（VLOOKUP、HLOOKUP、LOOKUP 等）时，找不到匹配的值	检查被查找的值，使其位于查找的数据表中的第 1 列
#NAME?	在公式中使用了 Excel 无法识别的文本（如函数名拼写错误），使用了没有被定义的单元格区域或单元格名称，引用文本时没有加引号等	根据具体的公式，逐步分析出现该错误值的原因，并加以处理

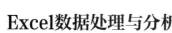

续表

错误值	产生的原因	处理方法
#NUM!	当公式需要数值型参数时，却给了它一个非数值型参数；给了公式一个无效的参数；公式返回的值太大或太小	根据公式的具体情况，逐步分析可能的原因并处理
#VALUE!	文本数据参与了数值运算；函数参数的数据类型不正确；函数的参数本应该是单一值，却提供了一个单元格区域作为参数；输入一个数组公式时，忘记按下 Ctrl+Shift+Enter 组合键	更正相关的数据类型或参数类型；提供正确的参数；在输入数组公式时，记得按下 Ctrl+Shift+Enter 组合键确定
#REF!	在公式中使用了无效的单元格引用。通常如下这些操作会导致公式引用无效的单元格：删除了被公式引用的单元格，把公式复制到含有引用自身的单元格中	为了避免导致引用无效的操作，如果已经出现了错误值，则首先撤销，然后使用正确的方法操作
#NULL!	使用了不正确的引用运算符，或者引用的单元格区域的交集为空	修改引用运算符使之正确，或者修改引用使单元格区域相交

（1）当单元格中出现"#DIV/0!"错误值时，可能是因为在公式中有除数为零，或者有除数为空白单元格。如图 3-18 所示，在"贷款工作簿"中的"销售公司"表中，使用公式根据总价格和数量计算单价，在 D2 单元格中输入公式"=B2/C2"，将公式复制到单元格区域 D3:D6 中，可以看到在 D4、D5 和 D6 单元格中返回了"#DIV/0!"错误值，原因是这些单元格中公式的除数为零或是空白单元格。

如果要处理这个错误值，则可以使用 IF 函数进行控制。在 D2 单元格中输入公式"=IF(ISERROR(B2/C2),"",B2/C2)"，将公式复制到单元格区域 D3:D6 中，如图 3-19 所示，D4、D5 和 D6 单元格中的错误值消失了。上述公式表示：如果 B2/C2 返回错误值，则返回一个空字符串，否则显示计算结果。

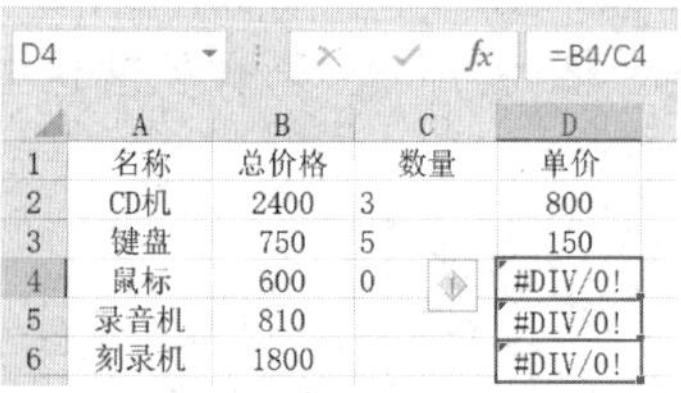

图 3-18 "#DIV/0!"错误值　　　图 3-19 使用 IF 函数处理"#DIV/0!"错误值

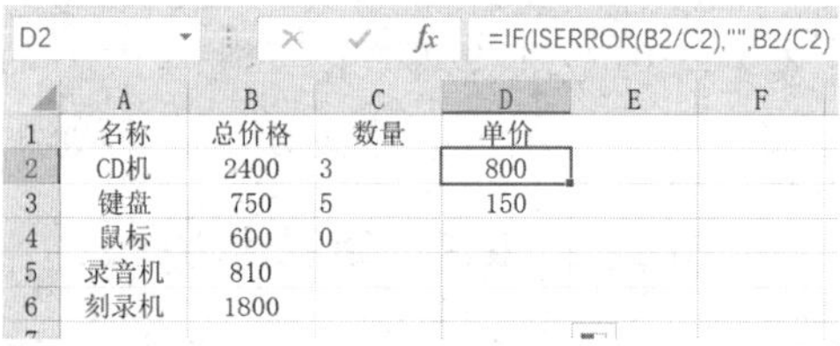

说明：

上述公式中，ISERROR(value)函数的作用为检测参数 value 的值是否为错误值，如果是，则函数返回值 TRUE，反之，返回值 FALSE。

（2）当单元格中出现"#N/A"错误值时，可能是因为在公式中使用具有查找功能的函数时，找不到匹配的值。如图 3-20 所示，在"贷款工作簿"中的"银行表"中，通过在 A21 单元格中输入银行编号来查找该银行的银行电话，在 B21 单元格中输入公式"=VLOOKUP(A21,A2:C17,3,FALSE)"，在 A21 单元格中输入银行编号"B12020"，由于这个银行编号在单元格区域 A2:A17 中并没有和它匹配的值，因此出现了"#N/A"错误值。

微课视频 3-1

如果要处理这个错误值，则可以在 A21 单元格中输入一个在单元格区域 A2:A17 中存在的银行编号，如"B29202"，这时错误值就消失了，如图 3-21 所示。

图 3-20 "#N/A"错误值　　　　　　图 3-21 处理错误值后的结果

说明：

① VLOOKUP 函数的语法为 VLOOKUP(lookup_value,table_array,col_index_num,[range_lookup])。VLOOKUP 函数的第 4 个参数若为 FALSE，则表示一定要完全匹配 lookup_value 的值；若为 TRUE，则表示如果找不到完全匹配 lookup_value 的值，就使用小于或等于 lookup_value 的最大值。

② 出现"#N/A"错误值还有一些其他原因，单击出现错误值的 B21 单元格，在单元格旁边会出现一个错误提示按钮，单击该按钮，在打开的下拉列表中选择"关于此错误的帮助"选项，如图 3-22 所示，就会得到这个错误值的详细分析，通过这些原因和解决方法建议，就可以逐步去处理错误值，这对其他错误值也适用。

（3）当单元格中出现"#NAME?"错误值时，可能是因为在公式中使用了 Excel 无法识别的文本（如函数名拼写错误），使用了没有被定义的单元格区域或单元格名称，引用文本时没有加引号等。根据具体的公式，逐步分析出现该错误值的原因，并加以处理。

（4）当单元格中出现"#NUM!"错误值时，可能是因为：当公式需要数值型参数时，却给了它一个非数值型参数；给了公式一个无效的参数；公式返回的值太大或太小。如图 3-23 所示，在 B2 单元格中输入公式"=SQRT(A5)"，将公式复制到单元格区域 B3:B5 中，由于 A5 单元格中的数据为"-16"，不能对负数开平方，这是个无效的参数，因此 B5 单元格中出现了"#NUM!"错误值。处理方法是把负数改为正数。

（5）当单元格中出现"#VALUE!"错误值时，可能是因为：文本数据参与了数值运算；函数参数的数据类型不正确；函数的参数本应该是单一值，却提供了一个单元格区域作为参数；输入一个数组公式时，忘记按下 Ctrl+Shift+Enter 组合键。如图 3-24 所示，在"贷款数据管理"工作簿中的"法人表"中，C2 单元格中的"国有企业"是文本数据，如果在 I2 单元格中输入公式"=C2*2",则导致文本数据参与数值运算,因此出错。处理方法是把文本数据改为数值数据。

图 3-22　在打开的下拉列表中选择"关于此错误的帮助" 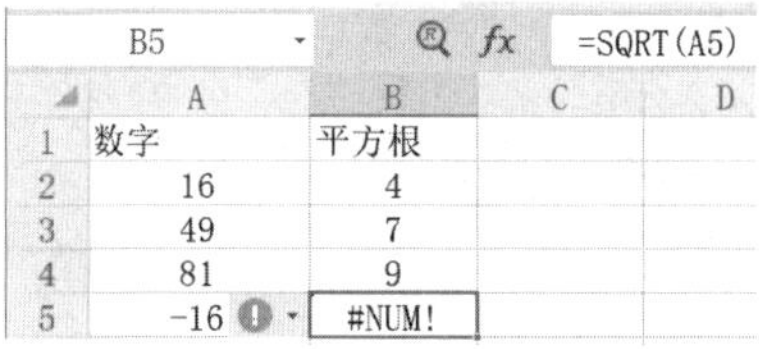　　　图 3-23　"#NUM!"错误值

图 3-24　"#VALUE!"错误值

（6）当单元格中出现"#REF!"错误值时,可能是因为在公式中使用了无效的单元格引用。通常如下这些操作会导致公式引用无效的单元格:删除了被公式引用的单元格,把公式复制到含有引用自身的单元格中。为了避免导致引用无效的操作,如果已经出现了错误值,则首先撤销,然后使用正确的方法操作。

（7）当单元格中出现"#NULL!"错误值时,可能是因为使用了不正确的引用运算符,或者引用的单元格区域的交集为空。如图 3-25 所示,在"贷款工作簿"中的"电器公司销售业绩统计表"中,在"三月"列的左边插入一列,对单元格区域 C3:D19 和 F3:I19求和,在 I20 单元格中输入公式"=SUM(C3:D19 F3:I19)",按下 Enter 键后出现了"#NULL!"错误值,这是因为在公式中引用了不相交的两个单元格区域,应该使用联合运算符,即逗号（,）。

2. 检查公式中的错误

Excel 提供了后台错误检查的功能,使用特定的规则来检查公式中的错误。这些规则虽然不能保证工作表中没有错误,但对发现错误却非常有帮助。错误检查规则可以单独

打开或关闭。在"Excel 选项"对话框中，选择"公式"选项，在"错误检查"选区中勾选"允许后台错误检查"复选框，并在"错误检查规则"选区中勾选 9 个规则所对应的复选框，如图 3-26 所示。

图 3-25 "#NULL!"错误值

图 3-26 错误检查和错误检查规则设置

在 Excel 中可以使用两种方法检查错误：一是一次检查一个错误，二是检查当前工作表中的所有错误。一旦发现错误，在单元格的左上角会显示一个三角。这两种方法检

off

85

查到错误后都会显示相同的选项。

单击包含错误的单元格，在单元格旁边会出现一个错误提示按钮 ，单击该按钮会打开下拉列表，显示错误检查的相关选项，如图 3-22 所示。使用这些选项可以查看错误的信息，查看错误的帮助，显示计算步骤，忽略错误，转到编辑栏中编辑公式，以及设置错误检查选项等。如果要一次检查一个公式错误，则可以按照以下步骤进行操作。

Step 1 选定要进行错误检查的工作表。

Step 2 按 F9 键手动计算工作表。

Step 3 单击"公式"选项卡"公式审核"组工具栏中的"错误检查"命令按钮，弹出"错误检查"对话框，如图 3-27 所示。

图 3-27 "错误检查"对话框

如果要查看该错误的帮助，则单击"关于此错误的帮助"按钮；如果要显示计算步骤，则单击"显示计算步骤"按钮；如果要忽略错误，则单击"忽略错误"按钮；如果要在编辑栏中更正公式的错误，则单击"在编辑栏中编辑"按钮，在编辑栏中对公式进行修改。

Step 4 修改完毕，单击"下一个"按钮，继续查找工作表中的公式错误。

3. 公式审核

Excel 提供了多种公式审核功能，可以追踪引用单元格和从属单元格，可以使用监视窗口监视公式及其结果。

（1）追踪引用单元格

当在公式中使用引用单元格时，检查公式的准确性或查找错误来源会比较困难。这时，可以使用 Excel 提供的追踪引用单元格功能，其以图形的形式显示引用单元格与公式之间的关系。例如，在"贷款工作簿"中的"电器公司销售业绩统计表"中，要追踪引用单元格，首先选定包含公式的单元格，如 I5，然后单击"公式"选项卡"公式审核"组工具栏中的"追踪引用单元格"命令按钮，这时会自动跟踪所选单元格中的数据来源，并用蓝色箭头指示出来，如图 3-28 所示。

（2）追踪从属单元格

从属单元格指的是包含引用其他单元格的单元格。例如，在"贷款工作簿"中的"电器公司销售业绩统计表"中，I5 单元格中的公式为"=C5+D5+E5+F5+G5+H5"，则 I5 单元格就是单元格 C5、D5、E5、F5、G5 和 H5 的从属单元格。要追踪从属单元格，首先选定单元格，如 D5 单元格，然后单击"公式"选项卡"公式审核"组工具栏中的"追踪从属单元格"命令按钮，这时箭头指示受当前所选单元格影响的单元格，如图 3-29 所示。

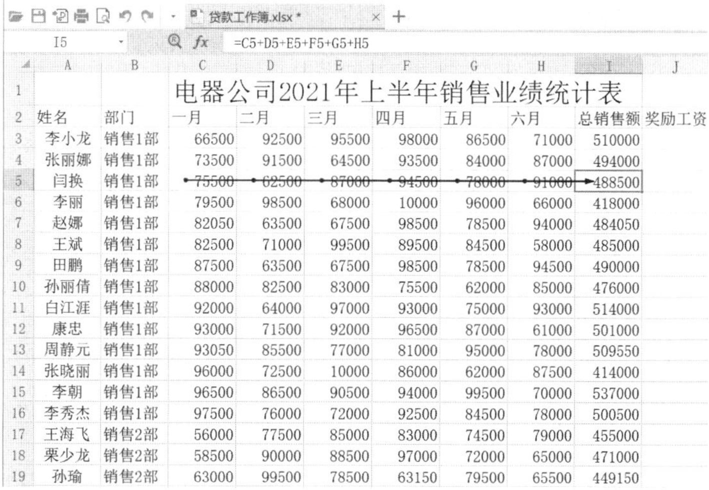

图 3-28　追踪引用单元格

图 3-29　追踪从属单元格

　　使用追踪引用单元格或追踪从属单元格功能后，如果要清除追踪箭头，则可以单击"公式"选项卡"公式审核"组工具栏中的"移去箭头"命令按钮，这样可以将所有种类的追踪箭头一次性全部清除。如果只希望清除某种追踪箭头，则可以单击"移去箭头"命令按钮旁的下三角按钮，在下拉菜单中选择"移去引用单元格追踪箭头"命令或"移去从属单元格追踪箭头"命令。

　　（3）使用监视窗口

　　如果单元格在工作表中不可见，则可以使用监视窗口监视这些单元格及其公式。在监视窗口中，可以很方便地检查、审核或确认公式计算及其结果。特别是对于大工作表，监视窗口显得尤其有用，因为使用监视窗口不需要滚动或定位到工作表的不同部分即可完成公式的监视。

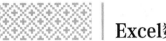

例 3-8　在“贷款工作簿”中的“电器公司销售业绩统计表”中使用监视窗口监视公式。

Step 1 选定要进行公式监视的单元格区域 I3:I19。

Step 2 单击“公式”选项卡“公式审核”组工具栏中的“监视窗口”命令按钮，弹出“监视窗口”对话框。

Step 3 单击“监视窗口”对话框中的“添加监视”按钮，弹出“添加监视点”对话框，此时先前选定的单元格区域显示在“选择您想监视其值的单元格”文本框中。

Step 4 单击“添加”按钮，将所选的单元格区域添加到监视窗口中，如图 3-30 所示。

I3 =C3+D3+E3+F3+G3+H3

电器公司2021年上半年销售业绩统计表

姓名	部门	一月	二月	三月	四月	五月	六月	总销售额	奖励工资
李小龙	销售1部	66500	92500	95500	98000	86500	71000	510000	
张丽娜	销售1部	73500	91500	64500	93500	84000	87000	494000	
闫换	销售1部	75500	62500	87000	94500	78000	91000	488500	
李丽	销售1部	79500	98500	68000	10000	96000	66000	418000	
赵娜	销售1部	82050	63500	67500	98500	78500	94000	484050	
王斌	销售1部	82500	71000	99500	89500	84500	58000	485000	
田鹏	销售1部	87500	63500	67500	98500	78500	94500	490000	
孙丽倩	销售1部	88000	82500	83000	75500	62000	85000	476000	
白江涯	销售1部	92000	64000	97000	93000	75000	93000	514000	
康忠	销售1部	93000	71500	92000	96500	87000	61000	501000	
周静元	销售1部	93050	85500	77000	81000	95000	78000	509550	
张晓丽	销售1部	96000	72500	10000	86000	62000	87500	414000	
李朝	销售1部	96500	86500	90500	94000	99500	70000	537000	
李秀杰	销售1部	97500	76000	72000	92500	84500	78000	500500	
王海飞	销售2部	56000	77500	85000	83000	74500	79000	455000	
栗少龙	销售2部	58500	90000	88500	97000	72000	65000	471000	
孙瑜	销售2部	63000	99500	78500	63150	79500	65500	449150	

监视窗口

添加监视... 删除监视

工作簿	工作表	单...	值	公式
贷款工作簿.xlsx	电器公司销售业绩统计表	I3	510000	=C3+D3+E3+F3+G3+H3
贷款工作簿.xlsx	电器公司销售业绩统计表	I4	494000	=C4+D4+E4+F4+G4+H4
贷款工作簿.xlsx	电器公司销售业绩统计表	I5	488500	=C5+D5+E5+F5+G5+H5
贷款工作簿.xlsx	电器公司销售业绩统计表	I6	418000	=C6+D6+E6+F6+G6+H6
贷款工作簿.xlsx	电器公司销售业绩统计表	I7	484050	=C7+D7+E7+F7+G7+H7
贷款工作簿.xlsx	电器公司销售业绩统计表	I8	485000	=C8+D8+E8+F8+G8+H8
贷款工作簿.xlsx	电器公司销售业绩统计表	I9	490000	=C9+D9+E9+F9+G9+H9
贷款工作簿.xlsx	电器公司销售业绩统计表	I10	476000	=C10+D10+E10+F10+G10+H10
贷款工作簿.xlsx	电器公司销售业绩统计表	I11	514000	=C11+D11+E11+F11+G11+H11
贷款工作簿.xlsx	电器公司销售业绩统计表	I12	501000	=C12+D12+E12+F12+G12+H12
贷款工作簿.xlsx	电器公司销售业绩统计表	I13	509550	=C13+D13+E13+F13+G13+H13
贷款工作簿.xlsx	电器公司销售业绩统计表	I14	414000	=C14+D14+E14+F14+G14+H14
贷款工作簿.xlsx	电器公司销售业绩统计表	I15	537000	=C15+D15+E15+F15+G15+H15
贷款工作簿.xlsx	电器公司销售业绩统计表	I16	500500	=C16+D16+E16+F16+G16+H16

贷款表

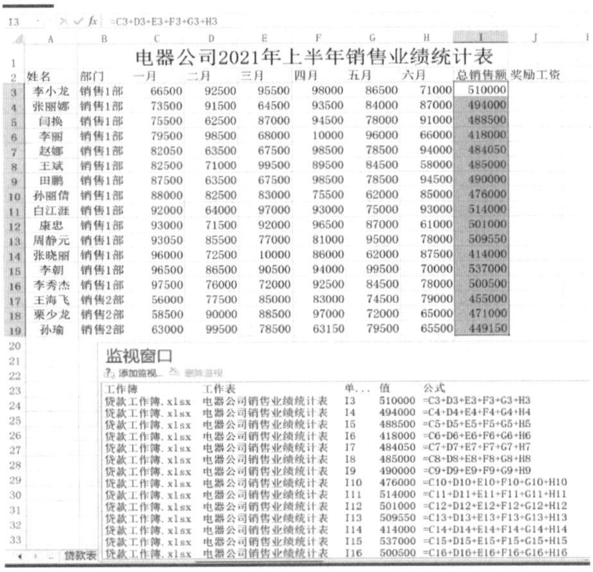

图 3-30　将所选的单元格区域添加到监视窗口中

微课视频 3-2

说明：

在监视窗口中根据需要可以执行以下操作。

① 如果要更改列宽，则拖动标题右侧的边界。

② 如果要显示监视窗口中的条目引用的单元格，则双击该条目。

③ 如果要从监视窗口中删除单元格，则在监视窗口中选定要删除的一个或多个单元格，然后单击“删除监视”按钮。

3.2　函数与应用

Excel 中的函数是一个预先定义好的内置公式，利用函数可以进行简单或复杂的运算。函数由函数名、圆括号和参数 3 个部分组成，函数名说明函数所要进行的运算类别，参数用于指定函数使用的数据或单元格引用。函数公式为：

=函数名(参数 1,参数 2,参数 3,...)

例如，用 SUM 函数对单元格区域中的所有数值求总和，它的语法是：SUM(number1,number2,...)。

Excel 提供了财务函数、日期与时间函数、数学与三角函数、统计函数、查找与引用函数、数据库函数、文本函数、逻辑函数、信息函数等十余大类函数，具体功能如表 3-4 所示。

表 3-4　函数功能分类

序号	分类	功能
1	财务函数	进行一般的财务计算
2	日期与时间函数	可以分析和处理公式中的日期与时间数据
3	数学与三角函数	可以进行数学与三角方面的计算
4	统计函数	可以对一定范围内的数据进行统计分析
5	查找与引用函数	用于查找数据清单或表格中的特定数值
6	数据库函数	可以分析数据清单中的数值是否满足特定条件
7	文本函数	可以处理公式中的文本字符串
8	逻辑函数	进行逻辑判断或复合检验
9	信息函数	可以确定单元格中数据的类型

3.2.1　逻辑函数

逻辑函数是根据不同条件进行不同处理的函数。在 Excel 中，可以使用逻辑函数对单个或多个表达式的逻辑关系进行判断，返回一个逻辑值。在对工作表进行计算或统计分析时，常常对某些条件进行判断才能得出需要的结果。

1. AND 函数

功能：当 AND 函数的参数全部为 TRUE 时，返回结果为 TRUE，否则为 FALSE。

语法：AND(logical1,logical2,...)

参数：logical1,logical2,...是待检测的条件,各条件值可能为 TRUE,也可能为 FALSE。参数必须是逻辑值，或者是包含逻辑值的数组或引用。

例 3-9　使用 AND 函数判断"贷款工作簿"中"电器公司销售业绩统计表"中各员工一月至三月的销售额是否同时超过 70000。

Step 1　打开"贷款工作簿"，选定"电器公司销售业绩统计表"，在"四月"列的左边插入"销售额是否超过 7000"列。

Step 2　在 F3 单元格中输入公式"=AND(C3>70000,D3>70000,E3>70000)"，按下 Enter 键。

Step 3　使用填充柄复制公式，可得出所有员工一月至三月的销售额是否同时超过 70000，如图 3-31 所示。

图 3-31　AND 函数的应用

2. IF 函数

功能：根据逻辑表达式计算结果的真或假值，返回不同结果。

语法：IF(logical_test,value_if_true,value_if_false)

参数：logical_test 是计算结果为 TRUE 或 FALSE 的逻辑表达式，value_if_true 是当 logical_test 为 TRUE 时的返回值，value_if_false 是当 logical_test 为 FALSE 时的返回值。

返回值可以是常量、变量、表达式或函数等，例如，返回值可以是一个 IF 函数，完成多条件判断，即可以嵌套 IF 函数。

例 3-10　在"贷款工作簿"中的"电器公司销售业绩统计表"中根据"总销售额"列数据填充"奖励工资"列数据。条件：总销售额大于或等于 500000 的奖励工资 5000，大于或等于 450000 的奖励工资 3000，其余的奖励工资 1000。

Step 1　打开"贷款工作簿"，选定"电器公司销售业绩统计表"，选定 J3 单元格。

Step 2　单击"公式"选项卡"函数库"组工具栏中的"插入函数"命令按钮，弹出"插入函数"对话框，在"选择函数"列表框中选择"IF"选项，然后单击"确定"按钮，在 IF 函数的"函数参数"对话框中设置各参数，如图 3-32 所示。

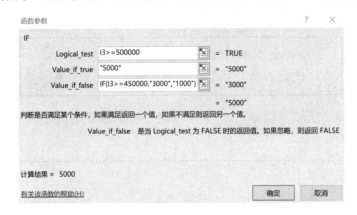

图 3-32　IF 函数的"函数参数"对话框

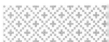

Step 3 单击“确定”按钮，在 J3 单元格中得到奖励工资为“5000”，其余的奖励工资通过使用填充柄复制公式可得，如图 3-33 所示。

J3 =IF(I3>=500000,"5000",IF(I3>=450000,"3000","1000"))

	A	B	C	D	E	F	G	H	I	J
1			电器公司2021年上半年销售业绩统计表							
2	姓名	部门	一月	二月	三月	四月	五月	六月	总销售额	奖励工资
3	李小龙	销售1部	66500	92500	95500	98000	86500	71000	510000	5000
4	张丽娜	销售1部	73500	91500	64500	93500	84000	87000	494000	3000
5	闫换	销售1部	75500	62500	87000	94500	78000	91000	488500	3000
6	李丽	销售1部	79500	98500	68000	10000	96000	66000	418000	1000
7	赵娜	销售1部	82050	63500	67500	98500	78500	94000	484050	3000
8	王斌	销售1部	82500	71000	99500	89500	84500	58000	485000	3000
9	田鹏	销售1部	87500	63500	67500	98500	78500	94500	490000	3000
10	孙丽倩	销售1部	88000	82500	83000	75500	62000	85000	476000	3000
11	白江涯	销售1部	92000	64000	97000	93000	75000	93000	514000	5000
12	康忠	销售1部	93000	71500	92000	96500	87000	61000	501000	5000
13	周静元	销售1部	93050	85500	77000	81000	95000	78000	509550	5000
14	张晓丽	销售1部	96000	72500	10000	86000	62000	87500	414000	1000
15	李朝	销售1部	96500	86500	90500	94000	99500	70000	537000	5000
16	李秀杰	销售1部	97500	76000	72000	92500	84500	78000	500500	5000
17	王海飞	销售2部	56000	77500	85000	83000	74500	79000	455000	3000
18	栗少龙	销售2部	58500	90000	88500	97000	72000	65000	471000	3000
19	孙瑜	销售2部	63000	99500	78500	63150	79500	65500	449150	1000
20										

图 3-33　IF 函数的应用

微课视频 3-3

3.2.2　数学与三角函数

通过使用数学与三角函数，用户可以在工作表中完成基本算术运算（加、减、乘、除等），平方、立方、开方等数学运算，对数和指数运算，三角函数和反三角函数运算，取整运算，线性代数运算，数据统计运算，绝对值运算，随机数生成等。

1. PRODUCT 函数

功能：将所有数值形式给出的参数相乘，然后返回乘积值。

语法：PRODUCT(number1,number2,...)

参数：number1,number2,...是 1 到 30 个需要相乘的数值参数。

例 3-11　使用 PRODUCT 函数计算“贷款工作簿”中“销售公司”表中各种产品的总价格。

Step 1 打开“贷款工作簿”，选定“销售公司”表。

Step 2 在 D2 单元格中输入公式“=PRODUCT(B2,C2)”，按下 Enter 键。

Step 3 使用填充柄复制公式，可得出所有产品的总价格，如图 3-34 所示。

D2 =PRODUCT(B2,C2)

	A	B	C	D
1	名称	数量	单价	总价格
2	CD机	3	800	2400
3	键盘	5	150	750
4	鼠标	12	120	1440
5	录音机	10	230	2300
6	刻录机	9	950	8550

图 3-34　PRODUCT 函数的应用

2. ROUNDUP 函数

功能：按绝对值增大的方向舍入一个数值。

语法：ROUNDUP(number,num_digits)

参数：number 是需要向上舍入的任意实数，num_digits 是要保留的小数位数。

例 3-12　使用 ROUNDUP 函数计算"贷款工作簿"中"某银行电话记录表"中的通话计费时间。

Step 1　打开"贷款工作簿"，选定"某银行电话记录表"工作表。

Step 2　在 D5 单元格中输入公式"=HOUR(C5-B5)*3600+MINUTE(C5-B5)*60+SECOND(C5-B5)"，按下 Enter 键，得出第一个以秒为单位的实际通话时间。

Step 3　使用填充柄复制公式，可得出所有以秒为单位的实际通话时间。

Step 4　在 E5 单元格中输入公式"=ROUNDUP(D5/60,0)"，按下 Enter 键，得出第一个以分钟为单位的通话计费时间。

Step 5　使用填充柄复制公式，可得出所有以分钟为单位的通话计费时间，如图 3-35 所示。

E5		fx	=ROUNDUP(D5/60,0)	
	A	B	C	D	E
1	电话号码	67891234			
2					
3					
4	通话日期	开始时间	结束时间	通话时间(秒)	计费时间(分钟)
5	2020/1/23	9:00:12	9:20:32	1220	21
6	2020/1/24	12:22:10	12:34:12	722	13
7	2020/1/25	13:13:24	13:43:04	1780	30
8	2020/1/26	16:08:14	17:18:54	4240	71
9	2020/1/27	18:40:01	19:07:25	1644	28
10	2020/1/28	21:11:09	21:51:49	2440	41
11	2020/1/29	6:13:23	6:43:32	1809	31
12	2020/1/30	14:02:07	14:32:34	1827	31
13	2020/1/31	17:11:09	18:01:23	3014	51
14	2020/2/1	20:19:07	20:49:45	1838	31
15	2020/2/2	8:02:14	8:54:10	3116	52
16					

微课视频 3-4

图 3-35　ROUNDUP 函数的应用

3.2.3　日期与时间函数

日期与时间函数是指在公式中用来分析和处理日期值和时间值的函数。Excel 提供了大量计算日期和时间的函数，如 YEAR 函数、HOUR 函数、MINUTE 函数等。

1. YEAR 函数

功能：返回某日期值的年份值，是 1900 到 9999 之间的一个整数。

语法：YEAR(serial_number)

参数：serial_number 是一个日期值，其中包含要查找的年份值。日期有多种输入方式：带引号的文本字符串（如"1998/01/30"）、序列号（例如，如果使用 1900 日期系统，则 35825 表示 1998 年 1 月 30 日）、其他公式或函数的结果（如 DATE VALUE("1998/1/30")）。

例 3-13　使用 YEAR 函数计算"贷款工作簿"中"某公司工作人员工龄表"中各工

作人员的工龄。

[Step 1] 打开"贷款工作簿",选定"某公司工作人员工龄表",其中有各工作人员的入职公司日期。

[Step 2] 在 C2 单元格中输入公式"=YEAR(B2)",按下 Enter 键。

[Step 3] 使用填充柄复制公式,可先提取出所有工作人员的入职公司年份。

[Step 4] 在 D2 单元格中输入公式"=YEAR(TODAY())-C2",按下 Enter 键。

[Step 5] 使用填充柄复制公式,可得出所有工作人员的工龄,如图 3-36 所示。

	A	B	C	D
1	姓名	入职公司日期	入职公司年份	工龄
2	杨杰	1998/5/1	1998	24
3	贾璐	2009/3/12	2009	13
4	任洁	2007/3/13	2007	15
5	郭海英	2010/3/14	2010	12
6	苏艳波	2006/3/15	2006	16
7	李国强	2012/3/16	2012	10
8	李英红	2017/3/17	2017	5
9	琳霞	2000/3/18	2000	22
10	张子伟	2011/3/19	2011	11
11	贾建彬	2010/3/20	2010	12
12	刘慧敏	2001/3/21	2001	21
13	李雯	1989/3/22	1989	33
14	刘慧娜	1999/3/23	1999	23
15	王辉	2020/3/24	2020	2
16	宋佳琪	2016/3/25	2016	6
17	乌兰	2001/3/26	2001	21
18	杨冉	1996/3/27	1996	26
19	闫玉荣	2000/3/28	2000	22
20	胡欣月	1995/3/29	1995	27
21	于海	2018/3/30	2018	4
22	白云娇	2004/3/31	2004	18

图 3-36　YEAR 函数的应用

微课视频 3-5

2. HOUR 函数

功能:返回某时间值的小时数,是 0(12:00 A.M.)到 23(11:00 P.M.)之间的一个整数。

语法:HOUR(serial_number)

参数:serial_number 是一个时间值,其中包含要查找的小时数。

3. MINUTE 函数

功能:返回某时间值的分钟数,是 0 到 59 之间的一个整数。

语法:MINUTE(serial_number)

参数:serial_number 是一个时间值,其中包含要查找的分钟数。

例 3-14　使用 HOUR 函数和 MINUTE 函数计算"贷款工作簿"中"某银行电话记录表"中的电话通话时间。

[Step 1] 打开"贷款工作簿",选定"某银行电话记录表",将原来 D、E 列中的数据删除,将 D3、E3 单元格合并,输入"通话时间",在 D4、E4 单元格中分别输入"小时""分钟"。

[Step 2] 在 D5 单元格中输入公式"=HOUR(C5-B5)",按下 Enter 键。

[Step 3] 使用填充柄复制公式,可得出通话时间(小时数)。

[Step 4] 在 E5 单元格中输入公式"=MINUTE(C5-B5)",按下 Enter 键。

[Step 5] 使用填充柄复制公式,可得出通话时间(分钟数),如图 3-37 所示。

	A	B	C	D	E
1	电话号码	67891234			
2					
3				通话时间	
4	通话日期	开始时间	结束时间	小时	分钟
5	2020/1/23	9:00:12	9:20:32	0	20
6	2020/1/24	12:22:10	12:34:12	0	12
7	2020/1/25	13:13:24	13:43:04	0	29
8	2020/1/26	16:08:14	17:18:54	1	10
9	2020/1/27	18:40:01	19:07:25	0	27
10	2020/1/28	21:11:09	21:51:49	0	40
11	2020/1/29	6:13:23	6:43:32	0	30
12	2020/1/30	14:02:07	14:32:34	0	30
13	2020/1/31	17:11:09	18:01:23	0	50
14	2020/2/1	20:19:07	20:49:45	0	30
15	2020/2/2	8:02:14	8:54:10	0	51

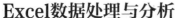

图 3-37　HOUR 函数和 MINUTE 函数的应用

3.2.4　财务函数

Excel 提供了丰富的财务函数，通过财务函数可以进行一般的财务计算，如确定贷款的每期付款额、投资的未来值或净现值，以及债券或息票的价值等。这些财务函数可以分为投资函数、利率函数、利息与本金函数、折旧函数和证券函数等。使用这些函数不必理解深奥的财务知识，只要输入相应的参数就可以得到结果。

1. PV 函数

功能：返回投资的现值，即一系列未来付款当前值的累积和，如借入方的借入款即为贷出方贷款的现值。

语法：PV(rate,nper,pmt,fv,type)

参数：rate 是各期利率，nper 是总投资期数，pmt 是各期所应支付的金额，fv 是以后值，type 指定各期的付款时刻是在期初还是期末（1 为期初，0 为期末）。

PV 函数用来计算某项投资的现值。年金的现值就是未来各期年金现状价值的总和。如果投资的现值大于投资的价值，则这项投资是有益的。

例 3-15　假设要购买一项保险年金，该保险可以在今后 20 年内于每月底回报 800 元。此项年金的购买成本为 10 万元，投资收益率为 8%。那么该项年金的现值是多少？是一项合算的投资吗？

Step 1　打开“贷款工作簿”，建立“PV”表，在单元格区域 A1:A3 中输入购买保险年金的基本数据。

Step 2　在 A5 单元格中输入公式“=PV(A2/12,A3*12,A1,0)”，按下 Enter 键，则函数返回值为该项年金的现值“¥-95,643.43”，负值表示这是一笔支出金额，如图 3-38 所示。该项年金的现值为 9.564343 万元，小于年金的购买成本 10 万元，因此这是一项不合算的投资。

2. IPMT 函数

功能：基于固定利率及等额分期付款方式，返回投资或贷款在某一给定期限内的利息偿还额。

图 3-38　PV 函数的应用

语法：IPMT(rate,per,nper,pv,fv,type)

参数：rate 是各期利率，per 是用于运算其利息数额的期数（1 到 nper 之间的数值），nper 是总投资（或贷款）期数，pv 是现值（本金），fv 是以后值（最后一次付款后的现金余额，若省略 fv，则其默认值为 0），type 指定各期的付款时刻是在期初还是期末（1 为期初，0 为期末）。

例 3-16　电器公司某员工在银行贷款 1 万元，假定年利率为 10%，贷款年限为 5 年，那么该笔贷款在第一个月偿还的利息是多少？在上述条件下贷款最后一年的利息（按年支付）是多少？

Step 1　打开"贷款工作簿"，建立"IPMT"表，在单元格区域 A1:A4 中输入贷款的基本数据。

Step 2　在 A6 单元格中输入公式"=IPMT(A1/12,A2,A3*12,A4)"，按下 Enter 键，则函数返回值为在上述条件下贷款第一个月的利息"¥-83.33"。

Step 3　在 A7 单元格中输入公式"=IPMT(A1,5,A3,A4)"，按下 Enter 键，则函数返回值为在上述条件下贷款最后一年的利息"¥-239.82"，如图 3-39 所示。

图 3-39　IPMT 函数的应用

3.2.5　统计函数

统计函数是从各种角度去分析统计数据，并捕捉统计数据的所有特征。从简单的计数与求和，到多区域中多种条件下的计数与求和，统计函数能够帮助用户解决报表中的绝大多数问题。

1. AVERAGEIF 函数

功能：返回多重条件所有单元格的平均值。

语法：AVERAGEIF(range,criteria,average_range)

参数：range 是必需参数，表示要计算平均值的一个或多个单元格；criteria 是必需参数，形式为数值表达式、单元格引用或文本的条件，用来定义将计算平均值的单元格。

例 3-17 使用 AVERAGEIF 函数计算"贷款工作簿"中"电器公司销售业绩统计表"中各部门上半年的平均销售额。

Step 1 打开"贷款工作簿"，选定"电器公司销售业绩统计表"，将 F 列隐藏。

Step 2 在 A23、A24、A25、B23 单元格中分别输入"部门""销售 1 部""销售 2 部""平均销售额"。

Step 3 在 B24 单元格中输入公式"=AVERAGEIF($B$3:$B$19,A24,$J$3:$J$19)"，按下 Enter 键，得出销售 1 部上半年的平均销售额。

Step 4 使用填充柄复制公式，可得出销售 2 部上半年的平均销售额，如图 3-40 所示。

	A	B	C	D	E	G	H	I	J
1				电器公司2021年上半年销售业绩统计表					
2	姓名	部门	一月	二月	三月	四月	五月	六月	总销售额
3	李小龙	销售1部	66500	92500	95500	98000	86500	71000	510000
4	张丽娜	销售1部	73500	91500	64500	93500	84000	87000	494000
5	闫换	销售1部	75500	62500	87000	94500	78000	91000	469500
6	李丽	销售1部	79500	98500	68000	10000	96000	66000	418000
7	赵娜	销售1部	82050	63500	67500	98500	78500	94000	484050
8	王斌	销售1部	82500	71000	99500	89500	84500	58000	485000
9	田鹏	销售1部	87500	63500	67500	98500	78500	94500	490000
10	孙丽倩	销售1部	88000	82500	83000	75500	62000	85000	476000
11	白江涯	销售1部	92000	64000	97000	93000	75000	93000	514000
12	康忠	销售1部	93000	71500	92000	96500	87000	61000	501000
13	周静元	销售1部	93050	85500	77000	81000	95000	78000	509550
14	张晓丽	销售1部	96000	72500	10000	86000	62000	87500	414000
15	李朝	销售1部	96500	86500	90500	94000	99500	70000	537000
16	李秀杰	销售1部	97500	76000	72000	92500	84500	78000	500500
17	王海飞	销售2部	56000	77500	85000	83000	74500	79000	455000
18	栗少龙	销售2部	58500	90000	88500	97000	72000	65000	471000
19	孙瑜	销售2部	63000	99500	78500	63150	79500	65500	449150
20									
21									
22									
23	部门	平均销售额							
24	销售1部	485900							
25	销售2部	458383.3333							

图 3-40 AVERAGEIF 函数的应用

2. RANK 函数

功能：返回一个数值在一组数值中的排名。

语法：RANK(number,ref,order)

参数：number 是需要计算其排名的一个数值；ref 是包含一组数值的数组或引用（其中的非数值型参数将被忽略）；order 是一个数字，指明排名的方式。如果 order 为 0 或省略，则按降序排列的数值清单进行排名；如果 order 不为 0，则按升序排列的数值清单进行排名。

RANK 函数对重复数值的排名相同，但重复数值的存在将影响后续数值的排名。例如，在一列整数中，若整数 60 出现两次，其排名为 5，则 61 的排名为 7（没有排名为 6 的数值）。

例 3-18 在"贷款数据管理"工作簿中的"法人表"中按注册资本降序进行排名。

Step 1 打开"贷款数据管理"工作簿，选定"法人表"，在"法人代表"列的左

边插入"排名"列，如图 3-41 所示。

Step 2 在 E2 单元格中输入公式"=RANK(D2,$D$2:$D$23)"，计算 D2 单元格中的数值在$D$2:$D$23 单元格区域中按降序排列的名次。

Step 3 使用填充柄复制公式，可得出按注册资本降序排名的结果，如图 3-41 所示。

	A	B	C	D	E	F	G	H	I
1	法人编号	法人名称	法人性质	注册资本(万元)	排名	法人代表	出生日期	性别	是否党
2	EGY001	服装公司一	国有企业	350	20	高郁杰	1965/1/29	男	TRU
3	EGY002	电信公司一	国有企业	30000	5	王皓	1968/9/19	男	FALS
4	EGY003	石油公司二	国有企业	500000	1	吴锋	1961/6/11	男	TRU
5	EGY004	电信公司二	国有企业	50000	3	刘萍	1964/3/15	女	TRU
6	EGY005	图书公司三	国有企业	6000	10	张静初	1964/7/28	女	FALS
7	EGY006	运输公司三	国有企业	11000	7	薛清海	1969/4/27	男	TRU
8	EGY007	医药公司三	国有企业	50000	3	梁雨琛	1968/3/5	男	TRU
9	EGY008	电信公司三	国有企业	60000	2	李建宙	1973/10/15	男	FALS
10	EHZ001	石油公司一	中外合资企业	25000	6	张晗	1972/12/4	男	FALS
11	EHZ002	餐饮公司一	中外合资企业	1200	15	史绪文	1966/11/25	男	TRU
12	EHZ003	服装公司三	中外合资企业	7500	9	李智强	1971/2/14	男	TRU
13	EHZ004	运输公司四	中外合资企业	5000	11	王一凡	1966/7/18	男	TRU
14	EHZ005	医药公司四	中外合资企业	3500	12	赵雨	1975/1/23	女	TRU
15	EJT001	图书公司一	集体企业	240	21	王天明	1970/2/13	男	FALS
16	EJT002	运输公司一	集体企业	500	19	田平	1973/1/12	女	TRU
17	EJT003	医药公司二	集体企业	1000	16	曹虎林	1967/12/15	男	FALS
18	EJT004	服装公司四	集体企业	9000	8	刘睿海	1969/9/25	男	TRU
19	ESY001	运输公司三	私营企业	2000	13	张海屿	1973/5/30	女	TRU
20	ESY002	餐饮公司一	私营企业	100	22	李建峰	1968/6/12	男	TRU
21	ESY003	医药公司一	私营企业	1000	16	王坤	1960/9/26	女	TRU
22	ESY004	图书公司二	私营企业	800	18	魏春芝	1970/3/25	女	TRU
23	ESY005	服装公司二	私营企业	1500	14	张翼飞	1969/5/12	男	TRU
24									

图 3-41 按注册资本降序排名的结果

说明：

排名函数还有两个，即 RANK.AVG 函数和 RANK.EQ 函数。RANK.AVG 函数，如果有并列的情况，则返回平均排名；RANK.EQ 函数与 RANK 函数用法相同。

3.2.6 查找与引用函数

如果需要在计算过程中进行查找，或者引用某些符合要求的目标数据，则可以借助查找与引用函数。它也可以与多个函数组合使用，进行明确查找。

1. CHOOSE 函数

功能：根据给定的索引值，返回参数清单中的数据。

语法：CHOOSE(index_num,value1,value2,...)

参数：index_num 指明待选参数序号的值，它必须是 1 到 254 之间的数值，或者是返回值为 1~254 的公式或单元格引用；value1,value2,...是 1~254 个参数，可以是数值、单元格、已定义的名称、公式、函数或文本。

例 3-19 电器公司对员工进行上半年业绩考核，根据"贷款工作簿"中"电器公司销售业绩统计表"中的"总销售额"列数据进行考核。考核标准：总销售额超过 500000 的为"优秀"，总销售额少于 450000 的为"较差"，其他的记为"一般"。

Step 1 打开"贷款工作簿"，选定"电器公司销售业绩统计表"，将原来 K 列中的数据删除，将 L 列隐藏，在 K2、M2 单元格中分别输入"等级""表现"。

Step 2 在 K3 单元格中输入公式"=IF(J3>500000,1,IF(J3<450000,3,2))"，按下 Enter 键，得出该员工的业绩等级。

Step 3 使用填充柄复制公式，可得出所有员工的业绩等级。

Step 4 在 M3 单元格中输入公式 "=CHOOSE(K3,"优秀","一般","较差")"，按下 Enter 键，得出该员工的表现。

Step 5 使用填充柄复制公式，可得出所有员工的表现，如图 3-42 所示。

M3 fx =CHOOSE(K3,"优秀","一般","较差")

姓名	部门	一月	二月	三月	四月	五月	六月	总销售额	等级	表现
		电器公司2021年上半年销售业绩统计表								
李小龙	销售1部	66500	92500	95500	98000	86500	71000	510000	1	优秀
张丽娜	销售1部	73500	91500	64500	93500	84000	87000	494000	2	一般
闫换	销售1部	75500	62500	87000	94500	78000	91000	469500	2	一般
李丽	销售1部	79500	98500	68000	10000	96000	66000	418000	3	较差
赵娜	销售1部	82050	63500	67500	98500	78500	94000	484050	2	一般
王斌	销售1部	82500	71000	99500	89500	84500	58000	485000	2	一般
田鹏	销售1部	87500	63500	67500	98500	78500	94500	490000	2	一般
孙丽倩	销售1部	88000	82500	83000	75500	62000	85000	476000	2	一般
白江涯	销售1部	92000	64000	97000	93000	75000	93000	514000	1	优秀
康忠	销售1部	93000	71500	92000	96500	87000	61000	501000	1	优秀
周静元	销售1部	93050	85500	77000	81000	95000	78000	509550	1	优秀
张晓丽	销售1部	96000	72500	10000	86000	62000	87500	414000	3	较差
李朝	销售1部	96500	86500	90500	94000	99500	70000	537000	1	优秀
李秀杰	销售1部	97500	76000	72000	92500	84500	78000	500500	1	优秀
王海飞	销售2部	56000	77500	85000	83000	74500	79000	455000	2	一般
栗少龙	销售2部	58500	90000	88500	97000	72000	65000	471000	2	一般
孙瑜	销售2部	63000	99500	78500	63150	79500	65500	449150	3	较差

图 3-42　CHOOSE 函数的应用

2. MATCH 函数

功能：返回在指定方式下与指定数据匹配的数组中元素的相应位置。如果需要找出匹配元素的位置而不是匹配元素本身，则应该使用 MATCH 函数。

语法：MATCH(lookup_value,lookup_array,match_type)

参数：lookup_value 是必需的，表示在数组中所要查找匹配的数据，可以是数值、文本或逻辑值，或者对数值、文本或逻辑值的单元格引用；lookup_array 是必需的，表示要在其中查找数据的连续的单元格区域；match_type 是可选的，表示查找方式。

3. INDEX 函数

INDEX 函数返回表格或单元格区域中的数据或对数据的引用。INDEX 函数有两种形式：数组形式和引用形式。

（1）数组形式

功能：返回单元格区域或数组中的元素，此元素由行序号和列序号的索引值给定。

语法：INDEX(array,row_num,column_num)

参数：array 是单元格区域或数组常量；row_num 是数组中某行的行序号，函数从该行返回数据；column_num 是数组中某列的列序号，函数从该列返回数据。

（2）引用形式

功能：返回引用中指定单元格或单元格区域的引用。

语法：INDEX(reference,row_num,column_num,area_num)

参数：reference 是对一个或多个单元格区域的引用，如果为引用输入一个不连续的选定区域，必须将其用括号括起来；area_num 是选择引用中的一个区域，并返回该区域中 row_num 和 column_num 的交叉区域。

例 3-20 在“贷款工作簿”中的“电器公司销售业绩统计表”中使用 INDEX 函数和 MATCH 函数查找电器公司员工的销售情况。

Step 1 打开“贷款工作簿”，选定“电器公司销售业绩统计表”，将 23、24、25 行隐藏，在 A21、A22、A26 单元格中分别输入“姓名”“月份”“销售额”。

Step 2 在 B21 单元格中输入所要查找员工的姓名，如“康忠”；在 B22 单元格中输入所要查找的月份，如“四月”。

Step 3 在 B26 单元格中输入公式“=INDEX(A2:I19,MATCH(B21,A2:A19,0),MATCH(B22,A2:I2,0))”，按下 Enter 键，可得出该员工的销售额，如图 3-43 所示。

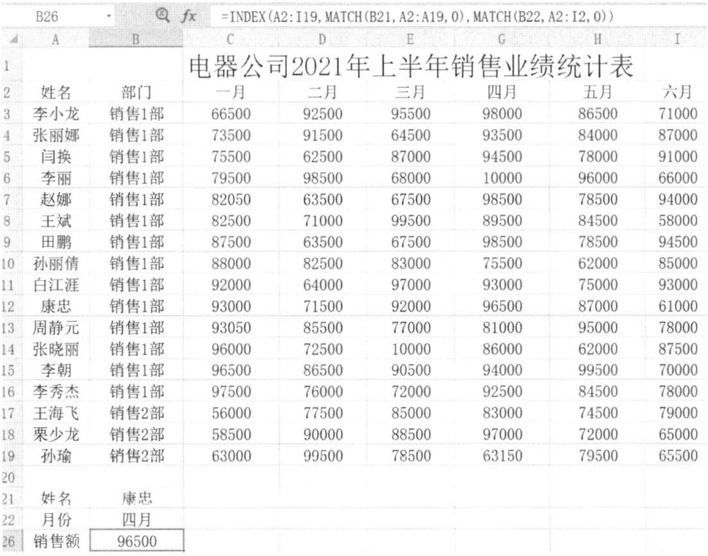
B26 =INDEX(A2:I19, MATCH(B21, A2:A19, 0), MATCH(B22, A2:I2, 0))

	A	B	C	D	E	G	H	I
1			电器公司2021年上半年销售业绩统计表					
2	姓名	部门	一月	二月	三月	四月	五月	六月
3	李小龙	销售1部	66500	92500	95500	98000	86500	71000
4	张丽娜	销售1部	73500	91500	64500	93500	84000	87000
5	闫换	销售1部	75500	62500	87000	94500	78000	91000
6	李丽	销售1部	79500	98500	68000	10000	96000	66000
7	赵娜	销售1部	82050	63500	67500	98500	78500	94000
8	王斌	销售1部	82500	71000	99500	89500	84500	58000
9	田鹏	销售1部	87500	63500	67500	98500	78500	94500
10	孙丽倩	销售1部	88000	82500	83000	75500	62000	85000
11	白江涯	销售1部	92000	64000	97000	93000	75000	93000
12	康忠	销售1部	93000	71500	92000	96500	87000	61000
13	周静元	销售1部	93050	85500	77000	81000	95000	78000
14	张晓丽	销售1部	96000	72500	10000	86000	62000	87500
15	李朝	销售1部	96500	86500	90500	94000	99500	70000
16	李秀杰	销售1部	97500	76000	72000	92500	84500	78000
17	王海飞	销售2部	56000	77500	85000	83000	74500	79000
18	栗少龙	销售2部	58500	90000	88500	97000	72000	65000
19	孙瑜	销售2部	63000	99500	78500	63150	79500	65500
20								
21	姓名	康忠						
22	月份	四月						
26	销售额	96500						

图 3-43 INDEX 函数和 MATCH 函数的应用

3.2.7 文本函数

使用文本函数可以在公式中处理文本字符串，如改变大小写、提取字符、确定文本字符串的长度、转换文本格式、查找与替换文本、合并文本等。

1. LEFT 函数

功能：从文本字符串的左侧开始提取指定个数的字符。

语法：LEFT(text,num_chars)

参数：text 是包含要提取字符的文本字符串；num_chars 指定函数要提取的字符数，它必须大于或等于 0。如果 num_chars 大于文本长度，则函数返回所有文本。如果省略 num_chars，则假定其为 1。

2. RIGHT 函数

功能：从文本字符串的右侧开始提取指定个数的字符。

语法：RIGHT(text,num_chars)

参数：text 是包含要提取字符的文本字符串；num_chars 指定函数要提取的字符数，它必须大于或等于 0。如果 num_chars 大于文本长度，则函数返回所有文本。如果省略 num_chars，则假定其为 1。

例 3-21　在"贷款数据管理"工作簿中的"银行表"中使用 LEFT 函数和 RIGHT 函数提取单元格中的左右字符。

Step 1 打开"贷款数据管理"工作簿，选定"银行表"，在 D1、E1 单元格中分别输入"LEFT 函数""RIGHT 函数"。

Step 2 在 D2 单元格中输入公式"=LEFT(B2,2)"，按下 Enter 键，使用填充柄复制公式到单元格区域 D3:D17 中，如图 3-44 所示。

Step 3 在 E2 单元格中输入公式"=RIGHT(B2,3)"，按下 Enter 键，使用填充柄复制公式到单元格区域 E3:E17 中。

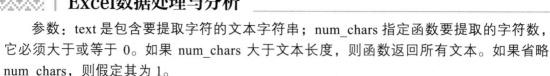

	A	B	C	D	E
1	银行编号	银行名称	银行电话	LEFT函数	RIGHT函数
2	B29101	中国银行A支行	87563422	中国	A支行
3	B29102	中国银行B支行	88975499	中国	B支行
4	B29103	中国银行C支行	85724796	中国	C支行
5	B29201	中国农业银行A支行	83295678	中国	A支行
6	B29202	中国农业银行B支行	82685327	中国	B支行
7	B29203	中国农业银行C支行	82160987	中国	C支行
8	B29204	中国农业银行D支行	82347456	中国	D支行
9	B29205	中国农业银行E支行	81557325	中国	E支行
10	B29301	中国建设银行A支行	87765896	中国	A支行
11	B29302	中国建设银行B支行	83295350	中国	B支行
12	B29303	中国建设银行C支行	83251278	中国	C支行
13	B29401	中国工商银行A支行	87352786	中国	A支行
14	B29402	中国工商银行B支行	81579637	中国	B支行
15	B29501	交通银行A支行	82670985	交通	A支行
16	B29502	交通银行B支行	84225279	交通	B支行
17	B29601	招商银行A支行	85263986	招商	A支行
18					

图 3-44　LEFT 函数和 RIGHT 函数的应用

本章小结

本章主要介绍了公式与函数的基本操作及使用方法。对于公式综合应用的相关概念和要求、公式的基本操作、数组公式、公式中的引用、公式中的错误、公式审核等均做了详细介绍。为防止输入错误的公式，需要对公式进行检查，但公式返回错误值时，应及时查找错误原因并解决问题。在函数与应用部分，介绍了逻辑函数、数学与三角函数、

日期与时间函数、财务函数、统计函数、查找与引用函数、文本函数的功能、使用方法及具体应用。Excel 函数功能强大，种类繁多，使用灵活，具体在使用不同类型的函数时，选定要插入函数的单元格，单击"公式"选项卡"函数库"组工具栏中的"插入函数"命令按钮，弹出"插入函数"对话框，在这里就可以选择不同类型的函数进行应用。

实践 1："学生课程数据管理"工作簿中"学生表"的计算与操作

以"学生课程数据管理"工作簿中的"学生表"为数据源，按要求进行计算与操作。

（1）根据学生的出生日期计算出生肖。

（2）统计党员人数。

（3）通过学生的学号查找高考成绩。

（4）按高考成绩进行排名，相同取平均值。

（5）按学院统计男生及女生的高考成绩平均分。

操作步骤：

Step 1 打开"学生课程数据管理"工作簿，选定"学生表"，使之恢复为第 2 章实践 1 中格式设置前的表格，可根据需要调查各行数据的顺序，在 J1 单元格中输入"生肖"，在 J2 单元格中输入公式"=CHOOSE(MOD((YEAR(D2)−1975),12)+1,"兔","龙","蛇","马","羊","猴","鸡","狗","猪","鼠","牛","虎")"，按下 Enter 键，可根据出生日期计算出生肖，然后使用填充柄复制公式，可得出所有学生的生肖。

Step 2 合并单元格区域 A23:E23，输入"党员人数"，在 F23 单元格中输入公式"=COUNTIF(F2:F21,"是")"，按下 Enter 键，可得出党员人数。

Step 3 在 A24、A25 单元格中分别输入"学号""高考成绩"，在 B24 单元格中输入要查找高考成绩学生的学号，如"2131062103"，在 B25 单元格中输入公式"=VLOOKUP(B24,A2:H21,8,FALSE)"，按下 Enter 键，可得出学号为"2131062103"学生的高考成绩"578"。

Step 4 在 K1 单元格中输入"排名"，在 K2 单元格中输入公式"=RANK.AVG(H2,$H$2:$H$21)"，按下 Enter 键，然后使用填充柄复制公式，可得出所有学生的排名。

Step 5 合并单元格区域 L1:N1，输入"高考成绩平均分分类统计"，在 L2、M2、N2 单元格中分别输入"学院""男""女"，在单元格区域 L3:L8 中输入各二级学院名称，在 M3 单元格中输入公式"=AVERAGEIFS($H$2:$H$21,$E$2:$E$21,$L3,$C$2:$C$21,M$2)"，使用填充柄向下、向右复制公式，可得出各学院男生及女生的高考成绩平均分。

特别提示：公式中各单元格地址引用的类型不能修改；经济学院没有女生，信息学院没有男生，统计结果中 N3 及 M4 单元格中出现错误值，并非公式错误。

上述各操作步骤的结果如图 3-45 所示。

图 3-45　实践 1 中各操作步骤的结果

实践 2："高校大学生图书借阅数据管理"工作簿中"图书信息表"的计算与操作

"高校大学生图书借阅数据管理"工作簿中的"图书信息表"包括图书编号、书名、类型、作者、出版社、单价、出版日期、库存等，以此表为数据源，完成以下计算与操作。

（1）计算各类图书库存金额及总额。

（2）统计近 3 年出版的图书库存总量。

（3）通过作者查找图书的书名及库存等。

（4）按单价进行排名，相同取最佳值。

（5）按类型统计各类图书的库存总量。

习题

一、选择题

1. 在创建公式时必须先输入（　　　）。

A．"="　　　　　　B．"+"　　　　　　　　C．"–"　　　　　　　　D．"/"

2. Excel 公式不支持的运算符是（　　　）。

A．+　　　　　　　B．*　　　　　　　　　C．^　　　　　　　　　D．<<

3. AVERAGE(B1:B5)相当于求单元格区域 B1:B5 的（　　　　）。

A．平均值　　　B．和　　　　　　　　C．最大值　　　　　　D．计数

4. 在 Excel 工作表中，如果 B2、B3、B4、B5 单元格中的内容分别为 4、3、5、=B2*B3-B4，则 B5 单元格中实际显示的内容是（   ）。

A. 8 　　　　　　 B. 5 　　　　　　 C. 7 　　　　　　　 D. 6

5. 在默认情况下，在工作表中，如果选定了输入有公式的单元格，则单元格中显示（   ）。

A. 公式 　　　　　　　　　　　 B. 公式的结果

C. 公式和公式的结果 　　　　　　 D. 零

6. 在 Excel 中，各类运算符的优先级顺序为（   ）。

A. 算术运算符、比较运算符、文本运算符、引用运算符

B. 引用运算符、算术运算符、文本运算符、比较运算符

C. 比较运算符、文本运算符、引用运算符、算术运算符

D. 文本运算符、引用运算符、算术运算符、比较运算符

7. 已知 A2=1990，B2=10，C2=20。在 D2 单元格中输入公式"=A2&B2&C2"，在 E2 单元格中输入公式"=A2+B2+C2"，则 D2、E2 单元格中显示的结果分别是（   ）。

A. 2020、2020 　　　　　　　　 B. 19901020、2020

C. 19901020、19901020 　　　　 D. 2020、19901020

8. 在 Excel 的状态栏可以实现的快速计算功能中不包括（   ）。

A. 平均值 　　　　 B. 平方根 　　　　 C. 最小值 　　　　 D. 最大值

二、填空题

1. Excel 中的文本运算符是_____。

2. 在 Excel 中，错误值总是以_____开头。

3. 函数的结构以_____开始，后面是左圆括号、以逗号分隔的参数和右圆括号。

4. 当在公式中有除数为零时，将出现_____错误信息；当在公式或函数中使用了无效的数值时，将出现_____错误信息。

5. 在 Excel 中，如果 E1 单元格中的数值为 10，在 F1 单元格中输入公式"=E1+20"，在 G1 单元格中输入公式"=$E$1+20"，则 F1 单元格中的值是_____，G1 单元格中的值是_____。

6. 在 Excel 中，A8 单元格的绝对引用应写为_____。

7. 在单元格中输入公式"=3+2<3"，返回的结果是_____；在单元格中输入公式"=3<3+2"，返回的结果是_____。

8. VLOOKUP(lookup_value,table_array,col_index_num,range_lookup)用于_____查找，搜索表区域（table_array）_____满足条件（lookup_value）的元素。

三、简答题

1. 举例说明 Excel 中有哪些运算符。

2. SUM、SUMIF 和 SUMIFS 函数有哪些异同？

3. 在 Excel 中，"公式"选项卡中包括哪些逻辑组？

4. COUNT 与 COUNTA 函数、COUNTIF 与 COUNTIFS 函数有哪些异同？

5. AVERAGE 与 AVERAGEA 函数、AVERAGEIF 与 AVERAGEIFS 函数有哪些异同？

第4章
数据分析工具应用

【学习目标】

- ✓ 学会模拟运算表的应用方法。
- ✓ 学会规划求解的设置及应用方法。
- ✓ 学会常用数据分析工具的应用方法。
- ✓ 了解其他数据分析工具的应用方法。

【学习重点】

- ✓ 熟练掌握模拟运算表、单变量求解、方案分析、规划求解数据分析方法。
- ✓ 掌握分析工具库中的数据分析工具。

【思政导学】

- ✓ 关键字：数据分析
- ✓ 内涵要义：数据分析是数据处理过程中的重要一环，培养数据分析人才的职业素养，要求数据分析过程科学严谨、求真务实。
- ✓ 思政点播：根据大数据国家战略及数据分析人才稀缺现状，围绕爱国、责任、敬业三大元素，在家国情怀层面提升学生对党、国家和民族的认同，使学生懂责任、勇担当，培养学生敬业爱岗精神；结合课程将唯物辩证的科学思维有效融入，例如，在相关性分析与回归分析中融入科学把握事物之间联系的思维，在指数平均分析中融入用发展眼光看待问题的思维等。依托大数据的分类统计分析，科学制定新型冠状病毒感染防控措施，效果举世瞩目。具体案例如淘宝、京东等平台利用大数据分析用户购物喜好，并向用户推荐商品的操作。突出强调我国电子商务的快速发展，特别是农村电子商务的快速发展，带动了乡村振兴，实现了全面脱贫，让学生感受到祖国的日益强盛，增强学生的爱国情怀。
- ✓ 思政目标：培养数据分析人才，培养学生具有科学分析、实事求是的精神。

在日常生活和工作中，常常会遇到一些数据分析的问题。例如，还贷计算、生产销售预测、税收数据应用、人力资源管理、会计数据处理、运营数据实时分析、企业利润估计等，都需要进行一定的数学分析和计算。Excel 为数据审核、图表分析、经济管理、工程规划、统计预测等专业领域的数据处理提供了许多分析工具和实用函数，应用这些工具和函数来解决工程计算、金融分析、财政决算及企业生产决策等方面的问题十分方便、快捷。本章将介绍 Excel 中常用的数据分析工具。

4.1 模拟运算表

Excel 模拟运算表可用于对一个单元格区域中的数据进行模拟运算，测试某个计算公式中变量变化对公式计算结果的影响。模拟运算表为同时求解某一个运算中所有可能的变化值的组合提供了更高效的方法，并且可以将不同的计算结果同时显示在工作表中，以便对数据进行查找和比较。

模拟运算表分为单变量模拟运算表和双变量模拟运算表两种类型。

4.1.1 单变量模拟运算表

单变量模拟运算表即一个变量的模拟运算表，可以对一个变量输入不同的值，查看该变量变化对计算结果的影响。输入的数据值必须被排在一行或一列中。被排在一行中的称为行引用，被排在一列中的称为列引用。同时，单变量模拟运算表中使用的公式必须引用"输入单元格"。在进行模拟运算时，Excel 会先为"输入单元格"输入值，再计算公式的值。

单变量模拟运算表主要用来分析其他参数不变时，某一个参数的变化对目标值的影响。

例 4-1 某企业为扩大生产，需要向银行申请 10000 万元贷款，分 18 个月还清，采用等额还款的方式，试计算该企业在不同贷款利率下的月还款额。

本例中可使用 PMT 函数求解，PMT 函数用来计算在固定利率下，贷款的等额分期偿还额。使用单变量模拟运算表进行计算的具体操作步骤如下。

Step 1 在工作表中建立单变量模拟运算表，如图 4-1 所示。其中，单元格区域 A8:A15 中是不同的贷款利率；B2 单元格中是贷款金额；B3 单元格中是贷款利率，也是模拟运算表中的变量；B4 单元格中是还款总期数。

Step 2 在 B7 单元格中输入公式"=PMT(B3/12,B4,B2)"，如图 4-2 所示。PMT 函数的第 1 个参数"B3/12"表示贷款月利率，贷款利率通常指年利率，除以 12 表示月利率；第 2 个参数"B4"表示还款总月数；第 3 个参数"B2"表示贷款金额。

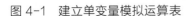

图 4-1　建立单变量模拟运算表　　　图 4-2　在 B7 单元格中输入公式

Step 3　选定单元格区域 A7:B15，单击"数据"选项卡"预测"组工具栏中的"模拟分析"命令按钮，在下拉菜单中选择"模拟运算表"命令，弹出"模拟运算表"对话框。本例中模拟运算表是以列的方式建立的，当计算不同贷款利率下的月还款额时，对应的贷款利率就会取代公式中 B3 的值进行计算，因此在"输入引用列的单元格"文本框中输入"$B$3"，如图 4-3 所示。

Step 4　单击"确定"按钮，可得出单变量模拟运算表的计算结果，即该企业在不同贷款利率下的月还款额，如图 4-4 所示。

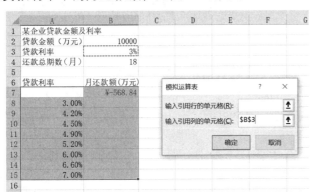

图 4-3　模拟运算表参数设置　　　图 4-4　单变量模拟运算表的计算结果

模拟运算表为设计或对比不同方案的运算结果带来了便利。例如，若修改贷款金额，则只需要修改 B2 单元格中的数据即可，Excel 会自动对模拟运算表中的数据进行重新计算。

4.1.2　双变量模拟运算表

单变量模拟运算表只能查看一个变量变化对一个或多个公式计算结果的影响。若要查看两个变量变化对公式计算结果的影响，则需要使用双变量模拟运算表，即两个变量的模拟运算表。

例 4-2　某企业为扩大生产，需要向银行申请 10000 万元贷款，假设贷款利率可为 5%、5.5%、6.5%、7%、7.5%、8%，还款期限可为 12 个月、15 个月、24 个月、36 个月，采用等额还款的方式，试计算该企业在不同贷款利率和还款期限下的月还款额。

Step 1 在工作表中建立双变量模拟运算表，在 B6 单元格中输入公式"=PMT (B3/12,B4,B2)"，计算出该企业在贷款利率为 5%、还款期限为 12 个月情况下的月还款额，如图 4-5 所示。

图 4-5 建立双变量模拟运算表并输入公式

Step 2 选定单元格区域 B6:F12，单击"数据"选项卡"预测"组工具栏中的"模拟分析"命令按钮，在下拉菜单中选择"模拟运算表"命令，弹出"模拟运算表"对话框，在"输入引用行的单元格"文本框中输入"$B$4"，在"输入引用列的单元格"文本框中输入"$B$3"，如图 4-6 中右侧所示。

Step 3 单击"确定"按钮，可得出双变量模拟运算表的计算结果，即该企业在不同贷款利率和还款期限下的月还款额，如图 4-6 中左侧所示。

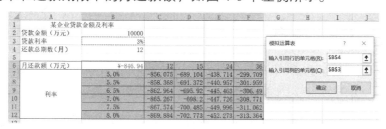

图 4-6 双变量模拟运算表的计算结果

微课视频 4-1

4.2 单变量求解与规划求解

4.2.1 单变量求解

单变量求解就是求解具有一个变量的方程，也就是假设已知一个公式的目标值，求解其中变量为多少时才可以得到这个目标值，简单来说就是进行函数的逆运算。单变量求解通常用于解决实际工作中遇到的问题。

例 4-3 某公司想向银行贷款 10000 万元，贷款年利率为 8.5%，若还款期限为 10 年，则公司每年应还款多少？如果公司每年最多可拿出 1200 万元还贷款，试确定公司多久可还完贷款。

Step 1 在工作表中建立单变量求解工作表，在 B4 单元格中输入公式"=PMT

(B2,B3,B1)"，计算出还款期限为 10 年的最佳还款额，如图 4-7 所示。

Step 2 选定 B4 单元格，单击"数据"选项卡"预测"组工具栏中的"模拟分析"命令按钮，在下拉菜单中选择"单变量求解"命令，弹出"单变量求解"对话框，在"目标单元格"文本框中输入"B4"，在目标单元格中必须有公式；在"目标值"文本框中输入年还款额，在"可变单元格"文本框中输入"$B$3"，如图 4-8 所示。

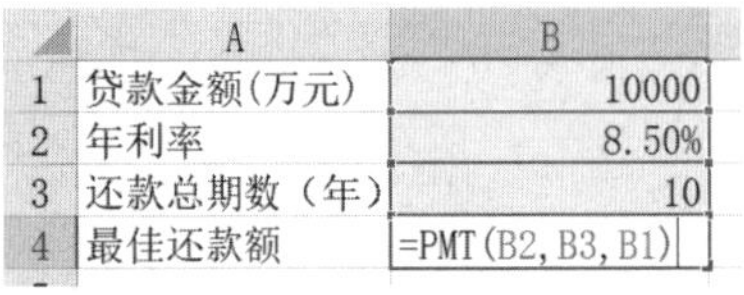

	A	B
1	贷款金额(万元)	10000
2	年利率	8.50%
3	还款总期数（年）	10
4	最佳还款额	=PMT(B2,B3,B1)

图 4-7 建立单变量求解工作表并输入公式

图 4-8 单变量求解参数设置

Step 3 单击"确定"按钮，弹出"单变量求解状态"对话框，实时显示当前的求解状态，如图 4-9 所示。

图 4-9 单变量求解状态

Step 4 单击"确定"按钮，可得出年还款额为 1200 万元时的还款总期数约为 15 年。

Excel 单变量求解是通过迭代计算实现的，即不断修改可变单元格中的值，并对修改值逐个测试，直到求解值为目标单元格中的目标值，或者在目标值的精度许可范围内。

4.2.2 规划求解

1. 规划求解概述

（1）规划求解的概念

规划求解是指应用数学模型和方法，通过建立一个数学模型描述决策问题，确定一个最优的决策方案来达到预期目标的过程。规划求解可以应用于各种决策领域，如生产调度、资源分配、物流配送、投资决策等。在规划求解中，需要确定目标函数、决策变量、约束条件等因素，通过数学方法求解获得最优解。目前，规划求解已经成为人工智能、运筹学、管理科学等领域的重要研究课题，并得到广泛应用。

（2）规划求解的应用场景

规划求解的应用场景举例如下。

① 员工调度：使用最低成本使员工能动性达到企业指定的最满意水平。

② 规划运输路线：进行产品生产基地与销售地之间的运输路线最优规划，使运输成本最低。

③ 调节产品比例：在生产资源有限的情况下，合理调节产品比例，获得最大利润。

④ 调配材料：在控制成本的情况下，合理调配生产材料，使利润最大化。

（3）规划求解的组成

决策变量：规划求解问题中的一个或多个有待确定的未知因素称为变量或决策变量。一组决策变量代表一个规划求解的方案。在 Excel 中进行规划求解时，通常用单元格来保存决策变量，这称为可变单元格。

目标函数：目标函数是指需要被最小化或最大化的函数，代表着规划求解问题的核心目标，可以是生产成本最小化、收益最大化、资源利用率最优化等目标。通过对目标函数的优化，可以使得问题的解最符合实际情况和要求。目标函数是决策变量的函数，也是规划求解的关键，可以是线性函数，也可以是非线性函数。在 Excel 中进行规划求解时，通常将目标函数存放在单独的单元格中，这称为目标单元格。

约束条件：约束条件是实现目标的限制条件，对决策变量起着直接的限制作用。规划求解问题是否有解与约束条件密切相关。约束条件可以是等式，也可以是不等式。在 Excel 中进行规划求解时，通常可以将约束条件分别输入到所选单元格中，并在相应的单元格中使用运算符、函数或数值等进行表示。

在 Excel 中，规划求解通过对与目标单元格中的公式有联系的一组可变单元格中的值进行不断调整，最终为目标单元格求得最优解。在求解过程中，可变单元格中的值可以不断被修改。在创建模型过程中，用户可以对规划求解模型中的可变单元格中的值应用约束条件，而且约束条件可以引用其他影响目标单元格中公式的单元格。

（4）加载规划求解

在 Excel 中，规划求解功能并非必选组件，因此在使用前必须加载该功能。具体操作步骤如下。

Step 1 单击"文件"选项卡，在弹出的"文件"菜单中选择"选项"命令，弹出"Excel 选项"对话框，选择左侧列表框中的"加载项"选项，在右侧的"管理"下拉列表中选择"Excel 加载项"选项，如图 4-10 所示。

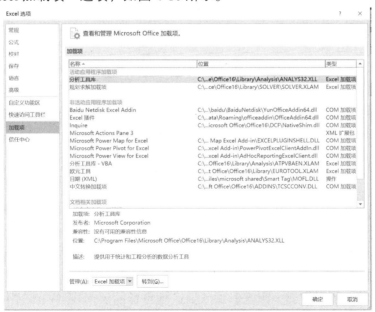

图 4-10 "Excel 选项"对话框

Step 2 单击"转到"按钮，弹出"加载宏"对话框，勾选"分析工具库"和"规划求解加载项"复选框，如图 4-11 所示。

图 4-11 "加载宏"对话框

Step 3 单击"确定"按钮，即可加载规划求解，单击"数据"选项卡，可以在"分析"组工具栏中找到"规划求解"命令按钮，如图 4-12 所示。

图 4-12 加载规划求解后的功能区

2. 规划求解建模和流程

为了详细介绍 Excel 规划求解，下面以例 4-4 为例重点说明 Excel 中规划求解建模和规划求解流程。

例 4-4 某企业为扩大生产，需要向银行申请 1000 万元贷款，A 银行的贷款利率为 5%，B 银行的贷款利率为 8%，C 银行的贷款利率为 11%，A 银行的最低还款年限为 10 年，B 银行的最低还款年限为 7 年，C 银行的最低还款年限为 3 年，企业每年能向银行还款的最大金额为 300 万元，该企业应如何分别向 3 个银行贷款才能保证每年还款利息最少？

这是一个典型的线性规划求解问题，所求的是在年还款金额有限的条件下，如何合理搭配贷款金额，才能向银行支付最少的还款利息。

（1）规划求解建模

线性规划求解建模的具体操作步骤如下。

Step 1 确定决策变量：根据影响所要达到目标的因素找到决策变量。本例中，决策变量为企业分别向 A、B、C 银行贷款的金额，记为 x_1, x_2, x_3。

Step 2 确定目标函数：由决策变量和所要达到目标之间的函数关系确定目标函数。本例中，目标函数为企业贷款利息总额，记为 y。

Step 3 列出约束条件：由决策变量所受的限制条件确定决策变量所要满足的约束条件。根据本例中已知条件，列出约束条件为

$$x_1 + x_2 + x_3 = 1000$$
$$x_1, x_2, x_3 \geqslant 0$$

Step 4 建立规划求解模型：在 Excel 工作表中，根据需要输入已知条件，设置可变单元格和目标单元格分别用来存放决策变量和目标函数，并可根据需要在选定单元格中输入约束条件。对于本例，建立如图 4-13 所示的规划求解模型，即企业贷款信息表，表中企业向银行贷的贷款利率及还款年限均为已知条件，可变单元格区域为 B4:D4，目标单元格为 B9 单元格。

	A	B	C	D
1		A银行	B银行	C银行
2	贷款利率	5%	8%	11%
3	还款年限（年）	10	7	3
4	贷款金额（万元）			
5	年还款金额（万元）			
6	年还款总额（万元）			
7				
8	贷款总金额（万元）			
9	还款总金额（万元）			

图 4-13　企业贷款信息表

（2）规划求解流程

针对本例的线性规划求解流程如下。

Step 1 在如图 4-13 所示的规划求解模型中，在 B5 单元格中输入公式"=PMT(B2,B3,B4)"，计算企业向 A 银行的年还款金额；将 B5 单元格中的公式复制到 C5、D5 单元格中；在 B6 单元格中输入公式"=SUM(B5:D5)"，计算企业向银行的年还款总额；在 B8 单元格中输入公式"=SUM(B4:D4)"，计算企业的贷款总金额；在 B9 单元格中输入公式"=B5*B3+C5*C3+ D5*D3"，计算企业需还款总金额，如图 4-14 所示。

	A	B	C	D
1		A银行	B银行	C银行
2	贷款利率	0.05	0.08	0.11
3	还款年限（年）	10	7	3
4	贷款金额（万元）			
5	年还款金额（万元）	=PMT(B2,B3,B4)	=PMT(C2,C3,C4)	=PMT(D2,D3,D4)
6	年还款总额（万元）	=SUM(B5:D5)		
7				
8	贷款总金额（万元）	=SUM(B4:D4)		
9	还款总金额（万元）	=B5*B3+C5*C3+D5*D3		

图 4-14　贷款和还款金额计算

Step 2 选定任意一个单元格，单击"数据"选项卡"分析"组工具栏中的"规划求解"命令按钮，弹出"规划求解参数"对话框，按照图 4-15 所示进行设置。

图 4-15　"规划求解参数"对话框

Step 3 在"设置目标"文本框中输入目标函数所在的单元格,本例中输入"$B$9"。

Step 4 设置目标函数:本例中要求解的是最小还款金额,但是在使用 PMT 函数时,返回值常为负值,即还款金额显示为负数,因此在本例中,设置目标函数时要选中"最大值"单选按钮。

Step 5 设置可变单元格:本例中,只有企业向不同银行的贷款金额是不确定的,一旦确定,则年还款金额、还款总金额都是可计算出来的,因此可变单元格区域为"$B$4:$D$4"。

Step 6 在"规划求解参数"对话框中单击"添加"按钮,弹出"添加约束"对话框,在"单元格引用"文本框中输入约束条件所在单元格的地址,然后从条件下拉列表中选择一个比较运算符,在"约束"文本框中输入条件值,如图 4-16 所示。本例中的约束条件主要有:

企业向每个银行的贷款金额不能小于 0,即"$B$4:$D$4>=0";

企业的贷款总金额等于 1000 万元,即"$B$8=1000";

企业向银行的年还款总额不超过 300 万元,即"$B$6>=-300"。

添加完所有的约束条件后,单击"添加约束"对话框中的"确定"按钮,返回到"规划求解参数"对话框。

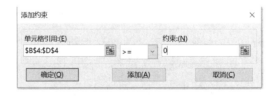

图 4-16　添加约束条件

Step 7 从"选择求解方法"下拉列表中选择"单纯线性规划"选项,单击"求解"按钮,显示如图 4-17 所示的对话框。

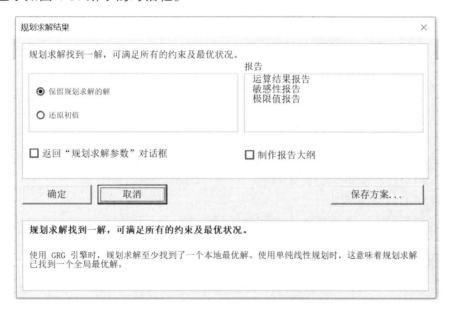

图 4-17 "规划求解结果"对话框

Step 8 选中"规划求解结果"对话框中的"保留规划求解的解"单选按钮,将把求解结果保存在规划求解模型中,单击"确定"按钮。本例的规划求解结果如图 4-18 所示。

	A	B	C	D
1		A银行	B银行	C银行
2	贷款利率	5%	8%	11%
3	还款年限（年）	10	7	3
4	贷款金额（万元）	390.4531732	0.00E+00	609.546828
5	年还款金额（万元）	¥-50.57	¥0.00	¥-249.43
6	年还款总额（万元）	¥-300.00		
7				
8	贷款总金额（万元）	1000.000001		
9	还款总额（万元）	¥-1,253.96		

图 4-18 规划求解结果

（3）约束条件

约束条件是规划求解问题是否可解的关键,同样的规划求解模型,如果约束条件发生变化,则规划求解结果也会随着变化。本例中,如果企业的年还款金额不受限,则可删除约束条件"$B$6>=-300"。

Step 1 进入"规划求解参数"对话框,选择"$B$6>=-300"约束条件,单击"删除"按钮。

Step 2 单击"求解"按钮,得到如图 4-19 所示的结果。

	A	B	C	D
1		A银行	B银行	C银行
2	贷款利率	5%	8%	11%
3	还款年限（年）	10	7	3
4	贷款金额（万元）	0	0.00E+00	1000
5	年还款金额（万元）	¥0.00	¥0.00	¥-409.21
6	年还款总额（万元）	¥-409.21		
7				
8	贷款总金额（万元）	1000		
9	还款总金额（万元）	¥-1,227.64		

图4-19 修改约束条件后的规划求解结果

如果需要添加约束条件，则按上述方法进入"规划求解参数"对话框，单击"添加"按钮，输入新增的约束条件，再求解。

（4）规划求解结果报告

规划求解不但可以在原工作表中保存求解结果，而且可以将求解结果制成报告。报告有如下3种。

① 运算结果报告：列出目标单元格和可变单元格及它们的初值、终值，还列出约束条件和有关约束条件的信息，如图4-20所示。

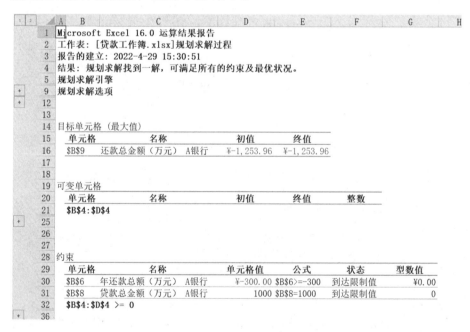

图4-20 规划求解运算结果报告

② 敏感性报告："规划求解参数"对话框中"设置目标"文本框中所指定的目标单元格中公式和约束条件的微小变化，对求解结果都会有一定的影响，此报告提供关于求解结果对这些微小变化的敏感性信息，如图4-21所示。

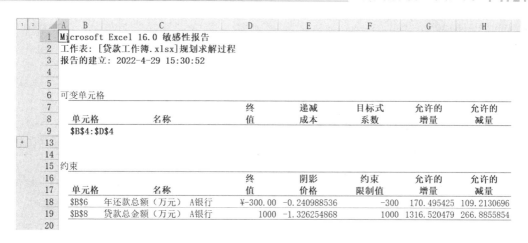

图 4-21　规划求解敏感性报告

③ 极限值报告：列出目标单元格和可变单元格及它们的数值、上下限和目标值，如图 4-22 所示。含有证书约束条件的模型不能生成本报告。

图 4-22　规划求解极限值报告

Excel 规划求解：
https://www.office26.com/excelhanshu/excel_function_6161.html

微课视频 4-2

4.3　方案分析

模拟运算表和单变量求解能方便、快捷地解决一个或两个变量引起的问题。但是，如果要解决包括较多可变因素的问题，或者要在几种假设分析中找出最佳方案，那么就要用方案分析来完成。

4.3.1 方案分析过程

方案分析主要用于多变量求解问题，能够对比多种不同方案，并从中寻求最佳方案。方案是已命名的一组输入值，这组输入值可保存在工作表中，并可用来替换方案中的模型参数，得出方案的输出结果。对于同一个模型的参数，可以创建多组不同的参数值，得到多组不同的计算结果，每组参数值和结果都是一个方案。下面以例 4-5 为例具体介绍方案分析的过程。

例 4-5 已知某企业 2022 年的总销售额和 A、B、C 3 种产品的销售成本，要依据 2022 年的销售情况制订一个两年计划。由于市场不断变化，图 4-23 对总销售额和 A、B、C 3 种产品销售成本的增长率做了一些估计。根据增长估计值，给出该企业 2022—2024 年 3 年利润（总净收入）的估计值。

	A	B	C	D
1	某企业的两年计划			
2		2022年	2023年	2024年
3	总销售额（元）	2000000		
4				
5	销售成本（元）			
6	A产品	550000		
7	B产品	900000		
8	C产品	240000		
9	总计			
10				
11	净收入			
12				
13	增长估计			
14	总销售额	15%		
15	A产品	11%		
16	B产品	15%		
17	C产品	8%		

图 4-23　企业销售情况及增长估计

根据已知条件，对如图 4-23 所示的工作表中数据进行计算，具体过程如下。

（1）计算 2022 年的净收入：在 B9 单元格中输入公式"=SUM(B6:B8)"，计算出 A、B、C 3 种产品总的销售成本；在 B11 单元格中输入公式"=B3–B9"，计算出 2022 年的净收入。

（2）根据增长估计值计算 2023 年和 2024 年总销售额和 A、B、C 3 种产品销售成本的估计值：在 C3 单元格中输入公式"=B3*(1+B14)"，计算出 2023 年总销售额的估计值；以同样的方法在 D3 单元格中输入公式"=C3*(1+B14)"，计算出 2024 年总销售额的估计值；再以同样的方法，分别计算出 2023 年和 2024 年 A、B、C 3 种产品销售成本的估计值，如图 4-24 所示。

由于每年的增长估计值是不变的，为了操作方便，也可以在 C3 单元格中输入公式"=B3*(1+$B14)"，并将公式复制到 D3 单元格中；以同样的方法计算出 2023 年和 2024 年 A、B、C 3 种产品销售成本的估计值。

（3）计算 2023 年和 2024 年净收入的估计值：在 C9 单元格中输入公式"=SUM(C6:C8)"，在 D9 单元格中输入公式"=SUM(D6:D8)"，或者使用填充柄将 B9 单元格中的公式复制到 C9 和 D9 单元格中，可计算出 2023 年和 2024 年总的销售成本的估计值；以同样

的方法，将 B11 单元格中的公式复制到 C11 和 D11 单元格中，计算出 2023 年和 2024 年净收入的估计值，如图 4-25 所示。

	A	B	C	D
1	某企业的两年计划			
2		2022年	2023年	2024年
3	总销售额（元）	2000000	=B3*(1+B14)	=C3*(1+B14)
4				
5	销售成本（元）			
6	A产品	550000	=B6*(1+B15)	=C6*(1+B15)
7	B产品	900000	=B7*(1+B16)	=C7*(1+B16)
8	C产品	240000	=B8*(1+B17)	=C8*(1+B17)
9	总计	=SUM(B6:B8)		
10				
11	净收入	=B3-B9		
12				
13	增长估计			
14	总销售额	0.15		
15	A产品	0.11		
16	B产品	0.15		
17	C产品	0.08		

图 4-24　计算 2023 年和 2024 年总销售额和 A、B、C 3 种产品销售成本的估计值

	A	B	C	D
1	某企业的两年计划			
2		2022年	2023年	2024年
3	总销售额（元）	2000000	=B3*(1+B14)	=C3*(1+B14)
4				
5	销售成本（元）			
6	A产品	550000	=B6*(1+B15)	=C6*(1+B15)
7	B产品	900000	=B7*(1+B16)	=C7*(1+B16)
8	C产品	240000	=B8*(1+B17)	=C8*(1+B17)
9	总计	=SUM(B6:B8)	=SUM(C6:C8)	=SUM(D6:D8)
10				
11	净收入	=B3-B9	=C3-C9	=D3-D9
12				
13	增长估计			
14	总销售额	0.15		
15	A产品	0.11		
16	B产品	0.15		
17	C产品	0.08		

图 4-25　计算 2023 年和 2024 年净收入的估计值

（4）计算 2022—2024 年 3 年总净收入的估计值：总净收入的估计值为 B11、C11、D11 3 个单元格中的数据之和，如图 4-26 所示。

	A	B	C	D
1	某企业的两年计划			
2		2022年	2023年	2024年
3	总销售额（元）	2000000	2300000	2645000
4				
5	销售成本（元）			
6	A产品	550000	610500	677655
7	B产品	900000	1035000	1190250
8	C产品	240000	259200	279936
9	总计	1690000	1904700	2147841
10				
11	净收入	310000	395300	497159
12				
13	增长估计			3 年总净收入
14	总销售额	15%		1202459
15	A产品	11%		
16	B产品	15%		
17	C产品	8%		

图 4-26　计算 3 年总净收入的估计值

从图 4-26 中可以看出，由该方案给出的增长估计值计算出的该企业 3 年利润的估计值超过 120 万元。但这毕竟是一个最好的估计方案，由于市场销售是不断变化的过程，企业除做出最佳方案外，还应该做好最坏的打算，为企业生产决策给出依据。假设在市场不景气的情况下，总销售额增长 10%，A、B、C 3 种产品的销售成本也在增加，假设 A 产品销售成本的增长率为 13%，B 产品销售成本的增长率为 12%，C 产品销售成本的增长率为 11%，则该企业 3 年利润的估计值又为多少？在这个方案中，直接修改图 4-26 中的增长估计值，就可以查看最坏的两年计划。但是，缺点是不能同时对比最好和最坏的情况；而且经过一段时间后，可能会因为保存不当而忘记工作表中保存有各种不同方案的估计情况。

4.3.2　方案建立

针对上述问题，Excel 提供的方案分析工具可以把不同参数下的数据保存为方案。这样，在任何时候都可以从保存的方案中取出最初的估计数据，对工作表进行计算。以例 4-5 为例，方案建立的具体操作步骤如下。

Step 1 选定要建立方案的工作表中的任意一个单元格，单击"数据"选项卡"预测"组工具栏中的"模拟分析"命令按钮，在下拉菜单中选择"方案管理器"命令，弹出"方案管理器"对话框。

Step 2 单击"添加"按钮，弹出"添加方案"对话框，按照图 4-27 所示进行设置：在"方案名"文本框中输入方案的名称，名称可以是任何文本，本例中输入"企业生产利润最佳两年计划"；在"可变单元格"文本框中输入方案中可变单元格或单元格区域，本例中输入"B14:B17"。

图 4-27　"添加方案"对话框

Step 3 单击"确定"按钮，弹出"方案变量值"对话框，输入每个可变单元格的值，如图 4-28 所示，单击"确定"按钮，就可把方案添加到方案管理器中。

Step 4 再次单击"方案管理器"对话框中的"添加"按钮，以同样的方法添加"企业生产利润最坏两年计划"新的方案，如图 4-29 所示。

图 4-28　方案变量值设置

图 4-29　向方案管理器中添加新的方案

方案建立完毕后，单击"显示"按钮，可以在 Excel 工作表中查看所选方案的结果；单击"关闭"按钮，返回到 Excel 工作表，此时工作表中实现的是当前方案的结果。

4.3.3　方案管理

方案建立好后，在任何时候都可以执行方案，查看不同方案的执行结果。如果希望再次看到方案中的工作表，则只需要重新执行原方案即可。具体操作步骤为：单击"数据"选项卡"预测"组工具栏中的"模拟分析"命令按钮，在下拉菜单中选择"方案管理器"命令，弹出"方案管理器"对话框，在"方案"列表框中选择要执行的方案，单击"显示"按钮。

经过上述操作步骤后，Excel 会用在方案中保存的"可变单元格"的值替换工作表中相应单元格中的数据，工作表的计算结果就是所选方案的计算结果。

通过如图 4-29 所示的对话框，可以添加新的方案，也可以对方案进行删除或修改的操作。

4.3.4　生成方案摘要

当建立好多种方案后，可以生成不同方案的摘要。方案摘要会把各种方案采用的可变参数及方案结果都显示出来，便于对比和寻求最佳方案。生成方案摘要的具体操作步骤如下。

图 4-30　"方案摘要"对话框

Step 1 打开"方案管理器"对话框，单击"摘要"按钮，弹出"方案摘要"对话框。其中有两种报表类型，即"方案摘要"和"方案数据透视表"，可根据需要选择其中一种。

Step 2 这里要生成方案摘要，所以选中"方案摘要"单选按钮；在"结果单元格"文本框中输入保存方案执行结果的单元格或单元格区域，对于例 4-5，这里输入 D14，如图 4-30 所示。

Step 3 单击"确定"按钮，则根据例 4-5 生成的方案摘要如图 4-31 所示。

方案摘要			当前值:	企业生产利润最佳两年计划	企业生产利润最坏两年计划
可变单元格:					
	$B$14		10%	15%	10%
	$B$15		13%	11%	13%
	$B$16		12%	15%	12%
	$B$17		11%	8%	11%
结果单元格:					
	$D$14		907141	1202459	907141

注释："当前值"这一列表示的是在
建立方案汇总时，可变单元格的值。
每组方案的可变单元格均以灰色底纹突出显示。

图 4-31　生成的方案摘要

除生成方案摘要外，Excel 还可以制作方案数据透视表，建立基于方案摘要和透视表的图表。此外，如果方案保存于多个不同的工作簿中，则可以把它们合并成为一个大方案，制作出方案摘要的图表。

从图 4-31 中可以看出，方案摘要的不足之处是可变单元格所代表的信息表达不清楚，容易产生疑问。例如，方案摘要中 C6 单元格中的"$B$14"含义未表达清楚，因此在建立方案时可以直接把单元格引用修改为相关项的名称。对于例 4-5，可将 B14 到 B17 单元格的名称分别定义为"总销售额增长率""A 产品成本增长率""B 产品成本增长率""C 产品成本增长率"，之后，再重新生成方案摘要，如图 4-32 所示。

方案摘要			当前值:	企业生产利润最佳两年计划	企业生产利润最坏两年计划
可变单元格:					
	总销售额增长率		15%	15%	10%
	A产品成本增长率		11%	11%	13%
	B产品成本增长率		15%	15%	12%
	C产品成本增长率		8%	8%	11%
结果单元格:					
	$D$14		1202459	1202459	907141

注释："当前值"这一列表示的是在
建立方案汇总时，可变单元格的值。
每组方案的可变单元格均以灰色底纹突出显示。

图 4-32　定义单元格名称后的方案摘要

4.4　数据分析常用方法

Excel 中的分析工具库提供了一组数据分析工具，可用于分析复杂的统计计算和工程分析等领域的问题。分析工具库由 Excel 自带的加载宏提供，如果"数据"选项卡中没有"数据分析"命令按钮，则可按照 4.2.2 小节中介绍的方法将其加载到 Excel 中。

Excel 中的分析工具库在工程分析、数理统计、经济计量分析等实际工作中有较强的

实用价值。表 4-1 列出了分析工具库中的工具。

表 4-1　分析工具库中的工具

分析工具	说明
方差分析	包括 3 种分析：单因素方差分析、可重复双因素分析、无重复双因素分析
相关系数	判断两个数据集（允许单位不同）之间的关系。相关性分析的返回值为两个数据集的协方差除以它们标准差的乘积（即相关系数）
协方差	返回各数据点的一对均值偏差之间的乘积的平均值。协方差是测量两组数据相关性的量度
描述统计	生成对输入区域中数据的单变值分析，提供有关数据趋中性和易变性的信息
指数平滑	基于前期预测值导出新预测值，并修正前期预测值的误差。此工具将使用平滑常数 α，其大小决定了本次预测对前期预测误差的修正程度
F-检验	比较两个样本总体的方差
傅里叶分析	解决线性系统问题，并能通过快速傅里叶变换分析周期性的数据；也支持傅里叶逆变换，即通过对变换后的数据的逆变换返回初始数据
直方图	在给定工作表中数据单元格区域和接收区间的情况下，计算数据的个别和累计频率，用于统计有限集中某个数值元素的出现次数
移动平均	基于过去某特定时间段内变量的均值，对未来值进行预测
随机数发生器	按照用户选定的分布类型，在工作表中的特定区域中生成一系列独立随机数字，可以通过概率分布来表示主体的总体特征
排位与百分比排位	产生一个数据列表，在其中罗列给定数据集中各个数值的大小次序排位和百分比排位
回归	通过对一组观察值使用最小二乘法直线拟合进行线性回归分析，可分析单个因变量是如何受一个或几个自变量影响的
抽样	以输入区域为总体构造总体的一个样本。当总体太大而不能进行处理或绘制时，可以选用具有代表性的样本。如果确认输入区域中的数据是周期性的，还可以对一个周期中特定时间段中的数据进行采样
t-检验	提供 3 种检验：双样本等方差假设 t-检验、双样本异方差假设 t-检验、平均值的成对二样本分析 t-检验
z-检验	双样本平均差检验

本节选择其中较为常用的数据分析工具做详细介绍。

4.4.1　方差分析

1. 方差分析

方差分析可以分析一个或多个因素在不同情况下对事物的影响，其使用方法较简单。方差分析的基本思想是：通过分析研究不同来源的变异对总变异的贡献大小，从而确定可控因素对研究结果影响力的大小。

方差分析的具体操作步骤如下。

Step 1　建立检验假设。H0：多个样本总体均值相等。H1：多个样本总体均值不相等或不全等。显著性水平为 0.05。

Step 2 计算检验统计量 F 值。

Step 3 确定 P 值并做出推断结果。

Excel 中的方差分析工具提供了 3 种不同类型的方差分析方法，可以根据要分析的样本总体中的因素数和样本数来决定要使用的方法。

2. 单因素方差分析

单因素方差分析用来研究一个控制变量是否对观测变量产生显著影响。单因素方差分析是两个样本平均数比较的引申，用来检验多个平均数之间的差异，从而确定因素对试验结果有无显著影响。

例 4-6 甲、乙、丙 3 个工厂生产某型号的节能灯，质量管理部门分别从各厂生产的产品中随机抽取 5 个产品作为样品，测得其寿命（单位：小时）如图 4-33 所示。在单因素方差分析模型下，检验各厂生产的产品的平均寿命有无显著差异，取显著性水平 $\alpha=0.05$。

产品号	甲工厂	乙工厂	丙工厂
1	200	184	210
2	208	180	215
3	197	199	219
4	187	201	197
5	205	176	198

图 4-33 节能灯寿命数据

Step 1 单击"数据"选项卡"分析"组工具栏中的"数据分析"命令按钮，在弹出的"数据分析"对话框中选择"方差分析：单因素方差分析"选项，如图 4-34 所示。

Step 2 单击"确定"按钮，弹出"方差分析：单因素方差分析"对话框，在"输入区域"文本框中指定观察值数据所在的单元格区域"$B$1:$D$6"，"分组方式"设置为"列"，由于 B1 单元格中是列标题，因此勾选"标志位于第一行"复选框（如果指定的单元格区域为"$B$2:$D$6"，则不用勾选"标志位于第一行"复选框），显著性水平"α"取值为"0.05"，在"输出选项"选区中选中"输出区域"单选按钮，在其后的文本框中指定输出结果开始的单元格"$A$8"，如图 4-35 所示。

图 4-34 "数据分析"对话框

图 4-35 单因素方差分析参数设置

Step 3 单击"确定"按钮，返回到工作表，即可查看单因素方差分析结果，如图 4-36 所示。

8	方差分析：单因素方差分析						
9							
10	SUMMARY						
11	组	观测数	求和	平均	方差		
12	甲工厂	5	997	199.4	66.3		
13	乙工厂	5	940	188	128.5		
14	丙工厂	5	1039	207.8	98.7		
15							
16							
17	方差分析						
18	差异源	SS	df	MS	F	P-value	F crit
19	组间	987.6	2	493.8	5.047359	0.025666	3.885294
20	组内	1174	12	97.83333			
21							
22	总计	2161.6	14				

图 4-36　单因素方差分析结果

单因素方差分析结果分为两个部分。第一个部分是总概括，可以查看各组的样本观测数、样本求和、样本平均数、样本方差，方差越小，越稳定。第二个部分是方差分析，其中"差异源"是方差来源，"SS"是平方和，"df"是自由度，"MS"是均方，"F"是检验统计量，"P-value"是观测到的显著性水平，"F crit"是检验临界值。可通过"P-value"的大小来判断组间的差异显著性。在通常情况下，当"P-value"小于或等于 0.01 时，表示有极显著的差异；当"P-value"介于 0.01 到 0.05 之间时，表示有显著差异；当"P-value"大于或等于 0.05 时，表示没有显著差异。另外，通过"F"也可以判断差异显著性，当"F"大于或等于"F crit"时，表示有显著差异。

在本例中，"P-value"约为 0.02567，介于 0.01 到 0.05 之间，且"F"约为 5.047，大于"F crit"，这都说明在 $\alpha=0.05$ 的情况下，3 个工厂生产的产品质量有显著差异。因此，工厂在产品定价时，可以根据产品质量来指导产品价格。

3. 双因素方差分析

双因素方差分析用来研究两个及两个以上控制变量是否对观测变量产生显著影响。在实际工作中，影响因素往往不止一个，需要考虑两个或两个以上因素对试验结果的影响。例如，某农场销售农产品，在销售时，除要关注产品的质量、价格等因素外，还要考虑地区差异是否对销量有影响。

例 4-7　某农场为了了解甜玉米、西红柿、南瓜这 3 种农产品在 4 个不同地区的销售情况，分别将这 3 种农产品投放在陕西、宁夏、四川和河南 4 个省进行试验，现有 3 天的销售额（单位：万元），如图 4-37 所示。要求分析不同省、不同农产品，以及二者交互分别对销售额的影响。

Step 1 单击"数据"选项卡"分析"组工具栏中的"数据分析"命令按钮，在弹出的"数据分析"对话框中选择"方差分析：可重复双因素分析"选项。

Step 2 单击"确定"按钮，弹出"方差分析：可重复双因素分析"对话框，在"输入区域"文本框中指定观察值数据所在的单元格区域"$A$2:$E$11"，在"每一样本的行数"文本框中输入"3"，显著性水平"α"取值为"0.05"，在"输出选项"选区中选

中"输出区域"单选按钮，在其后的文本框中指定输出结果开始的单元格"$A$13"，如图 4-38 所示。

	A	B	C	D	E
1	某农场农产品销售情况				
2	地区\产品	陕西	宁夏	四川	河南
3		200	198	245	155
4	甜玉米	220	201	265	165
5		213	178	240	149
6		312	276	255	298
7	西红柿	354	287	245	280
8		323	290	264	267
9		198	178	150	140
10	南瓜	180	167	160	160
11		201	150	156	155

图 4-37　某农场农产品销售情况

图 4-38　可重复双因素分析参数设置

Step 3　单击"确定"按钮，返回到工作表，即可查看可重复双因素分析结果，如图 4-39 所示。

	A	B	C	D	E	F	G
12							
13	方差分析：可重复双因素分析						
14							
15	SUMMARY	陕西	宁夏	四川	河南	总计	
16	甜玉米						
17	观测数	3	3	3	3	12	
18	求和	633	577	750	469	2429	
19	平均	211	192.3333	250	156.3333	202.4167	
20	方差	103	156.3333	175	65.33333	1335.356	
21							
22	西红柿						
23	观测数	3	3	3	3	12	
24	求和	989	853	764	845	3451	
25	平均	329.6667	284.3333	254.6667	281.6667	287.5833	
26	方差	474.3333	54.33333	90.33333	242.3333	947.5379	
27							
28	南瓜						
29	观测数	3	3	3	3	12	
30	求和	579	495	466	455	1995	
31	平均	193	165	155.3333	151.6667	166.25	
32	方差	129	199	25.33333	108.3333	370.0227	
33							
34	总计						
35	观测数	9	9	9	9		
36	求和	2201	1925	1980	1769		
37	平均	244.5556	213.8889	220	196.5556		
38	方差	4312.028	3033.861	2429	4182.778		
39							
40							
41	方差分析						
42	差异源	SS	df	MS	F	P-value	F crit
43	样本	93132.67	2	46566.33	306.5816	8.16E-18	3.402826
44	列	10653.42	3	3551.139	23.37985	2.66E-07	3.008787
45	交互	14883.33	6	2480.556	16.33138	2.05E-07	2.508189
46	内部	3645.333	24	151.8889			
47							
48	总计	122314.8	35				

图 4-39　可重复双因素分析结果

可重复双因素分析结果分为两个部分。第 1 个部分是总概括，可以查看各种农产品对应地区的样本观测数、样本求和、样本平均数、样本方差。第 2 个部分是方差分析，分析结果中不但有样本行因素和列因素的"F"和"F crit"，也有交互作用的"F"和"F crit"。

对比 3 项"F"和各自的"F crit","样本""列""交互"的"F"都大于"F crit"，说明农产品的品种、地区及二者的交互作用对销售额都有显著影响；结果中 3 项"P-value"都小于 0.01，也说明了农产品的品种、地区及二者的交互作用对销售额都有极显著影响。所以，该农场在制定后续的销售决策时，应考虑这些因素对销售额增长的作用。

4.4.2　相关性分析

在数理统计中，相关性分析是指对两个或多个具备相关性的变量因素进行分析，从而衡量两个变量因素的相关密切程度。相关性的因素之间需要存在一定的联系或概率才可以进行相关性分析。

相关系数用于判断两个数据集之间的关系。相关性分析的返回值为两个数据集之间的相关系数。相关系数为两个数据集的协方差除以它们标准差的乘积，公式为

$$\rho_{X,Y} = \frac{\text{cov}(X,Y)}{\sigma_X \cdot \sigma_Y}$$

其中，$\sigma_X^2 = \frac{1}{n}\sum_{i=1}^{n}(X_i - \mu_X)^2$，$\sigma_Y^2 = \frac{1}{n}\sum_{i=1}^{n}(Y_i - \mu_Y)^2$。

可以用相关系数分析工具来确定两个区域中数据的变化是否相关：一个集合中的较大数据是否与另一个集合中的较大数据相对应（正相关，相关系数大于零），或者一个集合中的较大数据是否与另一个集合中的较小数据相对应（负相关，相关系数小于零），还是两个集合中的数据互不相关（无相关，相关系数为零）。

例 4-8　某企业产品实验数据如图 4-40 所示，现在要计算各组实验数据之间的相关系数。

Step 1　单击"数据"选项卡"分析"组工具栏中的"数据分析"命令按钮，在弹出的"数据分析"对话框中选择"相关系数"选项。

Step 2　单击"确定"按钮，弹出"相关系数"对话框，在"输入区域"文本框中指定观察值数据所在的单元格区域"\$A\$2:\$E\$8"，"分组方式"设置为"逐列"，由于 A2 单元格中是列标题，因此勾选"标志位于第一行"复选框（如果指定的单元格区域为"\$A\$3:\$E\$8"，则不用勾选"标志位于第一行"复选框），在"输出选项"选区中选中"输出区域"单选按钮，在其后的文本框中指定输出结果开始的单元格"\$G\$2"，如图 4-41 所示。

图 4-40　某企业产品实验数据　　　图 4-41　"相关系数"对话框

Step 3 单击"确定"按钮，返回到工作表，即可查看相关性分析结果，如图 4-42 所示。

	A	B	C	D	E	F	G	H	I	J	K	L
1			产品实验数据									
2	第一组	第二组	第三组	第四组	第五组			第一组	第二组	第三组	第四组	第五组
3	0.10	0.23	0.01	0.79	0.37		第一组	1				
4	0.60	0.69	0.13	0.63	0.22		第二组	0.646491	1			
5	0.09	0.51	0.24	0.91	0.27		第三组	-0.22601	0.528745	1		
6	0.48	0.65	0.07	0.88	0.13		第四组	-0.32129	-0.39296	-0.07529	1	
7	0.19	0.67	0.26	0.69	0.44		第五组	-0.58214	-0.42023	0.236768	0.041408	1
8	0.29	0.65	0.15	0.58	0.13							

图 4-42　相关性分析结果

4.4.3　协方差分析

例 4-9　以例 4-8 中数据为例，现在要计算各组实验数据之间的协方差。

Step 1　单击"数据"选项卡"分析"组工具栏中的"数据分析"命令按钮，在弹出的"数据分析"对话框中选择"协方差"选项。

Step 2　单击"确定"按钮，弹出"协方差"对话框，在"输入区域"文本框中指定观察值数据所在的单元格区域"\$A\$2:\$E\$8"，"分组方式"设置为"逐列"，由于 A2 单元格中是列标题，因此勾选"标志位于第一行"复选框（如果指定的单元格区域为"\$A\$3:\$E\$8"，则不用勾选"标志位于第一行"复选框），在"输出选项"选区中选中"输出区域"单选按钮，在其后的文本框中指定输出结果开始的单元格"\$G\$2"，如图 4-43 所示。

图 4-43　"协方差"对话框

Step 3　单击"确定"按钮，返回到工作表，即可查看协方差分析结果，如图 4-44 所示。

	A	B	C	D	E	F	G	H	I	J	K	L
1			产品实验数据									
2	第一组	第二组	第三组	第四组	第五组			第一组	第二组	第三组	第四组	第五组
3	0.10	0.23	0.01	0.79	0.37		第一组	0.036063				
4	0.60	0.69	0.13	0.63	0.22		第二组	0.01994	0.026379			
5	0.09	0.51	0.24	0.91	0.27		第三组	-0.00378	0.007556	0.007742		
6	0.48	0.65	0.07	0.88	0.13		第四组	-0.00756	-0.00791	-0.00082	0.015355	
7	0.19	0.67	0.26	0.69	0.44		第五组	-0.0126	-0.00778	0.002375	0.000585	0.012995
8	0.29	0.65	0.15	0.58	0.13							

图 4-44　协方差分析结果

4.4.4　指数平滑分析

指数平滑分析工具基于前期预测值导出相应的新预测值，并修正前期预测值的误差。平滑常数 α 的大小决定了本次预测对前期预测误差的修正程度。指数平滑分析是一种时

间序列的计算方法，用于预测，其计算公式为

$$A_t = \alpha F_t + (1-\alpha)A_{t-1}$$

其中，A_t 是离散时间的检测值，监测的时间 $t=0,1,2,3,\cdots,n$，A_t 就是时间点 t 的检测值；F_t 是时间点 t 的预测值；α 是平滑常数。

例 4-10　2012—2020 年居民消费价格指数如图 4-45 所示，使用指数平滑分析工具进行预测对比分析，平滑常数 α=0.3。

说明：

居民消费价格指数是反映一定时期内城乡居民所购买的生活消费品和服务项目价格变动趋势和程度的相对数。

Step 1　单击"数据"选项卡"分析"组工具栏中的"数据分析"命令按钮，在弹出的"数据分析"对话框中选择"指数平滑"选项。

Step 2　单击"确定"按钮，弹出"指数平滑"对话框，在"输入区域"文本框中指定观察值数据所在的单元格区域"$B$2:$B$11"，由于 B2 单元格中是列标题，因此勾选"标志"复选框（如果指定的单元格区域为"$B$3:$B$11"，则不用勾选"标志"复选框），$1-\alpha$ 为阻尼系数，因此在"阻尼系数"文本框中输入"0.7"，在"输出选项"选区中选中"输出区域"单选按钮，在其后的文本框中指定输出结果开始的单元格"$D$3"，勾选"图表输出"和"标准误差"复选框，如图 4-46 所示。

	A	B
1	2012-2020年居民消费价格指数	
2	年份	居民消费价格指数
3	2012	579.7
4	2013	594.8
5	2014	606.7
6	2015	615.2
7	2016	627.5
8	2017	637.5
9	2018	650.9
10	2019	669.8
11	2020	686.5

图 4-45　2012—2020 年居民消费价格指数

图 4-46　"指数平滑"对话框

Step 3　单击"确定"按钮，即可查看指数平滑分析结果和图表，如图 4-47 所示。从图表中可以看出，预测值与实际值基本一致，呈增长趋势。

	A	B	C	D	E
1	2012-2020年居民消费价格指数				
2	年份	居民消费价格指数		α=0.3	标准差
3	2012	579.7		#N/A	#N/A
4	2013	594.8		579.7	#N/A
5	2014	606.7		584.23	#N/A
6	2015	615.2		590.971	#N/A
7	2016	627.5		598.2397	20.97582212
8	2017	637.5		607.01779	25.48274251
9	2018	650.9		616.162453	28.1210166
10	2019	669.8		626.5837171	31.58072964
11	2020	686.5		639.548602	36.53085183

图 4-47　指数平滑分析结果和图表

Step 4 确定阻尼系数。修改阻尼系数，当阻尼系数分别为 0.7、0.8、0.9 时，平滑常数 "α" 取值分别为 0.3、0.2、0.1，可得到不同平滑常数下的预测值，如图 4-48 所示。可以看出，阻尼系数越小，预测误差越小。

	A	B	C	D	E	F
1	2012-2020年居民消费价格指数					
2	年份	居民消费价格指数		α=0.3	α=0.2	α=0.1
3	2012	579.7		#N/A	#N/A	#N/A
4	2013	594.8		579.7	579.7	579.7
5	2014	606.7		584.23	582.72	581.21
6	2015	615.2		590.971	587.516	583.759
7	2016	627.5		598.2397	593.0528	586.9031
8	2017	637.5		607.01779	599.9422	590.9628
9	2018	650.9		616.162453	607.4538	595.6165
10	2019	669.8		626.5837171	616.143	601.1449
11	2020	686.5		639.548602	626.8744	608.0104

微课视频 4-3

图 4-48 不同阻尼系数的指数平滑分析结果

4.4.5 移动平均分析

移动平均分析工具基于过去某特定时间段内变量的均值，对未来值进行预测，提供了由所有历史数据的简单平均值所代表的趋势信息，可以对销售、库存等数据进行趋势预测分析。

例 4-11 使用移动平均分析工具对某企业销量进行趋势预测分析，2012—2021 年某企业销量数据如图 4-49 所示。

Step 1 单击"数据"选项卡"分析"组工具栏中的"数据分析"命令按钮，在弹出的"数据分析"对话框中选择"移动平均"选项。

Step 2 单击"确定"按钮，弹出"移动平均"对话框，在"输入区域"文本框中指定观察值数据所在的单元格区域"$B$1:$B$11"，由于 B1 单元格中是列标题，因此勾选"标志位于第一行"复选框（如果指定的单元格区域为"$B$2:$B$11"，则不用勾选"标志位于第一行"复选框），在"间隔"文本框中输入"2"，在"输出选项"选区中选中"输出区域"单选按钮，在其后的文本框中指定输出结果开始的单元格"$C$2"，勾选"图表输出"和"标准误差"复选框，如图 4-50 所示。

	A	B
1	年份	产品销量(吨)
2	2012	423
3	2013	456
4	2014	475
5	2015	546
6	2016	675
7	2017	698
8	2018	635
9	2019	576
10	2020	592
11	2021	702

图 4-49 2012—2021 年某企业销量数据

图 4-50 "移动平均"对话框

Step 3 单击"确定"按钮，即可查看移动平均分析结果和图表，如图 4-51 所示。从图表中可以看出，预测值与实际值较吻合。

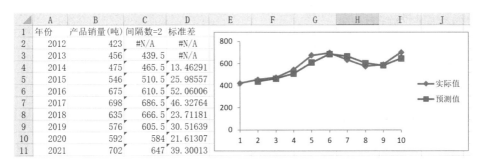

图 4-51 移动平均分析结果和图表

Step 4 确定间隔。修改间隔，当"间隔数"分别为 2、3、4 时，可得到不同的移动平均计算值，如图 4-52 所示。可以看出，间隔越小，预测值越准确。

	A	B	C	D	E
1	年份	产品销量(吨)	间隔数=2	间隔数=3	间隔数=4
2	2012	423	#N/A	#N/A	#N/A
3	2013	456	439.5	#N/A	#N/A
4	2014	475	465.5	451.3333	#N/A
5	2015	546	510.5	492.3333	475
6	2016	675	610.5	565.3333	538
7	2017	698	686.5	639.6667	598.5
8	2018	635	666.5	669.3333	638.5
9	2019	576	605.5	636.3333	646
10	2020	592	584	601	625.25
11	2021	702	647	623.3333	626.25

图 4-52 不同间隔的移动平均分析结果

4.4.6 回归分析

1. 回归分析的概念

回归分析包括线性回归分析和非线性回归分析。线性回归分析是指自变量和因变量之间的数学模型呈线性关系，其一般形式为

$$y_i = \alpha + \beta x_i + u_i$$

其中，α 和 β 是两个常数，称为回归参数；u 是一个随机变量，称为随机项或干扰项；x 是自变量；y 是因变量。在线性回归模型中，如果影响因变量的自变量只有一个，则称为一元线性回归；如果影响因变量的自变量有多个，则称为多元线性回归。

Excel 通过对一组观察值使用最小二乘法直线拟合进行线性回归分析，可同时解决一元线性回归和多元线性回归问题。

2. 最小二乘法

最小二乘法通过最小化误差的平方和寻找数据的最佳函数匹配。在线性回归方程中，

如何确定参数 α 和 β，则需要用最小二乘法来实现，即使得观测点和估计点的距离的平方和最小。

3. 线性回归分析的步骤

Step 1 确定自变量和因变量。

Step 2 制作散点图，确定回归模型类型。

Step 3 估计模型参数，建立回归方程：用最小二乘法进行模型参数估计。

Step 4 利用回归模型进行预测。

4. 回归分析举例

例 4-12 某企业为了推广其产品，并提高产品销售额，每年投入若干推广费用，其销售额与推广费用数据如图 4-53 所示。现需要研究推广费用与销售额之间的关系，以便企业做销售决策。

Step 1 单击"数据"选项卡"分析"组工具栏中的"数据分析"命令按钮，在弹出的"数据分析"对话框中选择"回归"选项。

Step 2 单击"确定"按钮，弹出"回归"对话框，在"Y 值输入区域"文本框中指定因变量所在的单元格区域"$B$2:$B$11"，由于 B2 单元格中是列标题，因此勾选"标志"复选框，在"X 值输入区域"文本框中指定自变量所在的单元格区域"$C$2:$C$11"，在"输出选项"选区中选中"新工作表组"单选按钮，勾选"残差"和"标准残差"复选框，如果需要线性拟合的残差图和线性拟合图，则勾选"残差图"和"线性拟合图"复选框，如图 4-54 所示。

	A	B	C
1	某企业销售额与推广费用数据		
2	年份	销售额（万元）	推广费（万元）
3	2012	1002	500
4	2013	1232	576
5	2014	1390	578
6	2015	1456	589
7	2016	1500	601
8	2017	1568	612
9	2018	1621	625
10	2019	1689	670
11	2020	1721	700

图 4-53 某企业销售额与推广费用数据

图 4-54 "回归"对话框

Step 3 单击"确定"按钮，即可查看回归分析结果，如图 4-55 所示。

回归方程检验（决策分析）：

（1）在图 4-55（a）中的"回归统计"表中，"Multiple R"是相关系数值。本例中，

R=0.940997262（B4 单元格），表示自变量和因变量呈正相关。

（2）"回归统计"表中的"R Square"是 R 平方值，即 R^2，也称判定系数、拟合优度，R^2 越大，表示回归方程拟合度越好。本例中，R^2=0.885475848（B5 单元格）。

（3）在图 4-55（a）中的"方差分析"表中，"df"是自由度，"SS"是平方和，"MS"是均方，"F"是 F 统计量的值，"Significance F"是检验线性关系显著性的 P 值。P 值是重点关注指标，主要检验因变量与自变量之间的线性关系是否显著，用线性模型来描述它们之间的关系是否恰当，该值越小越显著。本例中，P 值约为 0.000155（F12 单元格）。

（4）在图 4-55（a）中的第 3 个表中，第 1 列表示截距；第 2 列表示对应模型的回归系数，包括截距和斜率，可以根据这个建立回归模型；第 3 列为回归系数的标准误差，值越小，表明参数的精确度越高；第 4 列对应的是统计量 t 值，用于检验模型参数；第 5 列为各个回归系数的 P 值，当 $P<0.05$ 时，可以认为模型在 α=0.05 的水平上显著或置信度达到了 95%；最后几列为回归系数置信区间的上限和下限。

	A	B	C	D	E	F	G	H	I
1	SUMMARY OUTPUT								
2									
3		回归统计							
4	Multiple R	0.940997262							
5	R Square	0.885475848							
6	Adjusted	0.869115255							
7	标准误差	83.50791553							
8	观测值	9							
9									
10	方差分析								
11		df	SS	MS	F	Significance F			
12	回归分析	1	377427	377427	54.12248	0.000155028			
13	残差	7	48815	6973.572					
14	总计	8	426242						
15									
16		Coefficients	标准误差	t Stat	P-value	Lower 95%	Upper 95%	下限 95.0%	上限 95.0%
17	Intercept	-818.7395025	311.581	-2.62769	0.034026	-1555.511529	-81.9675	-1555.51	-81.9675
18	推广费(万	3.769520367	0.512386	7.356798	0.000155	2.55792	4.981121	2.55792	4.981121

（a）

	20	RESIDUAL OUTPUT				PROBABILITY OUTPUT	
20	RESIDUAL OUTPUT					PROBABILITY OUTPUT	
21							
22	观测值	销售额(万	残差	标准残差		百分比排位	销售额(万元)
23	1	1066.021	-64.0207	-0.81957		5.555556	1002
24	2	1352.504	-120.504	-1.54266		16.66667	1232
25	3	1360.043	29.95673	0.383498		27.77778	1390
26	4	1401.508	54.49201	0.697591		38.88889	1456
27	5	1446.742	53.25776	0.681791		50	1500
28	6	1488.207	79.79304	1.021488		61.11111	1568
29	7	1537.211	83.78927	1.072647		72.22222	1621
30	8	1706.839	-17.8391	-0.22837		83.33333	1689
31	9	1819.925	-98.9248	-1.26641		94.44444	1721

（b）

图 4-55　回归分析结果

（5）在回归参数表中，回归方程的截距和斜率分别为-818.7395025（B17 单元格）和 3.769520367（B18 单元格）。又因为 $P<0.05$，说明自变量（本例中指推广费）对农产品销售额有显著影响，由此可得该回归分析的线性回归方程为

$$y = -818.74 + 3.77x$$

回归分析：
https://baike.baidu.com/item/%E5%9B%9E%E5%BD%92%E5%88%86%E6%9E%90/2625498?fr=aladdin

分析工具库中还有许多其他数据分析工具，如随机数发生器、描述统计、直方图等，这些工具的使用方法与本章中介绍的分析工具用法类似，本章就不再举例说明了。

微课视频 4-4

本章小结

本章主要介绍了数据分析工具的应用。模拟运算表和单变量求解可用于分析两个变量之间的因果关系。要解决包含多个变量的问题，或者要在几种假设分析中确定最佳方案，可以用方案分析来完成。规划求解是确定人员分配、生产计划、公路运输及生产、投资等实际问题最佳方案。分析工具库提供了多种实现统计数据分析和预测的工具，可用于解决工程分析、数理统计、假设检验及回归分析等多种实际工作中出现的问题，实用性很强。指数平滑分析、移动平均分析可用于对产品销售情况、货物库存等数据进行趋势预测。利用协方差和相关系数两个分析工具对两个变量之间的相关性进行分析。当两个变量具有一定相关性时，可利用回归分析找出两个变量之间的数学模型，并利用数学模型进行预测。

实践 1：学生助学贷款数据分析

国家助学贷款是由政府主导，银行、教育行政部门与高校共同操作的专门帮助高校贫困家庭学生的银行贷款。某贫困家庭的学生通过就读的学校向当地的银行申请国家助学贷款，助学贷款利率如图 4-56 所示。根据学生家庭经济状况和还款能力情况，对该学生助学贷款数据进行分析，要求如下。

助学贷款利率表	
各项贷款	年利率
6个月	5.85%
1年	6.31%
1-3年	6.40%
3-5年	6.65%
5年以上	6.80%

图 4-56　助学贷款利率

（1）该学生从大一开始到大四毕业，每年向银行贷款 8000 元，该学生计划在毕业后两年还清贷款，利用模拟运算表计算不同贷款利率下该学生在毕业后每月应还款金额。

（2）该学生毕业后参加工作，每月能拿出 1500 元还贷款，利用单变量求解确定该学生多久可以将贷款还完。

（3）根据助学贷款期限和贷款利率的不同，列出学生不同贷款期限下总还款额的方案。

（4）该学生在大学期间利用寒暑假时间参加社会工作，获得一些收入，平均每月可还款 300 元，毕业后每月工资为 6000 元，利用规划求解确定该学生应如何还款才能保证还款利息最少。

说明：

助学贷款的周期为 10 年，利率按基准利率执行，学生在校期间的利息由国家全额补贴，毕业后，就要自行支付利息。考虑到部分学生毕业后不一定能够及时就业，国家还设立了毕业后两年的宽限期，在宽限期内，学生只需要支付利息，不用偿还本金，宽限期后由学生和家长（或其他法定监护人）按借款合同约定，按年度分期偿还贷款本金和利息。

操作步骤：

Step 1 在 C3 单元格中输入公式"=PMT(B3,24,32000)"，计算 B3 单元格对应的还款额。选定单元格区域 B3:C7，单击"数据"选项卡"预测"组工具栏中的"模拟分析"命令按钮，在下拉菜单中选择"模拟运算表"命令，在"输入引用列的单元格"文本框中输入"$B$3"，单击"确定"按钮。

Step 2 建立如图 4-57 所示的数据表，在 B4 单元格中输入公式"=PMT(B2/12,B3,B1)"，单击"数据"选项卡"预测"组工具栏中的"模拟分析"命令按钮，在下拉菜单中选择"单变量求解"命令，在"目标单元格"文本框中输入"B4"，在"目标值"文本框中输入"-1200"，在"可变单元格"文本框中输入"$B$3"，单击"确定"按钮。

	A	B
1	贷款金额(元)	32000
2	年利率	0.064
3	还款总期数（月）	24
4	最佳还款额	=PMT(B2/12,B3,B1)

图 4-57　单变量求解数据表

提示：利用双变量求解计算出不同贷款期限下的每月还款金额，则还款总额=每月还款金额*贷款时长。

Step 3 单击"数据"选项卡"预测"组工具栏中的"模拟分析"命令按钮，在下拉菜单中选择"方案管理器"命令，添加方案，定义方案名称，在"可变单元格"文本框中设置利率值，以同样的方法添加新方案，方案添加完成后单击"摘要"按钮，选中"方案摘要"单选按钮，单击"确定"按钮。

Step 4 规划求解建模。

① 确定决策变量。决策变量为该学生以不同的利率分别向银行贷款的金额，记为 x_1, x_2, x_3：该学生以 5.85%利率贷款 x_1 元，期限为 6 个月；以 6.31%利率贷款 x_2 元，期限为 12 个月；以 6.40%利率贷款 x_3 元，期限为 1~3 年。$x_1+x_2+x_3=32000$。

② 确定目标函数。目标函数为该学生贷款利息总额，记为 y。

③ 列出约束条件。根据题目已知条件，列出约束条件为

$$x_1+x_2+x_3=32000$$

$$x_1, x_2, x_3>=0$$

实践 2：高校大学生图书借阅数据分析

"高校大学生图书借阅数据管理"工作簿中有 3 个工作表。

学生信息表：包括学号、姓名、性别、出生日期、学院、专业、入学时间等。

图书信息表：包括图书编号、书名、类型、作者、出版社、单价、出版日期、库存等。

借阅表：包括学号、图书编号、借阅日期、归还日期、借阅次数等。

完成图书借阅信息表的数据分析，要求如下。

（1）对图书类型和图书借阅量进行方差分析。

（2）对影响图书借阅量的因素进行相关性分析和协方差分析。

（3）用回归分析方法确定图书借阅量与图书类型之间存在的线性关系。

（4）分别利用指数平滑分析和移动平均分析对图书借阅情况进行预测。

习题

一、选择题

1. 下面关于模拟运算表的描述，正确的是（　　　）。

A. 模拟运算表只可用于一个输入变量的运算求解

B. 模拟运算表仅用于两个输入变量的运算求解

C. 模拟运算表中同一个输入单元格不能作为不同公式的输入变量

D. 模拟运算表中同一个输入单元格可以作为不同公式的输入变量

2. 在方案分析中，下面说法正确的是（　　　）。

A. 建立好多种方案后，只能建立一种类型的方案摘要

B. 在建立方案时不能把单元格引用修改为相关项的名称

C. 方案只能存放在一个工作簿中，且不能合并

D. 方案一旦做好，就不能修改

3. 求解产品最大利润的问题，可采用（　　　）方法。

A. 回归分析　　　B. 模拟运算表　　　　C. 规划求解　　　　　D. 方案分析

4. 下面属于分析工具库中工具的是（　　　）。

A. 排序　　　　　　　　　　　　　　B. 合并计算

C. 筛选　　　　　　　　　　　　　　D. t-检验

5. 下面关于模拟运算表的描述，正确的是（　　　）。

A. 模拟运算表在数据分析工具中

B. 单变量模拟运算表是基于一个输入变量的模拟运算表，所以它只能输出一个模拟值

C. 模拟运算表是基于两个输入变量的，用两个变量来测试它们对公式的影响

D. 在单变量模拟运算表中能够使用"引用单元格"表示变量

6. 规划求解一般由 3 个部分组成，以下不属于规划求解组成的是（　　　）。

A. 规划函数　　　B. 决策变量　　　　　C. 目标函数　　　　　D. 约束条件

7. 下面不属于规划求解结果报告的是（　　　）。

A. 敏感性报告　　B. 运算结果报告　　　C. 极限值报告　　　　D. 方案摘要

8. 分析工具库中不能用于预测的工具是（　　　）。

A. 直方图　　　　B. 回归　　　　　　　C. 移动平均　　　　　D. 指数平滑

9. 下面工具中不能用于假设分析的是（　　　）。

A. t-检验　　　　B. z-检验　　　　　　C. 傅里叶分析　　　　D. F-检验

10. 下面关于单变量求解的说法，不正确的是（　　　）。

A. 单变量求解可能会求得与目标值完全匹配的结果

B. 单变量求解可能存在无解的情况

C. 通过指定迭代次数或精度的方法，可以使单变量求解有解

D. 不需要任何设置，单变量求解即可求得精确结果

二、填空题

1. 使用 Excel 计算贷款还款金额时，可使用_____、_____工具。

2. 规划求解主要包括 3 个组成部分：_____、_____和_____。

3. 加载数据分析和规划求解时，应在"文件"菜单"Excel 选项"对话框中选择"_____"选项。

4. 分析工具库提供了 3 种统计分析工具：_____、_____和_____。

5. 方差分析的基本步骤包括_____、_____、_____。

6. 在进行预测时，可使用_____和_____方法。

7. 回归分析使用_____进行直线拟合。

8. 如果有两个或多个自变量时，使用回归分析叫作_____。

9. 方案分析主要用于解决_____的问题，能够对比多种不同解决方案，并从中寻求最佳解决方案。

10. 协方差可用于确定两个数据之间的_____。

三、简答题

1. 简述模拟运算表的功能及操作步骤。

2. 简述方案分析的功能及操作步骤。

3. 如何在 Excel 中加载规划求解？规划求解的作用是什么？

4. Excel 中可用于进行预测的工具有哪些？其原理和区别是什么？

5. 简述回归分析的原理及步骤。

第 5 章
数据管理与处理

 【学习目标】

✓ 学会记录单使用的方法。

✓ 熟记单关键字、多关键字排序的方法。

✓ 掌握数据的自动筛选及高级筛选的方法。

✓ 掌握对数据进行分类汇总、多重分类汇总及嵌套分类汇总的方法。

✓ 熟悉数据透视表的创建及应用。

 【学习重点】

✓ 熟练掌握数据排序规则及单关键字排序的方法。

✓ 掌握数据的自动筛选方法。

✓ 掌握数据分类汇总的方法。

✓ 掌握数据透视表的创建方法及应用。

【思维导学】

✓ 关键字：数据管理与处理。

✓ 内涵要义：使用 Excel 的数据管理与处理功能，可以实现对数据进行排序、筛选、汇总统计等操作，为日常学习和工作提供了极大的便利。在对数据进行管理与处理时要科学严谨、求真务实。

✓ 思政点播：对中国、美国、英国和印度等国家的新型冠状病毒感染数据进行数据管理，使学生体会到社会主义制度的优越性，引导学生坚定"四个自信"，培养学生的爱国主义情感。同时，介绍数据管理的相关工具，使学生掌握对数据进行排序、筛选及汇总统计的操作方法，提高学生的数据管理能力。

✓ 思政目标：培养学生具有追求真理、勇于探索的科学精神。

Excel 具有强大的数据管理与处理功能,不仅能够对工作表中的数据进行排序、分类、筛选等操作，而且还能够对来源于多个工作簿和工作表的数据进行汇总统计。

5.1 记录单

数据清单由若干行和列组成，第 1 行是列标题，其余行是数据行。在执行数据操作的过程中，Excel 会自动将数据清单视作数据库，数据清单的列标题相当于数据库中表的字段名，数据清单的一行对应于数据库中表的一个记录。

5.1.1 添加"记录单"按钮

在自动默认的情况下，"记录单"按钮是处于隐藏状态的，如果需要将此按钮添加到快速访问工具栏中，则应该遵循以下两个操作步骤。

Step 1 单击"文件"选项卡，在弹出的"文件"菜单中选择"选项"命令，弹出"Excel 选项"对话框，选择左侧列表框中的"快速访问工具栏"选项，在右侧的"从下列位置选择命令"下拉列表中选择"不在功能区中的命令"选项，在下方的列表框中选择"记录单"选项，如图 5-1 所示。

图 5-1 "Excel 选项"对话框之"快速访问工具栏"选项

Step 2 单击"添加"按钮,即可在"自定义快速访问工具栏"下的列表框中新增"记录单"选项,单击"确定"按钮,此时用户可以在快速访问工具栏中找到"记录单"按钮。

5.1.2 打开记录单的方法

打开记录单的具体操作步骤如下。

Step 1 选定数据清单区域,单击快速访问工具栏中的"记录单"按钮,弹出记录单对话框,记录单的标题是当前工作表的名称,在记录单的左侧显示各个字段的名称和记录的当前值,在记录单的右侧显示7个按钮(新建、删除、还原、上一条、下一条、条件、关闭),如图5-2所示。

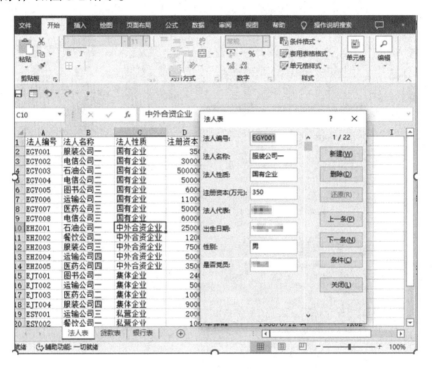

图 5-2　记录单对话框

Step 2 利用记录单,可以浏览、添加、修改、还原及删除数据清单中的记录。

5.2　数据排序

数据排序不仅有助于快速地查找所需数据,还有助于决策报表的快速制作和更好地理解数据,同时数据排序也是数据分析的常用操作。

5.2.1 数据排序规则

在 Excel 中，可以对一列或多列中的数据按照字母、数字、日期或人为指定的顺序进行排序。排序方式有升序和降序两种。其中，升序排序是指按从小到大的顺序依次排列数据。数字按 0,1,2,…,9 的顺序排序，字母按 A,B,C,…,Z 的顺序排序。降序排序则与之相反。相关的数据排序规则如下。

（1）对于数字的排序：按照数值大小进行排序，如升序排序时按照数值由小到大进行排序。

（2）对于字符的排序：按照字符的 ASCII 码的大小进行排序，如字符按升序排序是空格、数字、字母、汉字、逻辑值、错误值。

（3）对于文本的排序：Excel 从左到右一个字符一个字符地进行排序比较，若两个文本的第 1 个字符相同，就比较第 2 个字符，若第 2 个也相同，就比较第 3 个，一旦比较出大小，就不再比较后边的字符。

（4）对于字母的排序：按照英语词典中的先后顺序排序。字母在排序时是否区分大小写，可根据需要进行设置。在默认排序方式下，英文字母是不区分大小写的。

（5）对于汉字的排序：有两种排序方式，一是根据字典中汉语拼音的顺序进行升序或降序排序；二是按照笔画排序，以笔画的多少作为排序的依据。

（6）对于逻辑值的排序：按照逻辑假（FALSE）排在逻辑真（TRUE）之前的原则进行排序。

（7）对于错误值的排序：所有错误值的优先级相同。

5.2.2 数字排序

数字排序在表格数据处理中经常用到，如注册资本排序、高考成绩排序、销售量排序、年龄排序等。

例 5-1　对"法人表"中的数据按"注册资本（万元）"进行降序排序。

[Step 1]　选定"法人表"中 D 列中的任意一个单元格（有数据，如 D6）。

[Step 2]　单击"数据"选项卡"排序和筛选"组工具栏中的"降序"命令按钮，Excel 则会按当前光标所在列进行降序排序，结果如图 5-3 所示。

例 5-2　对"法人表"中的数据按"出生日期"进行升序排序。

[Step 1]　选定"法人表"中 F 列中的任意一个单元格（有数据，如 F7）。

[Step 2]　单击"数据"选项卡"排序和筛选"组工具栏中的"排序"命令按钮，弹出"排序"对话框，在"主要关键字"下拉列表中选择"出生日期"选项，在"次序"下拉列表中选择"升序"选项，设置完成后单击"确定"按钮，按"出生日期"进行升序排序的设置及结果如图 5-4 所示。

法人编号	法人名称	法人性质	注册资本（万元）	法人代表	出生日期	性别	是否党员
EGY003	石油公司二	国有企业	500000	吴锋	1961/6/11	男	TRUE
EGY008	电信公司三	国有企业	60000	李建宙	1973/10/15	男	FALSE
EGY004	电信公司三	国有企业	50000	刘萍	1964/3/15	女	TRUE
EGY007	医药公司三	国有企业	50000	梁雨琛	1968/3/5	男	TRUE
EGY002	电信公司一	国有企业	30000	王皓	1968/9/19	男	FALSE
EHZ001	石油公司一	中外合资企业	25000	张晗	1972/12/4	男	FALSE
EGY006	运输公司二	国有企业	11000	薛清海	1969/4/27	男	TRUE
EJT004	服装公司四	集体企业	9000	刘睿海	1969/9/25	男	FALSE
EHZ003	服装公司三	中外合资企业	7500	李智强	1971/2/14	男	TRUE
EGY005	图书公司三	国有企业	6000	张静初	1964/7/28	女	FALSE
EHZ004	运输公司四	中外合资企业	5000	王一凡	1966/7/18	男	TRUE
EHZ002	医药公司四	中外合资企业	3500	赵雨	1975/1/23	女	TRUE
ESY001	运输公司三	私营企业	2000	张海屿	1973/5/30	女	TRUE
ESY005	服装公司二	私营企业	1500	张翼飞	1969/5/12	男	TRUE
EHZ002	餐饮公司二	中外合资企业	1200	史绪文	1966/11/29	男	TRUE
EJT003	医药公司二	集体企业	1000	曹虎林	1967/12/15	男	FALSE
ESY003	医药公司一	私营企业	1000	王坤	1960/9/26	女	FALSE
ESY004	图书公司一	私营企业	800	魏春芝	1970/3/25	女	TRUE
EJT002	运输公司一	集体企业	500	田平	1973/1/28	女	TRUE
EGY001	服装公司一	国有企业	350	高郁杰	1965/1/29	男	TRUE
EJT001	图书公司二	集体企业	240	王天明	1970/2/13	男	FALSE
ESY002	餐饮公司一	私营企业	100	李建峰	1968/6/12	男	TRUE

图 5-3　按"注册资本（万元）"进行降序排序的结果

图 5-4　按"出生日期"进行升序排序的设置及结果

5.2.3　汉字排序

汉字的排序规则有"字母序"和"笔画序"两种，可以根据实际的工作需要选择合适的排序规则。

例 5-3　对"法人表"中的数据按"法人代表"笔画进行升序排序。

Step 1 选定"法人表"中 E 列中的任意一个单元格（有数据，如 E7），单击"数据"选项卡"排序和筛选"组工具栏中的"排序"命令按钮，弹出"排序"对话框，在"主要关键字"下拉列表中选择"法人代表"选项，在"次序"下拉列表中选择"升序"选项，单击"选项"按钮，弹出"排序选项"对话框，选中"笔画排序"单选按钮，进行"升序"排序设置，如图 5-5 所示。

Step 2 "升序"排序设置完成后单击"确定"按钮，返回到"排序"对话框，单击"确定"按钮，即可得到对"法人表"中的数据按"法人代表"笔画进行升序排序的结果，如图 5-6 所示。

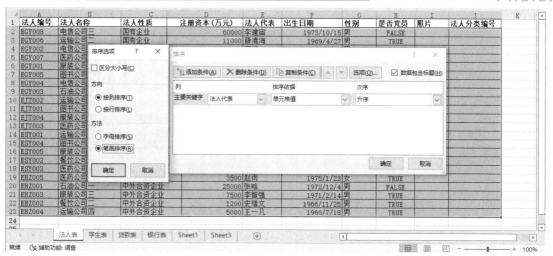

图 5-5　进行"升序"排序设置

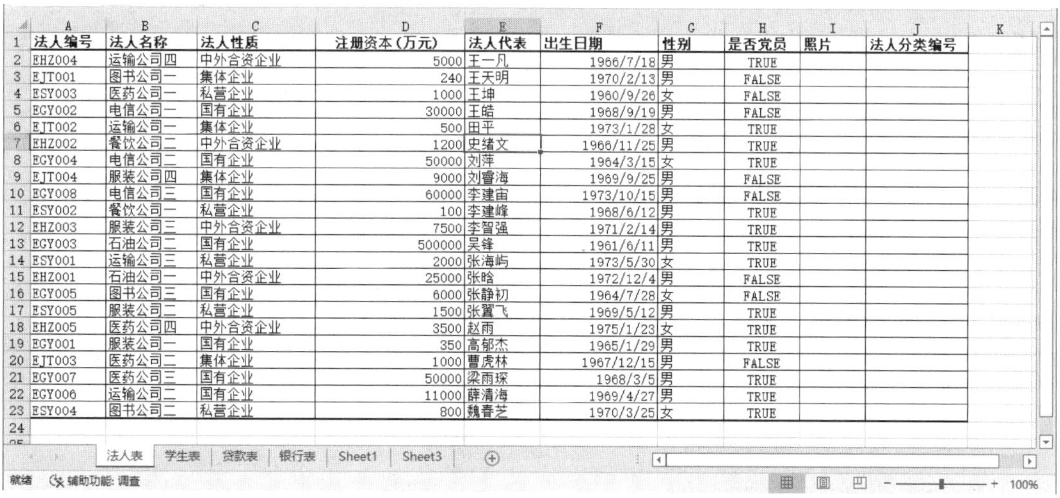

图 5-6　对"法人表"中的数据按"法人代表"笔画进行升序排序的结果

5.2.4　自定义序列排序

自定义序列排序是指用户可以按事先指定的序列对数据表进行排序。例如，企业、公司年底总结时确定各部门的排名，既不是笔画顺序，也不是字母顺序，需要考虑的因素有很多。

例 5-4　根据需要，对"法人表"中的数据按"集体企业，私营企业，中外合资企业，国营企业"的顺序排序。

Step 1　选定"法人表"中的任意一个单元格（有数据），单击"数据"选项卡"排序和筛选"组工具栏中的"排序"命令按钮，弹出"排序"对话框，在"主要关键字"下拉列表中选择"法人性质"选项，在"次序"下拉列表中选择"自定义序列"选项，如图 5-7 所示。

Step 2 在弹出的"自定义序列"对话框中，在左侧的列表框中选择"新序列"选项，在右侧的列表框中依次输入序列项"集体企业""私营企业""中外合资企业""国营企业"，如图 5-8 所示，然后单击"添加"按钮，完成新序列定义设置，在左侧列表框中添加"集体企业，私营企业，中外合资企业，国营企业"选项并被选中。

图 5-7　选择"自定义序列"选项

图 5-8　新序列定义设置

Step 3 单击"确定"按钮，则在"排序"对话框中的"次序"下拉列表中显示出添加的自定义序列，单击"确定"按钮，即可得到对"法人表"中的数据按自定义序列排序的结果，添加自定义序列的"排序"对话框及按自定义序列排序的结果如图 5-9 所示。

图 5-9　添加自定义序列的"排序"对话框及按自定义序列排序的结果

5.2.5　多关键字排序

当排序的字段有多个相同值时，可以根据另外一个字段的内容再排序，以此类推，可以设置多个关键字进行排序。

例 5-5　对"法人表"中的数据按"法人性质"进行升序排序，若"法人性质"相同则按"注册资本（万元）"进行降序排序。

Step 1 在“法人表”中选定要排序的数据区域 A1:J23，单击“数据”选项卡“排序和筛选”组工具栏中的“排序”命令按钮，弹出“排序”对话框，按照图 5-10 所示进行设置。

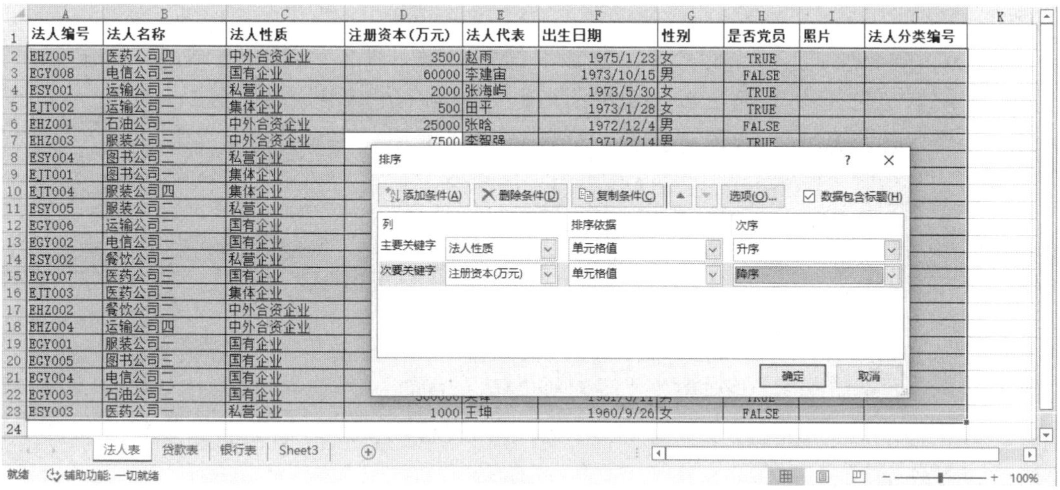

图 5-10 “排序”对话框

Step 2 在“主要关键字”下拉列表中选择“法人性质”选项，在“次序”下拉列表中选择“升序”选项。

Step 3 主要关键字设置完成后单击“添加条件”按钮，可以添加次要关键字，次要关键字的设置方法与主要关键字的设置方法一致，本例中“次要关键字”设置为“注册资本（万元）”，“次序”设置为“降序”。

Step 4 单击“确定”按钮，此时对“法人表”中的数据按“法人性质”进行升序排序，在“法人性质”相同的情况下，再按“注册资本（万元）”进行降序排序，多关键字排序结果如图 5-11 所示。

微课视频 5-1

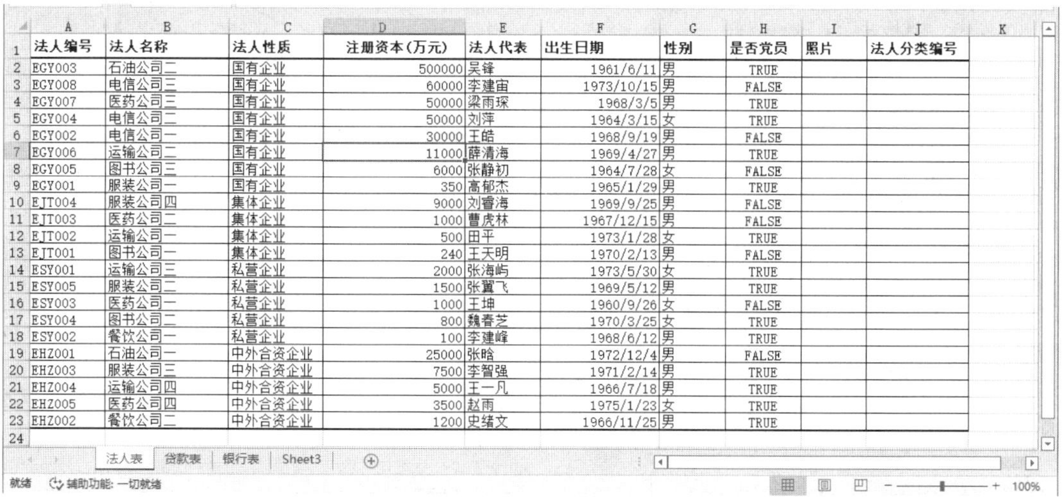

法人编号	法人名称	法人性质	注册资本(万元)	法人代表	出生日期	性别	是否党员	照片	法人分类编号
EGY003	石油公司二	国有企业	500000	吴锋	1961/6/11	男	TRUE		
EGY008	电信公司三	国有企业	60000	李建宙	1973/10/15	男	FALSE		
EGY007	医药公司三	国有企业	50000	梁雨琛	1968/3/5	男	TRUE		
EGY004	电信公司二	国有企业	50000	刘萍	1964/3/15	女	TRUE		
EGY002	电信公司一	国有企业	30000	王皓	1968/9/19	男	FALSE		
EGY006	运输公司二	国有企业	11000	薛清海	1969/4/27	男	TRUE		
EGY005	图书公司三	国有企业	6000	张静初	1964/7/28	女	FALSE		
EGY001	服装公司一	国有企业	350	高郁杰	1965/1/29	男	TRUE		
EJT004	服装公司四	集体企业	9000	刘睿海	1969/9/25	男	FALSE		
EJT003	医药公司二	集体企业	1000	曹虎林	1967/12/15	男	FALSE		
EJT002	运输公司一	集体企业	500	田平	1973/1/28	女	TRUE		
EJT001	图书公司一	集体企业	240	王天明	1970/2/13	男	FALSE		
ESY001	运输公司三	私营企业	2000	张海屿	1973/5/30	女	TRUE		
ESY005	服装公司二	私营企业	1500	张翼飞	1969/5/12	男	TRUE		
ESY003	医药公司一	私营企业	1000	王坤	1960/9/26	女	FALSE		
ESY004	图书公司二	私营企业	800	魏春芝	1970/3/25	女	TRUE		
ESY002	餐饮公司一	私营企业	100	李建峰	1968/6/12	男	TRUE		
EHZ001	石油公司一	中外合资企业	25000	张晗	1972/12/4	男	FALSE		
EHZ003	服装公司三	中外合资企业	7500	李智强	1971/2/14	男	TRUE		
EHZ004	运输公司四	中外合资企业	5000	王一凡	1966/7/18	男	TRUE		
EHZ005	医药公司四	中外合资企业	3500	赵雨	1975/1/23	女	TRUE		
EHZ002	餐饮公司二	中外合资企业	1200	史绪文	1966/11/25	男	TRUE		

图 5-11 多关键字排序结果

5.3 数据筛选

在数据清单中，如果只显示满足已知条件的记录，而暂时隐藏不满足条件的记录，则可以使用数据筛选功能。Excel 提供了自动筛选和高级筛选两种方式。其中，自动筛选适用于简单选择条件下的数据查询；而高级筛选常用来实现比较复杂的多条件下的数据查询。

5.3.1 自动筛选

自动筛选是一种最快捷的筛选方式，用户只需要进行简单的操作即可筛选出所需要的数据。Excel 支持对多个不同列进行累加筛选，即后一次筛选在前一次筛选的结果中进行。对于筛选后得到的数据，不需要重新排列或移动，就可以复制、查找、编辑、设置格式、制作图表和打印。

例 5-6 在"法人表"中浏览查看"国有企业"的基本信息。

Step 1 在"法人表"中选定筛选的数据区域 A1:H23，单击"数据"选项卡"排序和筛选"组工具栏中的"筛选"命令按钮，此时每个列标题的右侧都出现一个下三角按钮，单击"法人性质"字段右侧的下三角按钮，则出现筛选条件的下拉列表，在"文本筛选"子菜单中有"等于""不等于""包含"等命令，通过这些命令可以设置不同的筛选条件，如图 5-12 所示。

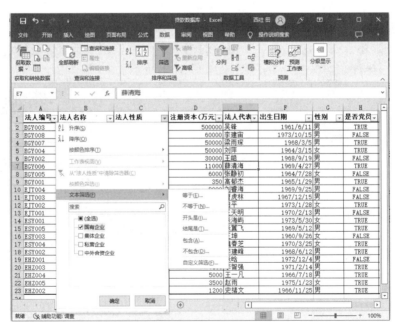

图 5-12 自动筛选下"文本筛选"子菜单命令

Step **2** 本例中勾选"国有企业"复选框，单击"确定"按钮即可，结果如图 5-13 所示。

	A	B	C	D	E	F	G	H	
1	法人编号▼	法人名称 ▼	法人性质 ▼	注册资本▼	法人代表▼	出生日期 ▼	性别▼	是否党员▼	照
2	EGY001	服装公司一	国有企业	350	高郁杰	1965/1/29	男	TRUE	
3	EGY002	电信公司一	国有企业	30000	王皓	1968/9/19	男	FALSE	
4	EGY003	石油公司二	国有企业	500000	吴锋	1961/6/11	男	TRUE	
5	EGY004	电信公司二	国有企业	50000	刘萍	1964/3/15	女	TRUE	
6	EGY005	图书公司二	国有企业	6000	张静初	1964/7/28	女	FALSE	
7	EGY006	运输公司二	国有企业	11000	薛清海	1969/4/27	男	TRUE	
8	EGY007	医药公司二	国有企业	50000	梁雨琛	1968/3/5	男	TRUE	
9	EGY008	电信公司三	国有企业	60000	李建宙	1973/10/15	男	FALSE	
24									
25									

法人表　贷款表　银行表　Sheet3

就绪　在 22 条记录中找到 8 个　辅助功能: 调查　　　　　　　　　　100%

图 5-13　自动筛选的"国有企业"基本信息

例 5-7　在"法人表"中浏览查看注册资本排名前五的企业信息。

Step **1**　在"法人表"中选定筛选的数据区域 A1:H23，单击"数据"选项卡"排序和筛选"组工具栏中的"筛选"命令按钮，单击"注册资本（万元）"字段右侧的下三角按钮，则出现筛选条件的下拉列表，在"数字筛选"子菜单中有"等于""不等于""大于""大于或等于"等命令，通过这些命令可以设置不同的筛选条件，如图 5-14 所示。

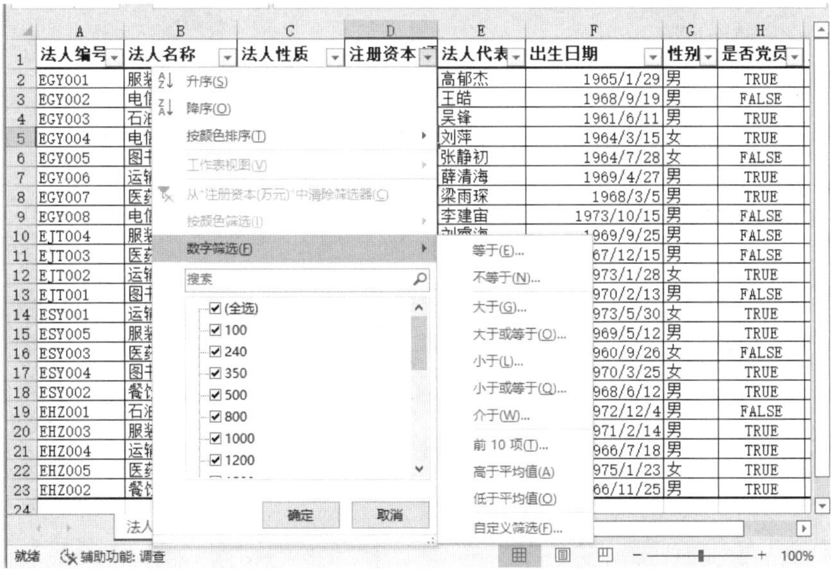

图 5-14　自动筛选下"数字筛选"子菜单命令

Step **2**　选择"前 10 项"命令，弹出"自动筛选前 10 个"对话框，在该对话框中的下拉列表中分别可以选择"最大"或"最小"，设置筛选记录的行数或"项"，本例中选择"最大"，个数为"5"，选择"项"，相关设置完成后，单击"确定"按钮，筛选结果如图 5-15 所示。

图 5-15 "自动筛选前 10 个"对话框设置及筛选结果

例 5-8 在"法人表"中从"国有企业"和"集体企业"中筛选出法人代表出生于第 1 季度的企业信息。

Step 1 在"法人表"中选定筛选的数据区域 A1:H23，单击"数据"选项卡"排序和筛选"组工具栏中的"筛选"命令按钮，单击"法人性质"字段右侧的下三角按钮，勾选"国有企业"和"集体企业"复选框，然后单击"出生日期"字段右侧的下三角按钮，则出现筛选条件的下拉列表，在"日期筛选"子菜单中有"等于""之前""之后""介于"等命令，通过这些命令可以设置不同的筛选条件，如图 5-16 所示。

图 5-16 自动筛选下"日期筛选"子菜单命令

Step 2 本例中在"日期筛选"子菜单中选择"期间所有日期"命令下的"第1季度"选项，如图 5-16 所示，其筛选结果如图 5-17 所示。

	A	B	C	D	E	F	G	H	
1	法人编号	法人名称	法人性质	注册资本	法人代表	出生日期	性别	是否党员	照片
2	EGY001	服装公司一	国有企业	350	高郁杰	1965/1/29	男	TRUE	
5	EGY004	电信公司二	国有企业	50000	刘萍	1964/3/15	女	TRUE	
8	EGY007	医药公司三	国有企业	50000	梁雨琛	1968/3/5	男	TRUE	
15	EJT001	图书公司一	集体企业	240	王天明	1970/2/13	男	FALSE	
16	EJT002	运输公司一	集体企业	500	田平	1973/1/28	女	TRUE	
24									

法人表　贷款表　银行表

就绪　在 22 条记录中找到 5 个　辅助功能：一切就绪　　　　　100%

图 5-17　从"国有企业"和"集体企业"中筛选法人代表出生于第1季度的企业信息

说明：

筛选只是把原数据表中不符合条件的数据行暂时隐藏起来，并不是修改原数据表中的任何数据，要把筛选后的数据表恢复为原样，则再次单击"数据"选项卡"排序和筛选"组工具栏中的"筛选"命令按钮或单击"清除"命令按钮即可完成。

5.3.2　条件区域

自动筛选只能完成简单的数据筛选，如果筛选条件比较复杂，则需要用高级筛选来实现。高级筛选的首要任务是指出数据应该满足的筛选条件，这需要通过建立条件区域来实现。

条件可以是一个文本、一个数值，也可以是一个比较式。在 Excel 中，条件区域是指条件出现在单元格或单元格区域中。条件区域的建立规则是同一列中的条件表示或，同一行中的条件表示与。

条件区域可以建立在工作表中的任何空白区域，但至少要与数据表之间有一个空行或一个空列。一般出现在数据表的上方或旁边。条件区域可以只包含需要的字段，也可以包含数据表中所有的字段，只能在限定条件的字段下方输入条件。

例 5-9　建立各种类型的条件区域。

如图 5-18 所示，针对"法人表"中的基本数据，建立各种类型的条件区域，具体情况如下。

（1）单列或条件：条件区域是 B3:B5，筛选出"法人性质"列为"国有企业"或者"私营企业"的行。

（2）与条件：条件区域是 D3:E4，筛选出"性别"列为"男"且"注册资本（万元）"列小于 1000 万元的行。

（3）多列或条件：条件区域是 G3:H5，筛选出"性别"列为"女"或者"是否党员"列为"FALSE"的行。

（4）与或复合条件：条件区域是 J3:L5，筛选出"法人性质"列为"国有企业"且"注册资本（万元）"列小于 10000 万元或者"性别"列为"女"且"注册资本（万元）"列小于 8000 万元的行。

图 5-18　各种类型条件区域的建立

📺 5.3.3　高级筛选

高级筛选一般用于比较复杂的数据筛选，如多字段多条件筛选。在使用高级筛选功能对数据进行筛选前，需要先建立筛选的条件区域，该条件区域的字段必须是现有工作表中已有的字段。

例 5-10　在"法人表"中筛选出"国有企业"中注册资本大于 50000 万元或者"集体企业"中注册资本小于 1000 万元的企业信息。

Step 1　在"法人表"中的空白区域建立条件区域 J3:K5，定义筛选条件，如图 5-19 中右侧上部所示。

Step 2　选定筛选的数据区域 A1:H23，单击"数据"选项卡"排序和筛选"组工具栏中的"高级"命令按钮，弹出"高级筛选"对话框，在"方式"选区中选中"将筛选结果复制到其他位置"单选按钮，在"条件区域"文本框中指定单元格区域 J3:K5，在"复制到"文本框中指定起始单元格 J7，高级筛选设置如图 5-19 中左侧所示。

Step 3　设置完成，单击"确定"按钮，筛选结果如图 5-19 中右侧所示。

说明：

条件区域中可以应用公式的计算结果。用公式建立条件区域时，不能用列标题作为条件标识使用，应将条件标识置空，或者使用非数据表标题的文字符号。

例 5-11　在"法人表"中筛选出法人代表中第 3 季度出生的女性和第 4 季度出生的男性的企业信息。

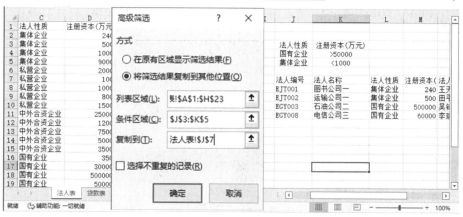

图 5-19　例 5-10 的条件区域、高级筛选设置及筛选结果

Step 1 在"法人表"中的空白区域建立条件区域 J3:L5，定义筛选条件：在 J4 单元格中输入"男"，在 K4 单元格中输入公式"=MONTH (F2)>9"，在 J5 单元格中输入"女"，在 K5 单元格中输入公式"=MONTH(F2)>6"，在 L5 单元格中输入公式"=MONTH (F2) <10"。

Step 2 选定筛选的数据区域 A1:H23，单击"数据"选项卡"排序和筛选"组工具栏中的"高级"命令按钮，弹出"高级筛选"对话框，在"方式"选区中选中"将筛选结果复制到其他位置"单选按钮，在"条件区域"文本框中指定单元格区域 J3:L5，在"复制到"文本框中指定起始单元格 J7。

Step 3 设置完成，单击"确定"按钮，例 5-11 的条件区域、高级筛选设置及筛选结果如图 5-20 所示。

图 5-20　例 5-11 的条件区域、高级筛选设置及筛选结果

微课视频 5-2

高级筛选的 7 种典型用法：
https://baijiahao.baidu.com/s?id=1721487199142895919&wfr=spider&for=pc

5.4　数据分类汇总

数据分类汇总是将相同类别的数据进行统计汇总，如求和、求平均值、求最大值、求最小值等。

 ## 5.4.1　数据分类汇总的基本知识

数据分类汇总在日常工作中极其普遍，利用 Excel 的分类汇总功能，可以简化数据分类汇总的过程。数据分类汇总的结果采用分级显示的方式展示工作表，同时数据分类汇总也提供了灵活多样的数据分类和汇总功能，可以完成的任务主要有：在数据表中显示一组数据的分类、汇总及总和；在数据表中显示多组数据的分类、汇总及总和；在分组数据上完成不同的计算，如求和、求平均值、求最大值、求最小值、求总体方差等。

5.4.2　分类汇总的建立

进行分类汇总前要确定以下两件事情已经做好：第 1 件是要进行分类汇总的数据表中的各列必须有列标题；第 2 件是必须对要进行分类汇总的数据列排序，其中排序的列标题称为分类汇总关键字，进行分类汇总时，只能指定已经排序的列标题作为分类汇总关键字。

例 5-12　在"法人表"中按"法人性质"统计各类企业的个数。

Step 1　在"法人表"中，单击"数据"选项卡"排序和筛选"组工具栏中的"排序"命令按钮，弹出"排序"对话框，在"主要关键字"下拉列表中选择"法人性质"选项，在"次序"下拉列表中选择"升序"选项，单击"确定"按钮，完成按分类汇总关键字"法人性质"的排序。

Step 2　单击"数据"选项卡"分级显示"组工具栏中的"分类汇总"命令按钮，弹出"分类汇总"对话框，在"分类字段"下拉列表中选择"法人性质"选项，在"汇总方式"下拉列表中选择"计数"选项，在"选定汇总项"列表框中勾选"法人编号"复选框。

Step 3　下面选择分类汇总数据的保存方式，其方式有 3 种："替换当前分类汇总"是指用最后一次的分类汇总数据取代以前的分类汇总结果，"每组数据分页"是指各种不同的分类汇总数据将分页保存，"汇总结果显示在数据下方"是指在原数据的下方显示分类汇总结果。本例中勾选"替换当前分类汇总"和"汇总结果显示在数据下方"复选框。

Step 4　设置完成，单击"确定"按钮，按"法人性质"统计各类企业个数的分类汇总设置及结果如图 5-21 所示。

在汇总数据表左侧有分级按钮，用法如下。

行分级按钮：用于指定明细级别。

隐藏明细按钮：单击该按钮，将折叠数据行，隐藏全部明细数据。

显示明细按钮：单击该按钮，将展开数据行。

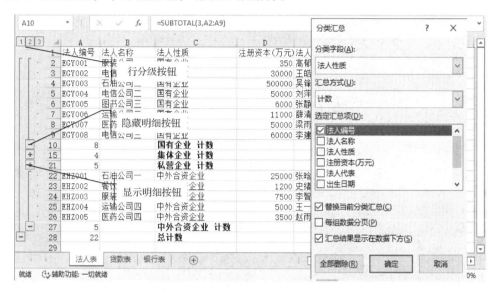

图 5-21　按"法人性质"统计各类企业个数的分类汇总设置及结果

5.4.3　多重分类汇总

在同一个分类汇总级上，可以进行不止一种分类汇总。若要在同一个汇总表中显示两个以上的分类汇总数据，则只需要对数据表进行两次不同的分类汇总，第 2 次分类汇总在第 1 次的分类汇总结果上进行。

例 5-13　在"法人表"中按"法人性质"统计各类企业的个数及注册资本的平均值。

Step 1　在"法人表"中，单击"数据"选项卡"排序和筛选"组工具栏中的"排序"命令按钮，弹出"排序"对话框，在"主要关键字"下拉列表中选择"法人性质"选项，在"次序"下拉列表中选择"升序"选项，单击"确定"按钮，完成按分类汇总关键字"法人性质"的排序。

Step 2　单击"数据"选项卡"分级显示"组工具栏中的"分类汇总"命令按钮，弹出"分类汇总"对话框，在"分类字段"下拉列表中选择"法人性质"选项，在"汇总方式"下拉列表中选择"计数"选项，在"选定汇总项"列表框中勾选"法人编号"复选框，设置完成，单击"确定"按钮，完成各类企业个数的统计。

Step 3　单击"数据"选项卡"分级显示"组工具栏中的"分类汇总"命令按钮，弹出"分类汇总"对话框，在"分类字段"下拉列表中选择"法人性质"选项，在"汇总方式"下拉列表中选择"平均值"选项，在"选定汇总项"列表框中勾选"注册资本（万元）"复选框，取消勾选"替换当前分类汇总"复选框，分类汇总设置如图 5-22 中右侧所示。

Step 4　设置完成，单击"确定"按钮，经过两次分类汇总设置之后，最后的分类汇总结果如图 5-22 中左侧所示。

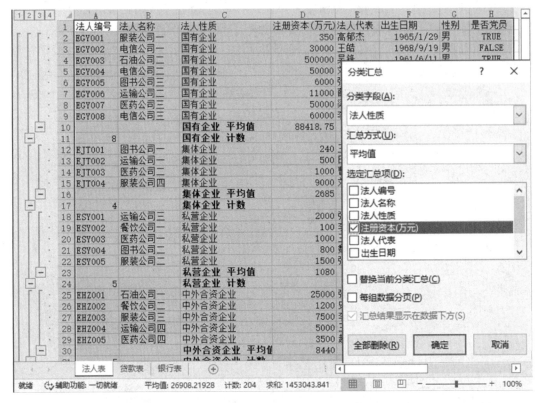

图 5-22　例 5-13 的分类汇总设置及结果

▶ 5.4.4　嵌套分类汇总

在一个已经建立分类汇总的汇总表中，再进行另一次分类汇总，而两次分类汇总的关键字不同，这种分类汇总方法称为嵌套分类汇总。建立嵌套分类汇总的前提仍然是要按每次分类汇总的关键字排序。第 1 次分类汇总的关键字应该是排序的第一关键字，第 2 次分类汇总的关键字应该是排序的第二关键字，其余以此类推。有几层嵌套分类汇总，就需要进行几次分类汇总操作，第 2 次分类汇总在第 1 次的结果集上操作，第 3 次在第 2 次的结果集上操作，其余以此类推。

例 5-14　在"法人表"中按"法人性质"统计各类企业的个数及各类企业中法人代表为男性的企业和女性的企业的个数。

Step 1　在"法人表"中，单击"数据"选项卡"排序和筛选"组工具栏中的"排序"命令按钮，弹出"排序"对话框，在"主要关键字"下拉列表中选择"法人性质"选项，在"次序"下拉列表中选择"升序"选项，单击"添加条件"按钮，在"次要关键字"下拉列表中选择"性别"选项，单击"确定"按钮，实现对数据表按"法人性质"为主要关键字、"性别"为次要关键字的排序，排序设置如图 5-23 所示。

图 5-23 排序设置

Step 2 单击"数据"选项卡"分级显示"组工具栏中的"分类汇总"命令按钮，弹出"分类汇总"对话框，在"分类字段"下拉列表中选择"法人性质"选项，在"汇总方式"下拉列表中选择"计数"选项，在"选定汇总项"列表框中勾选"法人编号"复选框，设置完成，单击"确定"按钮，实现数据表的第 1 次分类汇总。

Step 3 单击"数据"选项卡"分级显示"组工具栏中的"分类汇总"命令按钮，弹出"分类汇总"对话框，在"分类字段"下拉列表中选择"性别"选项，在"汇总方式"下拉列表中选择"计数"选项，在"选定汇总项"列表框中勾选"法人编号"复选框，取消勾选"替换当前分类汇总"复选框。

Step 4 设置完成，单击"确定"按钮，经过两次分类汇总设置之后，嵌套分类汇总结果如图 5-24 所示。

	法人编号	法人名称	法人性质	注册资本(万元)	法人代表	出生日期	性别	是
2	EGY001	服装公司一	国有企业	350	高郁杰	1965/1/29	男	
3	EGY002	电信公司一	国有企业	30000	王皓	1968/9/19	男	
4	EGY003	石油公司一	国有企业	500000	吴锋	1961/6/11	男	
5	EGY006	运输公司二	国有企业	11000	薛清海	1969/4/27	男	
6	EGY007	医药公司三	国有企业	50000	梁雨琛	1968/3/5	男	
7	EGY008	电信公司三	国有企业	60000	李建宙	1973/10/15	男	
8	6						男 计数	
9	EGY004	电信公司一	国有企业	50000	刘萍	1964/3/15	女	
10	EGY005	图书公司三	国有企业	6000	张静初	1964/7/28	女	
11	2						女 计数	
12	8		国有企业 计数					
19	4		集体企业 计数					
27	5		私营企业 计数					
28	EHZ001	石油公司二	中外合资企业	25000	张晗	1972/12/4	男	
29	EHZ002	餐饮公司二	中外合资企业	1200	史绪文	1966/11/25	男	
30	EHZ003	服装公司三	中外合资企业	7500	李智强	1971/2/14	男	
31	EHZ004	运输公司四	中外合资企业	5000	王一凡	1966/7/18	男	
32	4						男 计数	
33	EHZ005	医药公司四	中外合资企业	3500	赵雨	1975/1/23	女	
34	1						女 计数	
35	5		中外合资企业 计数					
36	22		总计数					

法人表 | 贷款表 | 银行表

就绪　辅助功能：一切就绪　　　平均值: 24408.25　计数: 139　求和: 1073963　　　100%

图 5-24 嵌套分类汇总结果

如果要删除数据表中的分类汇总，将数据表恢复到分类汇总之前的状态，则应采用如下操作步骤：选定汇总表中的任意单元格，单击"数据"选项卡"分级显示"组工具栏中的"分类汇总"按钮，弹出"分类汇总"对话框，单击其中的"全部删除"按钮，即可将汇总表中的分类汇总删除，汇总表恢复成为分类汇总前的数据表。

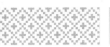

5.5 数据合并计算

数据合并计算是指可以通过合并计算的方法来汇总一个或多个数据源中的数据。

数据合并计算首先必须为汇总信息定义一个目标区域，用来显示摘录的信息，此目标区域可位于与源数据相同的工作表内，也可以在另一个工作表或工作簿内；其次需要选择要合并计算的数据源，其数据源可以来自单个工作表、多个工作表或多个工作簿。

单个工作表是二维结构，多个工作表是三维结构，因此，多表合并就是三维合并，即参与合并计算的数据源来自多个不同的工作表，可以是同一个工作簿，也可以是不同的工作簿。数据合并计算包括求和、计数、求平均值、求最大值、求最小值、求标准差等运算。

5.5.1 工作表结构不同时的合并计算

如果工作表结构不同，将对具有相同行、列标题的交叉点位置的单元格进行合并计算，仅一个工作表才有的数据行或数据列则会被添加到合并工作表中。

例 5-15 某汽车生产企业 2021 年度主要生产的产品有 A 系列、B 系列、C 系列、D 系列，第 4 季度推出了 E 系列。每个季度进行一次统计，各自保存在独立的工作簿文件中，4 个季度的汽车销售统计数据如图 5-25 所示。第 3 季度、第 4 季度添加了河北的销售数据。现要求统计各地区的年度销售总量。

利用 Excel 有多种方法可以解决这个问题，下面介绍通过数据合并计算来实现的方法。

第1季度汽车销售统计(辆)

地区	A系列	B系列	C系列	D系列
陕西	522	601	648	473
重庆	777	442	458	368
云南	422	687	346	266
河南	535	791	309	762
贵州	681	510	182	234

第2季度汽车销售统计(辆)

地区	A系列	B系列	C系列	D系列
陕西	362	117	511	554
重庆	876	362	671	812
云南	841	968	181	403
河南	836	957	212	868
贵州	106	694	415	616

第3季度汽车销售统计(辆)

地区	A系列	B系列	C系列	D系列
陕西	696	928	655	746
重庆	676	684	304	298
云南	343	487	825	578
河南	394	313	651	970
贵州	1000	920	328	754
河北	204	320	86	120

第4季度汽车销售统计(辆)

地区	A系列	B系列	C系列	D系列	E系列
陕西	214	215	870	533	331
重庆	656	973	729	354	54
云南	155	719	252	236	124
河南	225	942	889	879	206
贵州	606	453	318	450	321
河北	120	34	310	321	45

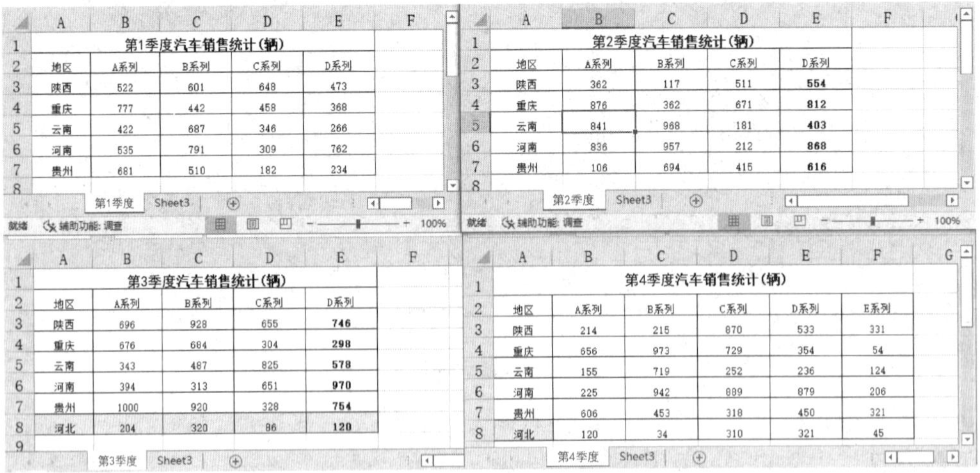

图 5-25　4 个季度的汽车销售统计数据

Step 1 依次打开 4 个季度的汽车销售统计数据的工作簿。

Step 2 新建"年度汇总工作表",选定 A1 单元格,单击"数据"选项卡"数据工具"组工具栏中的"合并计算"命令按钮,弹出"合并计算"对话框,按照图 5-26 所示选择合并计算方式(包括求和、计数等)和参与合并计算的数据源引用位置等。

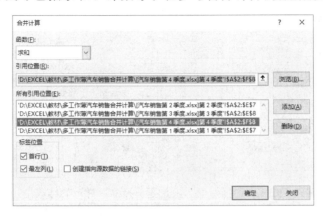

图 5-26　合并计算相关设置

Step 3 从"函数"下拉列表中选择用于合并计算的函数,本例中选择"求和"选项,勾选"标签位置"选区中的"首行"和"最左列"复选框。

Step 4 单击"引用位置"文本框右侧的按钮,然后单击"汽车销售第 1 季度"工作簿中的"第 1 季度"工作表,选定参与合并计算的数据区域 A2:E7,单击"合并计算-引用位置"文本框右侧的按钮,返回到"合并计算"对话框。

Step 5 单击对话框中的"添加"按钮,将 Step4 确定的参与合并计算的数据区域添加到"所有引用位置"列表框中。

Step 6 重复 Step4 和 Step5 的操作,把 4 个季度的汽车销售统计数据区域都添加到"所有引用位置"列表框中,结果如图 5-26 所示。

Step 7 单击"确定"按钮,多工作簿的年度合并计算结果如图 5-27 所示。

	A系列	B系列	C系列	D系列	E系列
陕西	1794	1861	2684	2306	331
重庆	2985	2461	2162	1832	54
云南	1761	2861	1604	1483	124
河南	1990	3003	2061	3479	206
贵州	2393	2577	1243	2054	321
河北	324	354	396	441	45

图 5-27　多工作簿的年度合并计算结果

Step 8 如果在"合并计算"对话框中勾选"创建指向源数据的链接"复选框,那么合并计算结果如图 5-28 所示,可以单击工作表左侧行前的"+",显示参与计算的明细数据,若不想显示明细数据,则单击行前的"-"。

图 5-28　创建指向源数据链接的合并计算结果

📺 5.5.2　工作表结构相同时的汇总

对于工作表结构相同的多个工作表中数据的汇总，除利用合并计算方法外，还可以通过三维引用的方法实现。

例 5-16　某汽车生产企业 2021 年度主要生产的产品有 A 系列、B 系列、C 系列、D 系列。每个季度进行一次统计，保存在同一个工作簿文件中，4 个季度的汽车销售统计数据如图 5-29 所示。已知 4 个季度的工作表中地区及产品系列顺序完全相同，试求年度汽车销售汇总。

	第1季度汽车销售统计（辆）			
地区	A系列	B系列	C系列	D系列
陕西	621	250	651	223
重庆	171	695	230	139
云南	228	679	423	310
河南	144	510	532	364
贵州	517	161	448	185

图 5-29　4 个季度的汽车销售统计数据

Step 1　在"年度汇总"工作表中的 B3 单元格中输入计算陕西地区 A 系列销售总量的公式"=SUM（第 1 季度:第 4 季度!B3）"，其中，"第 1 季度:第 4 季度!B3"表示第 1 季度到第 4 季度 4 个工作表中 B3 单元格的三维引用，如图 5-30 所示。

图 5-30　"年度汇总"表中的求和计算

Step 2 将公式复制到单元格区域 B4:B7 中，再将单元格区域 B3:B7 中的公式复制到单元格区域 C3:E7 中，完成各地区各系列产品的汇总计算，年度汽车销售汇总结果如图 5-31 所示。

图 5-31　年度汽车销售汇总结果

> Excel 合并计算的使用技巧：
> https://baijiahao.baidu.com/s?id=1703891254832939710&wfr=spider& for=pc

5.6　数据透视表与数据透视图

数据透视表是一种快速汇总大量数据的交互式方法。用户可以通过此表深入分析数值数据，对数据表进行汇总、分析、浏览和提供摘要数据，同时数据透视表也是 Excel 中最实用和最常用的功能。

数据透视表具有以下 5 个常用功能。

（1）对数值数据进行分类、汇总和聚合，按照分类和子分类对数据进行汇总，创建自定义计算和公式。

（2）展开或折叠要关注结果的数据级别，查看感兴趣的区域、摘要数据和明细。

（3）将行移动到列或将列移动到行，以查看数据源不同组合与汇总的结果。

（4）对最有用的和最关注的数据子集进行筛选、排序、分组和有条件地设置格式，突出显示重要信息。

（5）提供简明、带有批注的联机报表或打印报表。

5.6.1　数据透视表的创建

数据透视表是一种交互式的表，可以进行某些计算，如求和与计数等。所进行的计算与数据透视表中的排列有关。用户可以动态地改变其版面布置，以便按照不同的方式分析数据，也可以重新安排行号、列标题和页字段。每一次改变版面布置时，数据透视表会立即按照新的布置重新计算数据，如果原始数据发生更改，则可以更新数据透视表。下面结合具体实例理解数据透视表的功能，掌握数据透视表的创建方法。

例 5-17　以"法人表"为数据源创建数据透视表，按"法人性质"和"性别"统计各类企业注册资本的平均值。

Step 1　在"法人表"中，单击"插入"选项卡"表格"组工具栏中的"数据透视表"命令按钮，弹出"来自表格或区域的数据透视表"对话框，设置数据透视表的数据源及放置数据透视表的位置，如图 5-32 所示。

Excel 将活动单元格所在的整个数据区域设置为数据透视表的数据源，然后根据需要进行修改。可以在新工作表或现有工作表中新建数据透视表，本例中选择"新工作表"。

Step 2　单击"确定"按钮，打开创建数据透视表的界面，左侧是数据透视表布局样式，右侧用于设置和调整数据透视表字段，如图 5-33所示。

选择要添加到报表的字段：列出数据源中所有的列标题，可以拖放到下方的"行""列""值""筛选"区域中。

行：拖放到"行"区域中的字段，其中每个数据项占数据透视表中的一行，本例中选择"法人性质"和"法人名称"字段。

列：拖放到"列"区域中的字段，其中每个数据项占数据透视表中的一列，本例中选择"性别"字段。

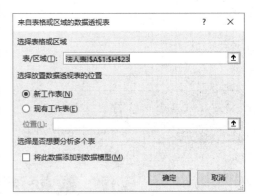

图 5-32　设置数据透视表的数据源及放置数据透视表的位置

筛选：设置筛选数据源的条件，不是必选项，本例中不选择。

值：拖放到"值"区域中的字段，其对应的数据将被进行计算，如计数、求和、求平均值等，本例中选择"注册资本（万元）"为计算项。

图 5-33　创建数据透视表的界面

Step 3　下面以值字段设置为例进行介绍，单击"值"区域中的字段，弹出快捷菜单，利用快捷菜单可以对当前值字段进行移动、删除及设置等操作。

选择"值字段设置"命令，弹出"值字段设置"对话框，选择"值汇总方式"选项卡，在"选择用于汇总所选字段数据的计算类型"列表框中选择"平均值"选项，如图 5-34 所示。

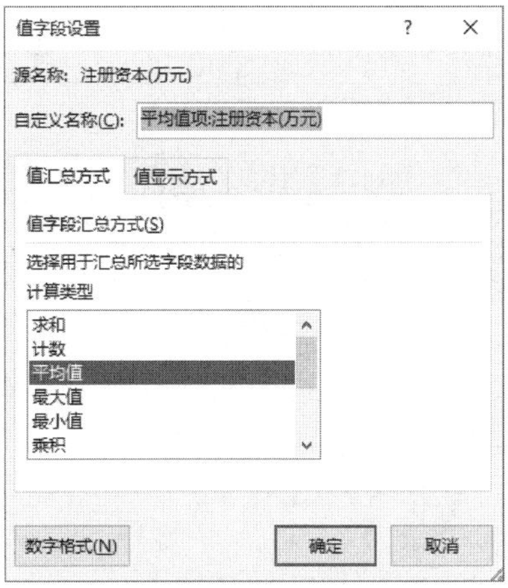

图 5-34　值字段设置

Step 4　设置完成，单击"确定"按钮，各类企业注册资本平均值的数据透视表创建结果如图 5-35 所示。在数据透视表界面，可以随时调整和修改数据透视表中的内容，包括对数据源字段的添加、修改、删除，"行""列""筛选""值"区域的设置，数据源的筛选，汇总方式的选择等。

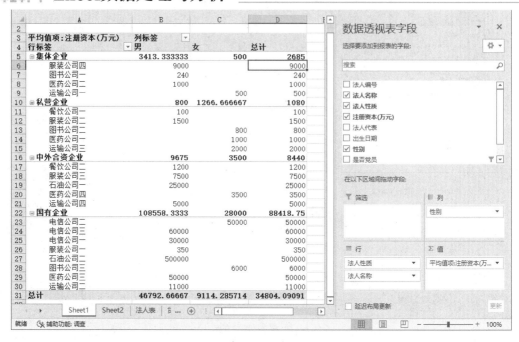

图 5-35　各类企业注册资本平均值的数据透视表创建结果

📺 5.6.2　查看数据透视表中数据的来源

在数据透视表中，可以查看每个汇总数据的具体来源，方法是双击相应的单元格。例如,在图 5-35 中的 B10 单元格中可以看到法人代表为男性的私营企业注册资本的平均值是 800 万元，双击 B10 单元格，则新建一个工作表，显示出这个数据的具体来源，如图 5-36 所示。

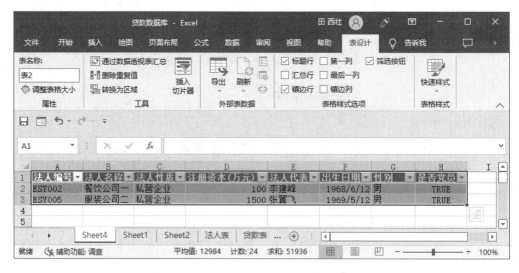

图 5-36　查看数据透视表中汇总数据的具体来源

5.6.3 数据透视图的创建

在数据分析过程中，图表是最直观的一种数据分析方式，数据透视表具有很强的动态交互性，而 Excel 也可以根据数据透视表创建成同样具有很强交互性的数据透视图，而且，直接通过普通表格创建数据透视图，也将同步创建一个数据透视表。

例 5-18 以"法人表"为数据源创建数据透视表和数据透视图，按"是否党员"筛选，按"法人性质"和"性别"分类统计企业的个数。

Step 1 在"法人表"中，单击"插入"选项卡"图表"组工具栏中的"数据透视图"命令按钮，弹出"来自表格或区域的数据透视图"对话框，设置数据透视图的数据源及放置数据透视图的位置。

Step 2 数据源及位置设置完成后单击"确定"按钮，打开创建数据透视图的界面，左侧是数据透视图布局样式，右侧用于设置和调整数据透视图字段，如图 5-37 所示。

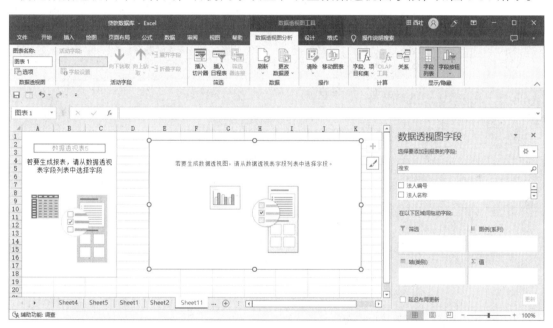

图 5-37 创建数据透视图的界面

将"法人性质"字段拖放到"轴（类别）"区域中，将"性别"字段拖放到"图例（系列）"区域中，将"是否党员"字段拖放到"筛选"区域中，将"法人编号"字段拖放到"值"区域中（个数统计），创建结果既有数据透视图，也有数据透视表，如图 5-38 所示。

Step 3 在数据透视图界面，可以对数据透视图的数据源进行筛选（也可以在数据透视表中进行类似的筛选）。

① 单击"是否党员"右侧的下三角按钮，打开筛选器，如图 5-39（a）所示，可以选择"（全部）"、"FALSE"或"TRUE"。

② 单击"法人性质"右侧的下三角按钮，打开筛选器，如图 5-39（b）所示，可以

选择全部企业、某一类企业或某几类企业。

③ 单击"性别"右侧的下三角按钮，打开筛选器，如图 5-39（c）所示，可以选择"（全选）"、"男"或"女"。

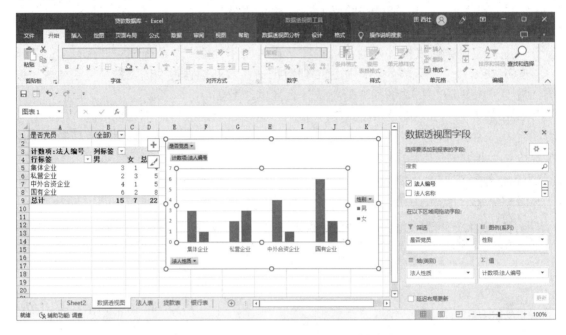

图 5-38　数据透视表和数据透视图创建结果

（a）"是否党员"筛选器　　（b）"法人性质"筛选器　　（c）"性别"筛选器

图 5-39　筛选器

Step 4　利用"数据透视图工具"可以实现对数据透视图的修改完善，包括修改数据源、移动图表、重新选择图表样式、更改图表类型等。

5.6.4　按时间进行分组透视

在日常工作中，经常需要制作月报表、季度报表或年度报表等与日期密切相关的报表，即需要对数据源中的日期进行分组计算。

例 5-19　以"法人表"为数据源，以"法人性质"为行标签，以"出生日期"为列

标签，按月和季度分类统计企业的个数。

Step 1 在"法人表"中，单击"插入"选项卡"表格"组工具栏中的"数据透视表"命令按钮，弹出"来自表格或区域的数据透视表"对话框，设置数据透视表的数据源及放置数据透视表的位置，即数据源指定为单元格区域A1:H23，位置选择"新工作表"，单击"确定"按钮，打开创建数据透视表的界面。

Step 2 将"法人性质"字段拖放到"行"区域中，将"出生日期"字段拖放到"列"区域中，将"法人编号"字段拖放到"值"区域中（个数统计）。

Step 3 在列字段中的任意一个日期上单击鼠标右键，在弹出的快捷菜单中选择"组合"命令，弹出"组合"对话框，如图 5-40 所示。

Step 4 在"组合"对话框中选择起始日期和终止日期，选择日期统计步长，本例中同时选择"月"和"季度"选项，单击"确定"按钮，结果如图 5-41 所示。

图 5-40　设置按日期统计的组合

图 5-41　按月和季度进行统计的数据透视表结果

本章小结

微课视频 5-3

　　本章主要介绍了 Excel 的数据组织、管理与处理常用功能，充分利用这些功能可以高效地解决日常工作中数据管理常见的问题。利用记录单管理数据更加直观简明。单关键字、多关键字排序可以按一定次序重新组织数据记录。利用自动筛选及高级筛选可以查阅用户所需的数据。通过应用分类汇总、多重分类汇总及嵌套分类汇总，实现对数据的分类统计和分析。利用数据透视表和数据透视图不仅可以对工作表中的数据进行重新组织、筛选提取，还可以对所选数据进行分类统计汇总。利用合并计算功能可以将不同工作表中的相关数据进行汇总。

实践1: 学生课程数据的管理与处理

以"学生课程数据管理"工作簿中的"学生表"为数据源,完成以下任务。

(1)在"学生表"中,按"学院"进行升序排序,"学院"相同的按"高考成绩"进行降序排序。

(2)利用高级筛选功能筛选出高考成绩大于570的男生或高考成绩小于560的女生。

(3)在"学生表"中统计各学院的学生人数,在此基础上统计各学院男女生高考成绩的平均值。

(4)利用数据透视表,按"籍贯"筛选,统计各学院男女生高考成绩的平均分、最高分、最低分信息。

操作步骤:

Step 1 在"学生表"中选定要排序的数据区域 A1:I21,单击"数据"选项卡"排序和筛选"组工具栏中的"排序"命令按钮,弹出"排序"对话框,在"主要关键字"下拉列表中选择"学院"选项,在"次序"下拉列表中选择"升序"选项,单击"添加条件"按钮,"次要关键字"设置为"高考成绩","次序"设置为"降序",单击"确定"按钮,此时工作表中的数据按"学院"字段进行升序排序,在"学院"相同的情况下,再按"高考成绩"字段进行降序排序。多关键字排序设置及结果如图 5-42 所示。

图 5-42　多关键字排序设置及结果

Step 2 在"学生表"中的空白区域建立条件区域 B23:C25,如图 5-43 中左侧中部所示;选定筛选的数据区域 A1:I21,单击"数据"选项卡"排序和筛选"组工具栏中的"高级"命令按钮,弹出"高级筛选"对话框,在"方式"选区中选中"将筛选结果复制到其他位置"单选按钮,在"条件区域"文本框中指定单元格区域 B23:C25,在"复制到"文本框中指定起始单元格 B27，设置完成，单击"确定"按钮，高级筛选设置及筛选结果如图 5-43 所示。

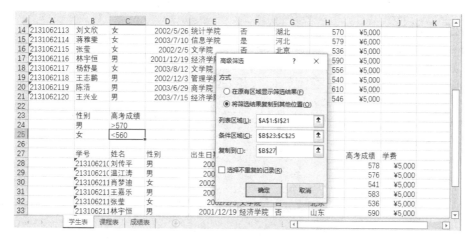

图 5-43　高级筛选设置及筛选结果

Step 3　在"学生表"中，单击"数据"选项卡"排序和筛选"组工具栏中的"排序"命令按钮，弹出"排序"对话框，在"主要关键字"下拉列表中选择"学院"选项，在"次序"下拉列表中选择"升序"选项，单击"添加条件"按钮，在"次要关键字"下拉列表中选择"性别"选项，单击"确定"按钮；单击"数据"选项卡"分级显示"组工具栏中的"分类汇总"命令按钮，弹出"分类汇总"对话框，在"分类字段"下拉列表中选择"学院"选项，在"汇总方式"下拉列表中选择"计数"选项，在"选定汇总项"列表框中勾选"学号"复选框，设置完成，单击"确定"按钮，完成各学院学生人数的统计；单击"数据"选项卡"分级显示"组工具栏中的"分类汇总"命令按钮，弹出"分类汇总"对话框，在"分类字段"下拉列表中选择"性别"选项，在"汇总方式"下拉列表中选择"平均值"选项，在"选定汇总项"列表框中勾选"高考成绩"复选框，取消勾选"替换当前分类汇总"复选框，设置完成，单击"确定"按钮。经过两次分类汇总设置之后，最后的分类汇总结果如图 5-44 所示。

Step 4　在"学生表"中，单击"插入"选项卡"表格"组工具栏中的"数据透视表"命令按钮，弹出"来自表格或区域的数据透视表"对话框，设置数据透视表的数据源及放置数据透视表的位置，单击"确定"按钮，打开创建数据透视表的界面；将"学院"和"性别"字段拖放到"行"区域中，将"籍贯"字段拖放到"筛选"区域中；将"高考成绩"字段拖放到"值"区域中，单击"值"区域中的字段，弹出快捷菜单，选择"值字段设置"命令，弹出"值字段设置"对话框，选择"值汇总方式"为"平均值"，修改"自定义名称"为"平均分"，设置完成，单击"确定"按钮；将"高考成绩"字段拖放到"值"区域中，按照上述方法，选择"值汇总方式"为"最大值"，修改"自定义名称"为"最高分"，设置完成，单击"确定"按钮；将"高考成绩"字段拖放到"值"区域中，按照上述方法，选择"值汇总方式"为"最小值"，修改"自定义名称"为"最低分"，设置完成，单击"确定"按钮。创建的统计各学院男女生高考成绩平均分、最高分、最低分数据透视表如图 5-45 所示。

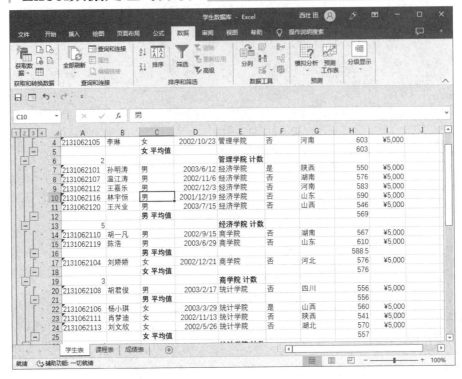

图 5-44　各学院学生人数的统计及各学院男女生高考成绩平均值的统计

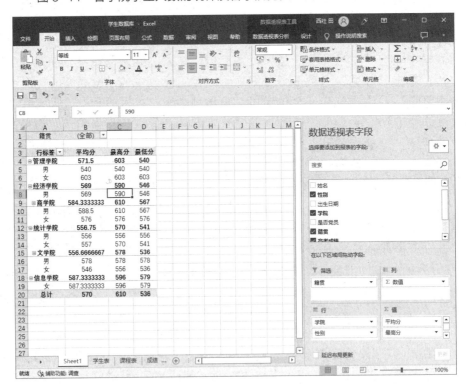

图 5-45　统计各学院男女生高考成绩平均分、最高分、最低分的数据透视表

实践2：高校大学生图书借阅数据的管理与处理

以"高校大学生图书借阅数据管理"工作簿中的"图书信息表"为数据源，完成以下任务。

（1）在"图书信息表"中，按"出版社"进行升序排序，"出版社"相同的按"出版日期"进行降序排序。

（2）在"图书信息表"中定义"金额"列，金额=单价*库存，按"类型"分类统计图书库存总金额，在此基础上，进一步按"出版社"统计总金额。

（3）利用数据透视表，以"出版社"为筛选条件，按"类型"分类统计库存图书册数、单价平均值、总金额等。

（4）利用自动筛选和高级筛选功能，按"出版社""类型""库存"等设置筛选条件，浏览满足条件的数据记录。

习题

一、选择题

1. 下面关于筛选掉的记录描述，错误的是（　　　）。
A. 不打印　　　　　　B. 不显示　　　　　　C. 永远丢失　　　　D. 可以恢复

2. 在 Excel 数据清单中，按某一字段内容进行分类，并对每一类做出统计的操作是（　　　）。
A. 排序　　　　　　B. 分类汇总　　　　　C. 筛选　　　　　　D. 记录处理

3. 对数据表进行条件筛选时，下面关于条件区域的叙述错误的是（　　　）。
A. 条件区域必须有字段名行
B. 条件区域中不同行之间进行"或"运算
C. 条件区域中不同行之间进行"与"运算
D. 条件区域中可以包含空行或空列，只要包含的单元格为空

4. 下面关于高级筛选功能的叙述，正确的是（　　　）。
A. 高级筛选需要在工作表中设置条件区域
B. 利用"数据"选项卡"排序和筛选"组工具栏中的"筛选"命令按钮可以进行高级筛选
C. 高级筛选之前必须对数据进行排序
D. 高级筛选就是自定义筛选

5. 数据清单中的列被认为是数据库中的（　　　）。
A. 字段　　　　　　B. 字段名　　　　　　C. 标题行　　　　　D. 记录

6. 对某列进行升序排序时，该列中完全相同项的行将（　　　）。

A. 保持原始次序　　B. 逆序排列　　　　C. 重新排序　　　　D. 排在最后

7. 在进行降序排序时，排序列中空白单元格的行会被（　　　）。

A. 放置在排序的数据清单最后　　　　　　B. 放置在排序的数据清单最前

C. 不被排序　　　　　　　　　　　　　　D. 保持原始次序

8. 选取自动筛选命令后，在清单上的（　　　）出现下拉式按钮。

A. 字段名处　　　　B. 所有单元格内　　C. 空白单元格内　　D. 底部

9. 在进行升序排序时，排序列中空白单元格的行会被（　　　）。

A. 放置在排序的数据清单最后　　　　　　B. 放置在排序的数据清单最前

C. 不被排序　　　　　　　　　　　　　　D. 保持原始次序

10. 数据表筛选操作是按指定条件保留若干记录，（　　　）。

A. 其余记录被删除　　　　　　　　　　　B. 其余字段被删除

C. 其余记录被隐藏　　　　　　　　　　　D. 其余字段被隐藏

二、填空题

1. 在 Excel 中进行分类汇总的前提条件是＿＿＿＿＿＿＿＿＿。

2. 排序方式有＿＿＿＿＿和＿＿＿＿＿两种。

3. 汉字有两种排序方式：一是根据字典中＿＿＿＿＿的顺序进行升序或降序排序；二是按照笔画排序，以＿＿＿＿＿的多少作为排序的依据。

4. Excel 提供了＿＿＿＿＿和高级筛选两种方式。

5. Excel 支持对多个不同列进行累加筛选,即后一次筛选在前一次筛选的＿＿＿＿＿中进行。

6. 条件区域的建立规则是同一列中的条件表示＿＿＿＿＿＿，同一行中的条件表示＿＿＿＿＿。

7. 在使用高级筛选功能对数据进行筛选前，需要先建立＿＿＿＿＿＿＿＿。

8. 数据透视表是一种快速汇总大量数据的＿＿＿＿＿方法。

9. 要进行分类汇总的数据表中的各列必须有＿＿＿＿＿。

10. 合并计算包括求和、＿＿＿＿＿、求平均值、＿＿＿＿＿、求最小值、求标准差等运算。

三、简答题

1. 简述分类汇总的功能及操作步骤。

2. 简述分类汇总与数据透视表的异同点。

3. 简述自动筛选与高级筛选各自的特点。

4. 简述合并计算主要解决的问题。

5. 简述创建数据透视表的基本步骤。

第6章
图表处理与数据可视化

【学习目标】

- ✓ 熟知图表的基本元素及图表类型。
- ✓ 掌握基本的图表制作方法。
- ✓ 掌握特殊图表的可视化。
- ✓ 了解组合图表的使用。

【学习重点】

- ✓ 熟练掌握基本的图表制作方法。
- ✓ 掌握特殊图表的可视化。

【思维导学】

- ✓ 关键字：图表的制作、图表的可视化。
- ✓ 内涵要义：图表处理是 Excel 的一个主要功能，图表可以将数据用图形表现出来，形象直观地反映数据的相互关系和变化趋势，因此在图表的制作与使用中应该做到细思熟虑、勇于开拓、自主创新。
- ✓ 思政点播：使用改革开放以来我国历年 GDP 数据与增长率数据，以及近年来 G20 国家的 GDP 数据，创建柱形图、折线图、条形图等图表，直观反映我国经济持续快速增长的发展势头，凸显我国经济增速在全球范围内的优势地位，使学生对我国的发展充满自信，对中国特色社会主义道路充满自信。
- ✓ 思政目标：利用图表的相辅相成关系，培养学生具有多维度看待问题的能力，表述问题要直观可信，着力培养学生具有描述问题的创造能力及创新精神。

大数据时代，数据以指数级速度快速增长，按传统方式分析和呈现"海量数据"的信息越来越困难。大量图表技术已被越来越多地用到数据处理与分析领域，频繁地出现在企业的商业计划和分析报告中，数据可视化已是不可避免的潮流。Excel 提供了强大的图表制作功能，根据数据源创建图表，设置图表类型、图表布局和图表样式。用户可以通过修饰和美化等功能制作出具有专业水准的图表，便于进行数据分析。

图表是工作表中数据的图形化，运用工作表中的数据可以制作出各种各样的图表，当图表所对应的数据被修改后，Excel 会自动对图表进行调整、更新，以反映出数据的变化。利用 Excel 强大的图表功能，能够方便地制作出形式多样的图表。本章以"贷款数据管理"工作簿为基本数据源，介绍 Excel 图表的基本元素、图表类型的选择、图表制作过程、图表格式化、图表的创建与编辑及特殊图表可视化。

6.1 图表基础

Excel 图表是先表后图，图是根据表中数据绘制的图形，是表中数据的可视化形式。在 Excel 中，可以直接制作二维图表，也可以通过插件实现动态图表的制作和三维图表的制作。

6.1.1 Excel 图表概述

Excel 提供丰富的图表功能，以直观、个性化的方式从不同用途展示数据源的特点，提供给用户所见即所得的感受。Excel 中常用的图表类型有柱形图、折线图、饼图、散点图等，不同类型图表的组成元素不尽相同，但都具有图表区和绘图区等基本元素。图 6-1 展示了 Excel 图表的基本元素。

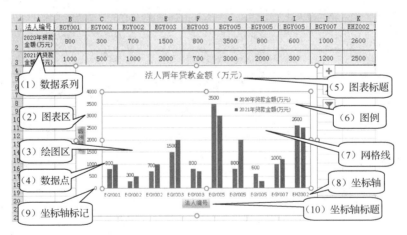

图 6-1　Excel 图表的基本元素

（1）数据系列：指根据数据表中一组相关（同一行或列）数据制作出的图表，由若

干数据点组成，这些数据点可以是连续或不连续的多行和多列。例如，图 6-1 中选择数据源为"法人编号""2020 年贷款金额（万元）""2021 年贷款金额（万元）"制作柱形图，数据系列为"2020 年贷款金额（万元）"和"2021 年贷款金额（万元）"。

（2）图表区：指图表所在的区域，图表的全部构成对象都在这个区域内（包括添加到图表中的其他对象，如插入的说明文本或图片），可以自由移动、缩放、修改、复制整个图表。

（3）绘图区：指数据源中数据的图形化区域，其中的图形根据数据源中的数据绘制。

（4）数据点：指根据数据源中单元格中的数据所绘制的图形，可以是连续区域或不连续区域。

（5）图表标题：指图表的主题，默认名称为"图表标题"，可以修改为反映图表主题的文本。例如，图 6-1 中图表标题修改为"法人两年贷款金额（万元）"。

（6）图例：是对数据系列所用图形的一种标识，一个数据源对应一个图例，说明该数据系列在图表中对应哪种图形。例如，图 6-1 中用不同颜色分别表示"2020 年贷款金额（万元）"和"2021 年贷款金额（万元）"。

（7）网格线：指图表区中的背景线，默认为横线并与坐标轴 x 轴平行。

（8）坐标轴：也称分类轴，主要包括 x 轴和 y 轴，与笛卡儿坐标系中坐标轴的意义相同，默认以左下角为坐标原点，用具体数值来标记刻度，度量数据源中数据在图形中的位置和形状大小。

（9）坐标轴标记：指 x 轴和 y 轴的刻度线标识，也称分类轴标记。x 分类轴标记常来源于数据，如图 6-1 中 x 轴坐标为各个法人编号的排列；y 分类轴标记则以数据源中数值范围为依据，对应刻度大小和图表类型自动生成，如图 6-1 中柱形图的 y 轴以 500 为步长，取值范围为 0～4000。

（10）坐标轴标题：坐标轴也可以设置标题，可根据需要添加和修改。例如，图 6-1 中增加的坐标轴标题为"法人编号"和"贷款金额"。

6.1.2 图表类型与图表制作过程

1. 图表类型

Excel 提供了丰富的图表类型，包含默认图表、数据透视图和迷你图等。在图 6-2 中，从 Excel 的"插入"选项卡中可以查看 Excel 的图表类型，其中默认图表为静态图表。

微课视频 6-1

（1）静态图表主要包含柱形图、折线图、饼图、条形图、面积图、散点图等 14 种图表，每一种图表类型又包含多种子类型，根据需求各个图表类型可相互组合形成组合图。在图 6-3 中，左侧列出了 14 种静态图表和组合图，如果选择左侧的"柱形图"，则右侧上部显示为各种柱形图的类型，选择某一种柱形图类型后，右侧中下部显示为该柱形图类型的形状和样式。

图 6-2　Excel 图表类型

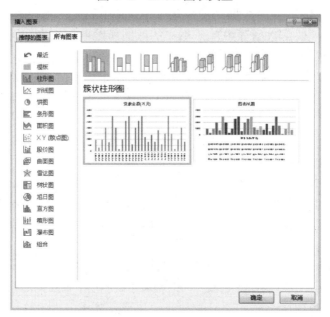

图 6-3　Excel 静态图表类型

（2）数据透视图是一种动态交互式图表。在图 6-4 中，左侧数据源为"注册资金"和"贷款金额（万元）"，选择数据透视图进行汇总分析，可生成右侧的柱形图。图表可以显示在当前数据源工作簿中，也可以放置在新的工作簿中。

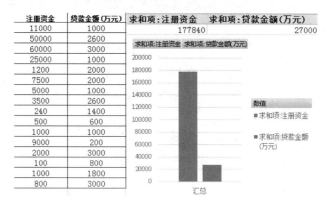

图 6-4　数据透视图

（3）迷你图是一种嵌套在单元格内的图表，主要包含折线图、柱形图和盈亏图。图 6-5 所示为根据当前数据源生成的以上 3 种形式的迷你图。

	A	B	C	D	E	F	G	H	I	J
1	贷款年份	中国银行	中国农业银行	中国建设银行	中国工商银行	招商银行	交通银行	折线图	柱形图	盈亏图
2	2020	2600	3000	1000	300	0	0			
3	2021	5800	800	4600	2000	800	2300			
4	2022	1800	3700	3000	2000	1500	5700			

图 6-5　3 种形式的迷你图

2. 图表制作过程

Excel 图表的一般制作过程为：首先对数据源进行分析，提炼出需要通过图表表达的数据列，然后根据数据列的需求选择合适的图表类型，并生成图表，最后对图表元素进行格式化和美化。图表制作的复杂程度取决于图表类型、精美度等诸多因素，其基本步骤如下。

Step 1　选择合适的图表类型：不同类型的图表具有不同的功能，可根据需求选择合适的图表类型。表 6-1 列出了部分图表类型及其功能。

表 6-1　部分图表类型及其功能

图表类型	功能
柱形图	显示一段时间内数据的变化，或者描述各项之间的差异
条形图	描述各项之间的差别情况，纵轴为分类，横轴为数值，突出数值的比较，淡化随时间的变化
折线图	以等间隔显示数据的变化趋势，强调随时间变化速率
饼图	显示数据系列中每一项占系列数值总和的比例关系，一般只显示一个数据系列
散点图	用来比较几个数据系列中的数值，也可将两组数值显示为 xy 坐标系中的一个系列，坐标轴都表示数值，没有分类，多用于科学数据
面积图	强调数值的变化量，通过绘制值的总和，还可以显示部分和整体的关系
雷达图	每个分类都拥有自己的数值坐标轴，这些坐标轴由中心点向外辐射，找出每个数据系列在各个坐标轴上的点，并由折线将同一数据系列中的值连接起来。雷达图用于显示独立的数据系列之间及特定的数据系列与其他数据系列整体之间的关系，不适合各个数据点情况的描述

Step 2　设计图例：根据图表数据系列自动生成，根据实际需要再进行格式和样式的修改。

Step 3　设计坐标轴：根据数据源自动生成，然后根据数据特点修改坐标轴刻度和步长。

Step 4　格式化数据系列和数据点：根据图表直观性和个性化的特点修改数据系列的格式和样式并添加对应数据点。

Step 5　添加、删除或修改图表元素：可根据图表需求添加、删除或修改图表元素，如添加坐标轴标题、网格线等。

Step 6　设计图表外观：根据图表反映的主题选择图表元素，格式化并美化图表。也可以选择 Excel 自带的设计样式。在"设计"选项卡中，Excel 提供了设计良好的图表模板。图 6-6 所示为在"设计"选项卡中为图 6-1 中的柱形图提供的图表模板。

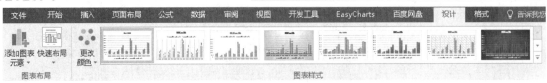

图 6-6 "设计"选项卡中的图表模板

6.1.3 图表格式化

1. 编辑图表元素

选定对应图形，右边会出现加号按钮 ，单击此按钮可添加、删除或修改图表元素，在弹出的"图表元素"快捷菜单中可进一步细化图表元素，修改每个图表元素的设置。例如，选定图 6-1 中的柱形图，移动鼠标单击加号按钮，再移动鼠标至"坐标轴"处，单击其右边出现的向右箭头，在出现的选项框中取消勾选"主要纵坐标轴"复选框，图表元素调整的效果如图 6-7 所示。

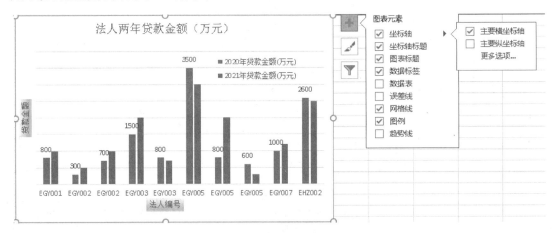

图 6-7 图表元素调整的效果

单击"坐标轴"右边的向右箭头，选择"更多选项"选项，出现如图 6-8 的"设置坐标轴格式"窗格，其中"坐标轴选项"选项卡主要包含"坐标轴类型""纵坐标轴交叉""坐标轴位置""刻度线""标签""数字"的设置。

2. 编辑图表样式及颜色

单击图 6-7 中柱形图右边的格式刷按钮 ，可选择 Excel 中的图表模板，包含"样式"和"颜色"两个卷标页。图 6-9 所示为"样式"卷标页中 Excel 提供的柱形图模板。

编辑图表颜色常用的方法有两种。

方法 1：在图 6-9 中，切换到"颜色"卷标页，可调整图表颜色，如图 6-10 所示，"彩色"部分为提供的默认颜色样式组合，"单色"部分为用深浅不同的单一颜色填充图中柱形。

图 6-8 "设置坐标轴格式"窗格

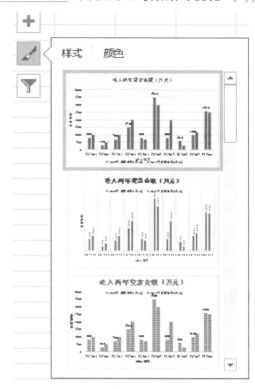

图 6-9 "样式"卷标页中 Excel 提供的柱形图模板

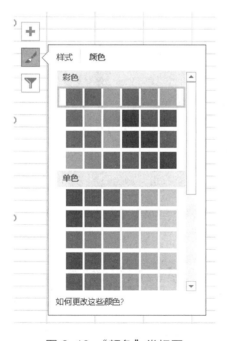

图 6-10 "颜色"卷标页

　　方法 2：直接双击图 6-7 中的柱形，出现如图 6-11 所示的"设置数据系列格式"窗格，切换到"填充与线条"选项卡，可以直接填充柱形颜色。

图 6-11 "设置数据系列格式"窗格

在图 6-7 中，恢复"主要纵坐标轴"复选框的勾选，添加数据表，设置图表标题颜色为渐变色，更改图例的位置，"法人两年贷款金额（万元）"柱形图最终效果如图 6-12 所示。

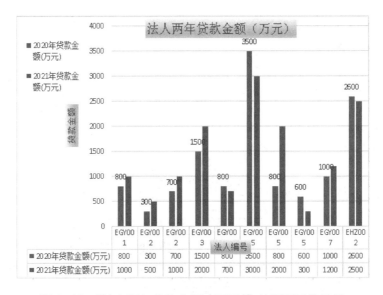

图 6-12 "法人两年贷款金额（万元）"柱形图最终效果

6.2 图表的创建与编辑

在 Excel 中可以创建嵌入式图表和工作表图表两种：嵌入式图表就是与工作表中数据在一起或与其他嵌入式图表在一起的图表；而工作表图表是特定的工作表，只包含单独的图表。本节重点介绍嵌入式图表的创建和编辑。

6.2.1 利用图表向导创建嵌入式图表

图表可以用来表现数据间的某种相对关系与变化趋势。在常规状态下，一般用柱形图比较数据间的数量关系，用折线图反映数据间的趋势关系，饼图用来描述数据间的比例分配关系。利用 Excel 可以生成多种类型的图表，本小节以组合图和饼图两种类型为例，介绍其创建方法。

1. 创建组合图

组合图是在一个图表中采用多种图形类型反映不同的数据系列，其创建的具体操作步骤如下。

Step 1 进入 Excel 工作界面，打开"贷款数据管理"工作簿，将贷款金额和注册资金整理成如表 6-2 所示的工作表，选定要生成图表的数据区域"法人编号"列、"注册资金"列和"贷款金额（万元）"列。

表 6-2　注册资金和贷款金额表

法人编号	注册资金	贷款金额（万元）
ESY004	11000	1000
EHZ002	50000	2600
EJT001	60000	3000
EGY007	25000	1000
EGY003	1200	2000
EHZ004	7500	2000
EGY001	5000	1000
EHZ005	3500	2600
EJT002	240	1400
EJT004	500	600
EGY002	1000	1000
ESY003	9000	200
ESY001	2000	3000
ESY005	100	800
EJT003	1000	1800
EGY005	800	3000

Step 2 单击"插入"选项卡"图表"组工具栏中右下角的"查看所有图表"命令按钮，弹出"插入图表"对话框。

Step 3 在"插入图表"对话框中，选择"所有图表"选项卡中的图表类型"组合"，在右侧下部的"系列名称"选区中，"注册资金"选择"簇状柱形图"，"贷款金额（万元）"选择"折线图"，勾选"注册资金"最右边的"次坐标轴"复选框，如图 6-13 所示。

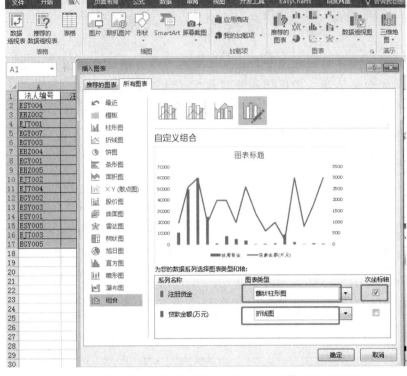

图 6-13　"注册资金"和"贷款金额（万元）"组合图设置

Step 4　如果对以上各步骤的操作不满意，可重新选择，完成图表操作后，单击"确定"按钮，可生成如图 6-14 所示的组合图，图中柱形图反映注册资金数量差别，折线图反映贷款金额的变化趋势。

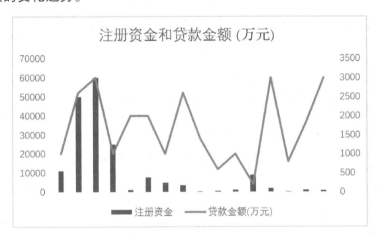

图 6-14　"注册资金"和"贷款金额（万元）"组合图

2. 创建饼图

饼图主要用来反映数据间的比例分配情况，同组合图的创建类似，其创建的具体操作步骤如下。

Step 1 进入 Excel 工作界面，打开"贷款数据管理"工作簿中的"贷款表"，选定要生成图表的数据区域 A 列和 D 列。

Step 2 单击"插入"选项卡"图表"组工具栏中右下角的"查看所有图表"命令按钮，弹出"插入图表"对话框。

Step 3 在"插入图表"对话框中，选择"所有图表"选项卡中的图表类型"饼图"，在右侧上部选择要插入的饼图类型，单击"确定"按钮，"贷款金额（万元）"饼图如图 6-15 所示，可以反映出各个法人编号所对应的贷款金额比例，金额数量大的，在图中所占的区域也相对大一些。

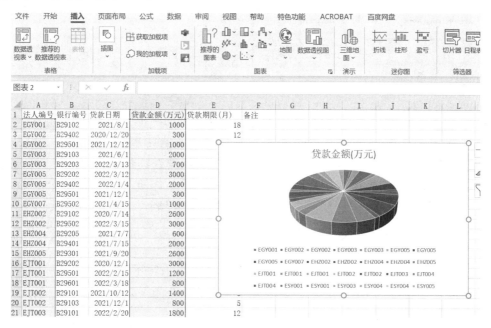

图 6-15 "贷款金额（万元）"饼图

6.2.2 数据图表的内容更新与格式设置

在 Excel 中，如果数据源中的内容发生改变，则图表会自动发生改变，并不需要重新制作图表。如果想用同一个图表展示不同的数据表的变化趋势，那么只需要更改图表的数据源即可，也可以通过格式设置将已有图表转换成其他类型的图表。

本小节通过"注册资金"数据源的变化展示数据条形图的自动变化，并通过格式设置将条形图转换成柱形图，数据源变化后柱形图也发生变化，具体操作步骤如下。

Step 1 选定表 6-2 中的"法人编号"列和"注册资金"列，单击"插入"选项卡"图表"组工具栏中右下角的"查看所有图表"命令按钮，弹出"插入图表"对话框，选择"所有图表"选项卡中的图表类型"条形图"，在右侧上部选择要插入的条形图类型，单击"确定"按钮，创建"法人编号"和"注册资金"条形图。

Step 2 修改数据源中"法人编号"为"EJT001"的"注册资金"为"2000"，修改"EJT002"的"注册资金"为"24000"，此时条形图自动发

微课视频 6-2

生变化，变化对比如图 6-16 所示。右侧图为未修改数据源的条形图，左侧图为修改数据源后的条形图，从图中可以看出"EJT001"和"EJT002"的条形长度随数据源变化而自动变化。

图 6-16　修改数据源后条形图的变化对比

Step 3　在如图 6-16 中左侧所示的"注册资金"条形图上单击鼠标右键，在弹出的快捷菜单中选择"更改图表类型"命令，弹出"更改图表类型"对话框，选择"所有图表"选项卡中的图表类型"柱形图"，在右侧上部选择要转换成的柱形图类型，单击"确定"按钮，此时条形图转换成柱形图。复原数据源，重新修改"法人编号"为"EJT001"的"注册资金"为"60000"，修改"EJT002"的"注册资金"为"240"，则此时柱形图也自动发生变化，变化对比如图 6-17 所示。

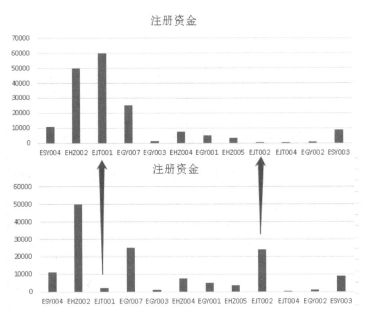

图 6-17　条形图转换成柱形图后数据源变化后柱形图的变化对比

在 Excel 中，图表不但可以根据单元格数据源的变化而自动变化，而且在数据源中添加新的数据列后，图表也可以添加新的图形项。本小节介绍在贷款数据表中添加"信贷荣誉度"列，图表添加"信贷荣誉度"折线，具体操作步骤如下。

Step 1 打开如表 6-2 所示的工作表，添加"信贷荣誉度"列，"信贷荣誉度"="注
册资金"/"贷款金额（万元）"，如表 6-3 所示。

表 6-3 注册资金、贷款金额和信贷荣誉度表

法人编号	注册资金	贷款金额（万元）	信贷荣誉度
ESY004	11000	1000	11
EHZ002	50000	2600	19.23
EJT001	60000	3000	20
EGY007	25000	1000	25
EGY003	1200	2000	0.6
EHZ004	7500	2000	3.75
EGY001	5000	1000	5
EHZ005	3500	2600	1.35
EJT002	240	1400	0.17
EJT004	500	600	0.83
EGY002	1000	1000	1
ESY003	9000	200	45
ESY001	2000	3000	0.67
ESY005	100	800	0.13
EJT003	1000	1800	0.56
EGY005	800	3000	0.27

Step 2 选定"信贷荣誉度"列，在其上单击鼠标右键，在弹出的快捷菜单中选择
"复制"命令。

Step 3 在图表区中的任意位置单击鼠标右键，在弹出的快捷菜单中选择"粘贴"
命令，即可给图表添加新的数据列对应的图形项。

Step 4 如果遇到图例名称没有更改或一致的情况，则在 Step1 的基础上，在图表
区中单击鼠标右键，在弹出的快捷菜单中选择"选择数据"命令，出现如图 6-18 所示的
对话框。

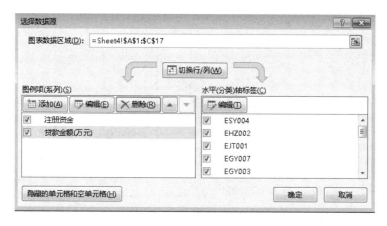

图 6-18 "选择数据源"对话框

Step 5 单击"添加"按钮,弹出"编辑数据系列"对话框,在"系列名称"文本框中输入"信贷荣誉度",在"系列值"文本框中输入"=Sheet4!$D$2:$D$17",如图 6-19 所示。

Step 6 单击"确定"按钮,在形成的图表中修改图表标题,最终形成的图表如图 6-20 所示。

图 6-19 "编辑数据系列"对话框

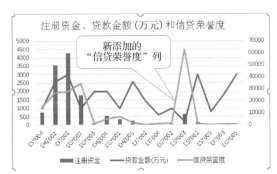

图 6-20 添加"信贷荣誉度"列的组合图

6.2.3 利用快捷键创建图表

在 Excel 中创建图表时,可以使用 F11 键创建工作表图表,可以使用 Alt+F1 组合键创建嵌入式图表,具体操作步骤如下。

Step 1 打开"贷款数据管理"工作簿中的"贷款表",选定单元格区域 A 列和 D 列。

Step 2 按下 F11 键,即可插入一个名为"Chart1"的工作表,并根据所选区域数据创建图表,形成单独的工作表图表,如图 6-21 所示。

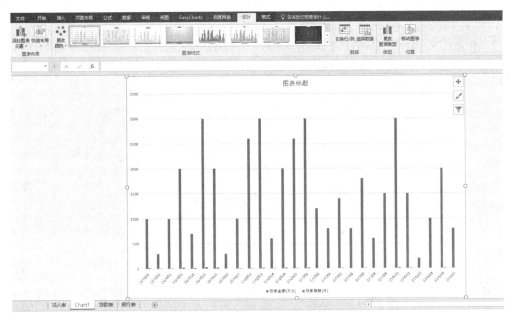

图 6-21 使用 F11 键创建工作表图表

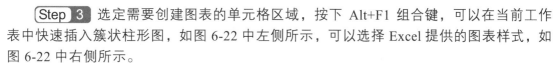

Step 3 选定需要创建图表的单元格区域，按下 Alt+F1 组合键，可以在当前工作表中快速插入簇状柱形图，如图 6-22 中左侧所示，可以选择 Excel 提供的图表样式，如图 6-22 中右侧所示。

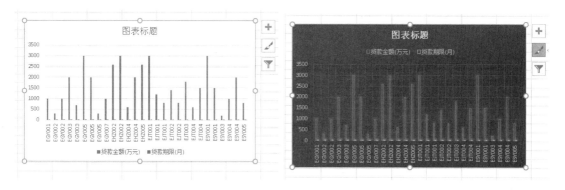

图 6-22 使用 Alt+F1 组合键创建嵌入式图表

6.2.4 选取不连续区域制作图表

在 Excel 中，可以选取不连续区域制作图表。本小节以制作饼图为例来显示如表 6-3 所示的工作表中各个企业贷款占总体的比例，具体操作步骤如下。

Step 1 打开如表 6-3 所示的工作表，按下 Ctrl 键，选定单元格区域 A 列中的偶数行和 C 列中的偶数行。

Step 2 单击"插入"选项卡"图表"组工具栏中右下角的"查看所有图表"命令按钮，弹出"插入图表"对话框。

Step 3 在"插入图表"对话框中，选择"所有图表"选项卡中的图表类型"饼图"，在右侧上部选择一种饼图类型，如选择"三维饼图"类型，单击"确定"按钮，即可在当前工作表中创建一个"贷款金额（万元）"三维饼图，如图 6-23 所示。

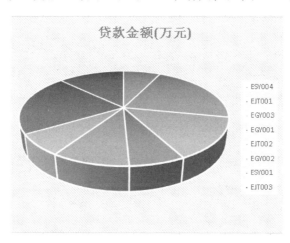

图 6-23 "贷款金额（万元）"三维饼图

Excel数据处理与分析

6.2.5 图表中趋势线的添加

对于 Excel 图表中数据趋势不太明显的数据点，通过添加趋势线的方法可以清晰地显示出数据的趋势，有助于数据的分析和梳理。本小节以"贷款数据管理"工作簿中的"贷款表"为例，制作出企业贷款的条形图，如图 6-24 所示，从图中可以看出各个企业贷款的差异，如果想更突出企业之间贷款的差异趋势，可在图表中添加趋势线，具体操作步骤如下。

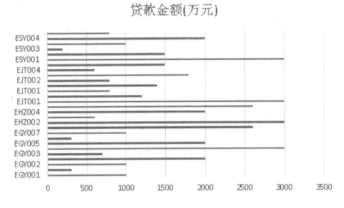

图 6-24 "贷款金额（万元）"条形图

Step 1 选定图 6-24 中的条形图，单击鼠标右键，在弹出的捷菜单中选择"添加趋势线"命令，如图 6-25 所示。

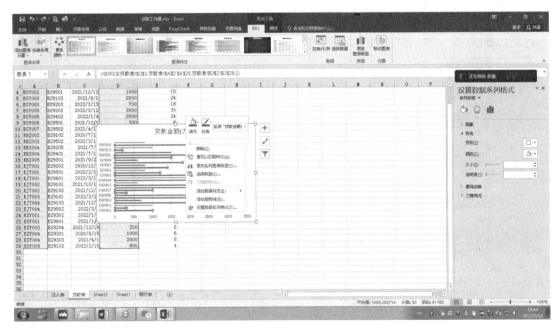

图 6-25 为"贷款金额（万元）"条形图添加趋势线

Step **2** 弹出"设置趋势线格式"窗格，在"趋势线选项"选项卡中选择所需的趋势线（趋势线类型有指数、线性、对数、多项式、幂、移动平均），根据需要设置"趋势线名称""趋势预测""设置截距""显示公式"等，这里选择趋势线类型为"多项式"，不设置"设置截距""显示公式""显示 R 平方值"，如图 6-26 所示。

Step **3** 设置完成后，添加了趋势线的"贷款金额（万元）"条形图如图 6-27 所示。

图 6-26 "设置趋势线格式"窗格

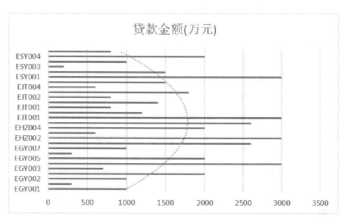

图 6-27 添加了趋势线的"贷款金额（万元）"条形图

6.3 特殊图表可视化

Excel 中图表类型丰富。为了突出图表在数据源展示上的个性化，有针对性地突出图表在数据源中的用途，本节重点介绍散点图、柱形图、折线图、面积图、雷达图及饼图，除此以外还介绍迷你图和动态图表。

6.3.1 散点图

散点图是一种将两个变量分布在纵轴和横轴上，在它们交叉位置绘制出点的图表，主要用于表示两个变量之间的相关关系。散点图中的 x 轴和 y 轴都为与两个变量数值大小分别对应的数值轴。通过曲线或折线两种类型将散点数据连接起来，可以表示 x 轴变量随 y 轴变量的变化趋势。图 6-28 所示为"贷款数据管理"工作簿中"贷款表"中数据的散点图，从图中不能看出数据的走势和规律，只有对贷款金额进行排序后再建立散点图，才能查看贷款金额数据的整体趋势，其具体操作步骤如下。

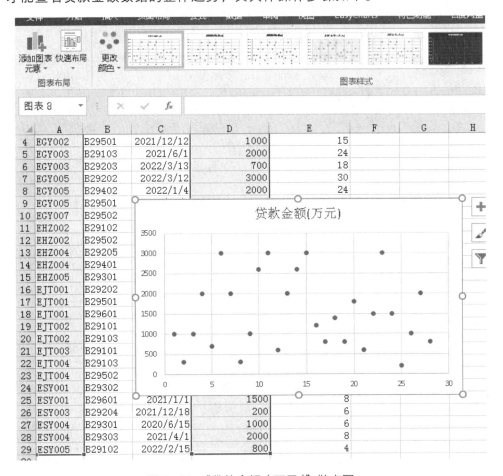

图 6-28 "贷款金额（万元）"散点图

Step 1 打开"贷款数据管理"工作簿中的"贷款表"，选定 D 列，单击"数据"选项卡"排序和筛选"组工具栏中的"排序"命令按钮。

Step 2 在弹出的"排序提醒"对话框中选中"扩展选定区域"单选按钮，如图 6-29 所示。

Step 3 单击"排序"按钮，弹出"排序"对话框，在"主要关键字"下拉列表中选择"贷款金额（万元）"选项，如图 6-30 所示，以"升序"进行排序，排序后的数据如图 6-31 所示。

Step 4 单击"插入"选项卡"图表"组工具栏中右下角的"查看所有图表"命令按钮，弹出"插入图表"对话框，选择"所有图表"选项卡中的图表类型"XY（散点图）"，在右侧上部选择要插入的散点图类型，单击"确定"按钮，生成"贷款金额（万元）"趋势散点图，如图 6-32 所示。

图6-29　选中"扩展选定区域"单选按钮

图6-30　选择"主要关键字"为"贷款金额（万元）"

	法人编号	银行编号	贷款日期	贷款金额(万)	贷款期限(月)
2	ESY003	B29204	2021-12-18	200	6
3	EGY002	B29402	2020-12-20	300	12
4	EGY005	B29501	2021-12-1	300	6
5	EHZ004	B29205	2021-7-7	600	10
6	EJT004	B29103	2021-12-4	600	3
7	EGY003	B29203	2022-3-13	700	18
8	EJT001	B29601	2022-3-18	800	4
9	EJT002	B29103	2021-12-1	800	5
10	ESY005	B29102	2022-2-15	800	4
11	EGY001	B29102	2021-8-1	1000	18
12	EGY002	B29501	2021-12-12	1000	15
13	ESY002	B29502	2021-4-15	1000	10
14	ESY004	B29301	2020-6-15	1000	6
15	EJT001	B29501	2022-2-15	1200	6
16	EJT002	B29101	2021-10-12	1400	8
17	EJT004	B29502	2022-3-1	1500	6
18	ESY001	B29601	2021-1-1	1500	8
19	EJT003	B29101	2022-2-20	1800	12
20	EGY003	B29103	2021-6-1	2000	24
21	EGY005	B29402	2022-1-4	2000	24
22	EHZ004	B29401	2021-7-15	2000	18
23	ESY004	B29303	2021-4-1	2000	8
24	EHZ002	B29102	2020-7-14	2600	12
25	EHZ005	B29301	2021-9-20	2600	15
26	EGY005	B29202	2022-3-12	3000	30
27	EHZ002	B29502	2022-3-15	3000	18
28	EJT001	B29202	2020-12-1	3000	20
29	ESY001	B29302	2022-1-1	3000	20

图6-31　按"贷款金额（万元）"进行升序
排序的数据

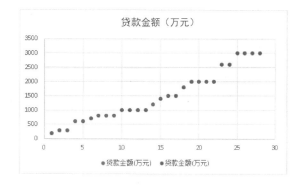

图6-32　"贷款金额（万元）"趋势散点图

通过对比图 6-28 和图 6-32 可以看出，排序后的数据能更好地显示出数据的变化趋势，突出贷款金额的分布。从图 6-32 中可以看出最大贷款金额和最小贷款金额及其之间的差值。

▶️ 6.3.2　柱形图

柱形图是较为常用的一种图表类型，主要用来显示一段时间内的数据变化情况或显示多项之间的差异，可以用来直观地比较多个同类项之间的数据关系。柱形图包括簇状柱形图、堆积柱形图、百分比堆积柱形图、三维簇状柱形图、三维堆积柱形图、三维百分比堆积柱形图和三维柱形图。

1. 创建柱形图

整理"贷款表"，根据不同法人描述其在 2020 年和 2021 年的贷款金额汇总情况，结果如图 6-33 所示。选定 A 列、C 列和 D 列，单击"插入"选项卡"图表"组工具栏中右下角的"查看所有图表"命令按钮，弹出"插入图表"对话框，选择"所有图表"选项卡中的图表类型"柱形图"，在右侧上部选择要插入的柱形图类型，单击"确定"按钮，生成贷款金额汇总柱形图，如图 6-34 所示。

	法人编号	银行编号	2020年贷款金额(万元)	2021年贷款金额(万元)	贷款期限(月)
2	EGY001	B29102	800	1000	18
3	EGY002	B29402	300	500	12
4	EGY002	B29501	700	1000	15
5	EGY003	B29103	1500	2000	24
6	EGY003	B29203	800	700	18
7	EGY005	B29202	3500	3000	30
8	EGY005	B29402	800	2000	24
9	EGY005	B29501	600	300	6
10	EGY007	B29502	1000	1200	10
11	EHZ002	B29102	2600	2500	12
12	EHZ002	B29502	3000	2900	18
13	EHZ004	B29205	600	1000	10
14	EHZ004	B29401	2000	3000	18
15	EHZ005	B29301	2600	4000	15
16	EJT001	B29202	3000	2000	20
17	EJT001	B29501	1200	1500	6
18	EJT001	B29601	800	1000	4
19	EJT002	B29101	1400	1000	8
20	EJT002	B29103	800	500	5
21	EJT003	B29101	1800	2000	12
22	EJT004	B29103	600	500	3
23	EJT004	B29502	1500	2000	6
24	ESY001	B29302	3000	2000	20
25	ESY001	B29601	1500	1000	8
26	ESY003	B29204	200	1000	6
27	ESY004	B29301	1000	500	6
28	ESY004	B29303	2000	800	8
29	ESY005	B29102	800	2000	4

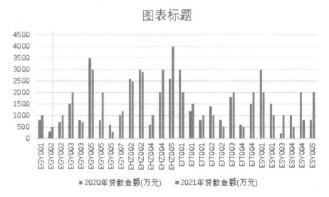

图 6-33　不同法人在 2020 年和 2021 年的贷款金额汇总情况

图 6-34　贷款金额汇总柱形图

2. 设置柱形图元素

Step 1　设置柱形图的标题及其颜色：选定"图表标题"，输入"法人两年贷款金额（万元）"，在出现的"设置图表标题格式"窗格中，选中"填充"选区中的"渐变填充"单选按钮，其他参数为默认值，如图 6-35 所示。

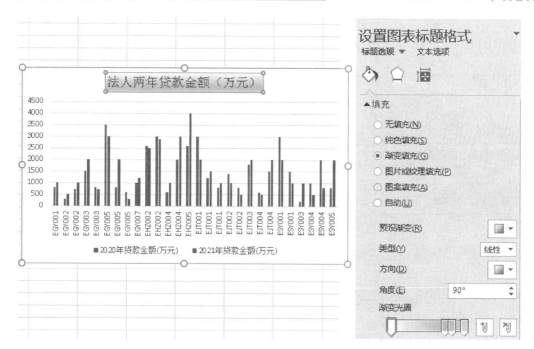

图 6-35　设置柱形图的标题及其颜色

Step 2　添加坐标轴标题：其中 y 轴标题为"贷款金额"，x 轴标题为"法人编号"，参照 Step1 设置坐标轴标题颜色为"渐变填充"，添加坐标轴标题效果如图 6-36 所示。

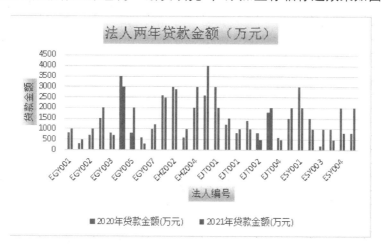

图 6-36　添加坐标轴标题效果

Step 3　修改柱形图颜色：选定图 6-36 中的柱形图，在出现的窗格中选择颜色，设置 2020 年贷款金额柱形图颜色为"绿色"，设置 2021 年贷款金额柱形图颜色为"深蓝色"，如图 6-37 所示，其最终效果如图 6-38 所示。

Step 4　添加数据标签：单击柱形图右边的加号按钮，勾选"数据标签"复选框，添加数据标签的柱形图如图 6-39 所示。

柱形图类型多样，图 6-40 展示了另外 3 种类型的柱形图。

图 6-37　柱形图颜色设置

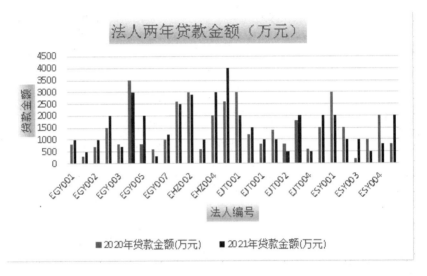

图 6-38　修改柱形图颜色最终效果

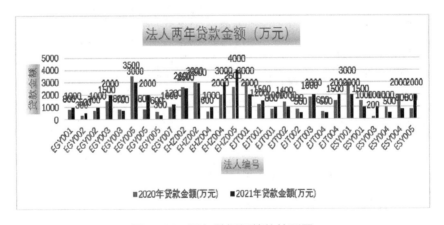

图 6-39　添加数据标签的柱形图

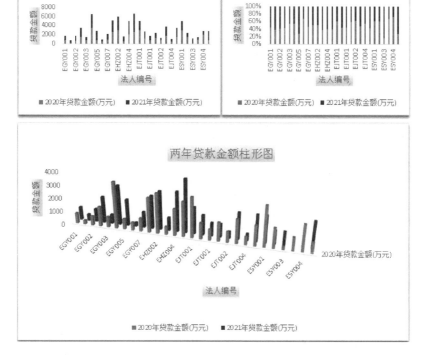

图 6-40　各种类型的柱形图

6.3.3　折线图和面积图

折线图是用于显示随时间（根据常用比例设置）变化的连续数据变化趋势的图表，非常适合显示相同时间间隔下的数据变化趋势。折线图包括普通折线图、堆积折线图、百分比堆积折线图、带数据标记的折线图、带数据标记的堆积折线图、带数据标记的百分比堆积折线图和三维折线图。面积图可用于绘制随时间发生变化的变化量，用于人们对总值趋势的关注。通过显示所绘制的值的总和，面积图还可以显示部分与整体的关系。面积图包括普通面积图、堆积面积图、百分比堆积面积图、三维面积图、三维堆积面积图和三维百分比堆积面积图。本小节以折线图描述法人贷款随时间的波动情况，以面积图显示不同法人的贷款情况。

1. 折线图

制作法人贷款随时间波动情况的折线图，和前面的作图步骤类似，具体操作步骤如下。

Step 1　打开"贷款表"，单击"数据"选项卡"排序和筛选"组工具栏中的"排序"命令按钮，在弹出的"排序"对话框中，设置按"贷款日期"对数据进行"升序"排序，如表 6-4 所示。

表 6-4 按"贷款日期"对数据进行"升序"排序的数据表（仅列出部分数据）

法人编号	银行编号	贷款日期	贷款金额（万元）	贷款期限（月）
ESY004	B29301	2020/6/15	1000	6
EHZ002	B29102	2020/7/14	2600	12
EJT001	B29202	2020/12/1	3000	20
EGY007	B29502	2021/4/15	1000	10
EGY003	B29103	2021/6/1	2000	24
EHZ004	B29401	2021/7/15	2000	18
EGY001	B29102	2021/8/1	1000	18
EHZ005	B29301	2021/9/20	2600	15
EJT002	B29101	2021/10/12	1400	8
EJT004	B29103	2021/12/4	600	3
EGY002	B29501	2021/12/12	1000	15
ESY003	B29204	2021/12/18	200	6
ESY001	B29302	2022/1/1	3000	20

Step 2 选定"贷款日期"列和"贷款金额（万元）"列，单击"插入"选项卡"图表"组工具栏中右下角的"查看所有图表"命令按钮，弹出"插入图表"对话框，选择"所有图表"选项卡中的图表类型"折线图"，在右侧上部选择一种折线图类型。

Step 3 如选择"带数据标记的折线图"，即可在当前工作表中创建随时间变化的折线图，如图 6-41 所示，由于图表只包含一个数据系列，Excel 默认的图表标题为"贷款金额（万元）"，纵坐标轴以 500 为步长，取值范围为 0～3500。

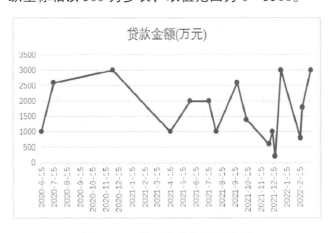

图 6-41 随时间变化的折线图

Step 4 图表元素设置。

图表标题设置：设置"贷款金额（万元）"标题为"渐变填充"，字体为"宋体"，大小为"14"。

坐标轴标题设置：添加坐标轴标题，分别设置为"贷款金额"和"贷款日期"，颜色为"渐变填充"，字体为"宋体"，大小为"10"。

折线图颜色设置：修改颜色为"绿色"。

数据表设置：在图表元素中添加"数据表"。

图例设置：添加图例"贷款金额（万元）"。

随时间变化折线图图表元素设置的效果如图 6-42 所示。

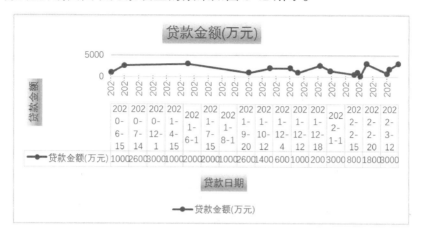

图 6-42　随时间变化折线图图表元素设置的效果

2. 面积图

制作不同法人贷款情况的面积图，具体操作步骤如下。

Step 1　打开"贷款数据管理"工作簿中的"贷款表"，选定 A 列和 D 列。

Step 2　单击"插入"选项卡"图表"组工具栏中右下角的"查看所有图表"命令按钮，弹出"插入图表"对话框，选择"所有图表"选项卡中的图表类型"面积图"，在右侧上部选择一种面积图类型。

Step 3　如选择"三维面积图"，即可在当前工作表中创建贷款金额三维面积图，如图 6-43 所示，Excel 默认的图表标题为"贷款金额（万元）"，纵坐标轴以 1000 为步长，取值范围为 0 ~ 3000。

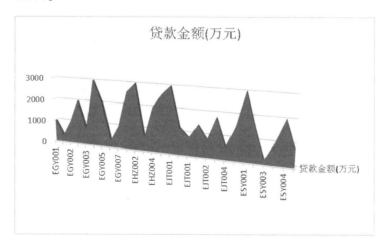

图 6-43　贷款金额三维面积图

Step 4 图表元素设置。

图表标题设置：设置"贷款金额（万元）"标题为"渐变填充"，字体为"宋体"，大小为"14"。

坐标轴标题设置：添加坐标轴标题，分别设置为"贷款金额"和"法人编号"，颜色为"渐变填充"，字体为"宋体"，大小为"10"。

面积图颜色设置：修改颜色为"深蓝色"。

贷款金额三维面积图图表元素设置的效果如图 6-44 所示。

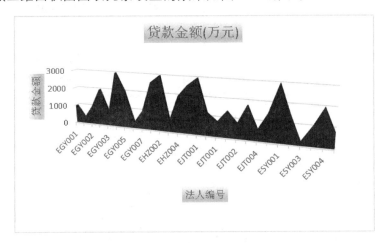

图 6-44　贷款金额三维面积图图表元素设置的效果

6.3.4　雷达图

雷达图是用来比较每个数据相对中心的数值变化，将多个数据的特点以"蜘蛛网"形式呈现的图表，多用于倾向分析与重点把握。雷达图一般用于成绩展示、效果对比量化、多维数据对比等，只要有前后两组 3 项以上数据均可制作雷达图，其效果非常直观。

制作雷达图的具体操作步骤如下。

Step 1 打开"贷款数据管理"工作簿中如表 6-2 所示的工作表，选定 A 列、B 列和 C 列。

Step 2 单击"插入"选项卡"图表"组工具栏中右下角的"查看所有图表"命令按钮，弹出"插入图表"对话框，选择"所有图表"选项卡中的图表类型"雷达图"，在右侧上部选择一种雷达图类型。

Step 3 如选择"雷达图"，即可在当前工作表中创建贷款金额和注册资金雷达图，如图 6-45 所示。

Step 4 修改图表标题为"雷达图"，颜色设置为"渐变填充"，字体为"宋体"，大小为"12"，修改图例的位置，修改图表元素后贷款金额和注册资金雷达图如图 6-46 所示。

图 6-47 所示为带数据标记的雷达图和填充雷达图。

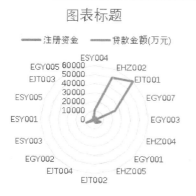

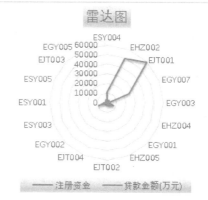

图6-45　贷款金额和注册资金雷达图　　图6-46　修改图表元素后贷款金额和注册资金雷达图

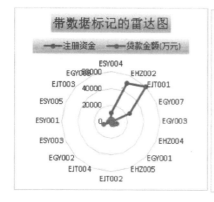

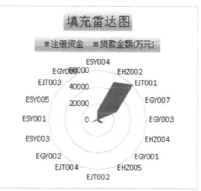

图6-47　带数据标记的雷达图和填充雷达图

6.3.5　饼图

饼图可用于显示一个数据系列中各项的大小与各项总和的比例。在工作中遇到需要计算总费用或金额的各个部分构成比例的情况，一般都通过各个部分和总和相除来计算，这时可以用饼图，直接以图形的方式显示各个组成部分所占的比例。饼图包括普通饼图、三维饼图、复合饼图、复合条饼图和圆环图。

本小节整理"贷款表"得到3年贷款综合汇总表，如表6-5所示，采用饼图对比2020年、2021年、2022年3年的贷款金额，具体操作步骤如下。

Step 1　选定"年份"列和"贷款总额"列。

Step 2　单击"插入"选项卡"图表"组工具栏中右下角的"查看所有图表"命令按钮，弹出"插入图表"对话框，选择"所有图表"选项卡中的图表类型"饼图"，在右侧上部选择一种饼图类型。

Step 3　如选择"三维饼图"，即可在当前工作表中创建贷款总额三维饼图，如图6-48所示，默认的图表标题为"年份"。

表 6-5　3 年贷款综合汇总表

法人编号	银行编号	年份	贷款日期	注册资金	贷款金额（万元）	贷款总额
ESY004	B29301		2020/6/15	11000	1000	
EHZ002	B29102	2020	2020/7/14	50000	2600	6600
EJT001	B29202		2020/12/1	60000	3000	
EGY007	B29502		2021/4/15	25000	1000	
EGY003	B29103		2021/6/1	1200	2000	
EHZ004	B29401		2021/7/15	7500	2000	
EGY001	B29102		2021/8/1	5000	1000	
EHZ005	B29301	2021	2021/9/20	3500	2600	11800
EJT002	B29101		2021/10/12	240	1400	
EJT004	B29103		2021/12/4	500	600	
EGY002	B29501		2021/12/12	1000	1000	
ESY003	B29204		2021/12/18	9000	200	
ESY001	B29302		2022/1/1	2000	3000	
ESY005	B29102	2022	2022/2/15	100	800	8600
EJT003	B29101		2022/2/20	1000	1800	
EGY005	B29202		2022/3/12	800	3000	

Step 4 修改图表标题为"饼图--年份"，颜色设置为"渐变填充"，字体为"宋体"，大小为"14"，修改三维饼图颜色为"深蓝色""蓝色""绿色"，在图表元素中添加"数据标签"，修改图表元素后贷款总额三维饼图如图 6-49 所示。

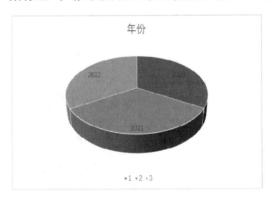

图 6-48　贷款总额三维饼图

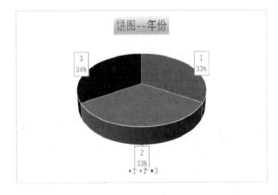

图 6-49　修改图表元素后贷款总额三维饼图

▶ 6.3.6 　迷你图

迷你图是放置在单元格内的微型图表,可直观地表示和显示数据趋势,能够简明地显示大量数据集所反映出的图案。使用迷你图可以显示一系列数值,如季节性增长或降低、经济周期或突出显示最大值和最小值,将迷你图放在它所表示的数据附近会产生最大的直观效果。迷你图包含折线

微课视频 6-3

图、柱形图及盈亏图。

本小节采用迷你图显示 3 年来各个银行的贷款总额，具体步骤如下。

Step 1 按照年份和银行名称，整理"贷款数据管理"工作簿中的数据，形成如表 6-6 所示的工作表。

表 6-6 年度贷款总额汇总

单位：万元

贷款年份	中国银行	中国农业银行	中国建设银行	中国工商银行	招商银行	交通银行
2020	2600	3000	1000	300	0	0
2021	5800	800	4600	2000	800	2300
2022	1800	3700	3000	2000	1500	5700

Step 2 选定要在迷你图中显示的数据附近的空白单元格。

Step 3 在"插入"选项卡"迷你图"组工具栏中有 3 种迷你图的命令按钮，如图 6-50 所示。下面先创建迷你折线图，单击"插入"选项卡"迷你图"组工具栏中的"折线图"命令按钮，弹出"创建迷你图"对话框。

Step 4 在"创建迷你图"对话框中，在"数据范围"文本框中指定单元格区域 A2:G2，在"位置范围"文本框中指定单元格 H2，如图 6-51 所示，单击"确定"按钮，选定 H2 单元格，再拖动填充柄向下复制到 H4 单元格，分别创建 A3:G3 和 A4:G4 每行的迷你折线图。

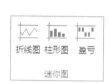

图 6-50 迷你图类型

图 6-51 迷你图设置区域选择

Step 5 同理，参照 Step3 与 Step4 创建每行的迷你柱形图和迷你盈亏图。在"设计"选项卡中可选择所需的选项。操作显示标记以突出显示迷你折线图中的各个点，包含高点、首点、低点等。迷你折线图、迷你柱形图和迷你盈亏图效果如图 6-52 所示。

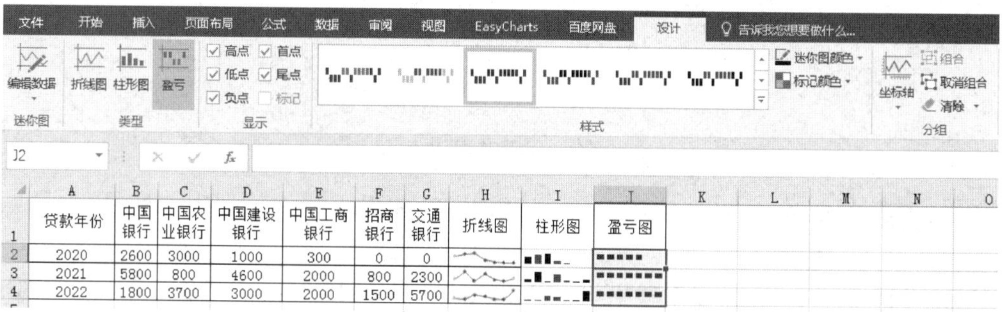

图 6-52 迷你折线图、迷你柱形图和迷你盈亏图效果

📺 6.3.7　动态图表

动态图表可以根据选项的变化显示不同数据源的图表。动态图表主要采用查找函数和数据验证、公式及窗体控件等方法。本小节整理"贷款数据管理"工作簿中的数据，形成各个银行 3 年贷款明细，如表 6-7 所示。使用查找函数建立动态图表的具体操作步骤如下。

表 6-7　各个银行 3 年贷款明细　　　　　　　　　　　　　　　单位：万元

银行名称	2020 年	2021 年	2022 年	贷款总额
中国银行	2600	5800	1800	10200
中国农业银行	3000	800	3700	7500
中国建设银行	1000	4600	3000	8600
中国工商银行	300	2000	2000	4300
招商银行	0	800	1500	2300
交通银行	0	2300	5700	8000

Step 1 下面讲解利用"数据"选项卡中的"数据验证"命令按钮设置下拉列表。打开"贷款数据管理"工作簿中如表 6-7 所示的工作表，复制表头"银行名称""2020年""2021 年""2022 年""贷款总额"到单元格区域 A10:E10，选定 A11 单元格，单击"数据"选项卡"数据工具"组工具栏中的"数据验证"命令按钮，弹出"数据验证"对话框，在"允许"下拉列表中选择"序列"选项，在"来源"文本框中指定单元格区域 A2:A7，单击"确定"按钮，数据验证设置完成，动态图表设置效果如图 6-53 所示。

银行名称	2020年	2021年	2022年	贷款总额
中国银行	2600	5800	1800	10200
中国农业银行	3000	800	3700	7500
中国建设银行	1000	4600	3000	8600
中国工商银行	300	2000	2000	4300
招商银行	0	800	1500	2300
交通银行	0	2300	5700	8000

银行名称	2020年	2021年	2022年	贷款总额
中国银行 ▾				
中国银行				
中国农业银行				
中国建设银行				
中国工商银行				
招商银行				
交通银行				

图 6-53　动态图表设置效果

Step 2 单击 A11 单元格右边的下三角按钮，在弹出的下拉列表中选择"中国银行"选项，如图 6-53 所示。

Step 3 在 B11 单元格中输入"=VLOOKUP ($A$11, $A$2: $E$7,column(),0)"，按下 Enter 键，再向右复制公式到 E11 单元格，如图 6-54 所示。

银行名称	2020年	2021年	2022年	贷款总额
中国银行	2600	5800	1800	10200

图 6-54　使用 VLOOKUP 函数并复制公式

Step 4 选定图 6-54 中的数据，单击"插入"选项卡"图表"组工具栏中右下角的"查看所有图表"命令按钮，弹出"插入图表"对话框，选择"所有图表"选项卡中的图表类型"柱形图"，在右侧上部选择要插入的柱形图类型，单击"确定"按钮，生成中国银行 3 年贷款汇总数据的柱形图，添加图表元素"数据标签"，如图 6-55 所示。在如图 6-55 所示的图表上单击鼠标右键，在弹出的快捷菜单中选择"选择数据"命令，弹出如图 6-56 所示的对话框，单击"隐藏的单元格和空单元格"按钮，在弹出的对话框中勾选"显示隐藏行列中的数据"复选框，如图 6-57 所示。

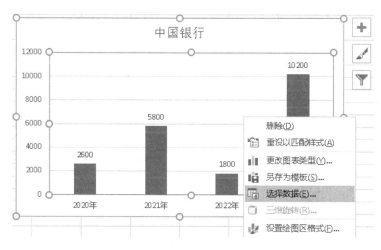

图 6-55　添加数据标签的柱形图

图 6-56　单击"隐藏的单元格和空单元格"按钮

Step 5 剪切图 6-53 中 A10 和 A11 两个单元格，并复制到图 6-53 中数据表的右边，选定剩下的所有数据，单击鼠标右键，在弹出的快捷菜单中选择"隐藏"命令，如图 6-58 所示。

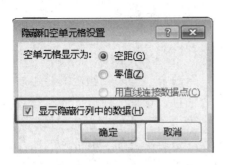

图 6-57　勾选"显示隐藏行列中的数据"复选框

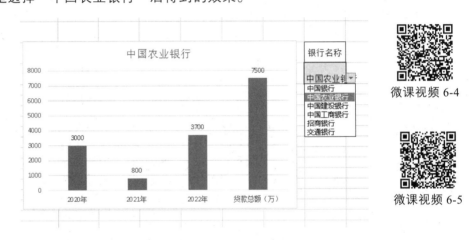

图 6-58　隐藏数据表格

Step 6 隐藏后的界面如图 6-59 所示，选择不同的银行名称，就会得到不同的柱形图，图中是选择"中国农业银行"后得到的效果。

微课视频 6-4

微课视频 6-5

图 6-59　动态图表

本章小结

本章围绕图表的基本元素，介绍了不同方式下图表的创建过程，并重点描述了图表格式、样式的编辑。以嵌入式图表制作为核心，介绍了多种特殊图表的制作过程及格式编辑和个性化样式设置。

实践 1：学生课程数据的可视化

1. 参考"学生课程数据管理"工作簿中的"学生表"，制作高考成绩折线图
要求如下。

（1）选定"学号"列和"高考成绩"列，制作折线图，折线颜色为"红色"。

（2）设置图表标题为"高考成绩折线图"，字体为"黑体"，大小为"14"，颜色为"渐变填充"。

（3）设置横坐标轴标题为"学生学号"，字体为"黑体"，大小为"10"，颜色为"渐变填充"；设置纵坐标轴标题为"高考成绩"，字体为"黑体"，大小为"10"，颜色为"渐变填充"。

（4）添加图表元素"数据标签"和"数据表"。

操作步骤：

Step 1　按住 Ctrl 键，分别单击"学号"列和"高考成绩"列。

Step 2　单击"插入"选项卡"图表"组工具栏中右下角的"查看所有图表"命令按钮，弹出"插入图表"对话框，选择"所有图表"选项卡中的图表类型"折线图"，选择默认的折线图类型，单击"确定"按钮。

Step 3　在生成的图表上单击标题，输入"高考成绩折线图"，在"开始"选项卡中设置字体为"黑体"，大小为"14"，双击"高考成绩折线图"标题，在出现的"设置图表标题格式"窗格中，选中"填充"选区中的"渐变填充"单选按钮，其他选项默认。

Step 4　单击图表，单击右边出现的加号按钮，单击"坐标轴"复选框右边出现的向右箭头，勾选"主要横坐标轴"和"主要纵坐标轴"复选框。

Step 5　添加横坐标轴标题为"学生学号"，添加纵坐标轴标题为"高考成绩"，参照 Step 3 设置坐标轴样式。

Step 6　参照 Step4，添加图表元素"数据标签"和"数据表"。单击图表，选定折线，在出现的"设置数据系列格式"窗格中，选择"线条"，设置"颜色"为"红色"。

2. 参考"学生课程数据管理"工作簿中的"学生表"，制作高考平均成绩柱形图

要求如下。

（1）按学院统计高考平均成绩。

（2）制作不同学院高考平均成绩柱形图。

（3）设置图表标题为"高考平均成绩"，字体为"黑体"，大小为"14"，颜色为"渐变填充"。

（4）设置横坐标轴标题为"学院名称"，字体为"黑体"，大小为"10"，颜色为"渐变填充"；设置纵坐标轴标题为"高考平均成绩"，字体为"黑体"，大小为"10"，颜色为"渐变填充"。

（5）添加图表元素"数据标签"和"数据表"。

操作步骤：

Step 1　选定数据区域 A1:I21，单击"数据"选项卡"排序和筛选"组工具栏中的"排序"命令按钮，弹出"排序"对话框，在"主要关键字"下拉列表中选择"学院"选项，在"次序"下拉列表中选择"升序"选项，单击"确定"按钮。选定数据区域 A1:I21，单击"数据"选项卡"分级显示"组工具栏中的"分类汇总"命令按钮，弹出"分类汇总"对话框，"分类字段"选择"学院"，"汇总方式"选择"平均值"，"选定汇总项"选择"高考成绩",单击"确定"按钮,获得各个学院高考平均成绩。

Step 2 复制各个学院名称和高考平均成绩形成两列的表格,第 1 列为"学院名称",第 2 列为"高考平均成绩"。选定该数据源,单击"插入"选项卡"图表"组工具栏中右下角的"查看所有图表"命令按钮,弹出"插入图表"对话框,选择"所有图表"选项卡中的图表类型"柱形图",选择默认的柱形图类型,单击"确定"按钮。

Step 3 在生成的图表上单击标题,输入"高考平均成绩",在"开始"选项卡中设置字体为"黑体",大小为"14",双击"高考平均成绩"标题,在出现的"设置图表标题格式"窗格中,选中"填充"选区中的"渐变填充"单选按钮,其他选项默认。

Step 4 单击图表,单击右边出现的加号按钮,单击"坐标轴"复选框右边出现的向右箭头,勾选"主要横坐标轴"和"主要纵坐标轴"复选框。

Step 5 添加横坐标轴标题为"学院名称",添加纵坐标轴标题为"高考平均成绩",设置坐标轴样式。

Step 6 添加图表元素"数据标签"和"数据表"。

实践 2:高校大学生图书借阅数据的可视化

以"高校大学生图书借阅数据管理"工作簿为数据源,要求如下。

(1)创建不同性别的学生借阅图书数量柱形图。

(2)创建不同专业的学生借阅图书数量柱形图。

(3)创建不同学院的学生借阅图书数量饼图。

(4)创建不同学院的学生借阅图书数量组合图。

习题

一、选择题

1. 工作表中数据的图形化表示方法为( )。

A. 图形   B. 表格

C. 图表   D. 表单

2. 在 Excel 中,为了更直观地表示数据,可以创建嵌入式图表或工作表图表,当工作表中的数据源发生变化时,下面叙述正确的是( )。

A. 嵌入式图表不做相应的变动

B. 工作表图表不做相应的变动

C. 嵌入式图表做相应的变动,工作表图表不做相应的变动

D. 嵌入式图表和工作表图表都做相应的变动

3. 在 Excel 中，下面关于图表的说法错误的是（　　　）。

A. 数据图表就是将单元格中的数据以各种统计图表的形式表示出来

B. 图表的一种形式是嵌入式图表，它和创建图表的数据源放置在同一个工作表中

C. 图表的另一种形式是工作表图表，它是一个独立的工作表

D. 当工作表中的数据发生变化时，图表中的对应项不会发生变化

4. 关于 Excel 图表，下面说法正确的是（　　　）。

A. 在 Excel 中可以手动绘制图表

B. 嵌入式图表是将图表与数据同时置于一个工作表内

C. 工作簿中只包含图表的工作表称为图表工作表

D. 图表生成之后，可以对图表类型、图表元素等进行编辑

5. 在 Excel 图表中，没有的图表类型是（　　　）。

A. 柱形图　　　　　　B. 条形图　　　　　C. 圆锥形图　　　D. 饼图

6. 图表是工作表中数据的一种视觉表示形式，图表是动态的，改变图表（　　　）后，系统就会自动更新图表。

A. x 轴数据　　　　B. y 轴数据　　　　C. 标题　　　　　D. 所依赖的数据

7. 用 Excel 可以创建各类图表，如条形图、柱形图等，为了显示数据系列中每一项占该系列数据总和的比例关系，应该选择的图表是（　　　）。

A. 条形图　　　　　　B. 柱形图　　　　　C. 饼图　　　　　D. 折线图

8. 在 Excel 中，可以创建嵌入式图表，它和创建图表的数据源放置在（　　　）工作表中。

A. 不同的　　　　　　　　　　　　B. 相邻的

C. 同一个　　　　　　　　　　　　D. 另一个工作簿

9. 在 Excel 中，图表标题的设置在（　　　）步骤时输入。

A. 图表类型　　　　　　　　　　　B. 图表数据源

C. 图表选项　　　　　　　　　　　D. 图表位置

10. 在工作表中创建图表时，若选定的区域有文字，则文字一般作为（　　　）。

A. 图表中图的数据　　　　　　　　B. 图表中行或列的坐标

C. 说明图表中数据的含义　　　　　D. 图表的标题

二、填空题

1. Excel 中的图表类型有_____、_____、_____、_____。

2. Excel 的主要功能有表格处理、数据库管理和_____。

3. 图表无论采用何种方式，都会链接到工作表中的_____。

4. 当更新工作表中的数据时，同时也会更新_____。

5. 图表制作完成后，其图表类型_____随意更改。

6. 在柱形图转饼图的操作中，选定柱形图，单击鼠标右键后选择_____可更改。

7. 当选定图表后，在选项卡选项中会出现_____。

三、简答题

1. 在 Excel 中，图表与工作表有什么关系？Excel 提供了哪些图表类型？

2. Excel 中的图表有哪些组成部分？

3. 分别简述 Excel 中饼图、迷你图的创建过程。

4. 简述 Excel 中柱形图转换成折线图的操作过程。

5. 简述当修改数据源之后图表发生的变化及在图表中添加数据列的操作过程。

第7章
Excel 在人力资源
管理中的应用

【学习目标】

✓ 学会人力资源中基本类型数据、自定义序列的输入方法。

✓ 学会使用公式和函数进行人力资源数据的计算。

✓ 学会使用数据筛选进行人力资源数据的查找。

✓ 学会使用数据透视表、分类汇总等方式进行人力资源数据的统计与分析。

【学习重点】

✓ 掌握人力资源中基本类型数据、自定义序列的输入方法。

✓ 掌握公式和函数的语法规则和使用方法及在人力资源数据计算中的应用。

✓ 掌握人力资源数据筛选的操作方法。

✓ 掌握数据透视表、分类汇总在人力资源数据统计与分析中的操作方法。

【思维导学】

✓ 关键字：人力资源数据处理、数字化管理。

✓ 内涵要义：在数字经济背景下，实现企业人力资源管理的数字化转型，以减轻企业负担，提高企业人力资源管理效率。在对人力资源数据进行管理与分析时要严谨求真、精益求精。

✓ 思政点播：介绍员工薪酬表中的养老保险、医疗保险和失业保险，使学生体会到我国覆盖全民、城乡统筹、权责清晰、保障适度、可持续的多层次社会保障体系，引导学生树立制度自信，增加民族自豪感。介绍员工考勤表的数据计算和统计，引导学生理解幸福都需要靠辛勤的劳动来创造。介绍人力资源数据的计算、统计与分析，使学生掌握人力资源的数字化管理方法。

✓ 思政目标：培养学生树立正确的价值观，激发学生的爱国主义精神和工匠精神。

　　随着大数据技术在我国的飞速发展与广泛应用，各行各业的生产运营方式都在发生巨大的变化，数据处理越来越受到重视。人力资源管理人员可以使用 Excel 进行数据统计与报表制作，如员工数据的查询与统计、薪酬数据的计算与调整、考勤数据的输入与汇总。此外，还可以使用图表进行人力资源数据的可视化呈现，例如，使用饼图表示部门人员结构的构成情况、使用折线图表示月度绩效的变化情况等。

7.1　员工基本数据管理

　　员工基本数据管理是人力资源管理部门的重要工作之一，是人力资源管理的基础工作。员工基本数据管理不仅要记录员工的基本信息，还要对员工信息进行各种统计，以便实时、准确、快速地为企业人力资源管理提供决策依据。

 7.1.1　员工基本数据的输入与计算

　　员工基本信息表中保存着员工的基本信息，主要包括工号、姓名、性别、部门、职务等。

　　例 7-1　创建"员工基本信息表"，并输入各员工的基本数据。

1. 设计数据项字段

　　创建一个新的工作簿，保存并命名为"人力资源管理"。选定工作簿中的"Sheet1"，并命名为"员工基本信息表"，在工作表中的第 1 行中输入字段内容（数据项字段），也称表头。表头包括工号、姓名、性别、出生日期、年龄、学历、婚姻状况、籍贯、部门、职务、入职日期、工龄、联系电话。从工作表中的第 2 行开始依次输入员工的具体信息。

2. 工号的输入

　　工号是员工基本信息中的必需数据，每个员工的工号是唯一且不能重复的。可以使用 Excel 提供的数据验证功能来控制工号的输入，以避免输入重复的工号，具体操作步骤如下。

　　Step 1　选定第 1 列，单击"开始"选项卡"数字"组工具栏中右下角的按钮，弹出"设置单元格格式"对话框，选择"数字"选项卡，在"分类"列表框中选择"文本"选项，单击"确定"按钮，这样就将所选单元格的格式设置为"文本"格式。可以使用相同方法，将联系电话也设置为"文本"格式。

　　Step 2　选定第 1 列，单击"数据"选项卡"数据工具"组工具栏中的"数据验证"命令按钮，弹出"数据验证"对话框，选择"设置"选项卡，在"允许"下拉列表中选择"自定义"选项，在"数据"下拉列表中选择"介于"选项，并在"公式"文本框中输入公式"=COUNTIF($A:$A, $A1)=1"，如图 7-1 所示。

图 7-1 设置有效性条件

Step 3 切换到"出错警告"选项卡，在"错误信息"文本框中输入"工号不可重复，请核对后重新输入"，如图 7-2 所示。设置好验证条件和出错警告后，单击"确定"按钮。

图 7-2 设置验证条件和出错警告

Step 4 设置好第 1 列的数据验证后，如果输入了重复的工号，会自动弹出警告对话框，提示错误信息，如图 7-3 所示。

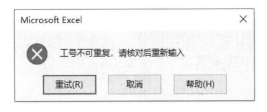

图 7-3 警告对话框

3．学历、部门、职务、婚姻状况等固定数据项的输入

使用数据验证功能定义单元格序列，这样可以直接从下拉列表中选择所需的数据，而不用手动输入数据，从而有效提高数据输入的效率和准确性。对于一些固定数据项目可以进行数据验证的设置，如学历、部门、职务、婚姻状况等，具体操作步骤如下。

Step 1　选定单元格区域 F2:F31，单击"数据"选项卡"数据工具"组工具栏中的"数据验证"命令按钮，弹出"数据验证"对话框。

Step 2　在弹出的"数据验证"对话框中，选择"设置"选项卡，在"允许"下拉列表中选择"序列"选项，在"数据"下拉列表中选择"介于"选项，在"来源"文本框中输入"大专,本科,硕士研究生,博士研究生"，并勾选"忽略空值"和"提供下拉箭头"复选框，如图 7-4 所示。

图 7-4　数据验证相关设置

Step 3　单击"确定"按钮，此时单击 F2 单元格，在单元格的右边会出现一个下拉列表按钮▾，单击该下拉列表按钮，在弹出的下拉列表中即可选择员工的学历，如图 7-5 所示。重复这种操作，可以完成其他员工学历的输入。

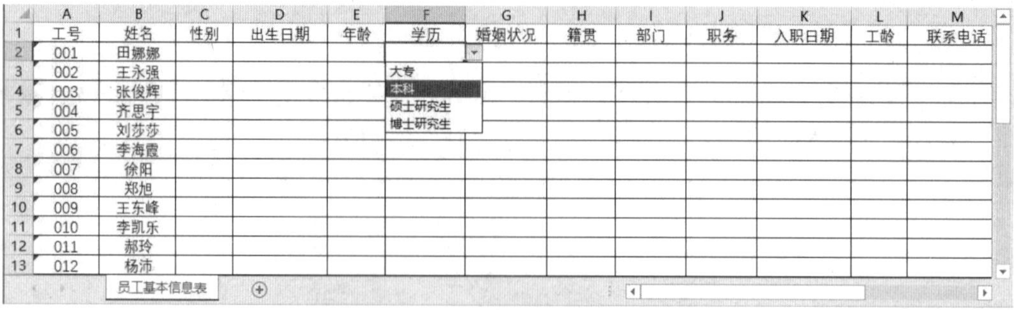

	A	B	C	D	E	F	G	H	I	J	K	L	M
1	工号	姓名	性别	出生日期	年龄	学历	婚姻状况	籍贯	部门	职务	入职日期	工龄	联系电话
2	001	田娜娜											
3	002	王永强				大专							
4	003	张俊辉				本科							
5	004	齐思宇				硕士研究生							
6	005	刘莎莎				博士研究生							
7	006	李海霞											
8	007	徐阳											
9	008	郑旭											
10	009	王东峰											
11	010	李凯乐											
12	011	郝玲											
13	012	杨沛											

员工基本信息表　⊕

图 7-5　员工学历的选择

Step 4　可以使用相同的方法进行数据验证的设置，输入"部门""职务""婚姻状

况"等列信息。

4. 计算员工的年龄

员工的年龄可以根据出生日期和当前日期来进行自动计算，需要使用 DATEDIF 函数来计算年龄，具体操作步骤如下。

Step 1 在 E2 单元格中输入公式"=DATEDIF(D2,TODAY(),"Y")"，按下 Enter 键，即可计算出第 1 个员工的年龄。

Step 2 将鼠标指针移至 E2 单元格的右下角，待鼠标指针变为填充柄后，按住鼠标左键，拖动填充柄到 E31 单元格，即可计算出其他员工的年龄。

说明：

① DATEDIF 函数是一个隐藏函数，在"插入函数"对话框中找不到此函数。其功能是返回两个日期之间相隔的时间。其语法为：DATEDIF (开始日期,结束日期,计算类型)。

② TODAY 函数可用来返回当前系统的日期，该函数没有参数。

以 E2 单元格中的公式为例，开始日期为 D2 单元格，即出生日期；而结束日期为当前系统的日期 TODAY()；若计算类型为"Y"，表示要计算两个日期之间相隔的年数，若计算类型为"M"，表示要计算两个日期之间相隔的月份数，若计算类型为"D"，表示要计算两个日期之间相隔的天数。

5. 计算员工的工龄

员工在本公司的工龄可以根据入职日期进行自动计算。假设规定入职满半年即视为工龄为 1 年，入职不满半年则不计算工龄，那么可以使用 ROUND 函数来计算工龄，具体操作步骤如下。

Step 1 在 L2 单元格中输入公式"=ROUND(YEARFRAC(K2,TODAY(),1),0)"，按下 Enter 键，即可计算出第 1 个员工的工龄。

Step 2 将鼠标指针移至 L2 单元格的右下角，待鼠标指针变为填充柄后，按住鼠标左键，拖动填充柄到 L31 单元格，即可计算出其他员工的工龄。

说明：

① ROUND 函数返回一个数值，该数值是按照指定的位数进行四舍五入运算的结果。其语法为：ROUND(number,num_digits)。其中，number 表示要进行四舍五入的数值，num_digits 表示执行四舍五入时采用的位数。

② YEARFRAC 函数返回 start_date 和 end_date 之间的天数占全年天数的百分比。其语法为：YEARFRAC(start_date,end_date,[basis])。其中，start_date 表示开始日期，end_date 表示终止日期，basis 表示要使用的日计数基准类型。

6. 屏蔽联系电话中的重要信息

对于员工的个人重要信息，如联系电话等个人隐私信息，往往需要进行屏蔽。假设已在 M 列中输入了员工的联系电话，下面对每个员工的联系电话进行屏蔽，具体操作步骤如下。

Step 1 在 N1 单元格中输入 "联系电话"，然后在 N2 单元格中输入公式 "=REPLACE (M2,4,4,"****")"，按下 Enter 键，则 M2 单元格中的联系电话从第 4 位开始替换，且替换的字符长度为 4 位，替换后的新值为 "****"。

Step 2 将鼠标指针移至 N2 单元格的右下角，待鼠标指针变为填充柄后，按住鼠标左键，拖动填充柄到 N31 单元格，则其他员工的联系电话的中间 4 位也用星号进行了屏蔽。

Step 3 选定 N 列后单击鼠标右键，在弹出的快捷菜单中选择 "复制" 命令，再选定 O1 单元格，单击鼠标右键，在弹出的快捷菜单中选择 "粘贴选项" 子菜单中的 "值" 命令。

Step 4 删除 M 列和 N 列，仅保留设置屏蔽后的联系电话。

微课视频 7-1

输入员工各字段的具体数据后的 "员工基本信息表" 如图 7-6 所示。

工号	姓名	性别	出生日期	年龄	学历	婚姻状况	籍贯	部门	职务	入职日期	工龄	联系电话
001	田娜娜	女	1972/2/6	50	本科	已婚	陕西	销售部	部长	1995/7/1	27	135****5678
002	王永强	男	1976/10/16	45	大专	已婚	河南	销售部	业务员	1999/7/10	23	137****7286
003	张俊辉	男	1979/3/10	43	本科	已婚	山东	财务部	业务员	2001/6/25	21	132****5316
004	齐思宇	男	1987/5/1	35	硕士研究生	已婚	四川	行政部	部长	2012/7/1	10	130****5607
005	刘莎莎	女	1986/4/16	36	大专	已婚	山西	销售部	业务员	2007/6/30	15	132****0673
006	李海霞	男	1975/11/10	46	本科	已婚	甘肃	生产部	部长	1998/6/20	24	137****1236
007	徐阳	女	1984/1/5	38	本科	已婚	陕西	财务部	出纳	2006/7/10	16	138****5678
008	郑旭	女	1986/2/26	36	硕士研究生	已婚	河南	技术部	业务员	2011/6/30	11	152****5405
009	王东峰	男	1982/4/5	40	博士研究生	已婚	山西	技术部	部长	2012/5/20	10	136****6883
010	李凯乐	男	1981/11/6	40	本科	已婚	陕西	财务部	会计	2004/7/5	18	130****5905
011	郝玲	女	1989/1/1	33	硕士研究生	未婚	四川	技术部	业务员	2015/6/20	7	135****3201
012	杨沛	男	1985/5/2	37	本科	已婚	河北	生产部	业务员	2008/7/5	14	131****4564
013	杜鑫	女	1985/3/12	37	博士研究生	已婚	湖南	生产部	业务员	2015/7/1	7	132****5605
014	张国强	男	1987/2/11	35	本科	已婚	陕西	财务部	会计	2009/7/10	13	135****6280
015	崔文华	女	1992/3/10	30	硕士研究生	未婚	湖南	技术部	业务员	2017/6/1	5	182****6892
016	孙梦园	女	1983/3/6	39	本科	已婚	河南	生产部	业务员	2005/7/1	17	136****6602
017	段博文	男	1990/4/5	32	博士研究生	未婚	河北	技术部	业务员	2019/5/2	3	133****6789
018	何晔	女	1987/1/28	35	本科	已婚	陕西	财务部	会计	2009/6/30	13	137****0661
019	孙亚军	男	1993/4/15	29	硕士研究生	已婚	四川	财务部	会计	2018/6/1	4	136****5265
020	杨璐	女	1989/12/6	32	本科	已婚	甘肃	财务部	会计	2011/7/5	11	139****3661
021	何姗姗	女	1988/11/17	33	本科	已婚	河南	生产部	业务员	2011/7/10	11	139****6991
022	唐奕凡	男	1991/5/1	31	本科	未婚	陕西	销售部	业务员	2013/6/20	9	132****7656
023	黄雅丽	女	1993/10/27	28	本科	未婚	河南	行政部	业务员	2016/7/20	6	130****4736
024	李艺珍	女	1994/10/7	27	硕士研究生	未婚	甘肃	生产部	业务员	2020/6/2	2	180****5635
025	宋雯艺	女	1993/3/18	29	本科	已婚	河北	技术部	业务员	2016/7/1	6	138****5689
026	赵辉	男	1995/12/16	26	本科	未婚	四川	销售部	业务员	2017/7/5	5	130****5545
027	王军	男	1991/2/26	31	硕士研究生	已婚	湖南	生产部	业务员	2016/6/15	6	133****6379
028	张利君	男	1998/10/7	23	本科	未婚	山东	销售部	业务员	2020/7/3	2	135****5367
029	刘静雯	女	1996/4/7	26	硕士研究生	未婚	河南	行政部	业务员	2021/6/10	1	135****5653
030	胡晨旭	男	1996/11/10	25	本科	未婚	河北	行政部	业务员	2019/7/15	3	131****5678

员工基本信息表

图 7-6 输入员工各字段的具体数据后的 "员工基本信息表"

7.1.2 员工基本数据的筛选

在人力资源管理中，如果只显示符合指定条件的记录，而暂时隐藏不符合指定条件的记录，则可以使用数据筛选功能。Excel 提供了自动筛选和高级筛选两种筛选方法。前者可以满足日常需要的绝大多数筛选需求，后者可以根据用户指定的较为特殊或复杂的筛选条件筛选出数据。

1．自动筛选

单击"数据"选项卡"排序和筛选"组工具栏中的"筛选"命令按钮，这时工作表中每个字段的右侧都出现一个下三角按钮。单击任意一个下三角按钮，将会出现筛选条件的下拉列表。例如，单击"性别"字段右侧的下三角按钮，则出现筛选条件的下拉列表，勾选"女"复选框，单击"确定"按钮，则工作表中只显示女员工的信息。也可以对工作表中的任意多个字段同时设置筛选条件，这时只显示同时满足各筛选条件的记录。

例7-2 在"员工基本信息表"中，筛选出部门为"销售部"、学历为"本科"的员工记录。

Step 1 单击"数据"选项卡"排序和筛选"组工具栏中的"筛选"命令按钮，工作表进入筛选状态。

Step 2 单击"部门"字段右侧的下三角按钮，在下拉列表中取消勾选"全选"复选框，此时就取消勾选了所有部门的复选框，再勾选"销售部"复选框，单击"确定"按钮，此时员工基本信息就可以按"销售部"进行筛选。

Step 3 使用相同的方法，单击"学历"字段右侧的下三角按钮，在下拉列表中勾选"本科"复选框，其员工基本信息按"本科"筛选即完成。筛选结果仅显示部门为"销售部"、学历为"本科"的员工记录，可以看到有4条记录满足筛选条件，如图7-7所示。

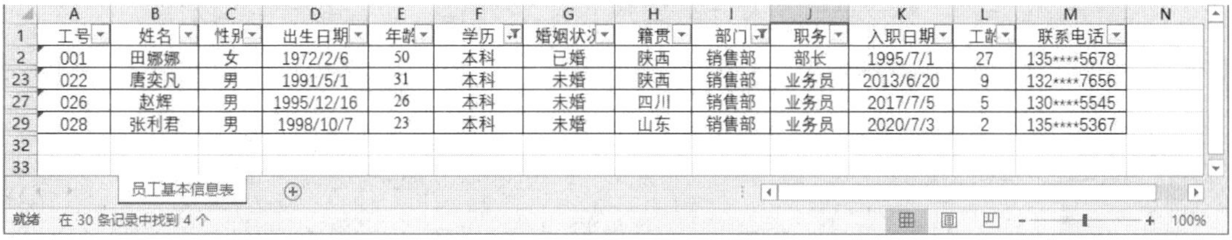

	A	B	C	D	E	F	G	H	I	J	K	L	M	N
1	工号	姓名	性别	出生日期	年龄	学历	婚姻状况	籍贯	部门	职务	入职日期	工龄	联系电话	
2	001	田娜娜	女	1972/2/6	50	本科	已婚	陕西	销售部	部长	1995/7/1	27	135****5678	
23	022	唐奕凡	男	1991/5/1	31	本科	未婚	陕西	销售部	业务员	2013/6/20	9	132****7656	
27	026	赵辉	男	1995/12/16	26	本科	未婚	四川	销售部	业务员	2017/7/5	5	130****5545	
29	028	张利君	男	1998/10/7	23	本科	未婚	山东	销售部	业务员	2020/7/3	2	135****5367	
32														
33														

员工基本信息表

就绪　在30条记录中找到4个　　　　　　　　　100%

图7-7 按"销售部""本科"数据筛选的结果

在工作表中的数字字段上使用"数字筛选"子菜单中的"前10项"命令，可以显示前 N 个最大值或最小值。

例7-3 在"员工基本信息表"中筛选出工龄最长的前5个员工。

Step 1 单击"数据"选项卡"排序和筛选"组工具栏中的"筛选"命令按钮，工作表进入筛选状态。

Step 2 单击"工龄"字段右侧的下三角按钮，在下拉列表中选择"数字筛选"子菜单中的"前10项"命令，弹出"自动筛选前10个"对话框。

Step 3 因为要筛选出工龄最长的前5个员工，所以在左侧下拉列表中选择"最大"选项，在中间数值框中输入"5"，也可以单击数字调节按钮设置为"5"，右侧选项不变，筛选条件设置如图7-8所示。

Step 4 单击"确定"按钮，筛选结果如图7-9所示，可以看到所有员工中工龄最长的前5个员工的记录。

图7-8 筛选条件设置

图 7-9　工龄最长的前 5 个员工的记录

2. 高级筛选

高级筛选用于比较复杂的数据筛选，如多字段多条件筛选。例如，从"员工基本信息表"中筛选出满足退休条件的员工，其条件是性别为"女"且年龄达到 55 岁，或性别为"男"且年龄达到 60 岁。

使用高级筛选功能时，需要先建立筛选的条件区域，该条件区域的字段必须是现有工作表中已有的字段，其格式是第 1 行为字段名，以下各行为相应的条件值。同一行中的多个条件之间是"与"的关系，不同行中的多个条件之间是"或"的关系。

例 7-4　在"员工基本信息表"中，筛选出学历为"本科"且工龄不少于 15 年，或学历为"硕士研究生"且工龄不少于 10 年的员工。

Step 1 建立筛选的条件区域，要确保条件区域与数据表之间至少保持一个空行，定义的筛选条件如图 7-10 所示。定义完筛选条件后，即可进行高级筛选操作。

	A	B	C	D	E	F	G	H	I	J	K	L	M	N
27	026	赵辉	男	1995/12/16	26	本科	未婚	四川	销售部	业务员	2017/7/5	5	130****5545	
28	027	王军	男	1991/2/26	31	硕士研究生	已婚	湖南	生产部	业务员	2016/6/15	6	133****6379	
29	028	张利君	男	1998/10/7	23	本科	未婚	山东	销售部	业务员	2020/7/3	2	135****5367	
30	029	刘静雯	女	1996/4/7	26	硕士研究生	未婚	河南	行政部	业务员	2021/6/10	1	135****5653	
31	030	胡晨阳	男	1996/11/10	25	本科	未婚	河北	行政部	业务员	2019/7/15	3	131****5678	
32														
33						学历	工龄							
34						本科	>=15							
35						硕士研究生	>=10							
36														
37														
38														
39														

图 7-10　定义的筛选条件

Step 2 单击"数据"选项卡"排序和筛选"组工具栏中的"高级"命令按钮，弹出"高级筛选"对话框，在"列表区域"文本框中指定筛选数据所在的单元格区域，然后在"条件区域"文本框中指定筛选条件所在的单元格区域，再根据需要在"方式"选区中选中"在原有区域显示筛选结果"或"将筛选结果复制到其他位置"单选按钮。如果选中"将筛选结果复制到其他位置"单选按钮，则还需要在"复制到"文本框中指定复制到其他位置的单元格地址。本例中选中"在原有区域显示筛选结果"单选按钮，高级筛选设置如图 7-11 所示。

图 7-11　高级筛选设置

Step 3 高级筛选的"方式""列表区域""条件区域"设置完成后，单击"确定"按钮，高级筛选结果如图 7-12 所示，可以看到有 8 条记录满足筛选条件。

	A	B	C	D	E	F	G	H	I	J	K	L	M	N
1	工号	姓名	性别	出生日期	年龄	学历	婚姻状况	籍贯	部门	职务	入职日期	工龄	联系电话	
2	001	田娜娜	女	1972/2/6	50	本科	已婚	陕西	销售部	部长	1995/7/1	27	135****5678	
4	003	张俊辉	男	1979/3/10	43	本科	已婚	山东	财务部	部长	2001/6/25	21	132****5316	
5	004	齐思宇	男	1987/5/1	35	硕士研究生	已婚	四川	行政部	部长	2012/7/1	10	130****5607	
7	006	李海霞	男	1975/11/10	46	本科	已婚	甘肃	生产部	部长	1998/6/20	24	137****1236	
8	007	徐阳	女	1984/1/5	38	本科	已婚	陕西	财务部	出纳	2006/7/10	16	138****5678	
9	008	郑旭	女	1986/2/26	36	硕士研究生	已婚	河南	生产部	业务员	2011/6/30	11	152****5405	
11	010	李凯乐	男	1981/11/6	40	本科	已婚	陕西	财务部	会计	2004/7/5	18	130****5905	
17	016	孙梦园	女	1983/3/6	39	本科	已婚	河南	生产部	业务员	2005/7/1	17	136****6602	

员工基本信息表

就绪　在 30 条记录中找到 8 个

图 7-12　高级筛选结果

7.1.3　部门员工基本数据的统计

在员工基本数据管理过程中，还可以利用数据透视表功能，在员工基本数据中提取所需要的数据，同时制作符合分析需要的数据透视表和数据透视图，以便对员工信息进行多维度动态分析。

例 7-5　在"员工基本信息表"中统计各部门员工的性别构成。

Step 1 单击"插入"选项卡"表格"组工具栏中的"数据透视表"命令按钮，弹出"创建数据透视表"对话框，然后选中"选择一个表或区域"单选按钮，将"表/区域"设置为"员工基本信息表!$A$1:$M$31"，在"选择放置数据透视表的位置"选区中选中"新工作表"单选按钮，如图 7-13 所示，单击"确定"按钮。

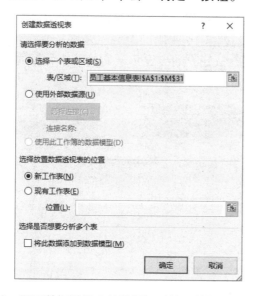

图 7-13　设置数据透视表的数据源及放置数据透视表的位置

Step 2 在"数据透视表字段"窗格中，从"选择要添加到报表的字段"列表框中选择需要的字段并拖放到相应的报表区域中，报表筛选器设置为"学历"字段，行标签

设置为"部门"字段，列标签设置为"性别"字段，值设置为"工号"字段，并对"工号"字段进行计数，数据透视表字段相关设置如图 7-14 所示。

Step 3 设置完成后，自动得出各部门员工的性别构成情况，其数据透视表如图 7-15 所示。

图 7-14　数据透视表字段相关设置　　图 7-15　统计各部门员工性别构成情况的数据透视表

Step 4 单击数据透视表中筛选条件"学历"右侧的下三角按钮，在打开的下拉列表中选择"本科"选项，如图 7-16 所示。

Step 5 单击"确定"按钮，则会显示学历为"本科"的员工在各部门的男女人数构成情况，其数据透视表如图 7-17 所示。

图 7-16　筛选条件"学历"—"本科"的设置　　图 7-17　学历为"本科"的数据透视表

例 7-6　在"员工基本信息表"中统计各部门员工的年龄构成。

Step 1　打开"创建数据透视表"对话框，然后选中"选择一个表或区域"单选按钮，将"表/区域"设置为"员工基本信息表!\$A\$1:\$M\$31"，在"选择放置数据透视表的位置"选区中选中"新工作表"单选按钮，单击"确定"按钮。

Step 2　在"数据透视表字段"窗格中，从"选择要添加到报表的字段"列表框中选择需要的字段并拖放到相应的报表区域中，报表筛选器设置为"学历"字段，行标签设置为"部门"字段，列标签设置为"年龄"字段，值设置为"工号"字段，并对"工号"字段进行计数，由此得出各部门员工的年龄构成情况，其数据透视表如图 7-18 所示。

学历　(全部)

计数项:工号　列标签

行标签	23	25	26	27	28	29	30	31	32	33	35	36	37	38	39	40	43	45	46	50	总计
财务部									1	2			1		1		1				6
技术部						1	1	1	1			1		1							6
生产部			1	1				1			1	1	1			1			1		8
销售部	1					1					1					1		1		1	6
行政部		1	1		1						1										4
总计	1	1	2	1	1	2	1	2	2	2	3	2	2	1	1	2	1	1	1	1	30

图 7-18　各部门员工年龄构成情况的数据透视表

Step 3　对列标签的年龄段进一步划分区间。在任意列标签单元格上单击鼠标右键，在弹出的快捷菜单中选择"创建组"命令，在弹出的"组合"对话框中设置年龄段的起始、终止时间和步长，本例中"起始于"设置为"21"，"终止于"设置为"50"，"步长"设置为"5"，其相关设置如图 7-19 所示。

图 7-19　"组合"对话框相关设置

Step 4　通过以上操作，可以修改数据透视表中的列标签名称，得出各部门员工在不同年龄段的构成情况，其数据透视表如图 7-20 所示。

学历　(全部)

计数项:工号　列标签

行标签	21-25	26-30	31-35	36-40	41-45	46-50	总计
财务部			3	2	1		6
技术部		2	2	2			6
生产部		2	2	3		1	8
销售部	1	1	1	1	1	1	6
行政部	1	2	1				4
总计	2	7	9	8	2	2	30

图 7-20　各部门员工在不同年龄段构成情况的数据透视表

制作各部门员工性别分布图能够直观形象地反映各部门员工性别分布情况，为人力资源管理提供重要依据。

例 7-7 在"员工基本信息表"中制作各部门员工性别分布图。

Step 1 在如图 7-15 所示的工作表中，选定数据透视表所在的单元格区域 A5:A9 和 B4:C9，将其分别复制到单元格区域 A13:A17 和 B12:C17 作为统计员工性别的数据源，如图 7-21 所示。

图 7-21 数据源

Step 2 选定单元格区域 A12:C17，单击"插入"选项卡"图表"组工具栏中的"插入柱形图或条形图"命令按钮 ，在下拉列表中选择"百分比堆积柱形图"选项，此时根据选定的数据源创建一个百分比堆积柱形图，其中直观显示了各部门员工的性别构成。

Step 3 将图表标题修改为"各部门员工性别分布图"，并将图表标题的字体设置为"黑体"，字号设置为"16"。

Step 4 选定图例，单击鼠标右键，在弹出的快捷菜单中选择"设置图例格式"命令，此时在工作表的右边出现"设置图例格式"窗格，在"图例位置"选区中选中"靠右"单选按钮，这样图例就移动到图表的右侧，则各部门员工性别分布图如图 7-22 所示。

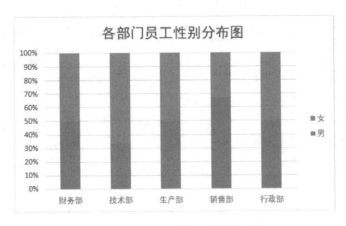

图 7-22 各部门员工性别分布图

7.2 员工薪酬数据管理

在人力资源管理中，员工薪酬数据管理也是主要的组成部分，其中工资计算应用非常普遍，处理也比较频繁，计算规则相对规范和简单。对于很多企事业单位，员工薪酬数据基本上都采用二维表格进行管理。

7.2.1 员工薪酬数据的计算

例 7-8 创建"员工薪酬表"，输入并计算员工的薪酬数据。

1. 创建员工薪酬数据表

在"人力资源管理"工作簿中，创建一个新工作表，并命名为"员工薪酬表"，在工作表中的第 1 行中输入字段内容（数据项字段），也称表头。表头包括工号、姓名、岗位工资、薪级工资、补贴、奖金、应发工资、养老保险、医疗保险、失业保险、住房公积金、专项附加扣除、应纳税所得额、个人所得税、实发工资。从工作表中的第 2 行开始依次输入员工薪酬的具体信息，如图 7-23 所示。

工号	姓名	岗位工资	薪级工资	补贴	奖金	应发工资	养老保险	医疗保险	失业保险	住房公积金	专项附加扣除	应纳税所得额	个人所得税	实发工资
001	田卿卿	4960	3800	1000	3500									
002	王永强	3710	2820	1000	2500									
003	张俊辉	4500	3600	1000	3000									
004	齐思宇	4300	3500	1500	3000									
005	刘莎莎	3310	2420	1000	2500									
006	李海霞	4500	3700	1000	3000									
007	徐阳	3600	2650	1000	2600									
008	郑旭	3360	2470	1500	2000									
009	王东峰	5000	3700	3000	3500									
010	李凯乐	3610	2720	1000	2000									
011	郝玲	3160	2270	1500	2300									
012	杨沛	3410	2520	1000	2000									
013	杜鑫	4200	3300	3000	2300									
014	张国强	3360	2470	1000	2000									
015	崔文华	3060	2170	1500	2300									
016	孙梦茵	3560	2670	1000	2000									
017	段博文	3950	3050	3000	2300									
018	何晔	3360	2470	1000	2000									
019	孙亚军	3010	2120	1500	2000									
020	杨嘉	3260	2370	1000	2000									
021	何爱姗	3260	2370	1000	2000									
022	唐奕凡	3160	2270	1000	2500									
023	黄雅丽	3010	2120	1000	2000									
024	李艺珍	2750	1760	1500	2000									
025	宋雯艺	3010	2120	1000	2300									
026	赵辉	2960	2070	1000	2500									

员工基本信息表　员工薪酬表

图 7-23 创建的"员工薪酬表"

2. 应发工资的计算

应发工资的计算公式为：应发工资=岗位工资+薪级工资+补贴+奖金。使用 SUM 函数求和比较简单方便，其具体操作步骤如下。

Step 1 在第 1 个员工"应发工资"所在的 G2 单元格中输入公式"=SUM(C2:F2)"，按下 Enter 键，或者单击"公式"选项卡"函数库"组工具栏中的"自动求和"命令按钮。

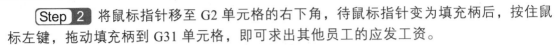
Step 2 将鼠标指针移至 G2 单元格的右下角，待鼠标指针变为填充柄后，按住鼠标左键，拖动填充柄到 G31 单元格，即可求出其他员工的应发工资。

3. 养老保险、医疗保险和失业保险的计算

企业规定，养老保险按岗位工资和薪级工资之和的 8%计算，医疗保险按岗位工资和薪级工资之和的 2%计算，失业保险按岗位工资和薪级工资之和的 0.5%计算。第 1 个员工的"养老保险""医疗保险""失业保险"的计算公式分别为"=(C2+D2)*0.08""=(C2+D2)*0.02""=(C2+D2)*0.005"。

Step 1 在第 1 个员工"养老保险"所在的 H2 单元格中输入公式"=(C2+D2)*0.08"，按下 Enter 键，即可求出第 1 个员工的养老保险。

Step 2 将鼠标指针移至 H2 单元格的右下角，待鼠标指针变为填充柄后，按住鼠标左键，拖动填充柄到 H31 单元格，即可求出其他员工的养老保险。

医疗保险和失业保险的计算步骤与养老保险的计算步骤类似。

4. 住房公积金的计算

企业规定，住房公积金按岗位工资和薪级工资之和的 12%计算。

Step 1 在第 1 个员工"住房公积金"所在的 K2 单元格中输入公式"=(C2+D2)*0.12"，按下 Enter 键，即可求出第 1 个员工的住房公积金。

Step 2 将鼠标指针移至 K2 单元格的右下角，待鼠标指针变为填充柄后，按住鼠标左键，拖动填充柄到 K31 单元格，即可求出其他员工的住房公积金。

5. 应纳税所得额的计算

应纳税所得额的计算公式为：应纳税所得额=应发工资-养老保险-医疗保险-失业保险-住房公积金-专项附加扣除-5000。使用 SUM 函数计算养老保险、医疗保险、失业保险、住房公积金及专项附加扣除之和。

Step 1 在第 1 个员工"应纳税所得额"所在的 M2 单元格中输入公式"=G2-5000-SUM(H2:L2)"，按下 Enter 键，即可求出第 1 个员工的应纳税所得额。

Step 2 将鼠标指针移至 M2 单元格的右下角，待鼠标指针变为填充柄后，按住鼠标左键，拖动填充柄到 M31 单元格，即可求出其他员工的应纳税所得额。

6. 个人所得税的计算

个人所得税为应纳税所得额与税率的乘积，其中个人所得税税率是由国家相应的法律法规规定的，具体分为 7 个等级。根据企业所有员工的应纳税所得额，得出对应的个人所得税税率应为 3%。

Step 1 在第 1 个员工"个人所得税"所在的 N2 单元格中输入公式"=M2*0.03"，按下 Enter 键，即可求出第 1 个员工的个人所得税。

Step 2 将鼠标指针移至 N2 单元格的右下角，待鼠标指针变为填充柄后，按住鼠标左键，拖动填充柄到 N31 单元格，即可求出其他员工的个人所得税。

7. 实发工资的计算

实发工资的计算公式为：实发工资=应发工资-养老保险-医疗保险-失业保险-住房公积金-个人所得税。

Step 1 在第 1 个员工"实发工资"所在的 O2 单元格中输入公式"=G2−SUM(H2:K2)−N2"，按下 Enter 键，即可求出第 1 个员工的实发工资。

Step 2 将鼠标指针移至 O2 单元格的右下角，待鼠标指针变为填充柄后，按住鼠标左键，拖动填充柄到 O31 单元格，即可求出其他员工的实发工资，计算结果如图 7-24 所示。

	A	B	C	D	E	F	G	H	I	J	K	L	M	N	O
1	工号	姓名	岗位工资	薪级工资	补贴	奖金	应发工资	养老保险	医疗保险	失业保险	住房公积金	专项附加扣除	应纳税所得额	个人所得税	实发工资
2	001	田卿卿	4960	3800	1000	3500	13260	700.8	175.2	43.8	1051.2	1500	4789	143.67	11145.33
3	002	王永强	3710	2820	1000	2500	10030	522.4	130.6	32.65	783.6	1500	2060.75	61.8225	8498.93
4	003	张俊辉	4500	3600	1000	3000	12100	648	162	40.5	972	1500	3777.5	113.325	10164.18
5	004	齐思宇	4300	3500	1500	3000	12300	624	156	39	936	2500	3045	91.35	10453.65
6	005	刘莎莎	3310	2420	1000	2500	9230	458.4	114.6	28.65	687.6	2500	440.75	13.2225	7927.53
7	006	李海鑫	4500	3700	1000	3000	12200	656	164	41	984	1500	3855	115.65	10239.35
8	007	徐阳	3600	2650	1000	2600	9850	500	125	31.25	750	2500	943.75	28.3125	8415.44
9	008	郑旭	3360	2470	1500	2000	9330	466.4	116.6	29.15	699.6	2500	518.25	15.5475	8002.70
10	009	王东峰	5000	3700	3000	3500	15200	696	174	43.5	1044	2500	5742.5	172.275	13070.23
11	010	李凯乐	3610	2720	1000	2000	9330	506.4	126.6	31.65	759.6	2500	405.75	12.1725	7893.58
12	011	郝玲	3160	2270	1500	2300	9230	434.4	108.6	27.15	651.6	0	3008.25	90.2475	7918.00
13	012	杨沛	3410	2520	1000	2000	8930	474.4	118.6	29.65	711.6	2500	95.75	2.8725	7592.88
14	013	杜鑫	4200	3300	3000	2300	12800	600	150	37.5	900	2500	3612.5	108.375	11004.13
15	014	张国强	3360	2470	1000	2000	8830	466.4	116.6	29.15	699.6	2500	18.25	0.5475	7517.70
16	015	崔文华	3060	2170	1500	2300	9030	418.4	104.6	26.15	627.6	0	2853.25	85.5975	7767.65
17	016	孙梦园	3560	2670	1000	2000	9230	498.4	124.6	31.15	747.6	2500	328.25	9.8475	7818.40
18	017	段博文	3950	3050	3000	2300	12300	560	140	35	840	0	5725	171.75	10553.25
19	018	何晔	3360	2470	1000	2000	8830	466.4	116.6	29.15	699.6	2500	18.25	0.5475	7517.70
20	019	孙亚军	3010	2120	1500	2000	8630	410.4	102.6	25.65	615.6	500	1975.75	59.2725	7416.48
21	020	杨嫡	3260	2370	1000	2000	8630	450.4	112.6	28.15	675.6	500	1863.25	55.8975	7307.35
22	021	何珊珊	3260	2370	1000	2000	8630	450.4	112.6	28.15	675.6	500	1863.25	55.8975	7307.35
23	022	唐奕凡	3160	2270	1000	2500	8930	434.4	108.6	27.15	651.6	0	2708.25	81.2475	7627.00
24	023	黄雅丽	3010	2120	1000	2000	8130	410.4	102.6	25.65	615.6	0	1975.75	59.2725	6916.48
25	024	李艺珍	2750	1760	1500	2000	8010	360.8	90.2	22.55	541.2	0	1995.25	59.8575	6935.39
26	025	宋雯艺	3010	2120	1000	2300	8430	410.4	102.6	25.65	615.6	500	1775.75	53.2725	7222.48
27	026	赵辉	2960	2070	1000	2500	8530	402.4	100.6	25.15	603.6	0	2398.25	71.9475	7326.30

员工基本信息表　员工薪酬表

图 7-24　实发工资的计算结果

7.2.2 员工薪酬数据的调整

在员工薪酬数据管理中，很多工资项目会随着社会经济发展和企业经济效益的变化而发生变动。有时候需要对所有员工的某些工资项进行相同幅度的调整，有时候则需要对所有员工的某些工资项按不同幅度进行调整，有时候还需要对部分员工的某些工资项进行调整。

例 7-9 在"员工薪酬表"中调整所有员工的岗位工资。

Step 1 在"员工薪酬表"工作表标签上单击鼠标右键，在弹出的快捷菜单中选择"移动或复制工作表"命令，弹出"移动或复制工作表"对话框，在"下列选定工作表之前"列表框中选择"（移至最后）"选项，勾选"建立副本"复选框，单击"确定"按钮，则新建的工作表名默认为"员工薪酬表（2）"，双击该工作表标签，重命名为"工资普调"。

Step 2 在 P1 单元格中输入"工资上调金额"，在 P2 单元格中输入"100"，在 P2 单元格上单击鼠标右键，在弹出的快捷菜单中选择"复制"命令，或者选定 P2 单元格后按下 Ctrl+C 组合键。

Step **3** 选定单元格区域 C2:C31，在选定区域上单击鼠标右键，在弹出的快捷菜单中选择"选择性粘贴"子菜单中的"选择性粘贴"命令，如图 7-25 所示。

图 7-25 选择"选择性粘贴"命令

Step **4** 打开"选择性粘贴"对话框，选中"运算"选区中的"加"单选按钮，如图 7-26 所示。

图 7-26 在"选择性粘贴"对话框中选中"加"单选按钮

Step **5** 单击"确定"按钮，此时目标区域 C2:C31 中每一个单元格中的数值均会与 100 进行相加计算，并将结果直接保存在目标区域中，按照"加"运算调整后所有员工的岗位工资如图 7-27 所示。

例 7-10 在"员工薪酬表"中按不同幅度调整所有员工的岗位工资。

Step **1** 将"员工薪酬表"复制，并重命名为"工资调整"。按照公司调整标准，部长应上调 300 元，其他员工应上调 200 元。这里通过使用 IF 函数来确定每个员工调整岗位工资的金额。在 P2 单元格中输入公式"=IF(员工基本信息表!J2="部长", 300,200)",并将该公式复制到单元格区域 P3:P31 中。

	A	B	C	D	E	F	G	H	I	J	K	L	M	N	O
1	工号	姓名	岗位工资	薪级工资	补贴	奖金	应发工资	养老保险	医疗保险	失业保险	住房公积金	专项附加扣除	纳税所得额	个人所得税	实发工资
2	001	田卿卿	5060	3800	1000	3500	13360	708.8	177.2	44.3	1063.2	1500	4866.5	145.995	11220.51
3	002	王永强	3810	2820	1000	2500	10130	530.4	132.6	33.15	795.6	1500	2138.25	64.1475	8574.10
4	003	张俊辉	4600	3600	1000	3000	12200	656	164	41	984	1500	3855	115.65	10239.35
5	004	齐思宇	4400	3500	1500	3000	12400	632	158	39.5	948	2500	3122.5	93.675	10528.83
6	005	刘莎莎	3410	2420	1000	2500	9330	466.4	116.6	29.15	699.6	2500	518.25	15.5475	8002.70
7	006	李海霞	4600	3700	1000	3000	12300	664	166	41.5	996	1500	3932.5	117.975	10314.53
8	007	徐阳	3700	2650	1000	2600	9950	508	127	31.75	762	2500	1021.25	30.6375	8490.61
9	008	郑旭	3460	2470	1500	2000	9430	474.4	118.6	29.65	711.6	2500	595.75	17.8725	8077.88
10	009	王东峰	5100	3700	3000	3500	15300	704	176	44	1056	2500	5820	174.6	13145.40
11	010	李凯乐	3710	2720	1000	2000	9430	514.4	128.6	32.15	771.6	2500	483.25	14.4975	7968.75
12	011	郝玲	3260	2270	1500	2300	9330	442.4	110.6	27.65	663.6	0	3085.75	92.5725	7993.18
13	012	杨沛	3510	2520	1000	2000	9030	482.4	120.6	30.15	723.6	2500	173.25	5.1975	7668.05
14	013	杜鑫	4300	3300	3000	2300	12900	608	152	38	912	2500	3690	110.7	11079.30
15	014	张国强	3460	2470	1000	2000	8930	474.4	118.6	29.65	711.6	2500	95.75	2.8725	7592.88
16	015	崔文华	3160	2170	1500	2300	9130	426.4	106.6	26.65	639.6	0	2930.75	87.9225	7842.83
17	016	孙梦园	3660	2670	1000	2000	9330	506.4	126.6	31.65	759.6	2500	405.75	12.1725	7893.58
18	017	段博文	4050	3050	3000	2300	12400	568	142	35.5	852	0	5802.5	174.075	10628.43
19	018	何晔	3460	2470	1000	2000	8930	474.4	118.6	29.65	711.6	2500	95.75	2.8725	7592.88
20	019	孙亚军	3110	2120	1500	2000	8730	418.4	104.6	26.15	627.6	500	2053.25	61.5975	7491.65
21	020	杨璐	3360	2370	1000	2000	8730	458.4	114.6	28.65	687.6	500	1940.75	58.2225	7382.53
22	021	何姗姗	3360	2370	1000	2000	8730	458.4	114.6	28.65	687.6	500	1940.75	58.2225	7382.53
23	022	唐奕凡	3260	2270	1000	2500	9030	442.4	110.6	27.65	663.6	0	2785.25	83.5725	7702.18
24	023	黄雅丽	3110	2120	1000	2000	8230	418.4	104.6	26.15	627.6	0	2053.25	61.5975	6991.65
25	024	李艺珍	2850	1760	1500	2000	8110	368.8	92.2	23.05	553.2	0	2072.75	62.1825	7010.57
26	025	宋雯艺	3110	2120	1000	2300	8530	418.4	104.6	26.15	627.6	500	1853.25	55.5975	7297.65
27	026	赵辉	3060	2070	1000	2500	8630	410.4	102.6	25.65	615.6	0	2475.75	74.2725	7401.48

员工基本信息表　员工薪酬表　工资调整　＋

图 7-27　按照"加"运算调整后所有员工的岗位工资

Step 2 选定"工资调整"工作表中的单元格区域 C2:C31，单击"数据"选项卡"数据工具"组工具栏中的"合并计算"命令按钮，弹出"合并计算"对话框。

Step 3 单击"引用位置"文本框右侧的"折叠"按钮，选定"员工薪酬表"中的单元格区域 C2:C31，单击"还原"按钮，返回到"合并计算"对话框，单击"添加"按钮，再次单击"引用位置"文本框右侧的"折叠"按钮，选定"工资调整"工作表中的单元格区域 P2:P31，单击"还原"按钮，返回到"合并计算"对话框，再次单击"添加"按钮，设置完成的"合并计算"对话框如图 7-28 所示。

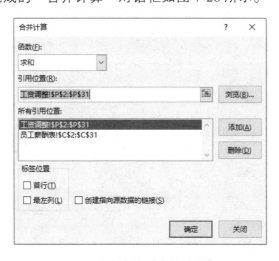

图 7-28　设置完成的"合并计算"对话框

Step 4 单击"确定"按钮，则按不同幅度调整所有员工的岗位工资结果如图 7-29 所示。

工号	姓名	岗位工资	薪级工资	补贴	奖金	应发工资	养老保险	医疗保险	失业保险	住房公积金	专项附加扣除	应纳税所得额	个人所得税	实发工资	不同幅度调整
001	田娜娜	5260	3800	1000	3500	13560	724.8	181.2	45.3	1087.2	1500	5021.5	150.645	11370.86	300
002	王永强	3910	2820	1000	2500	10230	538.4	134.6	33.65	807.6	1500	2215.75	66.4725	8649.28	300
003	张俊辉	4800	3600	1000	3000	12400	672	168	42	1008	1500	4010	120.3	10389.70	300
004	齐思宇	4600	3500	1500	3000	12600	648	162	40.5	972	2500	3277.5	98.325	10679.18	300
005	刘莎莎	3510	2420	1000	2500	9430	474.4	118.6	29.65	711.6	2500	595.75	17.8725	8077.88	200
006	李海霞	4800	3700	1000	2500	12500	680	170	42.5	1020	1500	4087.5	122.625	10464.88	300
007	徐阳	3800	2650	1000	2600	10050	516	129	32.25	774	2500	1098.75	32.9625	8565.79	300
008	郑旭	3560	2470	1500	2000	9530	482.4	120.6	30.15	723.6	2500	673.25	20.1975	8153.05	200
009	王东峰	5300	3700	3000	3500	15500	720	180	45	1080	2500	5975	179.25	13295.75	300
010	李凯乐	3810	2720	1000	2000	9530	522.4	130.6	32.65	783.6	2500	560.75	16.8225	8043.93	300
011	郝玲	3360	2270	1500	2300	9430	450.4	112.6	28.15	675.6	0	3163.20	94.0975	0068.35	300
012	杨沛	3610	2520	1000	2000	9130	490.4	122.6	30.65	735.6	2500	250.75	7.5225	7743.23	200
013	杜鑫	4400	3300	3000	2300	13000	616	154	38.5	924	2500	3767.5	113.025	11154.48	200
014	张国强	3560	2470	1000	2000	9030	482.4	120.6	30.15	723.6	2500	173.25	5.1975	7668.05	200
015	崔文华	3260	2170	1500	2300	9230	434.4	108.6	27.15	651.6	0	3008.25	90.2475	7918.00	200
016	孙梦圆	3760	2670	1500	2000	9430	514.4	128.6	32.15	771.6	2500	483.25	14.4975	7968.75	200
017	段博文	4150	3050	3000	2300	12500	576	144	36	864	0	5880	176.4	10703.60	300
018	何晔	3560	2470	1000	2000	9030	482.4	120.6	30.15	723.6	2500	173.25	5.1975	7668.05	200
019	孙亚军	3210	2120	1500	2000	8830	426.4	106.6	26.65	639.6	500	2130.75	63.9225	7566.83	200
020	杨鸲	3460	2370	1000	2000	8830	466.4	116.6	29.15	699.6	500	2018.25	60.5475	7457.70	200
021	何姗姗	3460	2370	1000	2000	8830	466.4	116.6	29.15	699.6	500	2018.25	60.5475	7457.70	200
022	唐奕凡	3360	2270	1000	2500	9130	466.4	112.6	28.15	675.6	0	2863.25	85.8975	7777.35	200
023	黄雅丽	3210	2120	1000	2000	8330	426.4	106.6	26.65	639.6	0	2130.75	63.9225	7066.83	200
024	李艺珍	2950	1760	1500	3000	8210	376.8	94.2	23.55	565.2	0	2150.25	64.5075	7085.74	200
025	宋雯艺	3210	2120	1000	2300	8630	426.4	106.6	26.15	639.6	500	1930.75	57.9225	7372.83	200
026	赵辉	3160	2070	1000	2500	8730	418.4	104.6	26.15	627.6	0	2553.25	76.5975	7476.65	200

员工基本信息表　员工薪酬表　工资普调　工资调整

图 7-29　按不同幅度调整所有员工的岗位工资结果

例 7-11　在"员工薪酬表"中调整部分员工的岗位工资。

Step 1　创建一个新工作表，重命名为"调整工资金额"，在表中只保留需要调整岗位工资的员工信息，如图 7-30 所示。将"员工薪酬表"复制，并重命名为"部分工资调整"。

Step 2　选定"部分工资调整"工作表中的单元格区域 A2:C31，单击"数据"选项卡"数据工具"组工具栏中的"合并计算"命令按钮，弹出"合并计算"对话框。

Step 3　单击"引用位置"文本框右侧的"折叠"按钮，选定"员工薪酬表"中的单元格区域 A2:C31，单击"还原"按钮，返回到"合并计算"对话框，单击"添加"按钮，再次单击"引用位置"文本框右侧的"折叠"按钮，选定"调整工资金额"工作表中的单元格区域 A2:C8，单击"还原"按钮，返回到"合并计算"对话框，再次单击"添加"按钮，勾选"标签位置"选区中的"最左列"复选框，设置完成的"合并计算"对话框如图 7-31 所示，单击"确定"按钮。

	A	B	C
1	工号	姓名	调整工资额
2	001	田娜娜	300
3	003	张俊辉	300
4	006	李海霞	300
5	011	郝玲	300
6	018	何晔	300
7	023	黄雅丽	300
8	029	刘静雯	300

图 7-30　"调整工资金额"工作表　　　图 7-31　设置完成的"合并计算"对话框

Step 4　选定"员工薪酬表"中的单元格区域 B1:B31，按下 Ctrl+C 组合键，再选定

"部分工资调整"工作表中的 B1 单元格，按下 Ctrl+V 组合键，其结果如图 7-32 所示。

	A	B	C	D	E	F	G	H	I	J	K	L	M	N	O
1	工号	姓名	岗位工资	薪级工资	补贴	奖金	应发工资	养老保险	医疗保险	失业保险	住房公积金	专项附加扣除	应纳税所得额	个人所得税	实发工资
2	001	田娜娜	5260	3800	1000	3500	13560	724.8	181.2	45.3	1087.2	1500	5021.5	150.65	11370.86
3	002	王永强	3710	2820	1000	2500	10030	522.4	130.6	32.65	783.6	1500	2060.75	61.82	8498.93
4	003	张俊辉	4800	3600	1000	3000	12400	672	168	42	1008	1500	4010	120.30	10389.70
5	004	齐思宇	4300	3500	1500	3000	12300	624	156	39	936	2500	3045	91.35	10453.65
6	005	刘莎莎	3310	2420	1000	2500	9230	458.4	114.6	28.65	687.6	2500	440.75	13.22	7927.53
7	006	李海霞	4800	3700	1000	3000	12500	680	170	42.5	1020	1500	4087.5	122.63	10464.88
8	007	徐阳	3600	2650	1000	2600	9850	500	125	31.25	750	2500	943.75	28.31	8415.44
9	008	郑旭	3360	2470	1500	2000	9330	466.4	116.6	29.15	699.6	2500	518.25	15.55	8002.70
10	009	王东峰	5000	3700	3000	3500	15200	696	174	43.5	1044	2500	5742.5	172.28	13070.23
11	010	李凯乐	3610	2720	1000	2000	9330	506.4	126.6	31.65	759.6	2500	405.75	12.17	7893.58
12	011	郝玲	3460	2270	1500	2300	9530	458.4	114.6	28.65	687.6	0	3240.75	97.22	8143.53
13	012	杨沛	3410	2520	1000	2000	8930	474.4	118.6	29.65	711.6	2500	95.75	2.87	7592.88
14	013	杜鑫	4200	3300	3000	2300	12800	600	150	37.5	900	2500	3612.5	108.38	11004.13
15	014	张国强	3360	2470	1000	2000	8830	466.4	116.6	29.15	699.6	2500	18.25	0.55	7517.70
16	015	崔文华	3600	2170	1500	2300	9030	418.4	104.6	26.15	627.6	0	2853.25	85.60	7767.65
17	016	孙梦园	3560	2670	1000	2000	9230	498.4	124.6	31.15	747.6	2500	328.25	9.85	7818.40
18	017	段博文	3950	3050	3000	2300	12300	560	140	35	840	0	5725	171.75	10553.25
19	018	何晔	3660	2470	1000	2000	9130	490.4	122.6	30.65	735.6	2500	250.75	7.52	7743.23
20	019	孙亚军	3010	2120	1500	2000	8630	410.4	102.6	25.65	615.6	500	1975.75	59.27	7416.48
21	020	杨璐	3260	2370	1000	2000	8630	450.4	112.6	28.15	675.6	500	1863.25	55.90	7307.35
22	021	何姗姗	3260	2370	1000	2000	8630	450.4	112.6	28.15	675.6	500	1863.25	55.90	7307.35
23	022	唐奕凡	3160	2270	1000	2500	8930	434.4	108.6	27.15	651.6	0	2708.25	81.25	7627.00
24	023	黄雅丽	3310	2120	1000	2000	8430	434.4	108.6	27.15	651.6	0	2208.25	66.25	7142.00
25	024	李艺珍	2750	1760	1500	2000	8010	360.8	90.2	22.55	541.2	0	1995.25	59.86	6935.39
26	025	宋雯艺	3010	2120	1000	2300	8430	410.4	102.6	25.65	615.6	500	1775.75	53.27	7222.48
27	026	赵辉	2960	2070	1000	2500	8530	402.4	100.6	25.15	603.6	0	2398.25	71.95	7326.30

... | 员工薪酬表 | 工资普调 | 工资调整 | 调整工资金额 | 部分工资调整 | +

图 7-32 部分员工的岗位工资调整结果

微课视频 7-2

 7.2.3 部门员工薪酬数据的统计

分类汇总可以将相同类别的数据进行统计汇总，如求和、计数、求平均值、求最小值和求最大值等。

例 7-12 在"员工薪酬表"中，按部门分别计算员工的奖金、应发工资、实发工资的平均值。

Step 1 将"员工薪酬表"复制，并重命名为"部门员工薪酬表"。在"员工基本信息表"中选定"部门"列，将其复制到"部门员工薪酬表"中的"岗位工资"列之前。

Step 2 对需要分类汇总的字段"部门"进行排序，将该字段相同类别的记录排列在一起。

说明：

如果要对工作表中的数据进行分类汇总，则必须先对数据按分类关键字进行排序，否则分类汇总将不能实现。

Step 3 单击"数据"选项卡"分级显示"组工具栏中的"分类汇总"命令按钮，弹出"分类汇总"对话框，在"分类字段"下拉列表中选择用来分类汇总的字段"部门"，在"汇总方式"下拉列表中选择汇总方式"平均值"，在"选定汇总项"列表框中勾选"实发工资"复选框（这里以"实发工资"为例，"奖金""应发工资"的操作设置与"实发工资"类似），分类汇总设置如图 7-33 所示。

Step 4 单击"确定"按钮，在当前工作表中显示分

图 7-33 分类汇总设置

类汇总的结果，即按部门对奖金、应发工资、实发工资计算平均值，如图 7-34 所示。

	A	B	C	D	E	F	G	H	I	J	K	L	M	N	O	P
1	工号	姓名	部门	岗位工资	薪级工资	补贴	奖金	应发工资	养老保险	医疗保险	失业保险	住房公积金	专项附加扣除	应纳税所得额	个人所得税	实发工资
2	003	张俊辉	财务部	4500	3600	1000	3000	12100	648	162	40.5	972	1500	3777.5	113.33	10164.18
3	007	徐阳	财务部	3600	2650	1000	2600	9850	500	125	31.25	750	2500	943.75	28.31	8415.44
4	010	李凯乐	财务部	3610	2720	1000	2000	9330	506.4	126.6	31.65	759.6	2500	405.75	12.17	7893.58
5	014	张国强	财务部	3360	2470	1000	2000	8830	466.4	116.6	29.15	699.6	2500	18.25	0.55	7517.70
6	018	何晔	财务部	3360	2470	1000	2000	8830	466.4	116.6	29.15	699.6	2500	18.25	0.55	7517.70
7	020	杨璐	财务部	3260	2370	1000	2000	8630	450.4	112.6	28.15	675.6	500	1863.25	55.90	7307.35
8		财务部 平均值					2267	9595								8135.99
9	009	王东峰	技术部	5000	3700	3000	3500	15200	696	174	43.5	1044	2500	5742.5	172.28	13070.23
10	011	郝玲	技术部	3160	2270	1500	2300	9230	434.4	108.6	27.15	651.6	0	3008.25	90.25	7918.00
11	013	杜鑫	技术部	4200	3300	3000	2300	12800	600	150	37.5	900	2500	3612.5	108.38	11004.13
12	015	崔文华	技术部	3060	2170	1500	2300	9030	418.4	104.6	26.15	627.6	0	2853.25	85.60	7767.65
13	017	段博文	技术部	3950	3050	3000	2300	12300	560	140	35	840	0	5725	171.75	10553.25
14	025	宋雯艺	技术部	3010	2120	1000	2300	8430	410.4	102.6	25.65	615.6	500	1775.75	53.27	7222.48
15		技术部 平均值					2500	11165								9589.29
16	006	李海霞	生产部	4500	3700	1000	3000	12200	656	164	41	984	1500	3855	115.65	10239.35
17	008	郑旭	生产部	3360	2470	1500	2000	9330	466.4	116.6	29.15	699.6	2500	518.25	15.55	8002.70
18	012	杨沛	生产部	3410	2520	1000	2000	8930	474.4	118.6	29.65	711.6	2500	95.75	2.87	7592.88
19	016	孙梦园	生产部	3560	2670	1000	2000	9230	498.4	124.6	31.15	747.6	2500	328.25	9.85	7818.40
20	019	孙亚军	生产部	3010	2120	1500	2000	8630	410.4	102.6	25.65	615.6	500	1975.75	59.27	7416.48
21	021	何姗姗	生产部	3260	2370	1000	2000	8630	450.4	112.6	28.15	675.6	500	1863.25	55.90	7307.35
22	024	李艺珍	生产部	2750	1760	1500	2000	8010	360.8	90.2	22.55	541.2	0	1995.25	59.86	6935.39
23	027	王军	生产部	3110	2220	1500	2000	8830	426.4	106.6	26.65	639.6	500	2130.75	63.92	7566.83
24		生产部 平均值					2125	9223.75								7859.92
25	001	田娜娜	销售部	4960	3800	1000	3500	13260	700.8	175.2	43.8	1051.2	1500	4789	143.67	11145.33
26	002	王永强	销售部	3710	2820	1000	2500	10030	522.4	130.6	32.65	783.6	1500	2060.75	61.82	8498.93
27	005	刘莎莎	销售部	3310	2420	1000	2500	9230	458.4	114.6	28.65	687.6	2500	440.75	13.22	7927.53
28	022	唐奕凡	销售部	3160	2270	1000	2500	8930	434.4	108.6	27.15	651.6	0	2708.25	81.25	7627.00
29	026	赵辉	销售部	2960	2070	1000	2500	8530	402.4	100.6	25.15	603.6	0	2398.25	71.95	7326.30

... 工资普调 | 工资调整 | 调整工资金额 | 部分工资调整 | 部门员工薪酬表

图 7-34　分类汇总的结果

7.3　员工考勤数据管理

员工考勤数据管理是人力资源管理中一件很重要且烦琐的工作。如何高效、准确地完成考勤，降低错误率，是人力资源管理中一项非常重要的内容。可以利用 Excel 的强大功能设计考勤表格，这样就可以高效、快捷地解决每天记录、汇总考勤结果的问题。

7.3.1　员工加班时间的计算与统计

加班是指在除法定或国家规定的工作时间以外，在正常工作日或双休日及国家法定假期期间延长工作时间。对企业来说，不但要统计员工加班时间，还要控制员工加班时间不能超过国家规定的加班时间。

可以通过 Excel，在手动输入基本加班数据的基础上，通过公式自动计算加班时间，并通过数据透视表直观地呈现出来。

例 7-13　创建“员工加班数据表”，根据开始时间和结束时间来计算加班时间，并使用数据透视表统计。说明：加班时间的计算标准是不满半小时的不计，满半小时不满 1 小时的按照半小时计算。

Step 1 创建一个新工作表，命名为“员工加班数据表”，在工作表中的第 1 行中输入表头，即工号、姓名、部门、日期、开始时间、结束时间，然后根据员工的实际加班情况分别输入数据，得到员工的加班数据清单。

Step 2 在“结束时间”单元格的右边添加两列，分别输入“加班时间”“星期”，在 G2 单元格中输入公式"=HOUR(F2-E2)+IF(MINUTE(F2-E2)<30,0,0.5)",再拖动填充柄复制公式到 G31 单元格,即可求出所有的加班时间。

Step 3 在 H2 单元格中输入公式"=CHOOSE(WEEKDAY(D2,2),"星期一","星期二","星期三","星期四","星期五","星期六","星期日")",再拖动填充柄复制公式到 H31 单元格,即可求出所有的加班日期所在的星期,加班时间及星期的计算结果如图 7-35 所示。

	A	B	C	D	E	F	G	H
1	工号	姓名	部门	日期	开始时间	结束时间	加班时间	星期
2	003	张俊辉	财务部	2022/5/6	19:00	20:10	1	星期五
3	014	张国强	财务部	2022/5/6	19:30	21:40	2	星期五
4	017	段博文	技术部	2022/5/6	19:45	21:20	1.5	星期五
5	015	崔文华	技术部	2022/5/7	19:00	21:40	2.5	星期六
6	011	郝玲	技术部	2022/5/7	19:15	20:50	1.5	星期六
7	006	李海霞	生产部	2022/5/7	19:30	20:40	1	星期六
8	012	杨沛	生产部	2022/5/9	19:00	21:10	2	星期一
9	008	郑旭	生产部	2022/5/9	19:30	21:00	1.5	星期一
10	009	王东峰	技术部	2022/5/10	19:30	20:40	1	星期二
11	018	何晔	财务部	2022/5/10	19:45	21:50	2	星期二
12	010	李凯乐	财务部	2022/5/11	19:00	20:30	1.5	星期三
13	020	杨璐	财务部	2022/5/11	19:15	21:25	2	星期三
14	013	杜鑫	技术部	2022/5/11	19:15	20:25	1	星期三
15	015	崔文华	技术部	2022/5/13	19:10	20:40	1.5	星期五
16	011	郝玲	技术部	2022/5/13	19:30	22:00	2.5	星期五
17	016	孙梦园	生产部	2022/5/17	19:00	20:10	1	星期二
18	010	李凯乐	财务部	2022/5/17	19:30	21:00	1.5	星期二
19	018	何晔	财务部	2022/5/19	19:00	21:00	2	星期四
20	019	孙亚军	生产部	2022/5/19	19:30	20:30	1	星期四
21	008	郑旭	生产部	2022/5/21	9:00	11:30	2.5	星期六
22	021	何姗姗	生产部	2022/5/21	9:30	12:00	2.5	星期六
23	017	段博文	技术部	2022/5/22	14:00	16:30	2.5	星期日
24	015	崔文华	技术部	2022/5/22	14:30	17:00	2.5	星期日
25	024	李艺珍	生产部	2022/5/25	19:10	20:20	1	星期三
26	025	宋雯艺	技术部	2022/5/25	19:20	20:50	1.5	星期三
27	010	李凯乐	财务部	2022/5/27	19:00	20:30	1.5	星期五

员工加班数据表

图 7-35 加班时间及星期的计算结果

说明:

① HOUR 函数用于返回某时间值的小时数,是 0 到 23 之间的一个整数。

② MINUTE 函数用于返回某时间值的分钟数,是 0 到 59 之间的一个整数。

③ WEEKDAY 函数用于返回指定日期在一周中第几天的数值,是 1 到 7 之间的一个整数。其语法为:WEEKDAY(serial_number,[return_type])。其中,serial_number 代表指定日期或引用含有日期的单元格,return_type 是用于确定返回值类型的数字。本例中 return_type 为 2,则代表使用数字 1~7 表示星期一到星期日。

④ CHOOSE 函数用于从参数列表中选择并返回一个值。其语法为:CHOOSE (index_num, value1, [value2],...)。index_num 用于指定所选定的数值参数。index_num 必须是 1 到 254 之间的数字,或者是包含 1 到 254 之间数字的公式或单元格引用。如果 index_num 为 1,则 CHOOSE 函数返回 value1;如果 index_num 为 2,则 CHOOSE 函数返回 value2,以此类推。在 value1,value2,…中,value1 是必需的,后续值是可选的。这些参数的个数为 1~254,参数可以为数字、单元格引用、定义的名称、公式、函数或文本,CHOOSE 函数将根据 index_num 从中选择一个数值或一项要执行的操作。

Step 4 单击"插入"选项卡"表格"组工具栏中的"数据透视表"命令按钮,弹

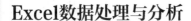

出"创建数据透视表"对话框,将"表/区域"设置为单元格区域 A1:H31,在"选择放置数据透视表的位置"选区中选中"新工作表"单选按钮,单击"确定"按钮。

Step 5　在"数据透视表字段"窗格中,从"选择要添加到报表的字段"列表框中选择需要的字段并拖放到相应的报表区域中,行标签设置为"部门"字段,列标签设置为"星期"字段,值设置为"加班时间"字段,并对"加班时间"字段进行求和,数据透视表字段相关设置如图 7-36 所示。

Step 6　设置完成后,自动得出各部门员工在不同星期数的加班时间的总计值,其数据透视表如图 7-37 所示。

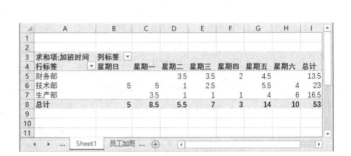

图 7-36　数据透视表字段相关设置　图 7-37　各部门员工在不同星期数的加班时间的总计值数据透视表

7.3.2　员工年休假天数的计算

《职工带薪年休假条例》规定:职工累计工作已满 1 年不满 10 年的,年休假 5 天;已满 10 年不满 20 年的,年休假 10 天;已满 20 年的,年休假 15 天。

例 7-14　创建"员工年休假天数表",并计算年休假天数。

Step 1　创建一个新工作表,命名为"员工年休假天数表",在工作表中的第 1 行中输入表头即工号、姓名、部门、工龄、年休假天数,从下一行开始依次输入各项具体信息。

Step 2　在第 1 个员工"年休假天数"所在的 E2 单元格中输入公式"=LOOKUP(D2, {0,1,10,20},{0,5,10,15})",再拖动填充柄复制公式到 E31 单元格,即可求出员工年休假天数,如图 7-38 所示。

	A	B	C	D	E	F	G
1	工号	姓名	部门	工龄	年休假天数		
2	001	田娜娜	销售部	27	15		
3	002	王永强	销售部	23	15		
4	003	张俊辉	财务部	21	15		
5	004	齐思宇	行政部	10	10		
6	005	刘莎莎	销售部	15	10		
7	006	李海霞	生产部	24	15		
8	007	徐阳	财务部	16	10		
9	008	郑旭	生产部	11	10		
10	009	王东峰	技术部	10	10		
11	010	李凯乐	财务部	18	10		
12	011	郝玲	技术部	7	5		
13	012	杨沛	生产部	14	10		
14	013	杜鑫	技术部	7	5		
15	014	张国强	财务部	13	10		
16	015	崔文华	技术部	5	5		
17	016	孙梦园	生产部	17	10		
18	017	段博文	技术部	3	5		
19	018	何晔	财务部	13	10		
20	019	孙亚军	生产部	4	5		
21	020	杨璐	财务部	11	10		
22	021	何姗姗	生产部	11	10		
23	022	唐奕凡	销售部	9	5		
24	023	黄雅丽	行政部	6	5		
25	024	李艺珍	生产部	2	5		
26	025	宋雯艺	技术部	6	5		
27	026	赵辉	销售部	5	5		

员工年休假天数表

图 7-38　员工年休假天数的计算结果

说明：

LOOKUP 函数有向量和数组两种语法形式。LOOKUP 的向量形式是在单行区域或单列区域中查找值，然后返回第 2 个单行区域或单列区域中相同位置的值。其语法为：LOOKUP(lookup_value,lookup_vector,result_vector)。其中，lookup_value 为 LOOKUP 函数要在 lookup_vector 中查找的值，可以是数字、文本、逻辑值，也可以是数值的名称或引用；lookup_vector 为只包含单行或单列的单元格区域，其值可以是文本、数值或逻辑值且必须按升序排序；result_vector 为只包含单行或单列的单元格区域，其参数必须与 lookup_vector 参数大小相同。

需要注意的是，由于累计工作不足 1 年是没有年休假的，因此在 LOOKUP 函数中多写一个分隔区间，即工龄在 0 到 1 的时候，年休假天数为 0。

7.3.3　员工考勤数据的输入与统计

例 7-15　创建“员工月考勤表”，输入员工考勤数据，并对员工考勤数据进行统计。

Step 1　创建一个新工作表，命名为“员工月考勤表”，在其中输入标题“2022 年 3 月考勤表”，在工作表中的第 2 行中输入表头，即工号、姓名、部门、1、2、……、31，从下一行开始依次输入员工考勤数据，如图 7-39 所示。说明：一般员工休假种类包括事假、病假、婚假、产假、丧假、工伤假、护理假、年休假等，为了便于记录，将这些休假分别简称为事、病、婚、产、丧、伤、护、年。

	A	B	C	D	E	F	G	H	I	J	K	L	M	N	O	P	Q	R	S	T	U	V	W	X	Y	Z	AA	AB	AC	AD	AE	AF	AG	AH
1	2022年3月考勤表																																	
2	工号	姓名	部门	1	2	3	4	5	6	7	8	9	10	11	12	13	14	15	16	17	18	19	20	21	22	23	24	25	26	27	28	29	30	31
3	001	田娜娜	销售部	1	1	1	1			1	1	1	1	1			1	1	1	1	1			1	1	1	1	1			1	1	1	1
4	002	王永强	销售部	1	事	1	1			1	1	1	1	1			1	1	1	1	1			1	1	1	1	1			1	1	1	1
5	003	张俊辉	财务部	1	1	1	1			1	1	1	1	1			1	1	1	1	1			1	1	1	1	1			1	1	1	1
6	004	齐思宇	行政部	1	1	1	1			1	1	1	1	1			1	1	1	1	1			1	1	1	1	1			1	1	1	1
7	005	刘莎莎	销售部	1	1	1	病			1	1	1	1	1			1	1	1	1	1			1	1	1	1	1			1	1	1	1
8	006	李海霞	生产部	1	1	事	1			1	1	1	1	1			1	1	1	1	1			1	1	1	1	1			1	1	1	1
9	007	徐阳	财务部	1	1	1	1			1	1	1	1	1			1	1	1	1	1			1	1	1	1	1			1	1	1	1
10	008	郑旭	生产部	1	1	1	1			1	1	1	1	1			1	1	1	1	1			1	1	1	年	年			年	年	年	1
11	009	王东峰	技术部	1	1	1	1			1	1	1	1	1			1	1	1	1	1			1	1	1	1	1			1	1	1	1
12	010	李凯乐	财务部	1	1	1	1			1	1	1	1	1			1	1	1	1	1			1	1	1	1	1			1	1	1	1
13	011	郝玲	技术部	1	1	1	1			1	1	1	1	1			1	1	1	病	1			1	1	迟到	1	1			1	1	1	1
14	012	杨沛	生产部	1	1	1	1			1	1	事	1	1			1	1	1	1	1			1	1	1	1	1			1	1	病	1
15	013	杜鑫	技术部	1	1	1	1			1	1	1	1	1			病	1	1	1	1			1	1	1	1	1			1	1	1	1
16	014	张国强	财务部	1	1	1	1			1	1	1	1	1			1	1	1	1	1			1	1	1	1	1			1	1	早退	1
17	015	崔文华	技术部	1	1	1	1			1	1	1	1	1			1	1	1	1	1			1	1	1	1	1			1	1	1	1
18	016	孙梦园	生产部	1	1	1	1			1	1	1	1	1			1	1	1	1	1			1	1	事	1	1			1	1	1	1
19	017	段博文	技术部	1	1	1	1			1	1	1	1	1			1	1	1	1	1			1	1	1	1	1			1	1	1	1
20	018	何晔	财务部	1	事	1	1			1	1	1	1	1			1	1	1	1	1			1	1	1	1	1			1	1	1	1
21	019	孙亚军	生产部	1	1	1	1			1	1	1	1	迟到			1	1	1	1	1			迟到	1	1	1	1			1	1	1	1
22	020	杨璐	财务部	1	1	1	1			1	1	1	1	1			1	1	1	1	1			1	1	1	1	1			1	1	1	1
23	021	何姗姗	生产部	1	1	1	1			1	1	1	1	1			1	1	1	1	1			1	1	1	1	1			1	1	1	1
24	022	唐奕凡	销售部	1	1	1	1			1	1	1	1	1			1	早退	1	1	1			1	1	1	1	1			1	1	1	1
25	023	黄雅丽	行政部	1	1	年	年			年	年	年	1	1			1	1	1	1	1			1	1	1	1	1			1	1	1	1
26	024	李艺珍	生产部	1	1	1	1			1	1	1	1	1			1	1	1	1	1			1	1	1	1	1			1	事	1	1
27	025	宋雯艺	技术部	1	1	1	1			1	1	1	1	1			1	1	1	1	1			1	1	1	1	1			1	1	1	1
28	026	赵辉	销售部	1	1	1	1			1	1	1	1	1			1	1	1	1	1			1	1	1	1	1			1	1	1	病
29	027	王军	生产部	1	1	事	1			1	1	1	1	1			1	1	1	1	1			1	1	1	1	1			1	1	1	1

员工月考勤表

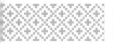

图 7-39　输入员工考勤数据

Step 2　在单元格区域 AI2:AS2 中的各单元格中分别输入“事”“病”“婚”“产”“丧”“伤”“护”“年”“旷工”“迟到”“早退”，在 AI3 单元格中输入公式“=COUNTIF ($D3:$AH3,AI$2)”，拖动填充柄复制公式到 AS3 单元格，再向下拖动填充柄复制公式到 AS32 单元格，员工考勤数据的统计结果如图 7-40 所示。

微课视频 7-3

	A	B	C	D	E	F	G	H	I	J	K	L	M	N	O	P	Q	R	S	T	U	V	W	X	Y	Z	AA	AB	AC	AD	AE	AF	AG	AH	AI	AJ	AK	AL	AM	AN	AO	AP	AQ	AR	AS
1	2022年3月考勤表																																												
2	工号	姓名	部门	1	2	3	4	5	6	7	8	9	10	11	12	13	14	15	16	17	18	19	20	21	22	23	24	25	26	27	28	29	30	31	事	病	婚	产	丧	伤	护	年	旷工	迟到	早退
3	001	田娜娜	销售部	1	1	1	1			1	1	1	1	1			1	1	1	1	1			1	1	1	1	1			1	1	1	1	0	0	0	0	0	0	0	0	0	0	0
4	002	王永强	销售部	1	事	1	1			1	1	1	1	1			1	1	1	1	1			1	1	1	1	1			1	1	1	1	1	0	0	0	0	0	0	0	0	0	0
5	003	张俊辉	财务部	1	1	1	1			1	1	1	1	1			1	1	1	1	1			1	1	1	1	1			1	1	1	1	0	0	0	0	0	0	0	0	0	0	0
6	004	齐思宇	行政部	1	1	1	1			1	1	1	1	1			1	1	1	1	1			1	1	1	1	1			1	1	1	1	0	0	0	0	0	0	0	0	0	0	0
7	005	刘莎莎	销售部	1	1	1	病			1	1	1	1	1			1	1	1	1	1			1	1	1	1	1			1	1	1	1	0	1	0	0	0	0	0	0	0	0	0
8	006	李海霞	生产部	1	1	事	1			1	1	1	1	1			1	1	1	1	1			1	1	1	1	1			1	1	1	1	1	0	0	0	0	0	0	0	0	0	0
9	007	徐阳	财务部	1	1	1	1			1	1	1	1	1			1	1	1	1	1			1	1	1	1	1			1	1	1	1	0	0	0	0	0	0	0	0	0	0	0
10	008	郑旭	生产部	1	1	1	1			1	1	1	1	1			1	1	1	1	1			1	1	1	年	年			年	年	年	1	0	0	0	0	0	0	0	5	0	0	0
11	009	王东峰	技术部	1	1	1	1			1	1	1	1	1			1	1	1	1	1			1	1	1	1	1			1	1	1	1	0	0	0	0	0	0	0	0	0	0	0
12	010	李凯乐	财务部	1	1	1	1			1	1	1	1	1			1	1	1	1	1			1	1	1	1	1			1	1	1	1	0	0	0	0	0	0	0	0	0	0	0
13	011	郝玲	技术部	1	1	1	1			1	1	1	1	1			1	1	1	病	1			1	1	迟到	1	1			1	1	1	1	0	1	0	0	0	0	0	0	0	1	0
14	012	杨沛	生产部	1	1	1	1			1	1	事	1	1			1	1	1	1	1			1	1	1	1	1			1	1	病	1	1	1	0	0	0	0	0	0	0	0	0
15	013	杜鑫	技术部	1	1	1	1			1	1	1	1	1			病	1	1	1	1			1	1	1	1	1			1	1	1	1	0	1	0	0	0	0	0	0	0	0	0
16	014	张国强	财务部	1	1	1	1			1	1	1	1	1			1	1	1	1	1			1	1	1	1	1			1	1	早退	1	0	0	0	0	0	0	0	0	0	0	1
17	015	崔文华	技术部	1	1	1	1			1	1	1	1	1			1	1	1	1	1			1	1	1	1	1			1	1	1	1	0	0	0	0	0	0	0	0	0	0	0
18	016	孙梦园	生产部	1	1	1	1			1	1	1	1	1			1	1	1	1	1			1	1	事	1	1			1	1	1	1	1	0	0	0	0	0	0	0	0	0	0
19	017	段博文	技术部	1	1	1	1			1	1	1	1	1			1	1	1	1	1			1	1	1	1	1			1	1	1	1	0	0	0	0	0	0	0	0	0	0	0
20	018	何晔	财务部	1	事	1	1			1	1	1	1	1			1	1	1	1	1			1	1	1	1	1			1	1	1	1	1	0	0	0	0	0	0	0	0	0	0
21	019	孙亚军	生产部	1	1	1	1			1	1	1	1	迟到			1	1	1	1	1			迟到	1	1	1	1			1	1	1	1	0	0	0	0	0	0	0	0	0	2	0
22	020	杨璐	财务部	1	1	1	1			1	1	1	1	1			1	1	1	1	1			1	1	1	1	1			1	1	1	1	0	0	0	0	0	0	0	0	0	0	0
23	021	何姗姗	生产部	1	1	1	1			1	1	1	1	1			1	1	1	1	1			1	1	1	1	1			1	1	1	1	0	0	0	0	0	0	0	0	0	0	0
24	022	唐奕凡	销售部	1	1	1	1			1	1	1	1	1			1	早退	1	1	1			1	1	1	1	1			1	1	1	1	0	0	0	0	0	0	0	0	0	0	1
25	023	黄雅丽	行政部	1	1	年	年			年	年	年	1	1			1	1	1	1	1			1	1	1	1	1			1	1	1	1	0	0	0	0	0	0	0	5	0	0	0
26	024	李艺珍	生产部	1	1	1	1			1	1	1	1	1			1	1	1	1	1			1	1	1	1	1			1	事	1	1	1	0	0	0	0	0	0	0	0	0	0
27	025	宋雯艺	技术部	1	1	1	1			1	1	1	1	1			1	1	1	1	1			1	1	1	1	1			1	1	1	1	0	0	0	0	0	0	0	0	0	0	0
28	026	赵辉	销售部	1	1	1	1			1	1	1	1	1			1	1	1	1	1			1	1	1	1	1			1	1	1	病	0	1	0	0	0	0	0	0	0	0	0
29	027	王军	生产部	1	1	事	1			1	1	1	1	1			1	1	1	1	1			1	1	1	1	1			1	1	1	1	1	0	0	0	0	0	0	0	0	0	0

员工月考勤表

图 7-40　员工考勤数据的统计结果

7.4 员工培训数据管理

员工培训数据管理是企业人力资源管理中的重要内容，员工培训对提高员工的整体素质、增强企业凝聚力及员工对企业的归属感和主人翁责任感都起到良好的促进作用。因此，对员工进行各种管理知识和技能培训是人力资源部门重要的日常工作之一。

▶ 7.4.1 员工培训成绩的输入与计算

例 7-16 创建"员工培训考核情况表"，输入并计算员工培训成绩。

（1）创建一个新工作表，命名为"员工培训考核情况表"，在工作表中的第 1 行中输入表头，即工号、姓名、部门、企业文化培训成绩、规章制度培训成绩、商务礼仪培训成绩、信息技术培训成绩、企业安全培训成绩、平均成绩、总成绩、名次，从下一行开始依次输入员工具体培训成绩，如图 7-41 所示。

	A	B	C	D	E	F	G	H	I	J	K
1	工号	姓名	部门	企业文化培训成绩	规章制度培训成绩	商务礼仪培训成绩	信息技术培训成绩	企业安全培训成绩	平均成绩	总成绩	名次
2	001	田娜娜	销售部	84	84	75	88	95			
3	002	王永强	销售部	79	70	86	69	78			
4	003	张俊辉	财务部	77	72	65	90	66			
5	004	齐思宇	行政部	76	76	76	83	91			
6	005	刘莎莎	销售部	89	81	81	55	76			
7	006	李海霞	生产部	85	75	82	85	84			
8	007	徐阳	财务部	70	75	80	85	93			
9	008	郑旭	生产部	88	79	77	80	89			
10	009	王东峰	技术部	83	82	76	89	80			
11	010	李凯乐	财务部	76	54	81	79	78			
12	011	郝玲	技术部	92	82	70	81	85			
13	012	杨沛	生产部	83	73	75	78	93			
14	013	杜鑫	技术部	85	81	79	95	90			
15	014	张国强	财务部	69	83	77	65	80			
16	015	崔文华	技术部	89	67	70	86	80			
17	016	孙梦园	生产部	88	76	77	86	67			
18	017	段博文	技术部	90	87	80	96	89			
19	018	何晔	财务部	83	80	71	82	95			
20	019	孙亚军	财务部	90	76	55	87	85			
21	020	杨璐	财务部	93	74	85	88	69			
22	021	何姗姗	生产部	85	85	68	67	81			
23	022	唐奕凡	销售部	89	87	85	83	82			
24	023	黄雅丽	行政部	79	66	83	80	59			
25	024	李艺珍	生产部	80	86	83	89	95			
26	025	宋雯艺	技术部	59	72	65	86	76			
27	026	赵辉	销售部	76	70	56	87	89			
28	027	王军	生产部	81	83	69	88	90			
29	028	张利君	销售部	69	65	73	80	53			
30	029	刘静雯	行政部	85	85	74	87	86			
31	030	胡晨阳	行政部	80	57	79	90	75			

员工培训考核情况表

图 7-41 输入员工具体培训成绩

（2）平均成绩的计算。在 I2 单元格中输入公式"=AVERAGE(D2:H2)"，再拖动填充柄复制公式到 I31 单元格，从而求出员工培训的平均成绩。

（3）总成绩的计算。在 J2 单元格中输入公式"=SUM(D2:H2)"，再拖动填充柄复制公式到 J31 单元格，从而求出员工培训的总成绩。

（4）名次的计算。在 K2 单元格中输入公式"=RANK(J2,J$2:J$31)"，再拖动填充柄复制公式到 K31 单元格，从而求出员工培训总成绩的名次。

（5）根据名次进行排序。选定 K1 单元格，单击"数据"选项卡"排序和筛选"组工具栏中的"升序"命令按钮，即可按名次从小到大的顺序进行排序。

（6）将成绩小于 60 的分数标识为红色且字形加粗，具体操作步骤如下。

Step 1 选定单元格区域 D2:H31，单击"开始"选项卡"样式"组工具栏中的"条件格式"命令按钮，在下拉菜单中选择"突出显示单元格规则"子菜单中的"小于"命令，弹出"小于"对话框，在其中的文本框中输入数值"60"，如图 7-42 所示。

Step 2 在"设置为"下拉列表中选择"自定义格式"选项，弹出"设置单元格格式"对话框，将"字形"设置为"加粗"，将"颜色"设置为"红色"，设置完成结果如图 7-43 所示。

图 7-42 为成绩小于 60 的单元格设置格式　　图 7-43 "设置单元格格式"对话框设置完成结果

Step 3 单击"确定"按钮，返回到"小于"对话框，单击"确定"按钮，设置条件格式后的"员工培训考核情况表"效果如图 7-44 所示。

	A	B	C	D	E	F	G	H	I	J	K
1	工号	姓名	部门	企业文化培训成绩	规章制度培训成绩	商务礼仪培训成绩	信息技术培训成绩	企业安全培训成绩	平均成绩	总成绩	名次
2	017	段博文	技术部	90	87	80	96	89	88.4	442	1
3	024	李艺珍	生产部	80	86	83	89	95	86.6	433	2
4	013	杜鑫	技术部	85	81	79	95	90	86	430	3
5	001	田娜娜	销售部	84	84	75	88	95	85.2	426	4
6	022	唐奕凡	销售部	89	87	85	83	82	85.2	426	4
7	029	刘静雯	行政部	85	85	74	87	86	83.4	417	6
8	008	郑旭	生产部	88	79	77	80	89	82.6	413	7
9	006	李海霞	生产部	85	75	82	85	84	82.2	411	8
10	018	何晔	财务部	83	80	71	82	95	82.2	411	8
11	027	王军	生产部	81	83	69	88	90	82.2	411	8
12	009	王东峰	技术部	83	82	76	89	80	82	410	11
13	011	郑玲	技术部	92	82	70	81	85	82	410	11
14	020	杨璐	财务部	93	74	85	88	69	81.8	409	13
15	007	徐阳	财务部	70	75	80	85	93	80.6	403	14
16	004	齐思宇	行政部	76	76	76	83	91	80.4	402	15
17	012	杨沛	生产部	83	73	75	78	93	80.4	402	15
18	016	孙梦园	生产部	88	76	77	86	67	78.8	394	17
19	019	孙亚军	生产部	90	76	55	87	85	78.6	393	18
20	015	崔文华	技术部	89	67	70	86	80	78.4	392	19
21	021	何姗姗	生产部	85	85	68	67	81	77.2	386	20
22	002	王永强	销售部	79	70	86	69	78	76.4	382	21
23	005	刘莎莎	销售部	89	81	81	55	76	76.4	382	21
24	030	胡晨阳	行政部	80	57	79	90	75	76.2	381	23
25	026	赵辉	销售部	76	70	56	87	89	75.6	378	24
26	014	张国强	财务部	69	83	77	65	80	74.8	374	25
27	003	张俊辉	财务部	77	72	65	90	66	74	370	26
28	010	李凯乐	财务部	76	54	81	79	78	73.6	368	27
29	023	黄雅丽	行政部	79	66	83	80	59	73.4	367	28
30	025	宋雯艺	技术部	59	72	65	86	76	71.6	358	29
31	028	张利君	销售部	69	65	73	80	53	68	340	30

员工培训考核情况表 ⊕

图 7-44　设置条件格式后的"员工培训考核情况表"效果

7.4.2　员工培训成绩的统计

在员工培训数据管理中，通常会计算最大值、最小值、算术平均值、中位数、标准偏差等来对员工培训成绩进行统计。

例 7-17　在"员工培训考核情况表"中，对所有员工的培训成绩计算最大值、最小值、算术平均值、中位数、标准偏差。

[Step 1] 计算最大值。在 D32 单元格中输入公式"=MAX(D2:D31)"，再拖动填充柄复制公式到 J32 单元格。

[Step 2] 计算最小值。在 D33 单元格中输入公式"=MIN(D2:D31)"，再拖动填充柄复制公式到 J33 单元格。

[Step 3] 计算算术平均值。在 D34 单元格中输入公式"=AVERAGE(D2:D31)"，再拖动填充柄复制公式到 J34 单元格。

[Step 4] 计算中位数。在 D35 单元格中输入公式"=MEDIAN(D2:D31)"，再拖动填充柄复制公式到 J35 单元格。

[Step 5] 计算标准偏差。在 D36 单元格中输入公式"=STDEV.S(D2:D31)"，再拖动填充柄复制公式到 J36 单元格。

经计算后，得出所有员工培训成绩的最大值、最小值、算术平均值、中位数及标准偏差，如图 7-45 所示。

图 7-45　所有员工培训成绩的统计

例 7-18　在"员工培训考核情况表"中，统计所有员工的 5 门培训课程成绩在各成绩段的人数。

Step 1　在"员工培训考核情况表"中，在单元格区域 D39:H39 中分别输入"企业文化培训成绩""规章制度培训成绩""商务礼仪培训成绩""信息技术培训成绩""企业安全培训成绩"，在单元格区域 C40:C44 中分别输入各成绩段"<60""60-69""70-79""80-89"">=90"，建立的员工 5 门培训课程成绩统计数据区域如图 7-46 所示。

图 7-46　员工 5 门培训课程成绩统计数据区域

Step 2　在 D40 单元格中输入公式"=COUNTIF(D2:D31,"<60")"，统计出在所有员工中"企业文化培训成绩"小于 60 分的人数；拖动 D40 单元格右下角的填充柄，复制公式到 H40 单元格，即可分别统计出其他 4 门培训课程员工培训成绩小于 60 分的人数。

Step 3　在 D41 单元格中输入公式"=COUNTIF(D2:D31,">=60")-COUNTIF(D2:D31,">=70")"，统计出在所有员工中"企业文化培训成绩"不低于 60 分且小于 70 分的人数；拖动 D41 单元格右下角的填充柄，复制公式到 H41 单元格，即可分别统计出其他 4 门培训课程员工培训成绩不低于 60 分且小于 70 分的人数。

Step 4　在 D42 单元格中输入公式"=COUNTIF(D2:D31,">=70")-COUNTIF(D2:D31,">=80")"，再拖动 D42 单元格右下角的填充柄，复制公式到 H42 单元格，即可分别统计出 5 门培训课程员工培训成绩不低于 70 分且小于 80 分的人数。

Step 5　在 D43 单元格中输入公式"=COUNTIF(D2:D31,">=80")-COUNTIF(D2:D31,">=90")"，再拖动 D43 单元格右下角的填充柄，复制公式到 H43 单元格，即可分别统计出 5 门培训课程员工培训成绩不低于 80 分且小于 90 分的人数。

Step 6　在 D44 单元格中输入公式"=COUNTIF(D2:D31,">=90")"，再拖动 D44 单元格右下角的填充柄，复制公式到 H44 单元格，即可分别统计出 5 门培训课程员工培训成绩不低于 90 分的人数。

以上按 5 个成绩段统计的结果如图 7-47 所示。

	C	D	E	F	G	H	I
39		企业文化培训成绩	规章制度培训成绩	商务礼仪培训成绩	信息技术培训成绩	企业安全培训成绩	
40	<60	1	2	1	2	3	
41	60-69	2	3	4	3	3	
42	70-79	7	12	14	2	5	
43	80-89	16	13	10	20	12	
44	>=90	4	0	0	4	8	
45							

员工培训考核情况表

图 7-47　按 5 个成绩段统计的结果

7.4.3　部门员工培训成绩的统计

例 7-19　在"员工培训考核情况表"中，按部门统计员工培训的平均成绩、总成绩的平均值。

Step 1　选定"员工培训考核情况表"中的数据区域 A1:K31，单击"数据"选项卡"排序和筛选"组工具栏中的"排序"命令按钮，弹出"排序"对话框，在"主要关键字"下拉列表中选择"部门"选项，在"次序"下拉列表中选择"升序"选项，单击"确定"按钮。

Step 2　选定单元格区域 A1:K31，单击"数据"选项卡"分级显示"组工具栏中的"分类汇总"命令按钮，弹出"分类汇总"对话框，在"分类字段"下拉列表中选择"部门"选项，在"汇总方式"下拉列表中选择"平均值"选项，在"选定汇总项"列表框中勾选"平均成绩""总成绩"复选框。

Step 3　单击"确定"按钮，按部门进行分类，对各部门员工的平均成绩、总成绩的平均值进行汇总，分类汇总的结果如图 7-48 所示。

	A	B	C	D	E	F	G	H	I	J	K
1	工号	姓名	部门	企业文化培训	规章制度培训	商务礼仪培训	信息技术培训	企业安全培训	平均成绩	总成绩	名次
2	003	张俊辉	财务部	77	72	65	90	66	74	370	30
3	007	徐阳	财务部	70	75	80	85	93	80.6	403	16
4	010	李凯乐	财务部	76	54	81	79	78	73.6	368	31
5	014	张国强	财务部	69	83	77	65	80	74.8	374	29
6	018	何晔	财务部	83	80	71	82	95	82.2	411	8
7	020	杨璐	财务部	93	74	85	88	69	81.8	409	13
8			财务部 平均值						77.83333	389.1667	
9	009	王东峰	技术部	83	82	76	89	80	82	410	11
10	011	郝玲	技术部	92	82	70	81	85	82	410	11
11	013	杜鑫	技术部	85	81	79	95	90	86	430	3
12	015	崔文华	技术部	89	67	70	86	80	78.4	392	21
13	017	段博文	技术部	90	87	80	96	89	88.4	442	1
14	025	宋费艺	技术部	59	72	65	86	76	71.6	358	33
15			技术部 平均值						81.4	407	
16	006	李海霞	生产部	85	75	82	85	84	82.2	411	8
17	008	郑旭	生产部	88	79	77	80	89	82.6	413	7
18	012	杨沛	生产部	83	73	75	78	93	80.4	402	17
19	016	孙梦园	生产部	88	76	77	86	67	78.8	394	19
20	019	孙亚军	生产部	90	76	55	87	85	78.6	393	20
21	021	何姗姗	生产部	85	85	68	67	81	77.2	386	24
22	024	李艺珍	生产部	80	86	83	89	95	86.6	433	2
23	027	王军	生产部	81	83	69	88	90	82.2	411	8
24			生产部 平均值						81.075	405.375	
25	001	田娜娜	销售部	84	84	75	88	95	85.2	426	4
26	002	王永强	销售部	79	70	86	69	78	76.4	382	25
27	004	刘苏苏	销售部	89	81	81	55	76	76.4	382	25
28	022	唐奕凡	销售部	89	87	85	83	82	85.2	426	4
29	026	赵辉	销售部	76	70	56	87	89	75.6	378	28
30	028	张利君	销售部	69	65	73	80	53	68	340	34
31			销售部 平均值						77.8	389	

员工培训考核情况表

图 7-48　分类汇总的结果

Step 4　单击表格左边的□按钮，即可隐藏该部门员工的所有详细信息，仅显示对该部门汇总的成绩，如图 7-49 所示。

1 2 3	A	B	C	D 企业文化 培训成绩	E 规章制度 培训成绩	F 商务礼仪 培训成绩	G 信息技术 培训成绩	H 企业安全 培训成绩	I 平均成绩	J 总成绩	K 名次
1	工号	姓名	部门								
8			财务部 平均值						77.83333	389.1667	
15			技术部 平均值						81.4	407	
24			生产部 平均值						81.075	405.375	
31			销售部 平均值						77.8	389	
36			行政部 平均值						78.35	391.75	
37			总计平均值						79.47333	397.3667	
38											
39											

员工培训考核情况表

图 7-49　仅显示分类汇总的结果

例 7-20　在"员工培训考核情况表"中，对所有员工按部门统计平均成绩的最大值、最小值、平均值、标准偏差。

Step 1　选定"员工培训考核情况表"中的数据区域 A1:K31，单击"插入"选项卡"表格"组工具栏中的"数据透视表"命令按钮，在"选择放置数据透视表的位置"选区中选中"新工作表"单选按钮，单击"确定"按钮。

Step 2　在"数据透视表字段"窗格中，将"部门"字段拖放到"行"区域中，将"平均成绩"字段拖放到"值"区域中，其默认为"求和项:平均成绩"，单击"值"区域中的字段，在弹出的快捷菜单中选择"值字段设置"命令，在弹出的"值字段设置"对话框中，选择"值字段汇总方式"为"最大值"，如图 7-50 所示，单击"确定"按钮。

图 7-50　"值字段设置"对话框

Step 3　重复 Step2 的操作，再分 3 次将"平均成绩"拖放到"值"区域中，并在"值字段设置"对话框中，将"值字段汇总方式"分别设置为"最小值""平均值""标准偏差"，统计的结果如图 7-51 所示。

	A	B	C	D	E
3	行标签	最大值项:平均成绩	最小值项:平均成绩	平均值项:平均成绩	标准偏差项:平均成绩
4	财务部	82.2	73.6	77.83333333	4.105443541
5	技术部	88.4	71.6	81.4	5.931610237
6	生产部	86.6	77.2	81.075	2.979813033
7	销售部	85.2	68	77.8	6.547060409
8	行政部	83.4	73.4	78.35	4.428317965
9	总计	88.4	68	79.47333333	4.829073827
10					

Sheet1　员工培训考核情况表

微课视频 7-4

图 7-51　使用数据透视表按部门统计的结果

本章小结

本章主要介绍了使用 Excel 进行人力资源数据的处理，包括对员工基本数据、员工薪酬数据、员工考勤数据和员工培训数据的输入、计算、筛选与统计等操作。其中主要使用了 Excel 的公式与函数、数据验证、分类汇总、合并计算、数据透视表等功能，实现了对人力资源数据的数字化管理。

实践1：员工基本数据的输入、计算、筛选、统计

1. 员工基本数据的输入与计算

创建"员工基本信息表"，输入如图 7-6 所示的员工基本数据，掌握数据的输入与计算，要求如下。

（1）创建"员工基本信息表"，并输入字段内容。

（2）使用填充序列的方式完成工号的输入。

（3）输入姓名、出生日期、籍贯、入职日期、联系电话。

（4）使用数据验证功能输入性别、学历、婚姻状况、部门、职务。

（5）使用函数计算年龄、工龄。

操作步骤：

[Step 1] 创建"员工基本信息表"，并输入字段内容。创建一个新的工作簿，保存并命名为"人力资源管理"。选定工作簿中的"Sheet1"，并命名为"员工基本信息表"，在工作表中的第 1 行中输入字段内容，即工号、姓名、性别、出生日期、年龄、学历、婚姻状况、籍贯、部门、职务、入职日期、工龄、联系电话。

[Step 2] 输入所有员工的工号。选定 A2 单元格，输入"'001"，将鼠标指针移至 A2 单元格的右下角，待鼠标指针变为填充柄后，按住鼠标左键拖动填充柄，将自动生成等差序列填充单元格。

[Step 3] 手动输入所有员工的姓名、出生日期、籍贯、入职日期、联系电话。

[Step 4] 使用数据验证功能输入所有员工的性别、学历、婚姻状况、部门、职务。

① 选定单元格区域 C2:C31，单击"数据"选项卡"数据工具"组工具栏中的"数据验证"命令按钮，弹出"数据验证"对话框，选择"设置"选项卡，在"允许"下拉列表中选择"序列"选项，在"来源"文本框中输入内容"男,女"，并勾选"忽略空值"和"提供下拉箭头"复选框，如图 7-52 所示，单击"确定"按钮。

图 7-52　设置数据有效性

② 此时，单击 C2 单元格，在单元格的右边会出现一个下拉列表按钮▾，单击下拉列表按钮，在打开的下拉列表中即可选择员工的性别。重复这种方法，可以完成其他员工的性别的输入。

③ 对于"学历""婚姻状况""部门""职务"列，可以使用相同的方法进行数据验证的设置，这样就可以直接从下拉列表中选择数据进行输入，而不用手动输入数据。

Step 5　使用函数计算所有员工的年龄、工龄。

① 在 E2 单元格中输入公式"=DATEDIF(D2,TODAY(),"Y")"，按下 Enter 键，即可计算出第 1 个员工的年龄，再拖动填充柄复制公式到 E31 单元格。

② 在 L2 单元格中输入公式"=ROUND(YEARFRAC(K2,TODAY(),1),0)"，按下 Enter 键，即可计算出第 1 个员工的工龄，再拖动填充柄复制公式到 L31 单元格。

2. 员工基本数据的筛选

要求如下。

（1）筛选出职务为部长的女员工的信息。

（2）筛选出年龄超过 40 岁的女员工和年龄超过 45 岁的男员工。

操作步骤：

首先，对多个字段同时设置筛选条件。

Step 1　单击"数据"选项卡"排序和筛选"组工具栏中的"筛选"命令按钮，工作表进入筛选状态。

Step 2　单击"性别"字段右侧的下三角按钮，在下拉列表中取消勾选"全选"复选框，再勾选"女"复选框，单击"确定"按钮。

Step 3　单击"职务"字段右侧的下三角按钮，在下拉列表中取消勾选"全选"复选框，再勾选"部长"复选框，单击"确定"按钮。这样仅显示性别为"女"、职务为"部长"的员工记录。

其次，使用高级筛选来筛选出年龄超过 40 岁的女员工和年龄超过 45 岁的男员工。

Step 1　建立筛选的条件区域，筛选条件为性别为"女"且年龄超过 40 岁，或者性别为"男"且年龄超过 45 岁的员工，定义的筛选条件如图 7-53 所示。定义完筛选条件后，即可进行高级筛选操作。

	A	B	C	D	E	F	G	H	I	J
29	028	张利君	男	1998/10/7	23	本科	未婚	山东	销售部	业务员
30	029	刘静雯	女	1996/4/7	26	硕士研究生	未婚	河南	行政部	业务员
31	030	胡晨阳	男	1996/11/10	25	本科	未婚	河北	行政部	业务员
32										
33										
34										
35			性别	年龄						
36			女	>40						
37			男	>45						
38										

员工基本信息表

图 7-53　定义的筛选条件

Step 2 单击"数据"选项卡"排序和筛选"组工具栏中的"高级"命令按钮，弹出"高级筛选"对话框，在"列表区域"文本框中指定筛选数据所在的单元格区域，然后在"条件区域"文本框中指定筛选条件所在的单元格区域，再选中"在原有区域显示筛选结果"单选按钮，如图 7-54 所示。

图 7-54　高级筛选设置

Step 3 高级筛选的"方式""列表区域""条件区域"设置完成后，单击"确定"按钮，高级筛选结果如图 7-55 所示。

	A	B	C	D	E	F	G	H	I	J	K	L	M
1	工号	姓名	性别	出生日期	年龄	学历	婚姻状况	籍贯	部门	职务	入职日期	工龄	联系电话
2	001	田娜娜	女	1972/2/6	50	本科	已婚	陕西	销售部	部长	1995/7/1	27	135****5678
7	006	李海霞	男	1975/11/10	46	本科	已婚	甘肃	生产部	部长	1998/6/20	24	137****1236
32													
33													

员工基本信息表

就绪　在 30 条记录中找到 2 个　　　　　　　　　　　　　　　100%

图 7-55　高级筛选结果

3. 对各部门员工的学历构成进行统计

要求如下。

（1）创建数据透视表。

（2）使用数据透视表对各部门员工的学历构成进行统计。

操作步骤：

Step 1 单击"插入"选项卡"表格"组工具栏中的"数据透视表"命令按钮，弹出"创建数据透视表"对话框，将"表/区域"设置为单元格区域 A1:M31，在"选择放置数据透视表的位置"选区中选中"新工作表"单选按钮，单击"确定"按钮。

Step 2 在"数据透视表字段"窗格中，从"选择要添加到报表的字段"列表框中选择需要的字段并拖放到相应的报表区域，报表筛选器设置为"职务"字段，行标签设置为"部门"字段，列标签设置为"学历"字段，值设置为"工号"字段，并对"工号"字段进行计数。

Step 3 设置完成后，自动得出各部门员工的学历构成情况，其数据透视表如图 7-56 所示。

图 7-56 统计各部门员工学历构成情况的数据透视表

Step 4 单击数据透视表中筛选条件"职务"右侧的下三角按钮，在打开的下拉列表中选择"业务员"选项，单击"确定"按钮，则会显示职务为"业务员"的员工在各部门的学历构成情况，其数据透视表如图 7-57 所示。

图 7-57 职务为"业务员"的员工在各部门的学历构成情况数据透视表

4. 对员工的年龄分布进行统计

要求如下。

（1）创建图表。

（2）使用图表对员工的年龄分布进行统计。

操作步骤：

Step 1 在如图 7-20 所示的工作表中，在 A12、A13 单元格中分别输入"年龄段""人数"，再选定数据透视表中的单元格区域 B4:G4 和 B10:G10，将其复制到单元格区域 B12:G13 中，如图 7-58 所示。

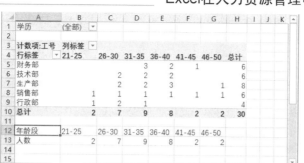

图 7-58　创建图表的数据源

Step 2　选定单元格区域 B12:G13，单击"插入"选项卡"图表"组工具栏中右下角的"查看所有图表"命令按钮，弹出"插入图表"对话框，选择"所有图表"选项卡中的图表类型"饼图"，在右侧上部选择要插入的饼图类型"饼图"，单击"确定"按钮，此时可根据选定的数据源创建一个二维饼图，其中直观显示了员工的年龄分布。

Step 3　将图表标题修改为"员工年龄结构分布图"，并将图例调整到图表的右侧。

Step 4　选定图表中的二维饼图，单击鼠标右键，在弹出的快捷菜单中选择"添加数据标签"子菜单中的"添加数据标注"命令，员工的年龄分布图如图 7-59 所示。

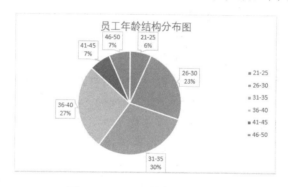

图 7-59　员工的年龄分布图

实践2：员工薪酬数据的输入、计算、调整、统计

创建"员工薪酬表"，对员工薪酬数据进行输入、计算、调整、统计，要求如下。

（1）创建"员工薪酬表"，对员工薪酬数据进行输入与计算。

① 在工作表中的第1行中输入字段内容，即工号、姓名、岗位工资、薪级工资、补贴、奖金、应发工资、养老保险、医疗保险、失业保险、住房公积金、专项附加扣除、应纳税所得额、个人所得税、实发工资。

② 输入所有员工的工号、姓名、岗位工资、薪级工资、补贴、奖金的具体数据，并计算应发工资。

③ 使用公式计算养老保险、医疗保险、失业保险、住房公积金，企业规定这 4 项分别按岗位工资和薪级工资之和的 8%、2%、0.5%、12%计算。

④ 输入所有员工的专项附加扣除，计算员工的应纳税所得额、个人所得税、实发工资。

（2）对员工薪酬数据进行调整与统计。

① 将所有员工的薪级工资上调 200 元。

② 将业务员的薪级工资上调 300 元，其他职务员工的薪级工资上调 200 元。

③ 使用函数求所有员工的个人所得税、实发工资的最大值、最小值、算术平均值、中位数、标准偏差。

习题

一、选择题

1. 使用（　　）定义单元格序列，这样可以直接从下拉列表中选择所需的数据，而不用手动输入数据，从而有效提高数据输入的效率和准确性。

A. 数据筛选　　　　　　B. 数据排序　　　　　　C. 数据验证　　　　　　D. 数据汇总

2. 在 Excel 中，日期型数据"2022 年 3 月 23 日"的正确输入形式是（　　）。

A. 2022-3-23　　　　　　B. 2022,3,23　　　　　　C. 2022:3:23　　　　　　D. 2022.3.23

3. 在 Excel 中，输入公式的第 1 个符号是（　　）。

A. =　　　　　　　　　　B. #　　　　　　　　　　C. &　　　　　　　　　　D. %

4. 使用高级筛选功能时，需要先建立筛选的条件区域，同一行中的多个条件之间是（　　）的关系。

A. 与　　　　　　　　　　B. 或　　　　　　　　　　C. 非　　　　　　　　　　D. 异或

5. 使用高级筛选功能时，需要先建立筛选的条件区域，不同行中的多个条件之间是（　　）的关系。

A. 与　　　　　　　　　　B. 或　　　　　　　　　　C. 非　　　　　　　　　　D. 异或

6. 在输入员工数据时，当单元格中出现了一连串的"#"符号时，若希望正常显示，则需要完成的操作是（　　）。

A. 删除这些符号　　　　　　　　　　　B. 删除单元格

C. 重新输入数据　　　　　　　　　　　D. 调整单元格的宽度

7. 要按不同幅度调整员工的岗位工资，可以使用（　　）功能。

A. 分类汇总　　　　　　B. 合并计算　　　　　　C. 数据筛选　　　　　　D. 数据验证

8. 以下函数中，（　　）函数不是日期与时间函数。

A. HOUR　　　　　　　　B. MINUTE　　　　　　C. WEEKDAY　　　　　　D. CHOOSE

9. 要计算所有员工实发工资的标准偏差，应使用（　　　）函数。

A. MEDIAN 　　　　B. STDEV.S 　　　　C. AVERAGE 　　　　D. LOOKUP

10. 要统计工龄超过 30 年的员工人数，应使用（　　　）函数。

A. COUNTIF 　　　　B. IF 　　　　C. SUMIF 　　　　D. SUM

二、填空题

1. 工号是员工基本信息中的必需数据，每个员工的工号是唯一且不能重复的。在 Excel 中，可以使用_____功能来控制工号的输入，以避免输入重复的工号。

2. 为了确保输入的电话号码正常显示在单元格中，输入电话号码前，应先输入_____。

3. 在 Excel 的单元格中输入员工的出生日期，则年、月、日之间的分隔符可以是_____。

4. 在人力资源管理中，如果只显示符合指定条件的员工记录，而暂时隐藏不符合指定条件的员工记录，则可以使用_____功能。

5. 如果要对工作表中的数据进行分类汇总，则必须先对数据按分类关键字进行_____，否则分类汇总将不能实现。

6. 若年龄要根据出生日期计算得到，则使用_____函数。

7. 对于员工的个人重要信息，如联系电话等个人隐私信息，往往需要进行屏蔽，则使用_____函数。

8. 要筛选出满足给定条件的员工，可以使用的数据筛选方法有_____和_____两种。

9. 要实现对员工培训成绩的排名，应使用_____函数。

10. 要计算所有员工培训成绩的算术平均值，应使用_____函数。

三、简答题

1. 简述如何使用数据验证功能输入员工的职务。

2. 简述如何使用数据筛选功能筛选出实发工资前 5 名的员工。

3. 简述如何使用数据透视表进行各部门员工学历构成的统计分析。

4. 简述 COUNTIF 函数的功能和语法。

5. 简述 STDEV.S 函数的功能和语法。

第8章
Excel 在企业会计中的应用

 【学习目标】

✓ 学会 Excel 在资金时间价值计算中的应用。
✓ 掌握 Excel 在商品进销存中的应用。
✓ 理解固定资产管理决策分析的建立方法。
✓ 学会 Excel 在最佳投资规模分析中的应用。

【学习重点】

✓ 掌握 PV、RATE 等函数进行资金时间价值分析的使用方法。
✓ 掌握 MATCH、POWER 等函数进行流动资产分析的使用方法。
✓ 掌握 SLN、SYD 和 DDB 等函数进行固定资产分析的使用方法。
✓ 掌握 INDEX 和 FV 等函数进行投资决策分析的使用方法。

 【思维导学】

✓ 关键字：企业会计数据处理、社会主义核心价值观。
✓ 内涵要义：培养会计信息化专业人才。
✓ 思政点播：习近平总书记在不同场合围绕诚信主题做过不少重要论述，从战略高度为新时代中国的诚信文化建设提供了基本遵循。通过介绍孔子名言："人无信不立"，说明诚信是中华民族重要的传统美德，引出案例主题。然后介绍习近平总书记在不同场合关于诚信的重要论述，说明新时代需要培养学生树立正确的人生观和价值观，做到会计诚信、不做假账、独立思考、遵守规则。
✓ 思政目标：根据国家信息化人才发展战略需要，培养会计数据处理真实准确的职业素养，增强严谨客观的专业意识。

　　企业会计运算与每个人的切身利益密切相关，在日常工作中非常普遍。许多企事业单位都设有财务部门，专门处理本单位的会计工作。会计管理的特点是涉及的数据较多、数据运算量大，且与经费直接相关，因此要求企业会计计算要准确。由于 Excel 提供了大量有关会计、投资、偿还、利息及资产折旧计算方面的函数，所以运用这些函数，可以轻松完成相关的企业会计运算，或者对其他财务会计管理软件的运算数据进行验证。

　　通过本章的学习，可以掌握 Excel 在企业会计工作中的应用方法与操作技能，学会使用 Excel 相关知识去解决繁杂的会计运算问题，从而提升企业会计的工作效率和职业竞争力。

8.1　Excel 在资金时间价值计算中的应用

　　资金时间价值又称货币时间价值，是指随着时间的推移，周转使用中的资金所发生的货币增值。资金时间价值的客观存在性要求我们在进行会计核算，尤其是在进行理财分析与评价时，对于跨期较大的收入或支出，首先需要把它们换算到相同的时间基础上，然后才能进行加减或比较。因此，面对如此繁杂的工作，企业会计可以利用 Excel 相关知识与功能轻松地完成会计核算的相关工作。

8.1.1　Excel 在现值计算中的应用

1. 相关知识

　　现值是指一笔资金按规定的折现率，折算成现在或指定起始日期的数值，也可以理解为一系列未来付款的当前值的累积和。例如，借入方的借入款即为贷出方贷款的现值。

2. 例题

　　例 8-1　某企业计划在 5 年后获得一笔资金 1000000 元，假设年投资报酬率为 10%，那么现在应该一次性地投入多少资金？

　　例 8-2　某人想要购买一项基金，购买成本为 80000 元，该基金可以在今后 20 年每月月末回报 600 元，假定投资机会的最低年报酬率为 8%，那么投资该项基金是否划算？

3. 分析

　　上述两个例题均属于现值分析问题，可以通过利用 Excel 的现值函数 PV 轻而易举地解决。

4. 操作步骤

　　例 8-1 的操作步骤：

Step 1　建立 Excel 在现值计算中的模型，如图 8-1（a）所示。

Step 2　在 B5 单元格中输入公式 "=PV（B2,B3,B4）"。

微课视频 8-1

Step 3 按 Enter 键，结果显示为-620921.32 元，结果表明，现在应该一次性投入620921.32 元。

注意：B3 单元格与 B4 单元格之间有一个参数默认，默认参数必须留出位置。

例 8-2 的操作步骤：

Step 1 建立 Excel 在现值计算中的模型，如图 8-1（b）所示。

Step 2 依次在 D6 单元格中输入公式"=PV(D2/12,D3*12,D4)"，在 D7 单元格中输入公式"=IF(ABS(D6)>D5,"合算","不合算")"。

Step 3 按下 Enter 键，结果显示为-71732.58 元。结果表明，实现期望报酬率需要的投资额为 71732.58 元。因为该基金实际购买成本为 80000 元，大于合理投资额，所以投资该项基金是不划算的。

	A	B
1	例8-1：某企业计划在5年后获得一笔资金1000000元，假设年投资报酬率为10%，那么现在应该一次性地投入多少资金？	
2	年报酬率	10%
3	投资期（年）	5
4	5年后获得一笔资金（元）	1000000
5	现在应该一次性地投入资金（元）	-620921.32
6		
7		

（a）

	C	D
1	例8-2：某人想要购买一项基金，如果此项基金的购买成本为80000元，该基金可以在今后20年内于每月月末回报600元。假定投资机会的最低年回报率为8%，那么投资该项基金是否划算？	
2	年报酬率	8%
3	投资期（年）	20
4	每月月末的报酬（元）	600
5	基金卖价	80000
6	实现期望报酬率需要的投资额（元）	-71732.58
7	投资是否划算	不划算

（b）

图 8-1　现值计算的 Excel 应用模型

8.1.2　Excel 在终值计算中的应用

1. 相关知识

终值又称本利和，是指某一时点上一定量的现金折合到未来的价值。

终值的计算通常分为单利终值和复利终值两种。单利终值指按单利计算出来的资金未来的价值，也就是按单利计算出来的本金与未来利息之和。复利终值指一定量的本金按照复利计算若干期后的本利和。

2. 例题

例 8-3　某企业向银行借款 2000 万元，年利率为 8%，期限为 5 年，到期一次还本付息，5 年后应偿还多少？

例 8-4　某企业计划从现在起每月月末存入 50000 元，如果按月利息 0.35%计算，那么 3 年以后该账户的存款余额是多少？

3. 分析

上述两个例题均属于终值分析问题，可以通过利用 Excel 的终值函数轻而易举地解决。

4. 操作步骤

例 8-3 的操作步骤：

Step 1 建立 Excel 在终值计算中的模型，如图 8-2（a）所示。

Step 2 在 B6 单元格中输入公式"=FV(B3,B4,-B5)"。

Step 3 按下 Enter 键，结果显示为 2938.66 万元。结果表明，该企业 5 年后应偿还 2938.66 万元。

例 8-4 的操作步骤：

Step 1 建立 Excel 在终值计算中的模型，如图 8-2（b）所示。

Step 2 在 D6 单元格中输入公式"=FV(D3,D4*12,-D5)"。

Step 3 按 Enter 键，结果显示为 1914752.41，结果表明，3 年以后该账户的存款余额是 1914752.41 元。

	A	B
1	例8-3：向银行借款2000万元，年利率8%，期限5年，到期一次还本付息，5年后应偿还多少？其中有多少利息？	
2	例8-3的计算	
3	银行借款年利率	8%
4	借款期限（年）	5
5	借款金额（万元）	2000
6	到期还本付息额（万元）	2938.66
7	其中 利息额（万元）	938.66

（a）

	C	D
1	例8-4：某企业计划从现在起每月月末存入50000元，如果按月利息0.35%计算，那么三年以后该账户的存款余额是多少？	
2	例8-4的计算	
3	存款月利息率	0.35%
4	存款期限（年）	3
5	每月末存款金额（元）	50000
6	存款到期后的账户金额（元）	1914752.41

（b）

图 8-2 终值计算的 Excel 应用模型

8.1.3 Excel 在利率计算中的应用

1. 相关知识

利率又称利息率，表示一定时期内利息量与本金的比率，通常用百分比表示。按计算利率的期限单位可划分为年利率、月利率与日利率。

利率的计算公式为：利率=（利息量÷本金÷时间）×100%。

2. 例题

例 8-5　如果某人向你借款 30000 元，并每年年末还款 9000 元，计划 5 年还完，针对这种情况，你是否决定借给他钱？

例 8-6　某公司出售一台设备，协议约定采用分期收款方式，从销售当年年末分 5 年分期收款，每年收款 200 万元，共计 1000 万元。假定购货方在销售成立日支付货款，付 800 万元即可，那么采用分期付款购买设备的折现率是多少？

例 8-7　某保险公司开办了一种一次性缴费 120000 元的商业保险，投保期限为 20 年，如果保险期限内没有出险，每月月末返还 1500 元，求该险种的收益率为多少？假设同期银行存款年利率为 10%，与银行存款相比，投保是否划算？

3. 分析

对例 8-5 情况而言，如果测算利率高于其他投资项目的报酬率，可以接受借款给他人；反之，则不接受借款给他人。

对例 8-6 情况而言，如果购货方在销售成立日支付 800 万元，可以认为应收金额的公允价值为 800 万元，此时该题需要计算年金为 200 万元、期数为 5 年、现值为 800 万元的折现率。

对例 8-7 情况而言，投保人应该关心保险收益，保险收益率大于银行存款利率才是划算的。

4. 操作步骤

例 8-5 的操作步骤：

Step 1 建立 Excel 在利率计算中的模型，如图 8-3（a）所示。

Step 2 在 B6 单元格中输入公式 "=RATE(B3,B4,-B5)"。

Step 3 按下 Enter 键，结果显示为 15.24%。

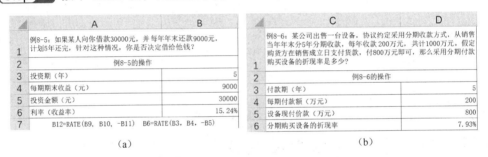

（a）　　　　　　　　　　　　　　（b）

图 8-3　利率计算的 Excel 应用模型

结果表明，如果 15.24%高于其他投资项目的报酬率，可以接受借款给他人；反之，不接受借款给他人。

例 8-6 的操作步骤：

Step 1 建立 Excel 在折现率计算中的模型，如图 8-3（b）所示。

Step 2 在 D6 单元格中输入公式 "=RATE(D3,D4,-D5)"。

Step 3 按下 Enter 键，结果显示为 7.93%。结果表明，采用分期付款购买设备的折现率为 7.93%。

例 8-7 的操作步骤：

Step 1 建立 Excel 在收益率计算中的模型，如图 8-4 所示。

	A	B	C	D	E	F	G	H
1	商业养老保险收益率计算							
2	投保年限	每月返还额	一次性投保额	期初期末参数	guess参数	投保收益率	存款利率	投保与存款比
3	20	1500	120000	0	0.1	14.09%	10%	投保有利
4	公式说明：F3=RATE（A3*12，B3，-C3，，D3，E3）*12　　H3=IF（F3>G3，"投保有利"，"存款有利"）							

图 8-4　收益率计算的 Excel 应用模型

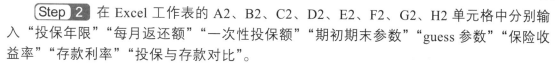
Step 2 在 Excel 工作表的 A2、B2、C2、D2、E2、F2、G2、H2 单元格中分别输入"投保年限""每月返还额""一次性投保额""期初期末参数""guess 参数""保险收益率""存款利率""投保与存款对比"。

Step 3 在 A3、B3、C3、D3、E3、G3 单元格中分别输入"20""1500""120000""0""0.1""10%"。

Step 4 在 F3 单元格中输入公式"=RATE(A3*12,B3,-C3,D3,E3)*12",最后按 Enter 键即可得出该保险的年收益率为 14.09%。

公式中 C3 参数后面有两个逗号,两个逗号之间的参数默认为 0,说明最后一次付款后账面上的现金余额为零。还可以定义判断公式,自动显示分析结果,在 H3 单元格中输入公式"=IF(F3>G3,"投保有利","存款有利")",按下 Enter 键即可得出"投保有利"的结论。

8.1.4 Excel 在年金计算中的应用

1. 相关知识

年金是指在一定时期内每隔相同时间就发生相同数额的系列收付款项。年金的特点是等额性、连续性、间隔期相同。年金分为普通年金、预付年金、递延年金和永续年金,其中普通年金最为常用。

2. 例题

例 8-8 假设以 10%的年利率借款 200000 元,投资于寿命为 10 年的某个项目,试求每年至少要收回多少资金才算划算?

例 8-9 按揭购房欠款 600000 元,假设 25 年还清,欠款年利率为 8%,试求每月月底需要还款的额度是多少?如果在每月月初还款,试求每月月初还款额度是多少?

3. 分析

上述两个例题均属于年金分析问题。其中,例 8-8 是投资回收的年金测算,例 8-9 则是按揭方式下等额分期付款的计算。如果每月月底还款则属于普通年金问题,如果每月月初还款则属于预付年金问题。

4. 操作步骤

例 8-8 的操作步骤:

Step 1 建立 Excel 在年金计算中的模型,如图 8-5(a)所示。

Step 2 在 B6 单元格中输入公式"=PMT(B3,B4,-B5)"。

微课视频 8-2

Step 3 按 Enter 键,结果显示为 32549 元。结果表明投资该项目每年至少回收 32549 元才划算。

例 8-9 的操作步骤:

Step 1 建立 Excel 在年金计算中的模型,如图 8-5(b)所示。

Step 2 在 D6 单元格中输入公式"=PMT(D3/6,D4*6,–D5)"。最后按 Enter 键，结果显示为每月月末还款额为 4630.90 元。

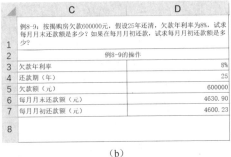

（a）　　　　　　　　　　　　　　　　　　（b）

图 8-5　年金计算的 Excel 应用模型

Step 3 在 D7 单元格中输入公式"=PMT(B9/12,B10*12,–B11,1)"。最后按 Enter 键，结果显示为每月月初还款额为 4600.23 元。

8.2　Excel 在流动资产管理中的应用

8.2.1　Excel 在最佳现金持有量分析中的应用

1. 相关知识

最佳现金持有量分析模型有 3 种：成本分析模型、存货模型、随机模型。

（1）成本分析模型就是将总成本最低时的现金持有量作为最佳现金持有量。企业持有现金的成本主要包括机会成本（资本成本）、管理成本和短缺成本 3 种。现金的占用费就是它的机会成本，与现金持有量成正比。

（2）存货模型是指如果企业平时只持有较少的现金，在需要现金时，通过出售有价证券换回现金，或从银行借入现金，就能满足现金的需要，既能避免短缺成本，又能减少机会成本。因此，适当的现金与有价证券之间的转换是企业提高资金使用效率的有效途径。

（3）随机模型是在现金需求量难以准确预知的情况下进行现金持有量控制的方法。其做法是根据历史经验和现实需要，测算出现金持有量的上限和下限，制定出现金持有量的控制范围。

2. 例题

例 8-10　某企业的资本成本、现金持有量、机会成本、管理成本和短缺成本的相关数据如图 8-6 中单元格区域 A2:E8 所示，已知有 4 种方案可供选择，根据最佳现金持有

量分析理论，在 Excel 中建立相应的分析模型。

3. 分析

现金是流动性最强的资产，作为交换媒介，具有普遍的可接受性。企业持有现金主要是为了满足交易性、预防性和投机性需要，企业可能会面临现金不足和现金过量两方面的问题。现金持有量过少，不能应付日常业务开支，会使企业遭受一定损失；现金持有量过多，不能取得应得利益，会使企业蒙受另一种损失。因此，现金的管理不仅仅是日常收支管理，还应控制好现金的持有规模。根据最佳现金持有量分析理论，建立 Excel 分析模型。

根据最佳现金持有量分析理论，利用 Excel 建立最佳现金持有量分析模型（成本分析模型、存货模型、随机模型），可以高效地解决现金的持有量控制分析问题。

4. 操作步骤

例 8-10 的操作步骤：

Step 1 建立最佳现金持有量分析的成本分析模型，如图 8-6 所示，以方案 1 为例在 B9 单元格中输入公式"=SUM(B6,B7,B8)"，最后按下 Enter 键，结果显示为 132500。其中方案 2、方案 3、方案 4 也按照此步骤操作可以得到对应的结果。比较现金持有量各个方案的总成本，总成本最低时的方案就是最优方案。

	A	B	C	D	E
1	最佳现金持有量分析—成本分析模型				
2	项 目	方 案			
3		1	2	3	4
4	资本成本	15%	15%	15%	15%
5	现金持有量（元）	250000	350000	450000	600000
6	机会成本（元）	37500	52500	67500	90000
7	管理成本（元）	45000	45000	45000	45000
8	短缺成本（元）	50000	30000	20000	0
9	总成本（元）	132500	127500	132500	135000
10	最佳成本	127500			
11	最佳现金持有量（方案）	2			
12	公式说明				
13	B9 = B6 + B7 + B8,C9 = C6 + C7 + C8,D9 = D6 + D7 + D8,E9 = E6 + E7 + E8				
14	B10 = MIN(B9：E9)，B11 = MATCH(B10,B9：E9,0)				

图 8-6　最佳现金持有量分析的成本分析模型

Step 2 建立最佳现金持有量分析的存货模型，如图 8-7 所示。结果显示，按列表测算法，4 种方案中现金持有量为 300000 元的是最佳方案；按公式计算法，最佳现金持有量为 298142 元，与列表测算法得出的结果几乎一致。

Step 3 建立最佳现金持有量分析的随机模型，如图 8-8 所示。结果表明，当企业的现金余额达到 57347 元时，应以 28231 元（57347-29116）的现金投资于有价证券，使现金持有量回落到 29116 元；当企业的现金余额降到 15000 元时，则应转让 14116 元（29116-15000）的有价证券，使现金持有量回升到 29116 元。

项 目	方 案				公式说明
	1	2	3	4	
					最佳现金持有量分析——存货模型
					列表测算法
现金总需求（元）	2000000	2000000	2000000	2000000	B10 = B9*B6
有价证券利率	9%	9%	9%	9%	C10 = C9*C6
每次交易成本（元）	2000	2000	2000	2000	D10 = D9*D6
初始现金持有量（元）	600000	500000	400000	300000	E10 = E9*E6
平均现金持有量（元）	300000	250000	200000	150000	B11 =B5/B8*B7
机会成本（元）	27000	22500	18000	13500	C11 = C5/C8*C7
交易成本（元）	6667	8000	10000	13333	D11 = D5/D8*D7
总成本（元）	33667	30500	28000	26833	E11 = E5/E8*E7
最佳成本（元）	26833				B12 = B10+B11
最佳现金持有量（方案）	4				C12 = C10+C11
公式法					D12 = D10+D11
现金总需求（元）	2000000				E12 = E10+E11
有价证券利率	9%				B13 = MIN(B12:E12)
每次交易成本（元）	2000				B14 = MATCH(B13,B12:E12,0)
最佳现金持有量（元）	298142				B19 = SQRT(2*B16*B18/B17)
总成本（元）	26833				B20 = (B19/2)*B17+(B16/B19) *B18

图 8-7　最佳现金持有量分析的存货模型

项 目	数 据
最佳现金持有量分析——随机模型	
有价证券的年利率	9%
有价证券的日利率（i）	0.0250%
每次有价证券的固定转换成本（b）	150
现金存量的下限（L）	15000
现金余额波动的标准差（δ）	2500
现金返回线（R）	29116
现金存量的上限（H）	57347
公式说明	
B8 = POWER((3*B5*POWER(B7,2))/(4*B4),1/3)+B6	
B9=3*B8-2*B6	

图 8-8　最佳现金持有量分析的随机模型

8.2.2　Excel 在商品进销存统计中的应用

1．相关知识

在商品进销存核算工作中，存在着大量的数据查找、登记、计算和汇总工作。如果手动解决这些工作，既费时又费力。靠自己开发软件来解决这些问题，并不是每个会计人员都能办得到的；而利用通用的商品化专业软件来解决，又需要额外的开支。随着 Excel 的广泛使用，利用其强大的功能去解决这些问题其实是一件十分方便的事情。对于经营品种比较单一的企业，可利用 Excel 快速建立简易的商品进销存自动统计系统。

2．例题

在 Excel 中建立进销存自动统计系统。首先，在一个工作簿中分别制作一个"进货"工作表、一个"销售"工作表和一个"进销存自动统计"工作表。每当发生进

货或销售业务而在"进货"工作表或"销售"工作表中输入进货或销售数据时,"进销存自动统计"工作表便自动统计出每一种商品的当前总进货量、当前总销售量和当前库存量。当库存量超过或低于规定的"报警线"时,能够以某种显眼的字符突出显示,以示报警。

3. 操作步骤

商品进销存自动统计系统的建模关键是要把握 Excel 表格的制作、SUMIF 函数的运用以及条件格式的运用。商品进销存自动统计系统主要包含以下 5 个方面。

（1）新建工作簿

新建一个"空白工作簿",并将文件保存在此工作薄内,然后将文件名改为"进销存自动统计系统"。

（2）定义工作表名称及数据

Step 1 建立 3 个工作表,分别将工作表名称修改为"进货表""销售表""进销存自动统计表"。

Step 2 选择"进货"工作表,在第 1 行分别输入标题内容:进货日期、商品名称、进货数量。仅为说明问题,这里只设甲、乙、丙 3 种商品,进货表如表 8-1 所示。

表 8-1 进货表

进货日期	商品名称	进货数量
2022-5-1	甲	
2022-5-1	乙	
2022-5-2	丙	
2022-5-3	丙	
……	……	

Step 3 选择"销售"工作表,在第 1 行分别输入标题内容:销售日期、销售去向、商品名称、销售数量。销售表如表 8-2 所示。

表 8-2 销售表

销售日期	销售去向	商品名称	销售数量
2022-5-11	个人	甲	
2022-5-11	A 公司	丙	
2022-5-12	个人	丙	
2022-5-13	B 集团	乙	
2022-5-13	个人	乙	
……	……	……	

Step 4 选择"进销存自动统计"工作表,在第 1 行分别输入标题内容:商品名称、当前总进货量、当前总销售量、当前库存量。进销存自动统计表如表 8-3 所示。

表8-3 进销存自动统计表

商品名称	当前总进货量	当前总销售量	当前库存量
甲			
乙			
丙			

（3）定义公式

Step 1 首先在"进销存自动统计"工作表中选择B2单元格,输入公式"=SUMIF(进货!B:B,"甲",进货!C:C)",按下Enter键,然后向下拖动B2单元格右下方的填充柄至B4单元格,进行公式复制的操作。选择B3单元格,按下F2键,修改公式中的"甲"为"乙"。按照上述同样的操作,修改B4单元格公式中的"甲"为"丙"。如果有更多的商品,以此类推,直至修改完毕为止。从公式定义可以看出,这里的单元格相加求和的条件依据是"商品名称"。

Step 2 选定B2至B4单元格,向右拖动B4单元格右下方的填充柄至C列,进行公式的复制操作。选择C2单元格,按下F2键,将公式中的"进货"修改为"销售"。按照上述同样的操作,修改C3、C4单元格公式中的"进货"为"销售"。如果有更多的商品,以此类推,直至修改完毕为止。

Step 3 选定D2单元格,输入公式"=B2-C2",按下Enter键,向下拖动D2单元格右下方的填充柄至D4单元格（如果有更多的单元格,一直向下拖动至最后一个单元格即可）,完成公式的复制工作。

（4）库存报警设置

Step 1 单击D列的列标题,设置条件格式。在"编辑规则说明"区域,从左到右分别选定"单元格值""大于或等于",并输入一个合适的最高库存量报警线数字;然后,单击"格式"命令按钮,在弹出的对话框中设置颜色为"红色",字形为"加粗";单击"确定"按钮,即完成库存超高报警突出显示的设置。

Step 2 在D列继续添加条件设置,在"编辑规则说明"区域,从左到右分别选定"单元格值""小于或等于",并输入一个合适的最低库存量报警线数字（例如,输入1,表示当库存只剩1件或没有时,突出警示）;然后,单击"格式"命令按钮,在弹出的对话框中设置颜色为"蓝色",字形为"加粗";单击"确定"按钮,即完成库存超低报警突出显示的设置。

（5）日常应用

Step 1 在"进货"工作表和"销售"工作表中输入实际发生的进货或销售数据,"进销存自动统计"工作表中便会自动得到当前总进货量、当前总销售量及当前库存量。当库存量超过或低于报警线数字时,就会以红色或蓝色并加粗字符突出显示。

Step 2 如果购入了"进货"工作表中没有的新货,需要按照上面所述方法在"进货"工作表和"进销存自动统计"工作表中增设相应的商品数据资料及其取数公式,公式设置还是采取前面所述的复制加修改的方法最快捷。

本例只是提供了利用Excel实现商品进销存自动统计的一种基本思路和基本做法,

重点是公式的运用。至于商品进销存业务中的"商品编号""业务摘要""销售单价""金额""备注"等,可以根据各自需要在工作表中进行相应设置,并在此基础上进行公式的相应设置,工作表函数公式中单元格相加求和的条件依据可由"商品名称"变为"商品编号"。总之,可根据实际情况进行灵活设置。

8.2.3 Excel 在存货分类管理分析中的应用

1. 相关知识

ABC 分类管理法源于意大利著名的经济学家、管理学家帕累托的 80/20 法则。其基本要点可概括为"区别主次,分类管理",即区别一般的多数和极其重要的少数,将管理的对象按重要程度分为 A、B、C 3 类,所以称为 ABC 分类管理法。

存货 ABC 分类管理是 ABC 分类管理法应用的一个重要领域。在一些商业企业,有成千上万种货物,往往是少数的存货占用着大部分资金,而大多数存货仅占全部资金的较少部分。如果不区分重点,不仅使存货管理工作变得复杂,而且也容易造成顾此失彼,因此有必要对存货进行分类控制。具体管理情况如下。

A 类存货,其金额很大,但品种数量较少,应按品种实行严格的重点管理,进行最准确和完整的详细记录,把好进货关,实行经济订购批量控制。

B 类存货,既不能像 A 类存货那样严格管理,又不能像 C 类那样实行粗放管理,应进行正常管理,可以制定一个合理的经济订货量和订货点来加以控制。

C 类存货,品种数量繁多,但价值金额很小,可适当加大订购批量,提高保险储备量,减少全年订购次数,降低订购成本,采用按总额灵活掌握的方法进行简化管理,以减少日常的管理工作,降低管理成本,以便将更多的精力投入到重点管理工作中去,提高管理的整体效率和效益。

采用存货 ABC 分类管理法的基本步骤如下。

Step 1 首先收集各种存货在一定时期(一般为 1 年)的需求量,然后测算其相应的资金占用额,并按金额从大到小的顺序进行排序。

Step 2 依次计算每一种存货资金占用额占全部存货资金占用额的百分比,并逐项计算累计百分比。

Step 3 依次计算累计存货品种数占全部品种数的百分比。

Step 4 根据企业实际确定标准将存货划分为 A、B、C 3 类。分类的标准主要有两个:一是金额标准,二是品种数量标准。

2. 例题

例 8-11 某企业存货资料表如表 8-4 所示,根据企业实际,要求对该企业的存货进行 ABC 分类分析,A 类存货的标准为 A 类存货资金占总存货资金的 75%左右,C 类存货的标准为 C 类存货资金占总存货资金的 5%左右。根据这些资料,在 Excel 中建立 ABC 分类的分析模型。

表 8-4 某企业库存资料表

规格品名	单价	年需求量	规格品名	单价	年需求量
Z0601-12	1.81	4000	Z0603-15	28.46	3000
Z0601-13	2.59	4000	Z0603-16	93.54	4000
Z0601-14	3.17	3000	Z0604-12	1.78	3000
Z0601-15	28.15	3000	Z0604-13	3.89	5000
Z0601-16	91.73	4000	Z0604-14	3.22	4000
Z0602-12	2.18	4000	Z0604-15	28.89	4000
Z0602-13	2.23	5000	Z0604-16	90.26	4000
Z0602-14	3.87	4000	Z0605-12	1.88	5000
Z0602-15	28.71	2000	Z0605-13	2.25	5000
Z0602-16	95.95	4000	Z0605-14	3.78	5000
Z0603-12	1.76	4000	Z0605-15	28.96	5000
Z0603-13	2.13	4000	Z0605-16	97.55	4000
Z0603-14	3.38	5000			

3. 操作步骤

Step 1 建立"存货 ABC 分析"工作簿，将存货资料输入到第 1 个工作表（存货资料）中。在"存货 ABC 分析"工作簿的第 2 个工作表（存货 ABC 分类分析表）中设计如图 8-9 所示的存货 ABC 分类分析模型工作表，并将企业库存表中的有关数据复制过来。

	A	B	C	D	E	F	G
1				存货ABC分类分析表			
2	规格品名	单价	年需求量	金额	金额比重	累计比重	存货类别
3	Z0605-16	97.55	4000	390200	15.4%	15.4%	A
4	Z0602-16	95.95	4000	383800	15.1%	30.5%	A
5	Z0603-16	93.54	4000	374160	14.8%	45.3%	A
6	Z0601-16	91.73	4000	366920	14.5%	59.70%	A
7	Z0604-16	90.26	4000	361040	14.2%	74.0%	A
8	Z0605-15	28.96	5000	144800	5.7%	79.7%	B
9	Z0604-15	28.89	4000	115560	4.6%	84.3%	B
10	Z0603-15	28.46	3000	85380	3.4%	87.6%	B
11	Z0601-15	28.15	3000	84450	3.3%	90.9%	B
12	Z0602-15	28.71	2000	57420	2.3%	93.2%	B
13	Z0601-13	3.89	5000	19450	0.8%	94.0%	B
14	Z0605-14	3.78	5000	18900	0.7%	94.7%	B
15	Z0603-14	3.38	5000	16900	0.7%	95.4%	C
16	Z0602-14	3.87	4000	15480	0.6%	96.0%	C
17	Z0604-14	322	4000	12880	0.5%	96.5%	C
18	Z0605-13	2.25	5000	11250	0.4%	97.0%	C
19	Z0602-13	2.23	5000	11150	0.4%	97.4%	C
20	Z0601-13	2.59	4000	10360	0.4%	97.8%	C
21	Z0601-14	3.17	3000	9510	0.4%	98.2%	C
22	Z0605-12	1.88	5000	9400	0.4%	98.5%	C
23	Z0602-12	2.18	4000	8720	0.3%	98.9%	C
24	Z0603-13	2	4000	6520	0.3%	99.2%	C
25	Z0601-12	1.81	4000	7240	0.3%	99.5%	C
26	Z0603-12	1.76	4000	7040	0.3%	99.8%	C
27	Z0604-12	1.78	3000	5340	0.2%	100.0%	C
28	合计		101000	2535870	100%		
29				ABC分类分析结果			
30	类别	资金所占比重		品种数所占比重		数量所占比重	
31	A	74%		20%		20%	
32	B	21%		28%		27%	
33	C	5%		52%		53%	
34	合计	100%		100%		100%	

图 8-9 存货 ABC 分类分析模型工作表

Step 2 在 C28 单元格中输入公式"=SUM(C3:C27)"。用鼠标拖动 C28 单元格右

下角的填充柄至 E28 单元格，完成 D28、E28 单元格公式的定义。

Step 3　在 D3 单元格中输入公式"=B3*C3"。用鼠标拖动 D3 单元格的填充柄至 D27 单元格，完成 D4 至 D27 所有单元格公式的定义。

Step 4　在 E3 单元格中输入公式"=D3/$D$28"。用鼠标拖动 E3 单元格的填充柄至 E27 单元格，完成 E4 至 E27 所有单元格公式的定义。

Step 5　在 F3 单元格中输入公式"=E3"，在 F4 单元格输入公式"=F3+E4"。用鼠标拖动 F4 单元格的填充柄至 F27 单元格，完成 F5 至 F27 所有单元格公式的定义。

Step 6　在 G3 单元格中输入公式"=IF(F3<=75%,"A",IF(F3<=95%,"B","C"))"。用鼠标拖动 G3 单元格的填充柄至 G27 单元格，完成 G4 至 G27 所有单元格公式的定义。

Step 7　在 B31 单元格中输入公式"=SUMIF($G$3: $G$27, A31, $D$3: $D$27)/$D$28"。用鼠标拖动 B31 单元格的填充柄至 B33 单元格，完成 B32、B33 单元格公式的定义。

Step 8　在 D31 单元格中输入公式"=COUNTIF($G$3:$G$27,A31)/COUNT($D$3: $D$27)"。用鼠标拖动 D31 单元格的填充柄至 D33 单元格，完成 D32、D33 单元格公式的定义。

Step 9　在 F31 单元格中输入公式"=SUMIF($G$3:$G$27, A31,$C$3:$C$27)/$C$28"。用鼠标拖动 F31 单元格的填充柄至 F33 单元格，完成 F32、F33 单元格公式的定义。

Step 10　在 B34 单元格中输入公式"=B31+B32+B33"。用鼠标拖动 B34 单元格的填充柄至 F34 单元格，完成 D34、F34 单元格公式的定义。

Step 11　选中单元格区域 A3:F27，单击"数据"选项卡"排序和筛选"组工具栏的"排序"命令按钮，弹出"排序"对话框。

Step 12　在排序对话框中，"主要关键字"选择"金额"，勾选"递减"复选框，单击"确定"按钮，各种存货按资金占用额从大到小的顺序进行排序，同时自动出现 ABC 分类结果。

从图 8-9 的计算分析结果可以看出，A 类存货品种数占 20%，数量占 20%，资金占 74%，因此应着力加强对 A 类的 5 个品种进行精细化的严格管理。C 类存货品种数占 52%，数量占 53%，但资金只占到 5%，因此没有必要花大力气进行精细管理。可以实行粗放式总额控制。至于 B 类存货，实行正常管理即可。

8.3　Excel 在固定资产管理中的应用

8.3.1　Excel 在固定资产折旧计算中的应用

1. 相关知识

固定资产是指企业为生产产品、提供劳务、出租或者经营管理而持有的、使用时间超过 12 个月的，价值达到一定标准的非货币性资产，主要包括房屋、建筑物、机器、机械、运输工具以及其他与生产经营活动有关的设备、器具、工具等。固定资产是企业的劳动手段，也是企业赖以生产经营的主要资产。从会计的角度划分，固定资产一般被分为生产用固定资产、非生产用固定资产、租出固定资产、未使用固定资产、不需用固定资产、融资租赁固定资产、接受捐赠固定资产等。

固定资产折旧方法指将应提折旧总额在固定资产使用期间进行分配时所采用的具体计算方法。其方法主要有平均年限法、年数总和法和双倍余额递减法。折旧是指固定资产由于使用而逐渐损耗所减少的那部分价值。固定资产的损耗主要有两种形式：有形损耗和无形损耗。有形损耗也称物质磨损，是由于使用而发生的机械磨损，以及由于自然力的作用所引起的自然损耗。无形损耗也称经济磨损，是指因科学进步以及劳动生产率提高等原因而引起的固定资产价值的损失。一般情况下，当计算固定资产折旧时，要同时考虑这两种损耗。

2. 例题

例 8-12 假设某项固定资产的原始成本为 830000 元，预计使用 8 年，预计净残值为 12000 元。该项固定资产在平均年限法、年数总和法和双倍余额递减法这 3 种不同折旧方法下的折旧额分别是多少？在 Excel 工作表中建立固定资产折旧的自动计算模型。

3. 分析

对于还没有实现固定资产核算电算化的单位来说，依靠手动进行折旧的计算，尤其是加速折旧的计算，是一件比较麻烦的事情。在没有固定资产核算专用软件情况下，巧妙地利用 Excel 的折旧计算函数，也可以方便地实现折旧计算。

平均年限法、年数总和法和双倍余额递减法涉及的函数分别是 SLN 函数、SYD 函数和 DDB 函数。

4. 操作步骤

新建 Excel 工作簿，并命名为"固定资产折旧额的计算"，在其工作表中输入文字说明（原始成本、预计净残值、预计使用年限等）、数据及公式。企业可以根据自己的需要，选择适当的折旧方法，然后通过相应公式计算出固定资产在不同方法下的折旧额，如图 8-10 所示。

	B	C	D	E	F	G	H
1				固定资产折旧额的计算			
2	原始成本 (cost)			830000			
3	预计净残值 (salvage)			12000			
4	预计使用年限 (life)			8			
5	折旧年份	平均年限法	月折旧额	年数总和法	月折旧额	双倍余额递减法	月折旧额
6	1	102250	8521	181778	15148	207500	17292
7	2	102250	8521	159056	13255	155625	12969
8	3	102250	8521	136333	11361	116719	9727
9	4	102250	8521	113611	9468	87539	7295
10	5	102250	8521	90889	7574	65654	5471
11	6	102250	8521	68167	5681	49241	4103
12	7	102250	8521	45444	3787	67861	5655
13	8	102250	8521	22722	1894	67861	5655
14	折旧额合计	818000	—	818000	—	818000	—

图 8-10 不同方法下固定资产折旧额

（1）采用平均年限法计算固定资产折旧额的步骤

Step 1 在 C6 单元格中输入公式"=SLN($C$2,$C$3,$C$4)"。向下拖动 C6 单元格的填充柄至 C13 单元格，完成 C7 至 C13 所有单元格公式的定义。

Step 2 在 D6 单元格中输入公式"=C6/12"。完成 D7 至 D13 所有单元格公式的定义。

Step 3 在 C14 单元格中输入公式"=SUM(C6:C13)"，用平均年限法求出 8 年折旧额合计。

（2）采用年数总和法计算固定资产折旧额的步骤

Step 1 在单元格 E6:E13 区域中依次输入公式"=SYD($C$2,$C$3,$C$4,1)""=SYD($C$2,$C$3,$C$4,2)""=SYD($C$2,$C$3,$CS4,3)""=SYD($C$2,$C$3,$C$4,4)""=SYD($C$2,$C$3,$C$4,5)""=SYD($C$2,$C$3,$C$4,6)""=SYD($C$2,$C$3,$C$4,7)""=SYD(SC$2,$C$3,$C$4,8)"，然后求出每年对应的折旧额。

Step 2 在单元格 F6:F13 区域内依次输入公式"=E6/12""=E7/12""=E8/12""=E9/12""=E10/12""=E11/12""=E12/12""=E13/12"，求出每年对应的月折旧额。

Step 3 在 E14 单元格中输入公式"=SUM(E6:E13)"，用年数总和法求出 8 年折旧额合计。

（3）采用双倍余额递减法计算固定资产折旧的步骤

Step 1 在单元格 G6:G13 区域内依次输入公式"=DDB($C$2,$C$3,$C$4,1)""=DDB($C$2,$C$3,$C$4,2)""=DDB($C$2,$C$3,$C$4,3)""=DDB($C$2,$C$3,$C$4,4)""=DDB($C$2,$C$3,$C$4,5)""=DDB($C$2,$C$3,$C$4,6)""=SLN($C$2-SUM($G$6:$G$11),$C$3,2)""=SLN($C$2-SUM($G$6:SG$11),$C$3,2)"，求出每年对应的折旧额。

Step 2 在单元格 H6:H13 区域内依次输入公式"=G6/12""=G7/12""=G7/12""=G8/12""=G9/12""=G10/12""=G11/12""=G12/12""=G13/12"，求出每年对应的月折旧额。

Step 3 在 G14 单元格中输入公式"=SUM(G6:G13)"，用双倍余额递减法求出 8 年折旧额合计。

说明：

单元格公式输入以"="开始，在以上公式中，等号左边的单元格名称为公式所在的单元格。$C$2 即 C2 单元格，$C$2 是单元格地址固定引用（绝对引用）方式，C2 是单元格地址相对引用方式。

8.3.2 Excel 在固定资产更新决策分析中的应用

1. 相关知识

企业的固定资产由于发生有形损耗和无形损耗，使用一定年限后，必须进行更新，否则，固定成本将逐年提高，产品质量也得不到保证，从而削弱企业的竞争能力。但是，固定资产投资回收时间越长，变现能力就较差，资金占用量也变大，因此固定资产更新必须进行决策分析，否则一旦决策失误，就会严重影响企业的财务状况和现金流量。

更新固定资产决策不同于一般的投资决策。一般来说，更换设备并不改变企业的生产能力，同时不会增加企业的现金流入。更新决策的现金流量主要是现金流出，即使有少量的现金流入，也属于支出的抵减，而非实质性的流入的增加，这为采用贴现的现金流量分析带来了困难。另外，新旧设备未来使用年限不同、投资额不同，无法通过总成本的对比来评价投资方案的优劣。通常，选择平均年成本最低的方案作为最优方案。

因此，在固定资产更新的决策分析中，如果有比较明确的现金流入和流出数据，采用差量分析法，即计算现金流量差额的净现值和内含报酬率来进行决策判断比较合适；而对于现金流入量相同或不明确，并且寿命不同的互斥项目，则使用平均年成本法比较合适。

2. 例题

例 8-13 A 公司原有一台设备是 4 年前购买的，原购置成本为 154000 元，预计还可以继续使用 6 年，净残值为 4000 元，现账面价值为 94000 元。若继续使用旧设备，每年可获得 180000 元的收入，年付现成本为 130000 元。A 公司为了增加收益，准备购买新设备，而将旧设备变卖，变现价值为 60000 元，新设备买价为 128000 元，估计可用 6 年，预计期满净残值为 8000 元，使用新设备后年销售收入保守估计为 200000 元，相应的年付现成本为 120000 元。若贴现率为 8%，所得税税率为 25%，在继续使用旧设备和购买并使用新设备两个方案之间进行决策。然后比较两个方案哪个对企业来讲更划算。

例 8-14 B 公司有一台旧设备，现在考虑是否需要更新。财务人员整理出如表 8-5 所示新旧设备更新决策的有关数据，假设该公司要求的最低报酬率为 15%，据此做出是继续使用旧设备还是更新设备的决策。

表 8-5 新旧设备更新决策资料表

项目	旧设备	新设备
设备原值	2200	2400
预计使用年限	10	10
已经使用年限	4	0
设备最终残值	200	300
设备变现价值	600	2400
年运行成本	700	400
最低报酬率	15%	15%

针对以上问题和要求，在 Excel 工作表中分别建立相应的分析模型并做出决策。

3. 分析

例 8-13：本例属于寿命期相同的固定资产更新决策问题，应采用差量分析法，即从新设备的角度出发，先计算出两个方案的现金流量差额，再计算净现值和内含报酬率来确定设备更新是否有利。

例 8-14：本例属于寿命期不同的固定资产更新决策问题。新设备的寿命期往往要大于旧设备，在这种情况下就无法使用差量分析法。同时，在固定资产的更新决策中，许多只是改变设备的运行成本，并不会改变企业的生产能力，也不会增加企业的现金流入。在这种情况下，由于没有适当的现金流入，也就无法计算其净现值和内含报酬率。此时，较好的方法是使用平均年成本法进行分析，即比较继续使用旧设备与更新设备的平均年成本，以平均年成本较低者作为优选方案。

4. 操作步骤

例 8-13 的操作步骤：为便于进行决策分析，先将例 8-13 中的相关数据整理到 Excel 工作表中，生产设备是否更新的决策分析资料如图 8-11 所示。然后在 Excel 中展开具体的操作。

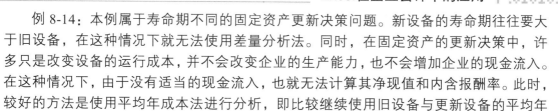

	A	B	C	D
1		生产设备是否更新的决策分析资料		
2		项目内容	旧设备	新设备
3		购入成本	154000	128000
4		使用年限	10	6
5		已经使用年限	4	0
6		期满净残值	4000	8000
7		年折旧额	15000	20000
8		账面价值	94000	128000
9		变现价值	60000	128000
10		年可实现收入	180000	200000
11		年付现成本	130000	120000

图 8-11　生产设备是否更新的决策分析资料

Step 1 在生产设备是否更新的决策分析资料表中，定义更新设备后的现金流量计算公式。相关公式及相应设置如下。

营业现金流量=税后净利+折旧，税后净利=税前利润−所得税

税前利润=收入−付现成本−折旧，所得税=税前利润×所得税税率

折旧对投资决策产生影响，实际上是所得税引起的。

新旧设备的现金流量差额=新设备的现金净流量−旧设备的现金净流量

旧设备的现金净流量对新设备来说，其实就是使用新设备而放弃旧设备的收益所形成的机会成本。根据现金流量发生情况，设置如下计算公式。

第 1 年年初，两方案的现金流量差额计算公式：F3=−(D9−C9)。

第 1 年至第 5 年每年年末，两方案的现金流量差额计算公式：F4=(D9−D11−D7)*(1−0.25)+D7−((C9−C11−C7)*(1−0.25)+C7)。

F5、F6、F7、F8 单元格公式与 F4 单元格相同。

第 6 年年末，两方案的现金流量差额计算公式：F9=(D9−D11−D7+D6)*(1−0.25)+D7−((C9−C11−C7+C6)*(1−0.25)+C7)。

Step 2 通过计算净现值进行决策分析。在 F10 单元格中输入净现值的计算公式"=NPV(8%,F4:F9)+F3"。然后在 G10 单元格中输入公式"=IF(F10>0,"用新设备","用旧设备")"。最后会自动显示决策结果，如图 8-12 所示。

Excel数据处理与分析

Step 3 通过计算内含报酬率进行决策分析。内含报酬率是使投资方案的净现值为 0 时的报酬率，在内含报酬率指标的运用中，任何一项投资方案的内含报酬率以不低于资金成本为限度，否则，方案将被否决。在 F11 单元格中输入内含报酬率计算公式 "=IRR(F3:F9)"。然后在 G11 单元格中输入公式 "=IF(F11>8%,"用新设备","用旧设备")"。最后会自动显示决策结果，如图 8-12 所示。

	B	C	D	E	F	G
1	新设备使用年限与旧设备尚可使用年限相同的决策分析结果					
2	项目内容	旧设备	新设备	现金净流量		
3	购入成本	154000	128000	第1年初	-68000	
4	使用年限	10	6	第1年末	23750	
5	已经使用年限	4	0	第2年末	23750	
6	期满净残值	4000	8000	第3年末	23750	决策结论
7	年折旧额	15000	20000	第4年末	23750	
8	账面价值	94000	128000	第5年末	23750	
9	变现价值	60000	128000	第6年末	26750	
10	年可实现收入	180000	200000	净现值	43684	用新设备
11	年付现成本	130000	120000	内含报酬率	27%	用新设备

图 8-12　新设备使用年限与旧设备尚可使用年限相同的决策分析结果

例 8-14 的操作步骤：

Step 1 在 Excel 工作表中建立如图 8-13 所示的新设备使用年限与旧设备尚可使用年限不同的决策分析模型。

	A	B	C
1	新设备使用年限与旧设备尚可使用年限不同的决策分析模型		
2	整理的数据		
3	项目	旧设备	新设备
4	设备原值	2200	2400
5	预计使用年限	10	10
6	已经使用年限	4	0
7	设备最终残值	200	300
8	设备变现价值	600	2400
9	年运行成本	700	400
10	最低报酬率	15%	15%
11	分析的结果（方法一）		
12	项目	旧设备	新设备
13	投资的现值	=B8	=C8
14	运行成本的现值	=-B9*PV(B10, B5-B6, 1)	=-C9*PV(C10, C5-C6, 1)
15	最终残值的现值	=-B7*(1/(1+B10)^(B5-B6))	=-C7*(1/(1+C10)^(C5-C6))
16	现金流出总现值	=B13+B14+B15	=C13+C14+C15
17	平均年成本	=-B16/PV(B10, B5-B6, 1)	=-C16/PV(C10, C5-C6, 1)
18	决策结论	=IF(B17>C17,"用新设备","用旧设备")	
19	分析的结果（方法二）		
20	项目	旧设备	新设备
21	每年摊销的投资	=-B8/PV(B10, B5-B6, 1)	=-C8/PV(C10, C5-C6, 1)
22	每年的运行成本	=B9	=C9
23	每年摊销的残值	=B7/FV(B10, B5-B6, 1)	=C7/FV(C10, C5-C6, 1)
24	平均年成本	=B21+B22+B23	=C21+C22+C23
25	决策结论	=IF(B24>C24,"用新设备","用旧设备")	

图 8-13　新设备使用年限与旧设备尚可使用年限不同的决策分析模型

Step 2 计算 1 元年金现值系数，可以采用两种方法。

方法 1：根据公式 PV(B10,B5-B6,1)，利率为 B10 单元格指定数，期限为 B5 单元格数减去 B6 单元格数。

方法 2：根据公式 1/(1+B10)^(B5-B6)，利率为 B10 单元格指定数，期限为 B5 单元

格数减去 B6 单元格数。

Step 3 计算 1 元年金终值系数，根据公式 FV(B10,B5−B6,1)：计算 1 元年金终值系数，利率为 B10 单元格指定数，期限为 B5 单元格数减去 B6 单元格数。

Step 4 一旦设置好公式，分析决策结果即可自动显示出来，采用以上两种方法的结果一致，如图 8-14 所示。

	A	B	C
1	新设备使用年限与旧设备尚可使用年限不同的决策分析结果		
2	整理的数据		
3	项目	旧设备	新设备
4	设置原值	2200	2400
5	预计使用年限	10	10
6	已经使用年限	4	0
7	设置最终残值	200	300
8	设备变现价值	600	2400
9	年运行成本	700	400
10	最低报酬率	15%	15%
11	分析的结果（方法一）		
12	项目	旧设备	新设备
13	投资的现值	600	2400
14	运行成本的现值	2649	2008
15	最终残值的现值	−86	−74
16	现金流出总现值	3163	4333
17	平均年成本	836	863
18	决策结论	用旧设备	
19	分析的结果（方法二）		
20	项目	旧设备	新设备
21	每年摊销的投资	159	478
22	每年的运行成本	700	400
23	每年摊销的残值	−23	−15
24	平均年成本	836	863
25	决策结论	用旧设备	

图 8-14 新设备使用年限与旧设备尚可使用年限不同的决策分析结果

如果有多个新设备方案可供选择，利用 Excel 的智能复制技术，便可以快速地完成输入，变动其中的数据也非常方便。

以上说明，利用 Excel 进行固定资产的更新决策分析，很好地解决了手动计算所遇到的准确性、烦琐性和效率性等问题，减轻了劳动强度，提高了工作效率，给财务管理工作带来了极大的便利。

8.3.3 Excel 在固定资产经济寿命分析中的应用

1. 相关知识

固定资产不仅存在着是否更新的问题，还存在着何时更新的问题。固定资产何时需要更新，主要就是确定固定资产的经济寿命问题。

固定资产的寿命有自然寿命和经济寿命的区分，自然寿命是指固定资产从投入使用到完全报废为止的整个期限，而经济寿命则是指固定资产的平均年成本达到最低值的使用期限，这个使用期限就是固定资产的最优更新期。

确定固定资产的经济寿命的关键是要测算平均年成本。固定资产的平均年成本有两个因素：持有成本和运行成本，这两个因素就决定了固定资产的经济寿命。持有成本是

指固定资产价值成本。固定资产在使用初期，其持有成本较高，但随着固定资产的使用，固定资产的价值逐渐减少，所占用资金的应计利息也会逐渐减少。

运行成本是指固定资产运行期间的运行费用。固定资产在使用初期，其运行费用相对较低，但随着固定资产逐年使用和自然损耗，维护费用、修理费用、能源消耗逐渐增加。因此，随着时间的递延，持有成本和运行成本呈反方向变化，两者之和呈马鞍形，这样就必然存在着一个最经济的使用年限。

2. 例题

例 8-15　某公司拟购置一台设备，该设备的买价和安装费共需要 83000 元。该设备可以使用 8 年，运行成本将逐年增加，剩余价值将逐年下降，有关该设备的原值、每年的余值、贴现系数和每年的运行成本数据见表 8-6 所示，如果公司要求的投资报酬率为 8%，那么设备何时更新比较划算？在 Excel 工作表中建立固定资产经济寿命分析模型。

表 8-6　某公司设备资料

年限	原值（元）	余值（元）	贴现系数（$i = 8\%$）	运行成本（元）
1	83000	62250	0.926	8200
2	83000	46688	0.857	8800
3	83000	35016	0.794	10000
4	83000	26262	0.735	13000
5	83000	19696	0.681	14500
6	83000	14772	0.630	16000
7	83000	7986	0.583	17800
8	83000	1200	0.540	20800

3. 分析

针对例 8-15 的情况，重要的是计算出该设备的经济寿命，即平均年成本最低的年份，以此年作为该设备的最优更新时间。

4. 操作步骤

根据例 8-15，在 Excel 工作表中建立如图 8-15 所示的固定资产经济寿命的分析模型。

输入公式 "=-PV(rate,nper,fv)" 的意义是计算指定利率、指定期限和指定未来值下的年金现值。

函数 MIN(K4:K11) 的意义是求单元格区域 K4:K11 中的最小值。

函数 MATCH 的功能是返回在指定方式下与指定数值匹配的数组中元素的相对位置，巧妙地运用 MATCH 函数是为了解决经济寿命的自动显示问题。

	A	B	C	D	E	F	G	H	I	J	K
1						固定资产经济寿命分析模型					
2	年限	原值	余值	贴现系数	余值现值	运行成本	运行成本现值	更新时运行成本现值	现值总成本	年金现值系数	平均年成本
3		①	②	③	④=②×③	⑤	⑥=⑤×③	⑦=∑⑥	⑧=①-④+⑦	⑨	⑩=⑧÷⑨
4	1	83000	62250	=1/(1*0.08)	=C4*D4	8200	=F4*D4	=G4	=B4-E4+H4	=-PV(0.08, 1, 1)	=I4/J4
5	2	83000	46688	=1/(1*0.08)^2	=C5*D5	8800	=F5*D5	=H4+G5	=B5-E5+H5	=-PV(0.08, 2, 1)	=I5/J5
6	3	83000	35016	=1/(1*0.08)^3	=C6*D6	10000	=F6*D6	=H5+G6	=B6-E6+H6	=-PV(0.08, 3, 1)	=I6/J6
7	4	83000	26262	=1/(1*0.08)^4	=C7*D7	13000	=F7*D7	=H6+G7	=B7-E7+H7	=-PV(0.08, 4, 1)	=I7/J7
8	5	83000	19696	=1/(1*0.08)^5	=C8*D8	14500	=F8*D8	=H7+G8	=B8-E8+H8	=-PV(0.08, 5, 1)	=I8/J8
9	6	83000	14772	=1/(1*0.08)^6	=C9*D9	16000	=F9*D9	=H8+G9	=B9-E9+H9	=-PV(0.08, 6, 1)	=I9/J9
10	7	83000	7986	=1/(1*0.08)^7	=C10*D10	17800	=F10*D10	=H9+G10	=B10-E10+H10	=-PV(0.08, 7, 1)	=I10/J10
11	8	83000	1200	=1/(1*0.08)^8	=C11*D11	20800	=F11*D11	=H10+G11	=B11-E11+H11	=-PV(0.08, 8, 1)	=I11/J11
12				经济寿命（年）				=MATCH(MIN(K4:K11),K4:K11,0)			

图 8-15　固定资产经济寿命分析模型

公式定义完毕，结果自动显示出来，如图 8-16 所示。从中可以看出，该设备如果在使用 7 年后立即更新，比其他年份更新时的成本低，因此，7 年是其经济寿命。

	A	B	C	D	E	F	G	H	I	J	K
1						固定资产经济寿命计算					
2	年限	原值	余值	贴现系数	余值现值	运行成本	运行成本现值	更新时运行成本现值	现值总成本	年金现值系数	平均年成本
3		①	②	③	④=②×③	⑤	⑥=⑤×③	⑦=∑⑥	⑧=①-④+⑦	⑨	⑩=⑧÷⑨
4	1	83000	62250	0.926	57639	8200	7593	7593	32954	0.926	35590
5	2	83000	46688	0.857	40027	8800	7545	15137	58110	1.783	32586
6	3	83000	35016	0.794	27797	10000	7938	23075	78279	2.577	30375
7	4	83000	26262	0.735	19303	13000	9555	32631	96328	3.312	29083
8	5	83000	19696	0.681	13405	14500	9868	42499	112095	3.993	28075
9	6	83000	14772	0.630	9309	16000	70083	52582	126273	4.623	27315
10	7	83000	7986	0.583	4660	17800	10386	62968	141308	5.206	27141
11	8	83000	1200	0.540	648	20800	11238	74206	156557	5.747	27243
12				经济寿命（年）				7			

图 8-16　固定资产经济寿命计算结果

8.4　Excel 在投资管理中的应用

8.4.1　Excel 在投资时机分析中的应用

1. 相关知识

投资项目评估使用的基本方法是折现现金流量法，包括净现值法、现值指数法和内含报酬率法，辅助方法是非折现方法，包括回收期法和会计收益率法。

净现值是指特定项目未来现金流入的现值与未来现金流出的现值之间的差额，它是评估项目是否可行的最重要的指标。现值指数是未来现金流入现值与现金流出现值的比率，亦称净现值率、现值比率或获利指数。内含报酬率是指能够使未来现金流入量现值等于未来现金流出量现值的折现率，或者说是使投资项目净现值为零的折现率。

净现值法和现值指数法虽然考虑了时间价值，可以说明投资项目的报酬率高于或低于资本成本，但没有揭示项目本身可以达到的报酬率。内含报酬率是根据项目的现金流量计算的，是项目本身的投资报酬率。

回收期是指投资引起的现金流入累积到与投资额相等所需要的时间。回收年限越短，项目越有利。回收期分为静态回收期（非折现回收期）和动态回收期（折现回收期）。会计收益率是指投资项目经营期各年平均利润与初始投资额的百分比。会计收益率法是根据投资方案预期平均盈利率的大小选择最优方案的方法。

2. 例题

例 8-16 某公司计划一次性投资某项目，要么现在就投资进行开发，要么只能在 3 年后再投资开发。建设周期均需 1 年，1 年后即可正式营运，营运期都为 3 年。若现在进行投资，则固定资产折旧按平均年限法计提；若 3 年后进行投资，则固定资产折旧按年数总和法计提。投资时间不同，相应设备价值及其生产效能不同，年付现运行成本不同，同时市场销售价格和销售量也有所不同，具体资料见表 8-7 所示。在 Excel 工作表中建立该项目投资时机分析模型。

表 8-7 投资时机选择的分析资料

现在进行投资开发			金额单位：元	
初始投入额	1000000	项 目	2012 年末投入	2013 年建设
项目寿命期（年）	3	销售收入	0	0
残值（元）	100000	付现成本	0	0
资本成本	6%	折旧	0	0
年产销量（件）	300000	税前利润	0	0
售价（元/件）	20	所得税	0	0
年付现成本（元）	3600000	净利润	0	0
所得税税率	25%	现金流量	−1000000	0
3 年后进行投资开发			金额单位：元	
初始投入额	1200000	项目	2015 年末投入	2016 年建设
项目寿命期（年）	3	销告收入	0	0
残值（元）	100000	付现成本	0	0
资本成本	6%	折旧	0	0
年产销量（件）	400000	税前利润	0	0
售价（元/件）	18	所得税	0	0
年付现成本（元）	3500000	净利润	0	0
所得税税率	25%	现金流量	−1200000	0

3. 分析

在企业的投资活动中，有的投资项目建成后便产生了较好的经济效益，而有的投资项目建成后效益不佳，有的经过几年才见效益，还有的甚至造成项目搁浅，带来巨大损失。是立即投资，还是等待某些条件成熟以后再投资，需要分析才能做出决定。

投资时机问题的实质就是寻求生产要素组合在什么时候最为合适的问题，决策的一般法则是净现值最大的方案即为最佳方案。

4. 操作步骤

在 Excel 工作表中，建立如图 8-17 所示的分析模型，分别按照下列说明输入公式。

（1）现在进行投资的分析

Step 1 定义销售收入计算公式。在 F4 单元格中输入公式"=$B$7*$B$8"。

拖动 F4 单元格右下角的填充柄至 H4 单元格，得到 G4、H4 单元格公式，即 G4=$B$7*$B$8，H4=$B$7*$B$8。

	A	B	C	D	E	F	G	H
1	投资时机选择的决策分析							
2	现在进行投资开发的决策分析						金额单位：元	
3	初始投入额	1000000	项目	2022年末投入	2023年建设	2024年营运	2025年营运	2026年营运
4	项目生命周期（年）	3	销售收入	0	0	6000000	6000000	6000000
5	残值	100000	付现成本	0	0	3600000	3600000	3600000
6	资本成本	6%	折旧	0	0	300000	300000	300000
7	年产销量（件）	300000	税前利润	0	0	2100000	2100000	2100000
8	售价（元/件）	20	所得税	0	0	525000	525000	525000
9	年付现成本	3600000	净利润	0	0	1575000	1575000	1575000
10	所得税税率	25%	现金流量	-1000000	0	1875000	1875000	1875000
11	净现值							3728205
12	第3年后进行投资开发的分析						金额单位：元	
13	初始投入额	1200000	项目	2025年末投入	2026年建设	2027年营运	2028年营运	2029年营运
14	项目生命周期（年）	3	销售收入	0	0	7200000	7200000	7200000
15	残值	100000	付现成本	0	0	3500000	3500000	3500000
16	资本成本	6%	折旧	0	0	366666.67	183333.333	
17	年产销量（件）	400000	税前利润	0	0	3150000	3333333.3	3516666.67
18	售价（元/件）	18	所得税	0	0	787500	833333.33	879166.667
19	年付现成本	3500000	净利润	0	0	2362500	2500000	2637500
20	所得税税率	25%	现金流量	-1,200,000	0	2912500	2866666.7	2820833.33
21	净现值							6033387
22	决策分析结果					3年后投资有利		

图 8-17 投资时机分析

使用绝对地址符$是为了公式复制的需要，下面列出的公式中，G 列、H 列中的有关公式可通过自动填充技术快速实现公式的定义。

Step 2 定义付现成本取数公式。在 F5 单元格中输入公式"=$B$9"，在 G5 单元格中输入公式"=$B$9"，在 H5 单元格中输入公式"=$B$9"。如果销售收入逐年增长或付现成本逐年下降，可以相应设计公式，实现快速计算。例如，销售收入逐年环比增长10%，则在 G4 单元格中输入公式"=F4*(1+10%)"，在 H4 单元格中输入公式"=G4*(1+10%)"。

Step 3 定义折旧计算公式。在 F6 单元格中输入公式"=SLN($B$3,$B$5,$B$4)"，在 G6 单元格中输入公式"=SLN($B$3,$B$5,$B$4)"，在 H6 单元格中输入公式"=SLN($B$3,$B$5,$B$4)"。

Step 4 定义税前利润计算公式。在 F7 单元格中输入公式"=F4-F5-F6"，在 G7 单元格中输入公式"=G4-G5-G6"，在 H7 单元格中输入公式"=H4-H5-H6"。

Step 5 定义所得税计算公式。在 F8 单元格中输入公式"=F7*$B$10"，在 G8 单元格中输入公式"=G7*$B$10"，在 H8 单元格中输入公式"=H7 *$B$10"。

Step 6 定义净利润计算公式。在 F9 单元格中输入公式"=F7-F8"，在 G9 单元格中输入公式"=G7-G8"，在 H9 单元格中输入公式"=H7-H8"。

Step 7 定义净现金流量计算公式。在 F10 单元格中输入公式"=F9+F6"，在 G10 单元格中输入公式"=G9+G6"，在 H10 单元格中输入公式"=H9+H6"。

Step 8 定义现在进行投资方案的净现值计算公式。在 F11 单元格中输入公式"=NPV(B6, E10: H10)+D10"。

（2）3 年后进行的投资分析

Step 1 定义销售收入计算公式。在 F14 单元格中输入公式"=$B$17*$B$18"，在 G14 单元格中输入公式"=$B$17* $B$18"，在 H14 单元格中输入公式"=$B$17*$B$18"。

Step 2 定义付现成本取数公式。在 F15 单元格中输入公式"=$B$19"，在 G15 单元格中输入公式"=$B$19"，在 H15 单元格中输入公式"=$B$19"。

Step 3 定义折旧公式。在 F16 单元格中输入公式"=SYD($B$13, $B$15, $B$14, 1)"，在 G16 单元格中输入公式"=SYD($B$13, $B$15, $B$14, 2)"，在 H16 单元格中输入公式"=SYD($B$13, $B$15, $B$14, 3)"。

Step 4 定义税前利润计算公式。在 F17 单元格中输入公式"=F14-F15-F16"，在 G17 单元格中输入公式"=G14-G15-G16"，在 H17 单元格中输入公式"=H14-H15-H16"。

Step 5 定义所得税计算公式。在 F18 单元格中输入公式"=F17*$B$20"，在 G18 单元格中输入公式"=G17*$B$20"，在 H18 单元格中输入公式"=H17*$B$20"。

Step 6 定义净利润计算公式。在 F19 单元格中输入公式"=F17-F18"，在 G19 单元格中输入公式"=G17-G18"，在 H19 单元格中输入公式"=H17-H18"。

Step 7 定义净现金流量计算公式。在 F20 单元格中输入公式"=F19+F16"，在 G20 单元格中输入公式"=G19+G16"，在 H20 单元格中输入公式"=H19+H16"。

Step 8 定义 3 年后进行投资方案的净现值计算公式。在 F21 单元格中输入公式"=NPV(B16, E20: H20)+D20"。

（3）分析结果的自动显示设计

在 F22 单元格中输入公式"=IF(AND(F11>0,F21>0),IF(F11>F21,"现在投资有利","3 年后投资有利"),IF(F11>0,"现在投资有利",IF(F21>0,"3 年后投资有利","现在投资和 3 年后投资都不利")))"。

该公式执行过程是：如果两个方案的净现值都为正值，那么净现值最大的方案为最优方案；如果两个方案的净现值为一正一负，那么净现值为正的方案为最优方案；如果两个方案的净现值都为负值，那么两个方案都不可行。

计算结果表明，3 年后投资有利。利用本模型的设计思路，结合实际情况进行改造，可以进一步对不同条件下的投资项目进行分析。

8.4.2　Excel 在最佳投资规模分析中的应用

1. 相关知识

由于投资规模不同，成本费用会产生差异，有的原材料运输成本高，有的销售运输费用高，有的生产间接费用高，因此仅凭某一项指标数据，还无法直接判断哪一种投资模式较好。在产品销售收入水平一致的情况下，可以对不同的投资模式（工厂布点方案）的总成本进行权衡分析，以总成本最低的方案为最佳。

2. 例题

例 8-17　某企业计划建设年产量 300 万吨的化工厂，有 4 种投资方案。

方案 1：分散布点，建设 6 个年产量 50 万吨的工厂。

方案 2：分散布点，建设 3 个年产量 100 万吨的工厂。

方案 3：分散布点，建设 2 个年产量 150 万吨的工厂。

方案 4：集中建厂，建设 1 个年产量 300 万吨的工厂。

各方案的有关资料如表 8-8 所示，假定不同方案下的产品销售收入水平一致。

在 Excel 工作表中建立最佳投资规模分析模型。

表 8-8　某企业不同投资方案资料

项目	方案 1	方案 2	方案 3	方案 4
	50 万吨×6	100 万吨×3	150 万吨×2	300 万吨×1
投资总额（万元）	4200	3450	3200	3000
项目寿命周期（年）	15	15	15	15
年产量（万吨）	300	300	300	300
资本成本	9%	9%	9%	9%
单位产品的原材料购买成本（元/吨）	150	150	150	150
单位产品的原材料运输成本（元/吨）	18	15	20	25
单位产品生产的直接人工费（元/吨）	17	17	17	17
单位产品生产的间接费用（元/吨）	11	8	7.5	6.5
单位产品的年销售运输费用（元/吨）	8	9	11	13

3. 分析

每个企业总是想寻求大规模生产所带来的规模经济效益，但经济规模与规模经济并不能完全画等号。如果企业经济规模扩大后导致单位产品成本下降，则投资规模是经济的，反之就不经济。在销售收入水平一定的情况下，透过成本与规模经济之间的关系，利用成本分析法可以选择合适的经济规模。

4．操作步骤

在 Excel 工作表中，建立如图 8-18 所示的分析模型。

操作步骤：

Step 1 在 B13 单元格中输入公式 "=B6*(B8+B9+B10+B11+B12)"。用鼠标拖动 C13 单元格右下角的填充柄至 E13 单元格，利用 Excel 的自动填充技术完成 C13、D13、E13 单元格公式的定义，计算各个方案的每年运行总成本。

Step 2 在 B14 单元格中输入公式 "=B13+B4/PV(B7,B5,−1)"。用鼠标拖动 C14 单元格的填充柄至 E14 单元格，利用 Excel 的自动填充技术完成 C14、D14、E14 单元格公式的定义，计算各个方案的平均每年总运行成本现值。

Step 3 在 B15 单元格中输入公式 "=INDEX(B2:E2,, MATCH(MIN(B14:E14),B14:E14))"。

该公式的意义是寻找年运行成本现值最低的方案，此处使用了函数嵌套技术。

公式定义完毕，结果自动显示，如图 8-18 所示。结果显示，方案 2 的年总运行成本最低，也就是说，分散建设 3 个年产量为 100 万吨的方案为最佳投资规模方案。

	A	B	C	D	E
1		最佳投资规模决策模型			
2	项目	方案1	方案2	方案3	方案4
3		50万吨×6	100万吨×3	150万吨×2	300万吨×1
4	投资总额（万元）	4200	3450	3200	3000
5	项目寿命周期（年）	15	15	15	15
6	年产量（万吨）	300	300	300	300
7	资本成本	9%	9%	9%	9X
8	单位产品的原材料购买成本（元/吨）	150	150	150	350
9	单位产品的原材料运输成本（元/吨）	18	15	20	25
10	单位产品生产的直接人工费（元/吨）	17	17	17	17
11	单位产品生产的间接费用（元/吨）	11	8	7.5	6.5
12	单位产品的年销售运输费用（元/吨）	8	9	11	13
13	年产品成本总额（万元）	61200	59700	61650	123450
14	年总运行成本现值（万元）	61721.05	60128.00	62046.99	123822.18
15	决策结果	方案2			

图 8-18　最佳投资规模决策模型

8.4.3　Excel 在股票价值分析中的应用

1．相关知识

股票价值评估方法主要有定期持有股票估价法、固定增长股票估价法、多重增长股票估价法、市盈率估价模型等。

定期持有股票是指投资者在一定时期内持有股票，然后将其卖掉，收回资金。固定增长股票是指未来股利以某一固定的比率稳定增长的股票。多重增长股票是指在未来的不同时期有不同的股利增长率，一定时期后股利稳定增长的股票。对这类股票进行估价，可以根据各期的股利增长率计算出每期的股利及其现值，同时计算出固定增长股票的现值，再进行加总求和。市盈率被广泛应用在股票发行价格的分析确定方面。

2. 例题

例 8-18　A 公司于本日为其股票分配了 2.60 元/股的现金股利，股票目前市价为 12 元/股，预计 4 年内每年分派现金股利逐年增加 0.6 元/股，如果投资者期望的最低报酬率为 16%，并且预计 3 年后投资者可以按 18.50 元/股的价格出售该股票，那么该股票是否有投资价值？

例 8-19　甲股票目前的市价为 22.5 元/股，预计在今后两年每年年末分配现金股利分别为 2.3 元/股、3 元/股，两年后股利按 3%的比率稳定增长，投资者期望的报酬率为 16%。乙股票目前的市价为 18.80 元/股，预计在今后的 3 年内不分派现金股利，而在第四年年末支付 3.8 元/股的股利，此后股利将按 4%的比率稳定增长，投资者期望的报酬率为 15%。试评估这两种股票的投资价值。

例 8-20　B 公司股票目前的股利为 1.6 元/股，预计未来 6 年的股利增长率为 18%，在第 6 年年末股利增长率恢复到正常增长率 10%的水平。若投资者的期望报酬率为 15%，那么股票的当前价值是多少？

例 8-21　C 公司股票目前的市价是 28.6 元/股，本期每股收益为 5.56 元，每股股利为 1.2 元，预计今后的收益和股利的长期增长率均为 13%，若投资者期望的报酬率为 15%，那么该公司现在的市盈率为多少？评估该公司股票是否具有投资价值。

针对以上问题和要求，在 Excel 工作表中分别建立相应的分析模型。

3. 分析

股票价值评估是指对股票的内在价值做出估计，股票的内在价值是指股票投资所产生的未来现金流以投资者期望的最低报酬率作为折现率所计算的现值。

如果某股票的市场价格高于其内在价值，说明该股票的价格被高估，其价格有下跌的可能，投资者应考虑卖出所持有的这种股票；如果某股票的市场价格低于其内在价值，说明该股票的价格被低估，其价格有上涨的潜力，投资者可以考虑买进该股票。

4. 操作步骤

根据例 8-18，在 Excel 工作表中建立如图 8-19 所示的分析模型，单元格公式定义如下。

微课视频 8-3

	A	B	C	D	E
1	已知条件				
2	最近分配股利（元/股）			2.60	
3	未来4年每年增加股利（元/股）			0.60	
4	持有股票的时间（年）			4	
5	投资者期望的最低报酬率			16%	
6	第4年末出售股票的价格（元/股）			18.50	
7	股票目前的市价（元/股）			12.00	
8	计算和分析结果				
9	年　份	1	2	3	4
10	股利和出售股票的现金流量（元）	3.2	3.8	4.4	23.5
11	股票现值（元）			21.38	
12	股票是否具有投资价值			有	

图 8-19　定期持有股票投资价值分析模型

在 B10 单元格中输入公式"=D2+D3",在 C10 单元格中输入公式"=B10+D3",在 D10 单元格中输入公式"=C10+D3",在 E10 单元格中输入公式"=D10+D3+D6",在 B11 单元格中输入公式"=NPV(D5, B10: E10)",在 B12 单元格中输入公式"=IF(B11>D7,"有","无")"。

结果显示,该股票的内在价值高于股票目前的市价,表明该股票具有投资价值。

根据例 8-19,在 Excel 工作表中建立如图 8-20 所示的分析模型,单元格公式定义如下。

	A	B	C	D
1			已知条件	
2		甲股票	乙股票	
3	第1年股利(元/股)	2.3	开始支付股利的年份	4
4	第2年股利(元/股)	3	首次支付的股利(元/股)	3.8
5	2年以后的股利增长率	3%	固定的股利增长率	4X
6	投资者期望的报酬率	16%	投资者期望的报酬率	15%
7	目前的市价(元/股)	22.5	目前的市价(元/股)	18.8
8			计算及分析结果	
9	甲股票价值	21.88	甲股票是否具有投资价值	无
10	乙股票价值	2271	乙股票是否具有投资价值	有

图 8-20　固定增长股票投资价值分析模型

在 B9 单元格中输入公式"=NPV(B6, B3: B4)+B4 * (1+B5)/(B6−B5)/(1+B6)^2",在 B10 单元格中输入公式"=D4/(D6−D5)/(1+D6)^(D3−1)",在 D9 单元格中输入公式"=IF(B9>B7,"有","无")",在 D10 单元格中输入公式"=IF(B10>D7,"有","无")"。

结果显示,甲股票的内在价值低于目前的市价,表明该股票没有投资价值;乙股票的内在价值高于目前的市价,表明该股票具有投资价值。

根据例 8-20,在 Excel 工作表中建立如图 8-21 所示的分析模型,单元格公式定义如下。

在 B9 单元格中输入公式"=$E$2*(1+$E$4)^B8",用鼠标拖动 B9 单元格右下角的填充柄到 G9 单元格,通过复制方法完成对 C9、D9、E9、F9、G9 单元格的公式定义。

在 B10 单元格中输入公式"=G9*(1+E5)/(E6−E5)",在 B11 单元格中输入公式"=NPV(E6, B9: G9)+B10/(1+E6)^E3"。

	A	B	C	D	E	F	G
1				已知条件			
2	目前的股利(元/股)				1.6		
3	超常增长的年数				6		
4	超常的股利增长率				18%		
5	正常的股利增长率				10%		
6	投资者期望报酬率				15%		
7				计算及分析结果			
8	年份	1	2	3	4	5	6
9	每股股利(元/股)	189	2.23	3	3.10	3.66	4
10	第6年末固定增长股的价值(元/股)			95.02			
11	股票的现值(元/股)			51.60			

图 8-21　多重增长股票现值计算分析模型

分析结果显示,B 公司股票的现值为 51.60 元/股。

根据例 8-21,在 Excel 工作表中建立如图 8-22 所示的分析模型,单元格公式定义如下。

在 B8 单元格中输入公式 "=B3/B2"，在 B9 单元格中输入公式 "=B8* (1+B4)/(B5-B4)"，在 B10 单元格中输入公式 "=B9*B2"，在 B11 单元格中输入公式 "=IF(B10>B6,"有","无")"。

	A	B
1	已知数据	
2	当期每股收益（元/股）	5.56
3	当期每股股利（元/股）	1.2
4	收益和股利的长期增长率	13%
5	投资者期望的报酬率	15%
6	股票的目前市价	28.6
7	计算及分析结果	
8	当期股利支付率	21.58%
9	当前的市盈率	12.19
10	股票内在价值（元/股）	67.80
11	股票是否具有投资价值	有

图 8-22　股票投资价值分析模型

分析结果表明，C 公司股票现在的市盈率为 12.19，股票的内在价值是 67.80 元/股，大大超过目前的市价，具有投资价值。

本章小结

本章首先介绍了利用 PV、RATE 和 PMT 等函数，解决资金时间价值计算中的问题；其次，介绍了使用 MATCH、POWER、SUMIF 和 COUNTIF 等函数，求解流通资产管理中的问题；接下来，说明了利用 SLN、SYD、DDB 和 NPV 等函数，解决会计中的固定资产管理的一系列问题；最后，介绍了使用 INDEX 和 FV 等函数，求解投资管理分析中的问题。此外，Excel 还有众多的金融分析及投资分析方面的函数，可以方便地进行投资利息、投资偿还率、内部收益率等的计算。

实践 1　企业订单决策和利润预测分析

实践 8-1：能否接受产品订单。某企业专门生产 A 产品，年生产能力为 100000 件，销售单价为 108 元，单位产品成本为 80 元，其中直接材料 39 元，直接人工 16 元，制造费用的固定费用为 20 元，变动费用为 5 元。由于销售问题，该企业目前尚有 30% 的剩余生产能力未被利用。现有某客户希望该公司常年为其生产 A 产品 25000 件，并在产品改进上有一些特殊要求。改进产品需要另外购买一台专用设备，全年需另负担固定成本 40000 元，每件产品的客户给价为 78 元。是否应接受该订单？

题目分析：

客户出价 78 元与产品的单位成本 80 元相比，每件产品亏损 2 元，这还不算接受该订单而增加的专属固定成本，从传统财务会计观点看，接受该订单是不合算的。但从管理会计决策分析角度看，接受该订单是在剩余生产能力范围内，除专属固定成本需要考虑外，原有的固定成本并非该项决策的专项成本，在决策时不需要考虑。

操作步骤：

Step 1 本例采用边际贡献分析法来决定能否接受产品订单。在 Excel 工作表中建立如图 8-23 所示的数据表，输入原始资料数据。

	A	B	C
1	能否接受产品订单的决策分析		
2	资料区域		
3	项 目		金 额
4	销售单价		78
5	直接材料		39
6	直接人工		16
7	制造费用	固定费用	20
8		变动费用	5
9	专属固定成本		40000
10	单位产品成本		80
11	订货数量		25000

图 8-23　原始数据表

Step 2 在原始数据表的基础上建立如图 8-24 所示的分析模板，定义如下公式。

在 C13 单元格中输入公式"=C5+C6+C8"，在 C14 单元格中输入公式"=C4-C5-C6-C8"，在 C15 单元格中输入公式"=C14*C11"在 C16 单元格中输入公式"=C15-C9"，在 C17 单元格中输入公式"= IF(C16>0,"可以接受订单","不能接受订单")"。

公式定义完毕后，决策结论如图 8-24 所示，立即显示出来。

	A	B	C
1	能否接受产品订单的决策分析		
2	资料区域		
3	项 目		金 额
4	销售单价		78
5	直接材料		39
6	直接人工		16
7	制造费用	固定费用	20
8		变动费用	5
9	专属固定成本		40000
10	单位产品成本		80
11	订货数量		25000
12	分析区域		
13	单位变动成本		60
14	单位边际贡献		18
15	边际贡献总额		450000
16	剩余边际贡献		410000
17	决策分析结论		可以接受订单

图 8-24　能否接受产品订单的 Excel 分析表

实践 8-2：假设某企业 2010 年营业收入为 10000000 元，固定费用为 2000000 元，变动费用率为 70%，销售税金率为 5%，利润总额为 500000 元。如果 2021 年的固定费用、变动费用率、销售税金率不变，要想使利润总额分别增加 10%、11%、12%……那么相应的营业收入、变动费用、销售税金应该是多少？利用 Excel 的假设分析工具进行利润的预测分析。

题目分析:

在 Excel 中,单变量求解是一种典型的逆运算,可用作假设分析的工具。用户可以在工作表上建立起所需的数据模型,通过变动某关键变量立刻得到相应的结果。

根据利润与收入、成本、费用之间的因果关系,可以在 Excel 中建立分析模型。

利润总额=营业收入-固定费用-营业收入×变动费用率-营业收入×税金率

操作步骤:

[Step 1] 新建一张工作表,在单元格区域 A1:A6 中分别输入如图 8-25 所示的内容。

[Step 2] 在单元格区域 B1:B6 中分别输入"数据""10000000""2000000""=B2*70%""=B2*5%""=B2-B3-B4-B5",结果如图 8-25 所示。

[Step 3] 单击"数据"选项卡"预测"组工具栏"模拟分析"中的"单变量求解"命令按钮,弹出如图 8-26 所示的"单变量求解"对话框。

图 8-25 原始数据表   图 8-26 "单变量求解"对话框

[Step 4] 在"单变量求解"对话框中,"目标单元格"栏目要填写 B6 单元格的绝对地址,期望控制的将是利润总额数;"目标值"栏目填写期望实现的具体利润数,如550000;"可变单元格"栏目填写的是 B2 单元格的绝对地址,可变动的参数是营业收入,是将要求解的值。两个单元格的地址可通过键盘输入,也可用鼠标单击相应单元格。

[Step 5] 单击"确定"按钮,弹出"单变量求解状态"对话框,计算的结果会显示出来,如图 8-27 所示。

[Step 6] 在图 8-27 所示的单变量求解状态对话框中单击"确定"按钮,对话框消失,求解结束,这时工作表中显示的就是欲将利润增加10%时的营业收入、变动费用和销售税金数据。

图 8-27 单变量求解结果

重复以上步骤,可以分别计算出利润总额分别增加 11%、12%、13%……时相应的营业收入、变动费用、销售税金数据。

实践 2　企业生产决策和订货决策分析

实践 8-3：生产哪种产品更有利。使用甲设备既可生产 A 产品，也可生产 B 产品，所生产的产品都能做到产销一致。考虑到市场竞争，要么生产 A 产品，要么生产 B 产品，否则缺乏竞争优势。经技术部门测算，该设备每月最大生产能力为 680 机器小时。A 产品售价为 29 元，单位变动成本为 17 元，单位耗用机器工时为 1.5 小时；B 产品售价为 35 元，单位变动成本为 21 元，单位耗用机器工时为 2 小时。利用 Excel 自动计算在现有生产能力的条件下，生产哪种产品较为有利？

实践 8-4：某企业全年需要某种材料 287500 千克，每千克材料每年的储存成本为 1.44 元，每次订货成本 650 元。利用 Excel 自动计算该材料经济订货批量、全年最佳订货次数。

习题

一、选择题

1. Excel 中将固定资产的折旧额均衡地分摊到固定资产折旧年限的各个会计期间的函数是（　　　）。

A．SYD 函数　　　　　B．DDB 函数　　　　　C．SLN 函数　　　　　D．DB 函数

2. 复利现值 PV 函数不能够计算（　　　）的现值。

A．普通年金　　　　　B．预付年金　　　　　C．一次性收付款　　　D．永续年金

3. Excel 中比较运算符公式返回的计算结果为（　　　）。

A．1　　　　　　　　　　　　　　　　　　B．TRUE 或 FALSE

C．F　　　　　　　　　　　　　　　　　　D．T

4. 在 Excel 中，输入数组公式后，要同时按下组合键（　　　）。

A．Ctrl+Enter　　　　　　　　　　　　　B．Shift+Enter

C．Ctrl+Shift+Enter　　　　　　　　　　D．Ctrl+Shift

5. 复利终值 FV 函数可以直接计算（　　　）的终值。

A．普通年金　　　　　B．预付年金　　　　　C．一次性收付款　　　D．递延年金

6. 复利终值 FV 函数、复利现值 PV 函数与利率 RATE 函数的参数 Type（　　　）。

A．用于判断是期初还是期末　　　　　　　B．空值表示期末

C．0 值表示期末　　　　　　　　　　　　D．1 值表示期初

7. 在借款分期等额还款规划中，各年借款本息的数量关系是（　　　）。

A．Pmt 的值相同　　　　　　　　　　　　B．Ppmt 的值逐年下降

C．Ipmt 的值逐年上升　　　　　　　　　　D．剩余本金逐年下降

8. 复利终值 FV 函数与复利现值 PV 函数中,参数含义与在公式中位置都相同的是( ) 参数。

A. 利率 Rate B. 期数 Nper C. 年金 Pmt D. 类型 Type

二、填空题

1. 在 Excel 中,重点表现两点间数值的变化趋势的图表是_____。

2. 在 Excel 中,弹出单元格格式对话框的快捷键是_____。

3. FV 函数是基于固定利率和年金返回某项投资的_____值。

4. _____函数是通过使用贴现率及一系列未来支出和收入,返回一项投资的净现值。

5. 在描述线性关系的时候,可以采用的图表为_____。

6. 已知 A1 至 A5 的数据依次为(8,7,5,2,1),B1 至 B5 的数据依次为(甲,乙,丙,丁,戊),则表达式"=Lookup(1,A1:B5)"返回的结果是_____。

7. 已知 A1 至 A4 的内容依次为(数量,3,2,5),B1 至 B4 的内容依次为(城市,北京,上海,天津),则表达式"=Lookup(2,A1:A4,B1:B4)"返回的结果是_____。

8. 在 Excel 中,可用_____函数进行期初余额试算平衡。

9. 在 Excel 中,可用_____表示比较条件式逻辑"假"的结果。

10. 单元格的格式为"常规",在 Excel 中使用"=NOW()"函数时,将返回_____。

三、简答题

1. 资金时间价值计算相关的 Excel 函数有哪些?

2. 简述复利和年金的区别。

3. 最佳现金持有量分析的方法有哪些?

4. 简述复利计息和单利计息的区别。

5. 在 Excel 中,单元格有几种引用方式?分别对单元格产生什么影响?

第 9 章
Excel 在运营数据中的应用

【学习目标】

✓ 了解运营数据分析的过程。
✓ 熟悉运营数据的特点和查询方法。
✓ 掌握处理运营数据的统计方法。
✓ 掌握运营数据分析常见可视化方法。

【学习重点】

✓ 熟悉运营数据分析的步骤。
✓ 掌握产品销售、库存及可订购数据的查询分析方法。
✓ 掌握产品销售、库存及可订购数据的基本统计分析方法。
✓ 掌握产品流量数据的查询分析方法。
✓ 掌握运营数据分析常见可视化方法。

【思维导学】

✓ 关键字：运营数据、产品销售、可订购及库存、流量数据、统计分析、可视化。
✓ 内涵要义：运营数据处理是 Excel 电子表格软件的一个重要应用，形象直观地展示运营数据相互关系和变化趋势，寻找影响运营数据效率的关键因素，以及各个因素之间的相关或因果关系，在进行数据分析中要细思熟虑，勇于开拓、自主创新。
✓ 思政点播：在保障数据完整性、安全性的前提下，使用大数据环境下电商运营的模拟运营数据，以数据分析中常见方法直观反应数据的特点以及变量之间的内在关系，引导学生对运营平台的正确认识，对国家在网络环境下的法律法规的熟悉和掌握，提高网络安全意识，对中国特色社会主义道路充满自信。
✓ 思政目标：利用运营数据分析和图表的相辅相成关系，培养学生发现问题和解决问题的能力，引导学生建立缜密的逻辑思维，培养学生的创造能力和创新思维。

电商平台线上购物市场庞大且竞争激烈。面对电商平台强大且众多的竞争对手，每一个运营者要想生存并取得发展，就必须掌握科学的运营方法，及时发现并解决运营中的数据问题，掌握合理的采购时间、规划商品上架的数量和种类等。本章以电商平台运营模拟数据为例，基于用户流量数据和 8 个城市的商品销售、可订购及库存数据介绍 Excel 在运营中的应用。对商品数据进行分析处理后，对各个变量进行描述统计、回归分析及可视化。以商品销售数据、可订购数据、库存数据及用户流量数据的分类汇总查询为切入点，多个角度分析产品销售数据下滑或者上升的原因，判断库存是否满足销售等需求，主要囊括了 Excel 在产品销售查询及分析、产品销售统计分析、库存产品查询及分析和流量数据管理与分析等核心知识点。

9.1　运营数据分析概述

▶ 9.1.1　运营数据分析的概念

运营数据分析是指通过对电商线上购物平台中产品销售、库存、可订购数据，以及顾客浏览、下单等流量数据进行深度分析，结合商品价格，探索数据销量的深层原因，寻找科学高效的运行方法。运营数据分析通过描述统计分析、多表关联分析及分类汇总等方式寻找运营数据的规律，总结出商品销售、可订购、上架及种类等数量变化的深层原因，合理指导商品获取高效盈利。

▶ 9.1.2　运营数据分析的阶段

运营数据分析包含 6 个阶段，即明确问题、理解数据、数据清洗、数据分析、数据可视化及产出数据报告。

（1）明确问题是指通过点点沟通、多点沟通、业务分析等方式明细问题的突出特征。

（2）理解数据是指通过对数据的分析，获取或构建合适的数据特征指标。

（3）数据清洗是指通过对缺失值及异常值的处理来达到清洗数据的目的，保障数据的完整性和准确性。

（4）数据分析是通过对数据多角度、多层次、多方法分析获取数据中运营销量提高、利益最大化的原因，为运营分析中的决策提供支持。

（5）数据可视化是指通过图表等可视化工具将销售、可订购、库存及流量等数据及分析结果展示给用户和决策者。

（6）产出数据报告是指通过报表的形式将销售、可订购、库存及流量等数据信息汇总分类展示给用户和决策者。

9.1.3　运营数据分析举例

本章收集某电商平台模拟数据，数据分析目标是用户流量数据、销售数据、可订购数据及库存数据。收集北京市、上海市、广州市、成都市、武汉市、沈阳市、西安市及深圳市8个城市的销售数据、可订购数据及库存数据，如图9-1所示。收集的流量数据包含11列，如图9-2所示。

商品编号	商品型号	商品价格	全国总销量	全国总库存	总可订购	北京市销量	北京市库存	北京市可订购	上海市销量	上海市库存	上海市可订购	广州市销量	广州市库存	广州市可订购	成都市销量	成都市库存	成都市可订购	武汉市销量	武汉市库存	武汉市可订购	沈阳市销量	沈阳市库存	沈阳市可订购	西安市销量	西安市库存	西安市可订购	深圳市销量	深圳市库存	深圳市可订购
1518723	CAR-WB3008J	1280	0	50	50	0	15	15	0	8	8	0	11	11	0	5	5	0	5	5	0	2	2	0	2	2	0	2	2
1518728	CAR-WB3008J	1280	0	49	49	0	15	15	0	8	8	0	10	10	0	5	5	0	5	5	0	2	2	0	2	2	0	2	2
1518697	CAR-WB3008J	1280	2	48	48	0	15	15	0	8	8	0	11	11	0	5	5	0	5	5	0	2	2	0	2	2	0	2	2
1518717	CAR-WB3008J	1280	1	49	49	0	15	15	0	8	8	0	11	11	0	5	5	0	5	5	0	2	2	0	2	2	0	2	2
1578625	CAR-WB1001JLHC	2180	26	0	0	-	-	-	-	-	-	0	26	0	-	-	-	-	-	-	-	-	-	-	-	-	-	-	-
1578610	CAR-WB1001JLHC	2180	26	0	0	-	-	-	-	-	-	0	26	0	-	-	-	-	-	-	-	-	-	-	-	-	-	-	-
1578626	CAR-WB1001JLHC	2180	26	0	0	-	-	-	-	-	-	0	26	0	-	-	-	-	-	-	-	-	-	-	-	-	-	-	-
1578624	CAR-WB1001JLHC	2180	26	0	0	-	-	-	-	-	-	0	26	0	-	-	-	-	-	-	-	-	-	-	-	-	-	-	-
1604162	CAR-WB1109JLHC-2	2380	14	0	0	-	-	-	-	-	-	0	14	0	-	-	-	-	-	-	-	-	-	-	-	-	-	-	-
1604161	CAR-WB1109JLHC-2	2380	14	0	0	-	-	-	-	-	-	0	14	0	-	-	-	-	-	-	-	-	-	-	-	-	-	-	-
1604155	CAR-WB1109JLHC-2	2380	14	0	0	-	-	-	-	-	-	0	14	0	-	-	-	-	-	-	-	-	-	-	-	-	-	-	-
1518711	CAR-WB3010J	1280	2	29	28	0	8	8	1	3	3	0	7	7	0	4	4	0	3	3	0	2	1	0	1	1	0	1	1
1518689	CAR-WB3010J	1280	5	36	36	0	12	12	0	5	5	0	7	7	0	4	4	0	2	2	0	2	2	0	2	2	0	2	2
1380517	CAR-WB4006J	966.3	24	18	26	6	1	9	2	0	2	3	2	2	2	2	2	2	2	2	2	1	3	3	5	5	5
1518729	CAR-WB1114J	998	1	8	8	-	-	-	-	-	-	0	1	1	-	-	-	-	-	-	-	-	-	-	-	-	-	-	-
1518714	CAR-WB1114J	998	155	12	11	0	8	8	0	2	155	3	2	0	1	1	0	1	0	0	0	0	0	0	0

图9-1　商品销售、可订购和库存原始模拟数据

商品编号	商品型号	下单量	商品浏览量	访客数	下单转化率	加入购物车量	购物车化换率	评价数量	好评数量	好评率	站内流量比	站外流量比
1518723	CAR-WB1103JLHC-2	1	4	4	25.00%	0	0.00%	0	0	0%	50.00%	50.00%
1518728	CAR-WB1103JLHC-2	2	13	12	15.38%	0	0.00%	0	0	0%	69.23%	30.77%
1518697	CAR-WB1103JLHC	0	1	0	0.00%	0	0.00%	0	0	0%	0.00%	100.00%
1518717	CAR-WB1103JLHC	0	0	0	0.00%	0	0.00%	0	0	0%	0%	0%
1578625	CAR-WB1003J	10	1041	800	0.67%	27	2.59%	5	5	100.00%	91.05%	8.95%
1578610	CAR-WB1003J	10	1045	799	0.48%	42	4.02%	1	1	100.00%	90.92%	9.08%
1578626	CAR-WB4002J	44	1422	1015	2.39%	103	7.24%	12	12	100.00%	86.53%	13.47%
1579624	CAR-WB4002J	32	1125	767	2.31%	84	7.47%	9	9	100.00%	86.36%	13.64%
1604162	CAR-WB4002J	98	2493	1590	2.89%	208	8.34%	26	23	88.46%	84.55%	15.45%

图9-2　商品流量模拟数据

对如图9-1所示数据进行清洗，缺失值、空白处数据均用0表示。在销售数据中，描述商品信息并表示8个城市的销量，以商品编号、商品型号、商品价格，全国总销量和8个城市销量为数据列，从如图9-1所示的表中分离出商品销售模拟数据，前17行数据如图9-3所示。

在可订购数据中以商品编号、商品型号、总可订购和8个城市可订购为数据列，从如图9-1所示的表中分离出商品可订购模拟数据，前10行数据如图9-4所示。

在库存数据中以商品编号、商品型号、全国总库存和8个城市库存为数据列，从如图9-1所示的表中分离出商品库存模拟数据，前14行数据如图9-5所示。

图9-2中所示流量模拟数据中存在重复列，清洗流量模拟数据。在流量模拟数据中，"下单转化率"和"下单量""商品浏览量""访客数"相关，数据分析时需重新计算，故删除"下单转化率"列，"好评率"采用"评价数量"和"好评数量"计算出来，故删除，整理后前10行数据如图9-6所示的数据。

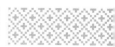

	A	B	C	D	E	F	G	H	I	J	K	L
1	商品编号	商品型号	商品价格	全国总销量	北京市销量	上海市销量	广州市销量	成都市销量	武汉市销量	沈阳市销量	西安市销量	深圳市销量
2	1518723	CAR-WB3008J	1280	0	0	0	0	0	0	0	0	0
3	1518728	CAR-WB3008J	1280	0	0	0	0	0	0	0	0	0
4	1518697	CAR-WB3008J	1280	2	0	0	0	0	0	0	1	1
5	1518717	CAR-WB3008J	1280	1	0	0	0	0	0	0	0	0
6	1578625	CAR-WB1001JLHC	2180	26	0	0	26	0	0	0	0	0
7	1578610	CAR-WB1001JLHC	2180	26	0	0	26	0	0	0	0	0
8	1578626	CAR-WB1001JLHC	2180	26	0	0	26	0	0	0	0	0
9	1578624	CAR-WB1001JLHC	2180	26	0	0	26	0	0	0	0	0
10	1604162	CAR-WB1109JLHC-2	2380	14	0	0	14	0	0	0	0	0
11	1604161	CAR-WB1109JLHC-2	2380	14	0	0	0	0	0	0	0	0
12	1604155	CAR-WB1109JLHC-2	2380	14	0	0	0	0	0	0	0	0
13	1518711	CAR-WB3010J	1280	2	0	1	0	0	0	0	0	0
14	1518689	CAR-WB3010J	1280	5	0	0	0	0	0	2	0	1
15	1380517	CAR-WB4006J	966.3	24	6	2	2	2	1	0	1	5
16	1518729	CAR-WB1114J	998	1	1	0	0	0	0	0	0	0
17	1518714	CAR-WB1114J	998	155	0	0	155	0	0	0	0	0

图 9-3　商品销售模拟数据

	A	B	C	D	E	F	G	H	I	J	K
1	商品编号	商品型号	总可订购	北京市可订购	上海市可订购	广州市可订购	成都市可订购	武汉市可订购	沈阳市可订购	西安市可订购	深圳市可订购
2	1518723	CAR-WB3008J	50	15	8	11	5	5	2	2	2
3	1518728	CAR-WB3008J	49	15	8	10	5	5	2	2	2
4	1518697	CAR-WB3008J	48	15	8	11	5	5	2	1	1
5	1518717	CAR-WB3008J	49	15	7	11	5	5	2	2	2
6	1578625	CAR-WB1001JLHC	0	0	0	0	0	0	0	0	0
7	1578610	CAR-WB1001JLHC	0	0	0	0	0	0	0	0	0
8	1578626	CAR-WB1001JLHC	0	0	0	0	0	0	0	0	0
9	1578624	CAR-WB1001JLHC	0	0	0	0	0	0	0	0	0
10	1604162	CAR-WB1109JLHC-2	0	0	0	0	0	0	0	0	0

图 9-4　商品可订购模拟数据

	A	B	C	D	E	F	G	H	I	J	K
1	商品编号	商品型号	全国总库存	北京市库存	上海市库存	广州市库存	成都市库存	武汉市库存	沈阳市库存	西安市库存	深圳市库存
2	1518723	CAR-WB3008J	50	15	8	11	5	5	2	2	2
3	1518728	CAR-WB3008J	49	15	8	10	5	5	2	2	2
4	1518697	CAR-WB3008J	48	15	8	11	5	5	2	1	1
5	1518717	CAR-WB3008J	49	15	7	11	5	5	2	2	2
6	1578625	CAR-WB1001JLHC	0	0	0	0	0	0	0	0	0
7	1578610	CAR-WB1001JLHC	0	0	0	0	0	0	0	0	0
8	1578626	CAR-WB1001JLHC	0	0	0	0	0	0	0	0	0
9	1578624	CAR-WB1001JLHC	0	0	0	0	0	0	0	0	0
10	1604162	CAR-WB1109JLHC-2	0	0	0	0	0	0	0	0	0
11	1604161	CAR-WB1109JLHC-2	0	0	0	0	0	0	0	0	0
12	1604155	CAR-WB1109JLHC-2	0	0	0	0	0	0	0	0	0
13	1518711	CAR-WB3010J	29	8	3	8	4	3	2	1	0
14	1518689	CAR-WB3010J	36	12	5	7	4	4	0	2	1

图 9-5　商品库存模拟数据

	A	B	C	D	E	F	G	H	I	J	K
1	商品编号	商品型号	下单量	商品浏览量	访客数	加入购物车量	购物车转化率	评价数量	好评数量	站内流量比	站外流量比
2	1518723	CAR-WB1103JLHC-2	1	4	4	0	0.00%	0	0	50.00%	50.00%
3	1518728	CAR-WB1103JLHC-2	2	13	12	0	0.00%	0	0	69.23%	30.77%
4	1518697	CAR-WB1103JLHC	0	1	1	0	0.00%	0	0	0.00%	100.00%
5	1518717	CAR-WB1103JLHC	0	0	0	0	0.00%	0	0	0%	0%
6	1578625	CAR-WB1003J	10	1041	800	27	2.59%	5	5	91.05%	8.95%
7	1578610	CAR-WB1003J	10	1045	799	42	4.02%	1	1	90.92%	9.08%
8	1578626	CAR-WB4002J	44	1422	1015	103	7.24%	12	12	86.53%	13.47%
9	1578624	CAR-WB4002J	32	1125	767	84	7.47%	9	9	86.36%	13.64%
10	1604162	CAR-WB4002J	98	2493	1590	208	8.34%	26	23	84.55%	15.45%

图 9-6　商品流量模拟数据（清洗后）

9.2　商品销售查询与统计

9.2.1　商品销售查询

产品销售模拟数据包含了北京市、上海市、广州市、成都市、武汉市、沈阳市、西安市及深圳市 8 个城市的一个月销售数据，以及商品的价格。本小节通过描述统计分析对产品销售数据特征进行多角度查询。前面章节已经介绍过将分析库加载项添加到选项卡中，本小节直接使用描述统计分析，步骤如下。

微课视频 9-1

Step 1 打开图 9-3 所对应的"商品销售模拟数据"表，单击"数据"选项卡"分析"组工具栏的"数据分析"命令按钮，如图 9-7 所示。

图 9-7　菜单项"数据"中选择"数据分析"

Step 2 如图 9-8 所示，弹出"数据分析"对话框，在"分析工具"的下拉列表中选择"描述统计"选项。

Step 3 如图 9-9 所示，在输入区域文本框中输入"$C\$2:\$L\$42"，选中"汇总统计"复选框，单击"确定"按钮，获取描述统计分析结果，将"商品价格""全国总销量"和 8 个城市的销量作为表头放入描述统计结果中，形成如图 9-10 和图 9-11 所示的分析结果，图 9-10 为商品价格、全国总销量以及北京市、上海市和广州市的销量描述统计展示，图 9-11 为成都市、武汉市、沈阳市、西安市和深圳市 5 个城市的销量描述统计展示。

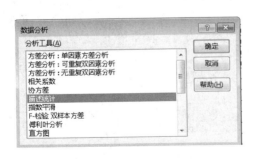

图 9-8　描述统计分析工具

图 9-9　描述统计选项

Step 4 用户可以通过图 9-10 和图 9-11 查询出该商品的全国总销量，查询出平均销量最好的是广州市，平均销量最差的是西安市，此信息给该商品的采购和库存提供合理的指导。查询如图 9-3 所示的产品可订购数据，发现广州市的可订购数量远远大于西安市的可订购数量。查询如图 9-4 所示的库存数据，广州市的库存数量也大于西安市的库存数量。

商品价格		全国总销量		北京销量		上海销量		广州销量	
平均	1286.752	平均	17.38462	平均	1.487179	平均	1.230769	平均	8
标准误差	125.0258	标准误差	4.35791	标准误差	0.484401	标准误差	0.393025	标准误差	4.087769
中位数	998	中位数	13	中位数	0	中位数	0	中位数	0
众数	1280	众数	1	众数	0	众数	0	众数	0
标准差	780.7858	标准差	27.21514	标准差	3.025086	标准差	2.454443	标准差	25.52811
方差	609626.5	方差	740.664	方差	9.151147	方差	6.024291	方差	651.6842
峰度	-1.20147	峰度	17.49501	峰度	6.177949	峰度	14.1111	峰度	30.67313
偏度	0.479807	偏度	3.790538	偏度	2.50524	偏度	3.421792	偏度	5.312937
区域	2281	区域	155	区域	12	区域	13	区域	155
最小值	399	最小值	0	最小值	0	最小值	0	最小值	0
最大值	2680	最大值	155	最大值	12	最大值	13	最大值	155
求和	50183.33	求和	678	求和	58	求和	48	求和	312
观测数	39	观测数	39	观测数	39	观测数	39	观测数	39
最大(1)	2680	最大(1)	155	最大(1)	12	最大(1)	13	最大(1)	155
最小(1)	399	最小(1)	0	最小(1)	0	最小(1)	0	最小(1)	0
置信度(95.0)	253.1015	置信度(95.0)	8.822129	置信度(95.0)	0.98062	置信度(95.0)	0.795638	置信度(95.0)	8.275255

图 9-10 全国及部分城市销量描述统计

成都市销量		武汉市销量		沈阳市销量		西安市销量		深圳市销量	
平均	1.025641	平均	0.538462	平均	0.512821	平均	0.205128	平均	1.051282
标准误差	0.424434	标准误差	0.222991	标准误差	0.183208	标准误差	0.083605	标准误差	0.39557
中位数	0	中位数	0	中位数	0	中位数	0	中位数	0
众数	0	众数	0	众数	0	众数	0	众数	0
标准差	2.650593	标准差	1.392577	标准差	1.144134	标准差	0.522115	标准差	2.470337
方差	7.025641	方差	1.939271	方差	1.309042	方差	0.272605	方差	6.102564
峰度	20.82277	峰度	8.523272	峰度	13.95911	峰度	6.042857	峰度	14.5547
偏度	4.198196	偏度	2.997855	偏度	3.411664	偏度	2.589761	偏度	3.548048
区域	15	区域	6	区域	6	区域	2	区域	13
最小值	0	最小值	0	最小值	0	最小值	0	最小值	0
最大值	15	最大值	6	最大值	6	最大值	2	最大值	13
求和	40	求和	21	求和	20	求和	8	求和	41
观测数	39	观测数	39	观测数	39	观测数	39	观测数	39
最大(1)	15	最大(1)	6	最大(1)	6	最大(1)	2	最大(1)	13
最小(1)	0	最小(1)	0	最小(1)	0	最小(1)	0	最小(1)	0
置信度(95.0)	0.859223	置信度(95.0)	0.451421	置信度(95.0)	0.370885	置信度(95.0)	0.16925	置信度(95.0)	0.800791

图 9-11 部分城市销量描述统计

9.2.2 商品销售统计

打开如图 9-3 所示的产品销售表，发现不同"商品编号"的产品具有相同"商品型号"，本小节对相同"商品型号"的产品进行归类整理分析，按 8 个城市进行查询分析。

1. 对不同商品型号的销量进行统计

打开"商品销售模拟数据"表，删除"商品编号"内容，如图 9-12 所示的商品销售表。对该数据按照"商品型号"进行分类汇总，具体操作步骤如下。

微课视频 9-2

Step 1 选中"商品型号"，单击"数据"选项卡"分级显示"组工具栏的"分类汇总"命令按钮，弹出如图 9-13 所示的对话框。

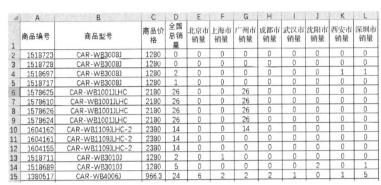

图 9-12   商品销售表

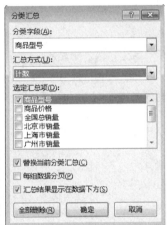

图 9-13   "分类汇总"对话框

Step 2 设置"分类字段"为"商品型号","汇总方式"为"计数",在"选定汇总项"的下拉列表中选中"商品型号"复选框,单击"确定"按钮,图 9-14 为"商品型号"分类汇总效果,可以通过向右复制,汇总各个城市汇总结果,并查询 8 个城市的对应商品型号的销量,比如商品型号为"CAR-WB1001JLHC"的产品,共有 4 个种类,广州市销量均为 26,总销量为 104,其他城市为 0,可进一步发现该商品在广州市的受欢迎程度,而在其他城市无人问津。

	商品编号		商品型号	商品价格	全国总销量	北京市销量	上海市销量	广州市销量	成都市销量	武汉市销量	沈阳市销量	西安市销量	深圳市销量
1													
2	1518723		CAR-WB3008J	1280	0	0	0	0	0	0	0	0	0
3	1518728		CAR-WB3008J	1280	0	0	0	0	0	0	0	0	0
4	1518697		CAR-WB3008J	1280	2	0	0	0	0	0	0	1	1
5	1518717		CAR-WB3008J	1280	1	0	0	0	0	0	0	0	0
6		CAR-WB3008J 汇总	0		5120	3	0	0	0	0	0	0	1
7	1578625		CAR-WB1001JLHC	2180	26	0	0	26	0	0	0	0	0
8	1578610		CAR-WB1001JLHC	2180	26	0	0	26	0	0	0	0	0
9	1578626		CAR-WB1001JLHC	2180	26	0	0	26	0	0	0	0	0
10	1578624		CAR-WB1001JLHC	2180	26	0	0	26	0	0	0	0	0
11		CAR-WB1001JLHC 汇总	0		8720	104	0	0	104	0	0	0	0
12	1604162		CAR-WB1109JLHC-2	2380	14	0	0	14	0	0	0	0	0
13	1604161		CAR-WB1109JLHC-2	2380	14	0	0	0	0	0	0	0	0
14	1604155		CAR-WB1109JLHC-2	2380	14	0	0	0	0	0	0	0	0
15		CAR-WB1109JLHC-2 汇总	0		7140	42	0	0	14	0	0	0	0
16	1518711		CAR-WB3010J	1280	2	0	1	0	0	0	2	0	0
17	1518689		CAR-WB3010J	1280	5	0	0	0	0	0	0	2	0	1

图 9-14   "分类销售汇总"结果

2. 对不同商品型号的销售额进行统计

打开如图 9-11 所示的"销售表"数据,增加"销售金额"列,用"全国总销量"和"商品价格"之积,计算出每种商品的销售金额,如图 9-15 所示。

选中所有列,单击"数据"选项卡"分级显示"组工具栏的"分类汇总"命令按钮,在出现的对话框中设置"分类字段"为"商品型号","汇总方式"为"求和",在"选定汇总项"的下拉列表中选中"总金额"复选框,单击"确定"按钮,出现如图 9-16 所示的金额汇总效果。

	A	B	C	D	E	F	G	H	I	J	K	L	M
1	商品编号	商品型号	商品价格	全国总销量	北京市销量	上海市销量	广州市销量	成都市销量	武汉市销量	沈阳市销量	西安市销量	深圳市销量	销售金额
2	1518723	CAR-WB3008J	1280	0	0	0	0	0	0	0	0	0	0
3	1518728	CAR-WB3008J	1280	0	0	0	0	0	0	0	0	0	0
4	1518697	CAR-WB3008J	1280	2	0	0	0	0	0	0	1	1	2560
5	1518717	CAR-WB3008J	1280	1	0	0	0	0	0	0	0	0	1280
6	1578625	CAR-WB1001JLHC	2180	26	0	0	26	0	0	0	0	0	56680
7	1578610	CAR-WB1001JLHC	2180	26	0	0	26	0	0	0	0	0	56680
8	1578626	CAR-WB1001JLHC	2180	26	0	0	26	0	0	0	0	0	56680
9	1578624	CAR-WB1001JLHC	2180	26	0	0	26	0	0	0	0	0	56680
10	1604162	CAR-WB1109JLHC-2	2380	14	0	0	14	0	0	0	0	0	33320
11	1604161	CAR-WB1109JLHC-2	2380	14	0	0	0	0	0	0	0	0	33320
12	1604155	CAR-WB1109JLHC-2	2380	14	0	0	0	0	0	0	0	0	33320
13	1518711	CAR-WB3010J	1280	2	0	1	0	0	0	0	0	0	2560
14	1518689	CAR-WB3010J	1280	5	0	0	0	0	0	2	0	1	6400

图9-15 增加"销售金额"的销售表

从图9-16中可以看出"商品型号"为"CAR-WB1001JLHC"的产品销售额是最多的，如果要查询该商品型号在各个城市的销售金额，可拖动图9-15中金额总量向左复制，显而易见该"商品型号"的产品，在广州市的销售总额是最高的，和前面的销量是一致的。

商品型号	商品价格	全国总销量	北京市销量	上海市销量	广州市销量	成都市销量	武汉市销量	沈阳市销量	西安市销量	深圳市销量	金额
CAR-WB3008J	1280	0	0	0	0	0	0	0	0		0
CAR-WB3008J	1280	0	0	0	0	0	0	0	0		0
CAR-WB3008J	1280	2	0	0	0	0	0	0	1	1	2560
CAR-WB3008J	1280	1	0	0	0	0	0	0	0		1280
CAR-WB3008J 汇总											3840
CAR-WB1001JLH	2180	26	0	0	26	0	0	0	0		56680
CAR-WB1001JLH	2180	26	0	0	26	0	0	0	0		56680
CAR-WB1001JLH	2180	26	0	0	26	0	0	0	0		56680
CAR-WB1001JLH	2180	26	0	0	26	0	0	0	0		56680
-WB1001JLHC 汇总											226720
R-WB1109JLH	2380	14	0	0	14	0	0	0	0		33320
R-WB1109JLH	2380	14	0	0	0	0	0	0	0		33320
R-WB1109JLH	2380	14	0	0	0	0	0	0	0		33320
WB1109JLHC-2 汇总											99960
CAR-WB3010J	1280	2	0	1	0	0	0	0	0		2560
CAR-WB3010J	1280	5	0	0	0	0	0	2	0	1	6400
CAR-WB3010J 汇总											8960
CAR-WB4006J	966.33	24	6	2	2	2	1	0	1	5	23191.92
R-WB4006J 汇总											23191.92
CAR-WB1114J	998	1	1	0	0	0	0	0	0		998
CAR-WB1114J	998	155	0	0	155	0	0	0	0		154690
AR-WB1114J 汇总											155688

图9-16 "分类金额汇总"结果

9.2.3 商品销售统计可视化

本小节通过可视化图表形象地展示商品销量的高低，并突出盈利或不盈利的产品信息。

1. 对不同商品型号的销售比重可视化

图9-17所示为对销售金额汇总表进行整理，汇总出该商品每一类型当月的销售总量

和销售总金额，单击"数据"选项卡"排序和筛选"组工具栏的"排序"命令按钮，按照"金额"降序排序，结果如图9-17所示。

商品型号	商品价格（元）	全国总销量	金额（元）
CAR-WB1001JLHC	2180	104	226720
CAR-WB1114J	998	166	165668
CAR-WB1111JLHC-2	2680	47	125960
CAR-WB4002J	864.5	127	109791.5
CAR-WB1109JLHC-2	2380	42	99960
CAR-WB1103JLHC-2	1999	26	51974
CAR-WB1005J	443	98	43414
CAR-WB4006J	966.33	24	23191.92
CAR-WB3010J	1280	7	8960
CAR-WB3006J	808	9	7272
CAR-WB1003J	538	12	6456
CAR-WB1110J	409	10	4090
CAR-WB3008J	1280	3	3840
CAR-WB1107J	409	7	2863
CAR-WB3012J	399	4	1596
CAR-WB3007J	1538	1	1538
CAR-WB3011J	1280	1	1280

图 9-17　销售总量及总金额

选中"商品型号"及"金额（元）"，单击"插入"选项卡"图表"组工具栏任一图表的下三角形，选择"查看所有图表"选项，弹出"插入图表"对话框，选择"所有图表"选项卡中的图表类型"饼图"按钮，生成如图9-18所示的饼图。

图 9-18　销售金额饼图

从图9-17和图9-18中均可以看到商品型号为"CAR-WB1114J"的商品销量是最高的，而商品销量最低的为"CAR-WB3011J"，查询如图9-19所示的商品特征信息表，发现商品型号为"CAR-WB1114J"的商品颜色为"浅紫色"，价格也相对便宜，商品型号也比较小，根据3个特征提供给运营决策，进一步锁定对应的消费群体。

2. 突出盈利和不盈利的商品信息可视化

本小节整理销售数据表中"商品名称"信息，将商品的颜色和大小整理出来，结果如图9-19所示，可分析价格与商品颜色和商品大小的关系，将销售额在0及0以下的标记为不盈利的商品，具体步骤如下。

商品型号	商品价格（元）	全国总销量	颜色	大小	金额（元）
CAR-WB3008J	1280	0	荧光橙	大	0
CAR-WB3008J	1280	0	深紫色	大	0
CAR-WB3008J	1280	2	玫红色	大	2560
CAR-WB3008J	1280	1	孔雀蓝	大	1280
CAR-WB1001JLHC	2180	26	深紫色	大	56680
CAR-WB1001JLHC	2180	26	深蓝色	大	56680
CAR-WB1001JLHC	2180	26	黑色	大	56680
CAR-WB1001JLHC	2180	26	红色	大	56680
CAR-WB1100JLHC-2	2380	14	夜空蓝	中	33320
CAR-WB1100JLHC-2	2380	14	性感酒红	中	33320
CAR-WB1100JLHC-2	2380	14	玫红色	中	33320
CAR-WB3010J	1280	2	米黄色	小	2560
CAR-WB3010J	1280	5	粉紫色	小	6400
CAR-WB4006J	966.33	24	公主粉	小	23191.92
CAR-WB1114J	998	1	浅紫色	小	998
CAR-WB1114J	998	155	米黄色	小	154690
CAR-WB3007J	1538	0	神秘黑	大	0
CAR-WB3007J	1538	1	气质蓝	大	1538
CAR-WB1110J	409	7	桃花粉	小	2863
CAR-WB1110J	409	3	湖水蓝	小	1227
CAR-WB1107J	409	7	荧光橙	小	2863
CAR-WB3006J	808	3	珍珠白	中	2424
CAR-WB3006J	808	4	性感酒红	中	3232
CAR-WB3006J	808	2	藏蓝色	中	1616

图 9-19　销售特征信息表

Step 1 选择 A2:F42 单元格区域，单击"开始"选项卡"条件格式"组工具栏的"新建规则"命令按钮，如图 9-20 所示，在弹出的如图 9-21 所示的对话框中，在"选择规则类型"选区中选择"使用公式确定要设置格式的单元格"，在"编辑规则说明"中选择单元格 F2，在"为符合此公式的值设置格式"中设置"$F2<=0"。

微课视频 9-3

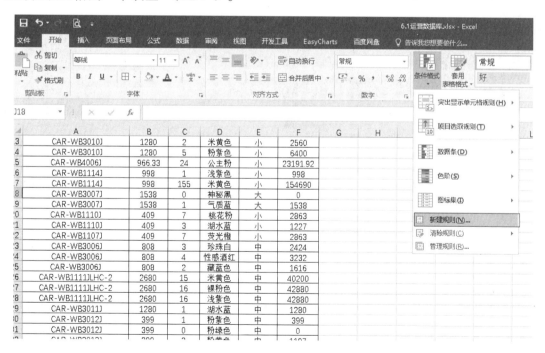

图 9-20　新建规则对话框

图 9-21 "新建格式规则"对话框

Step 2 在"新建格式规则"对话框中单击"格式"按钮，弹出如图 9-22 所示的对话框，选择"填充"选项卡，"图案颜色"选择"红色"，"图案样式"选择"对角线条纹"，单击"确定"按钮，直到关闭设置对话框。此时如图 9-23 所示的表格即为标记了不盈利的商品的信息。

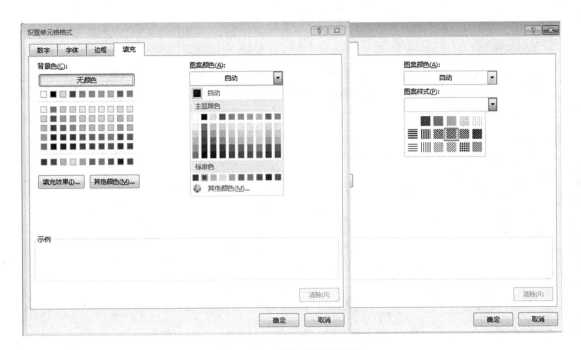

图 9-22 颜色设置对话框

商品型号	商品价格（元）	全国总销量	颜色	大小	金额（元）
CAR-WB3008J	1280	0	荧光橙	大	0
CAR-WB3008J	1280	0	深紫色	大	0
CAR-WB3008J	1280	2	枚红色	大	2560
CAR-WB3008J	1280	1	孔雀蓝	大	1280
CAR-WB1001JLHC	2180	26	深紫色	大	56680
CAR-WB1001JLHC	2180	26	深蓝色	大	56680
CAR-WB1001JLHC	2180	26	黑色	大	56680
CAR-WB1001JLHC	2180	26	红色	大	56680
CAR-WB1109JLHC-2	2380	14	夜空蓝	中	33320
CAR-WB1109JLHC-2	2380	14	性感酒红	中	33320
CAR-WB1109JLHC-2	2380	14	玫红色	中	33320
CAR-WB3010J	1280	2	米黄色	小	2560
CAR-WB3010J	1280	5	粉紫色	小	6400
CAR-WB4006J	966.33	24	公主粉	小	23191.92
CAR-WB1114J	998	1	浅紫色	小	998
CAR-WB1114J	998	155	米黄色	小	154690
CAR-WB3007J	1538	0	锦鲤橙	大	0
CAR-WB3007J	1538	1	气质蓝	大	1538
CAR-WB1110J	409	7	桃花粉	小	2863
CAR-WB1110J	409	3	湖水蓝	小	1227
CAR-WB1107J	409	7	荧光橙	小	2863
CAR-WB3006J	808	3	珍珠白	中	2424
CAR-WB3006J	808	4	性感酒红	中	3232
CAR-WB3006J	808	2	藏蓝色	中	1616
CAR-WB1111JLHC-2	2680	15	米黄色	中	40200
CAR-WB1111JLHC-2	2680	16	裸粉色	中	42880
CAR-WB1111JLHC-2	2680	16	浅紫色	中	42880
CAR-WB3011J	1280	1	湖水蓝	中	1280
CAR-WB3012J	399	1	粉紫色	中	399
CAR-WB3012J	399	0	粉绿色	中	0
CAR-WB3012J	399	3	粉黄色	中	1197
CAR-WB1005J	443	59	薰衣紫	中	26137
CAR-WB1005J	443	15	柠檬黄	中	6645

图 9-23　标记不盈利的商品

Step 3　同理，突出盈利的商品信息的设置同 Step1、Step2，定义本月销售金额在 50000 元以上为盈利商品，在图 9-21 中，选择 F9 单元格，在"为符合此公式的值设置格式"中设置"$F9>=50000"即可，其他操作步骤相同，即可标记出盈利的商品信息。

9.3　商品销售分析

本节对不同地区商品的销量进行深度分析，结合可订购数据寻找可订购数量和销量之间的关系，图 9-14 是销售数据描述统计，本节整理可订购数据描述统计，寻找两个数量之间的隐含关系。

9.3.1　商品销售统计计算

1. 汇总计算

进行汇总计算的具体操作如下。

Step 1　整理商品销售和订购表，分离出"商品订购数据"，选中所有列，单击"数据"选项卡"分级显示"组工具栏的"分类汇总"命令按钮，在弹出的对话框中设置"分

类字段"为"商品型号","汇总方式"为"求和",在"选定汇总项"选区选中"全国总销量""全国总库存""总可订购""北京市可订购""上海市可订购""广州市可订购""成都市可订购""武汉市可订购""沈阳市可订购""西安市可订购""深圳市可订购"复选框,单击"确定"按钮,出现如图 9-24 所示的汇总效果。

	商品型号	商品价格	全国总销量	全国总库存	总可订购	北京市可订购	上海市可订购	广州市可订购	成都市可订购	武汉市可订购	沈阳市可订购	西安市可订购	深圳市可订购
2	CAR-WB3008J	1280	0	50	50	15	8	11	5	5	2	2	2
3	CAR-WB3008J	1280	0	49	49	15	8	10	5	5	2	2	2
4	CAR-WB3008J	1280	2	48	48	15	8	11	5	5	2	1	1
5	CAR-WB3008J	1280	1	49	49	15	7	11	5	5	2	2	2
6	CAR-WB3008J 汇总		3	196	196	60	31	43	20	20	8	7	7
7	CAR-WB1001JLHC	2180	26	0	0	0	0	0	0	0	0	0	0
8	CAR-WB1001JLHC	2180	26	0	0	0	0	0	0	0	0	0	0
9	CAR-WB1001JLHC	2180	26	0	0	0	0	0	0	0	0	0	0
10	CAR-WB1001JLHC	2180	26	0	0	0	0	0	0	0	0	0	0
11	CAR-WB1001JLHC 汇总		104	0	0	0	0	0	0	0	0	0	0
12	CAR-WB1109JLHC-2	2380	14	0	0	0	0	0	0	0	0	0	0
13	CAR-WB1109JLHC-2	2380	14	0	0	0	0	0	0	0	0	0	0
14	CAR-WB1109JLHC-2	2380	14	0	0	0	0	0	0	0	0	0	0
15	CAR-WB1109JLHC-2 汇总		42	0	0	0	0	0	0	0	0	0	0
16	CAR-WB3010J	1280	2	29	28	8	3	3	4	3	1	1	1
17	CAR-WB3010J	1280	5	36	36	12	5	7	4	4	0	1	1
18	CAR-WB3010J 汇总		7	65	64	20			8	7	1	3	1
19	CAR-WB4006J	966.33	24	18	26	9	0	3	2	2	2	3	5
20	CAR-WB4006J 汇总		24	18	26	9			2	2	2	3	5
21	CAR-WB1114J	998	1	8	8	1	2	2	1	1	0	0	1
22	CAR-WB1114J	998	155	12	11	2	2	2	3	2	0	0	0
23	CAR-WB1114J 汇总		156	20	19	3			3	3	0	0	1

图 9-24　可订购数量汇总

Step 2 重新计算每个商品型号的各个城市销售汇总量,与订购量进行汇总,可得如图 9-25 所示的结果。

	商品型号	全国总销量	全国总库存	总可订购	北京市			上海市			广州市			成都市			武汉市			沈阳市			西安市			深圳市		
					销量	可订购	差异	销量	可订购	差异	销量	可订	差异	销量	可订购	差异	销量	可订	差异	销量	可订	差异	销量	可订购	差异	销量	可订	差异
3	CAR-WB3008J 汇总	3	196	196	0	60	-60	0	31	-31	0	43	-43	0	20	-20	0	20	-20	0	8	-8	1	7	-6	1	7	-6
4	CAR-WB1001JLHC 汇总	104	0	0	0	0	0	0	0	0	104	0	104	0	0	0	0	0	0	0	0	0	0	0	0	0	0	0
5	CAR-WB1109JLHC-2 汇总	42	0	0	0	0	0	0	0	0	14	0	14	0	0	0	0	0	0	0	0	0	0	0	0	0	0	0
6	CAR-WB3010J 汇总	7	65	64	0	20	-20	1	8	-7	0	15	-15	0	8	-8	0	7	-7	0	2	-2	0	3	-3	1	1	0
7	CAR-WB4006J 汇总	24	18	26	6	9	-3	2	2	0	2	3	-1	2	2	0	1	2	-1	0	2	-2	1	3	-2	5	5	0
8	CAR-WB1114J 汇总	156	20	19	1	3	-2	0	4	-4	155	4	151	0	3	-3	0	3	-3	0	0	0	0	2	-2	0	3	-3
9	CAR-WB3007J 汇总	1	54	72	0	22	-22	1	9	-8	0	9	-9	0	3	-3	0	7	-7	0	4	-4	0	4	-4	0	9	-9
10	CAR-WB3010J 汇总	10	71	79	1	17	-16	1	11	-10	0	22	-22	3	8	-5	0	5	-5	1	6	-5	0	8	-8	1	4	-3
11	CAR-WB1107J 汇总	7	26	36	3	1	-1	1	4	-3	0	4	-4	0	3	-3	0	5	-5	1	3	-2	0	5	-5	1	11	-10
12	CAR-WB3006J 汇总	0	82	100	1	26	-25	1	17	-16	0	19	-19	1	11	-10	1	8	-7	2	3	-1	0	6	-6	1	10	-9
13	CAR-WB1111JLHC-2 汇总	47	0	0	0	0	0	0	0	0	15	0	15	0	0	0	0	0	0	0	0	0	0	0	0	0	0	0
14	CAR-WB1011J 汇总	1	37	37	0	6	-6	0	8	-8	0	8	-8	0	5	-5	0	4	-4	1	1	0	0	0	0	0	5	-5
15	CAR-WB3012J 汇总	4	177	177	2	47	-45	1	31	-30	0	43	-43	0	20	-20	0	15	-15	0	9	-9	0	6	-6	0	6	-6
16	CAR-WB1005J 汇总	98	162	498	16	127	-111	1	105	-96	14	73	-59	12	59	-47	9	36	-27	34	30	-3	28	-25	4	36	-32	
17	CAR-WB4002J 汇总	127	155	228	23	95	-72	13	25	-12	21	26	-5	7	26	-19	10	10	0	3	16	-13	14	25	-11			
18	CAR-WB1003J 汇总	12	53	57	5	9	-4	5	1	4	2	17	-15	0	5	-5	0	6	-6	5	5	0	0	9	-9			
19	CAR-WB1103JLHC-2 汇总	26	0	0	0	0	0				13	0	13													0	13	-13

图 9-25　可订购和销量汇总

2. 销售好坏标记

分析不同地区产品的销售与可订购分析及可视化,突出销售不合理区域。打开如图 9-25 所示的"可订购和销量汇总"表,分析后发现在表中存在着可订购数量远远大于销量的情况,甚至存在销量全为 0 的城市,这说明该型号产品不适合在该地区销售,如果标记出这些异常点,分析出满足订购数量且销量靠前的商品型号和城市,对运营分析的决策具有指导作用,具体操作如下。

Step 1 打开如图 9-25 所示的"可订购和销量汇总"表,选择 8 个城市的"差异"单元格区域,单击"开始"选项卡"条件格式"组工具栏的"新建规则"命令按钮,在

弹出的对话框中，在"选择规则类型"选区中选择"仅对排名靠前或靠后的数值设置格式"选项，在"为以下排名内的值设置格式"中，选择 "前"和"5"。

Step 2 在"新建格式规则"对话框中单击"格式"按钮，选择"填充"选项卡，"图案颜色"选择"红色"，"图案样式"选择"对角线条纹"，单击"确定"按钮，直到关闭设置对话框。此时如图 9-26 所示的红色表格标记了销售前五的商品类型及城市。

Step 3 根据图 9-26 标记的信息，可以判断可订购和销售合理的地区与商品型号，给商品销售以合理的指导，也可以采用图表（如柱形图）进一步明确显示出各个商品型号的销售好坏。

商品型号	全国总销量	全国总库存	总可订购	北京市销量	北京市可订购	北京市差异	上海市销量	上海市可订购	上海市差异	广州市销量	广州市可订	广州市差异	成都市销量	成都市可订购	成都市差异	武汉市销量	武汉市可订	武汉市差异	沈阳市销量	沈阳市可订	沈阳市差异	西安市销量	西安市可订购	西安市差异	深圳市销量	深圳市可订	深圳市差异
CAR-WB3008J 汇总	3	196	196	0	60	-60	0	31	-31	0	43	-43	0	20	-20	0	20	-20	0	8	-8	1	7	-6	1	7	-6
CAR-WB1001JLHC 汇总	104	0	0	0	0	0	0	0	0	104	0	104	0	0	0	0	0	0	0	0	0	0	0	0	0	0	0
CAR-WB1109JLHC-2 汇总	42	0	0	0	0	0	0	0	0	14	0	14	0	0	0	0	0	0	0	0	0	0	0	0	0	0	0
CAR-WB3010J 汇总	7	65	64	0	20	-20	1	8	-7	0	15	-15	0	9	-9	0	7	-7	2	1	1	0	3	-3	1	1	0
CAR-WB4005J 汇总	24	18	26	6	9	-3	2	0	2	2	3	-1	2	2	0	1	2	-1	0	2	-2	1	3	-2	5	5	0
CAR-WB1114J 汇总	156	20	19	1	3	-2	0	4	-4	155	4	151	0	3	-3	0	3	-3	0	0	0	0	0	0	0	2	-2
CAR-WB3007J 汇总	1	54	72	0	22	-22	1	9	-8	0	9	-9	0	8	-8	0	7	-7	0	4	-4	0	4	-4	0	9	-9
CAR-WB1110J 汇总	10	71	79	1	17	-16	1	11	-10	0	22	-22	3	8	-5	0	3	-3	1	6	-5	0	8	-8	1	4	-3
CAR-WB1107J 汇总	7	26	36	3	1	2	1	4	-3	0	4	-4	0	3	-3	0	5	-5	1	3	-2	0	5	-5	1	11	-10
CAR-WB3006J 汇总	9	82	100	1	26	-25	1	17	-16	0	19	-19	1	11	-10	1	8	-7	2	3	-1	0	6	-6	1	10	-9
CAR-WB1111JLHC-2 汇总	47	0	0	0	0	0	0	0	0	0	0	0	15	0	15	0	0	0	0	0	0	0	0	0	0	0	0
CAR-WB3011J 汇总	1	37	37	0	6	-6	0	8	-8	0	8	-8	0	5	-5	0	4	-4	1	1	0	0	0	0	0	5	-5
CAR-WB3012J 汇总	4	177	177	2	47	-45	1	31	-30	0	43	-43	0	20	-20	0	15	-15	0	9	-9	0	6	-6	0	6	-6
CAR-WB1005J 汇总	98	162	499	16	127	-111	9	105	-96	14	73	-59	12	59	-47	9	36	-27	4	34	-30	3	28	-25	4	36	-32
CAR-WB4002J 汇总	127	155	228	23	95	-72	13	25	-12	21	26	-5	7	26	-19	10	10	0	2	6	-4	3	16	-13	14	25	-11
CAR-WB1003J 汇总	12	53	57	5	9	-4	5	1	4	2	17	-15	0	5	-5	0	6	-6	0	5	-5	0	5	-5	0	9	-9
CAR-WB1103JLHC-2 汇总	26	0	0	0	0	0	13	0	13	0	0	0	0	0	0	0	0	0	0	0	0	0	0	0	0	13	-13

图 9-26 销售前五的统计

9.3.2 商品销售统计分析

产品销售的好坏一方面通过销售利润和销量来衡量，另一方面可通过与销量相关的因素或变量来衡量，而运营平台与销量相关的因素或变量因线上环境更加复杂。本小节通过对比分析和回归分析来讨论可订购数量和销量之间的关系。

1. 可订购数量和销量的对比分析

销量是产品销售好坏的直接目标，而隐藏在销量后面的深层原因分析是运营平台数据分析的核心目标之一，其中可订购数量直接关系到是否可正常销售，可订购数量和销量的对比分析过程如下。

（1）产品"可订购数量"和"销量"的描述统计分析

打开如图 9-25 所示的"可订购和销量汇总"表，单击"数据"选项卡"分析"组工具栏的"数据分析"命令按钮，弹出"数据分析"对话框，在"分析工具"下拉列表中选择"描述统计"选项，在"描述统计"对话框中的"输入区域"文本框中选择 C3:AB19，如图 9-27 所示。

对生成的描述统计结果，添加表头第一行为"全国总库存""全国总可订购""北京市""上海市""广州市""成都市""武汉市""沈阳市""西安市"和"深圳市"，添加表头第二行为八个城市下的"描述统计""可订购"和"销量"，形成如图 9-28 和图 9-29 所示的销量和可订购的描述统计对比表。

图 9-27 "可订购"和"销量"描述统计设置

	A	B	C	D	E	F	G	H	I	J	K	L	M	N	O	P
1	全国总库存		全国总可订购		北京市			上海市			广州市			成都市		
2	描述统计		描述统计		描述统计	可订购	销量	描述统计	可订购	销量	描述统计	可订购	销量	描述统计	可订购	销量
3	平均值	27.21951	平均值	38.7561	平均值	10.78049	1.487179	平均值	6.195122	1.230769	平均值	6.97561	8	平均值	4.341463	1.025641
4	标准误差	3.663683	标准误差	7.102712	标准误差	2.027107	0.484401	标准误差	1.513846	0.393025	标准误差	1.13776	4.087769	标准误差	0.866455	0.424434
5	中位数	26	中位数	32	中位数	8	0	中位数	4	0	中位数	5	0	中位数	0	0
6	众数	0	众数	0	众数	0	0	众数	0	0	众数	0	0	众数	0	0
7	标准差	23.45902	标准差	45.47955	标准差	12.97982	3.025086	标准差	9.693347	2.454443	标准差	7.285217	25.52811	标准差	5.548017	2.650593
8	方差	550.3256	方差	2068.389	方差	168.4756	9.151147	方差	93.96098	6.024291	方差	53.07439	651.6842	方差	30.78049	7.025641
9	峰度	-0.54208	峰度	7.882506	峰度	3.79713	6.177949	峰度	13.71123	14.1111	峰度	4.927085	30.67313	峰度	11.1526	20.82277
10	偏度	0.457406	偏度	2.400752	偏度	1.798911	2.50524	偏度	3.328659	3.421792	偏度	1.710341	5.312937	偏度	2.878151	4.198196
11	区域	85	区域	233	区域	59	12	区域	53	13	区域	36	155	区域	30	15
12	最小值	0	最小值	0	最小值	0	0	最小值	0	0	最小值	0	0	最小值	0	0
13	最大值	85	最大值	233	最大值	59	12	最大值	53	13	最大值	36	155	最大值	30	15
14	求和	1116	求和	1589	求和	442	58	求和	254	48	求和	286	312	求和	178	40
15	观测数	41	观测数	41	观测数	41	39	观测数	41	39	观测数	41	39	观测数	41	39
16	置信度(95	7.40458	置信度(95	14.35512	置信度(95	4.096935	0.98062	置信度(95	3.059598	0.795638	置信度(95	2.299498	8.275255	置信度(95	1.75117	0.859223

图 9-28 "可订购"和"销量"描述统计对比表

Q	R	S	T	U	V	W	X	Y	Z	AA	AB
武汉市			沈阳市			西安市			深圳市		
描述统计	可订购	销量	描述统计	可订购	销量	描述统计	可订购	销量	描述统计	可订购	销量
平均值	3.073171	0.538462	平均值	1.97561	0.512821	平均值	2.219512	0.205128	平均值	3.170732	1.051282
标准误差	0.519604	0.222991	标准误差	0.493232	0.183208	标准误差	0.427003	0.083605	标准误差	0.615751	0.39557
中位数	3	0	中位数	1	0	中位数	2	0	中位数	2	0
众数	0	0	众数	0	0	众数	0	0	众数	0	0
标准差	3.327088	1.392577	标准差	3.158226	1.144134	标准差	2.734156	0.522115	标准差	3.94273	2.470337
方差	11.06951	1.939271	方差	9.97439	1.309042	方差	7.47561	0.272605	方差	15.54512	6.102564
峰度	7.04608	8.523272	峰度	12.83804	13.95911	峰度	2.803444	6.042857	峰度	3.0745	14.5547
偏度	2.146415	2.997855	偏度	3.217278	3.411664	偏度	1.725154	2.589761	偏度	1.741972	3.548048
区域	17	6	区域	17	6	区域	11	2	区域	17	13
最小值	0	0	最小值	0	0	最小值	0	0	最小值	0	0
最大值	17	6	最大值	17	6	最大值	11	2	最大值	17	13
求和	126	21	求和	81	20	求和	91	8	求和	130	41
观测数	41	39	观测数	41	39	观测数	41	39	观测数	41	39
置信度(95	1.050158	0.451421	置信度(95	0.996859	0.370885	置信度(95	0.863006	0.16925	置信度(95	1.244479	0.800791

图 9-29 "可订购"和"销量"描述统计对比表

（2）产品"可订购数量"和"销量"描述统计指标值

在图 9-28 和图 9-29 中描述了 14 个基本统计指标，包含平均值、标准误差、中位数、众数、标准差、方差、峰度、偏度、区域、最大值、最小值、求和，以及观测值和置信度。为了清晰地看到"可订购数量"与"销量"的关系，在这 14 个指标中选取最大值、平均和标准误差建立如图 9-30 所示的数据进行分析。

平均值			最大值			标准误差		
城市	可订购	销量	城市	可订购	销量	城市	可订购	销量
北京市	10.78049	1.487179	北京市	59	12	北京市	2.027107	0.484401
上海市	6.195122	1.230769	上海市	53	13	上海市	1.513846	0.393025
广州市	6.97561	8	广州市	36	155	广州市	1.13776	4.087769
成都市	4.341463	1.025641	成都市	30	15	成都市	0.866455	0.424434
武汉市	3.073171	0.538462	武汉市	17	6	武汉市	0.519604	0.222991
沈阳市	1.97561	0.512821	沈阳市	17	6	沈阳市	0.493232	0.183208
西安市	2.219512	0.205128	西安市	11	2	西安市	0.427003	0.083605
深圳市	3.170732	1.051282	深圳市	17	13	深圳市	0.615751	0.39557

图 9-30 8个城市"可订购"和"销量"部分对比值

从图 9-30 中可以看出只有广州市该产品"最大值"、"标准误差"和"平均值"的销量均大于可订购数量，其他城市在这 3 个指标中可订购数量均大于销量，这说明该产品在广州市销量非常好，而其他城市均出现滞销现象。为了进一步精确分析这个产品销售的差异，可采用回归方法进行分析。

2. 回归分析

微课视频 9-4

回归分析可以度量"可订购数量"与"销量"之间的因果关系，准确衡量出自变量"销量"受因变量"可订购数量"的深度关系，在图 9-30 中可以清晰看到每个城市在不同变量下"可订购数量"和"销量"之间的差值不是个恒定的值，因此本小节对产品"可订购数量"和"销量"的平均值的采用非线性回归分析，具体步骤如下。

Step 1 打开如图 9-25 所示的"可订购和销量汇总"表，单击"数据"选项卡"分析"组工具栏的"数据分析"命令按钮，弹出"数据分析"对话框，在"分析工具"下拉列表中选择"回归"选项，如图 9-31 所示。

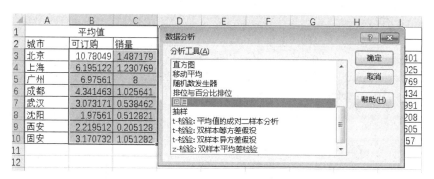

图 9-31 回归分析界面

Step 2 在弹出的对话框中，"Y 值输入区域"选择 B3:B10，为"可订购"数量，"X 值输入区域"选择 C3:C10，为"销量"值，其他默认，选中"正态概率图"复选框，选择效果如图 9-32 所示。

图 9-32　回归分析参数设置

Step 3 在当前工作簿中产生新的工作表，出现如图 9-33 所示的数据信息。从分析结构可知，R2 的值为 0.173246，说明它们之间的非线性关系不是很显著，特别是在图 9-33 中的"Coefficients"中 X Variable 的 P-value 值为 0.305024，不符合满足假设检验的零假设，说明用平均值衡量两个变量之间关系效果不是很突出，可参照采用其他指标。

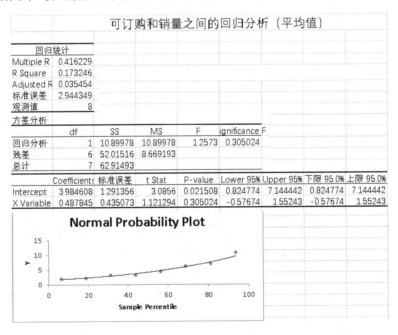

图 9-33　"平均值"回归分析结果

同理，可通过回归分析，对产品"可订购数量"和"销量"的标准误差进行回归分析，也可以对产品"可订购数量"和"销量"的最大值的回归分析进行回归分析，并通过图示的方式展示出各个参数之间的拟合关系。

📺 9.3.3　商品销售分析可视化

通过回归分析发现，"可订购数量"与"销量"之间的因果关系不显著，但是这不能说明这两个变量之间不存在确切的关系，在 Excel 中可采用柱形图进行对比分析描述两个变量之间的相关关系，本小节依然采用平均值、最大值和标准误差 3 个参数进行对比分析。

（1）产品"可订购数量"和"销量"的平均值对比分析及可视化

打开如图 9-25 所示的"可订购和销量汇总"表，选择数据区域 B3:C10，单击"插入"选项卡"图表"组工具栏任一图表的下三角形，选择"查看所有图表"选项，弹出"插入图表"对话框，选择"所有图表"选项卡中的图表类型"柱形图"，生成柱形图。

单击生成的图表，在右侧出现的加号中给图添加"数据表""网格线"，增加两条趋势线，"销量"采用线性方式，"可订购数量"采用指数方式。

修改图表的标题为"销量和可订购数量平均值对比图"，字体为"宋体"，字号为 14，最终效果如图 9-34 所示。

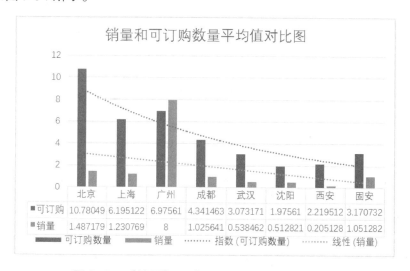

图 9-34　"销量"和"可订购数量"平均值对比

从图 9-34 可以清晰地看到除广州市外，所有城市的销量均小于可订购数量，但是从趋势图上可看到可订购数量随一线城市到二三线城市逐渐下降的总体趋势，说明该产品的受欢迎程度和城市的发展水平有很大关系，同理从销量上也可以看到类似结果。

（2）产品"可订购数量"和"销量"的最大值对比分析及可视化

打开如图 9-25 所示的"可订购和销量汇总"表，选择数据区域 E3:F10，单击"插入"选项卡"图表"组工具栏任一图表的下三角形，选择"查看所有图表"选项，弹出"插入图表"对话框，选择"所有图表"选项卡中的"柱形图"，生成柱形图。

单击生成的图表，在右侧出现的加号中给图添加"数据表""网格线"，增加两条趋势线，"销量"采用线性方式，"可订购数量"采用指数方式。

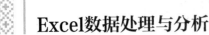

修改图表的标题为"销量和可订购数量最大值对比图",字体为"宋体",字号为 14,最终效果如图 9-35 所示。

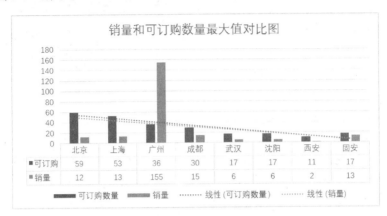

图 9-35 "销量"和"可订购数量"最大值对比

从图 9-35 可以清晰地看到除广州市外,所有城市的销量均小于可订购数量,而且从最大值图中可以看到广州市销量和可订购数量之间差异非常大,说明该产品在进行销售预测中广州市信息获取非常不准确。从趋势图上可看到可订购数量随一线城市到二三线城市呈逐渐下降的明显趋势,说明该产品的受欢迎程度和城市的发展水平有很大关系,同理从销量上也可以看到类似结果。

(3)产品"可订购数量"和"销量"的标准误差值对比分析及可视化

打开如图 9-25 所示的"可订购和销量汇总"表,选择数据区域 H3:I10,单击"插入"选项卡"图表"组工具栏任一图表的下三角形,选择"查看所有图表"选项,弹出"插入图表"对话框,选择"所有图表"选项卡中的图表类型"柱形图",生成柱形图。

单击生成的图表,在右侧出现的加号中给图添加"数据表""网格线",增加两条趋势线,"销量"采用线性方式,"可订购数量"采用指数方式。修改图表的标题为"销量和可订购数量标准误差值对比图",字体为"宋体",字号为"14",最终效果如图 9-36 所示。

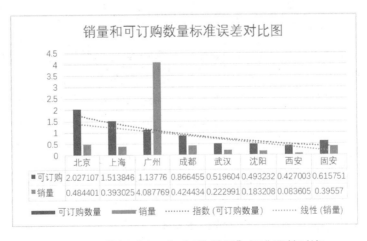

图 9-36 "销量"和"可订购数量"标准误差对比

从图 9-36 可以清晰地看到除广州市外，所有城市的销量均小于可订购数量，而且从标准误差图中可以看到广州销量和可订购数量之间误差非常大，该产品在广州市的运营数据必须重新配置。从趋势图上可看到可订购数量随一线城市到二三线城市逐渐下降的趋势明显，说明该产品的受欢迎程度和城市的发展水平有很大关系，同理从销量上也可以看到类似结果。

9.4 库存商品查询与分析

在线商品销售中库存的有效配置可以提高商品的配送发货效率，通过 9.3 节的分析发现销量和可订购数量之间具有一定的相关关系而无明显的因果关系，因此本节分析库存数量、销量和可订购数量之间的相关关系，汇总 3 个变量之间的数量表，整体分析的结果可给库存配置提供合理的指导，为后续的运营分析提供数据支持和经验总结。

9.4.1 库存商品查询

本小节汇总各个"商品型号"描述统计结果，指导各个城市库存情况查询，为商品销售效率的改进提供支持和帮助。对库存产品的"总和"和"平均值"进行查询具体操作如下。

1. 库存数据汇总查询

（1）打开如图 9-5 所示的"商品库存模拟数据"表，选择所有数据。

（2）单击"数据"选项卡"分级显示"组工具栏的"分类汇总"命令按钮，在弹出的对话框中进行汇总，"分类字段"选择"商品型号"，汇总方式选择"求和"，在"选定汇总项"的下拉列表中选择"全部"复选框，形成的汇总结果如图 9-37 所示。

	商品编号	商品型号	全国总库存	北京市库存	上海市库存	广州市库存	成都市库存	武汉市库存	沈阳市库存	西安市库存	深圳市库存
	1518723	CAR-WB3008J	50	15	8	11	5	5	2	2	2
	1518728	CAR-WB3008J	49	15	8	10	5	5	2	2	2
	1518697	CAR-WB3008J	48	15	8	11	5	5	2	1	1
	1518717	CAR-WB3008J	49	15	7	11	5	5	2	2	2
CAR-WB3	6074865		0	196	60	31	43	20	20	8	7	7
	1578625	CAR-WB1001JLHC	0	0	0	0	0	0	0	0	0
	1578610	CAR-WB1001JLHC	0	0	0	0	0	0	0	0	0
	1578626	CAR-WB1001JLHC	0	0	0	0	0	0	0	0	0
	1578624	CAR-WB1001JLHC	0	0	0	0	0	0	0	0	0
CAR-WB1	6314485		0	0	0	0	0	0	0	0	0
	1604162	AR-WB1109JLHC-2	0	0	0	0	0	0	0	0	0
	1604161	AR-WB1109JLHC-2	0	0	0	0	0	0	0	0	0
	1604155	AR-WB1109JLHC-2	0	0	0	0	0	0	0	0	0
CAR-WB1	4812478		0	0	0	0	0	0	0	0	0
	1518711	CAR-WB3010J	29	8	3	8	4	3	2	1	0
	1518689	CAR-WB3010J	36	12	5	7	4	4	0	2	1
CAR-WB3	3037400		0	65	20	8	15	8	7	2	3	1

图 9-37 商品库存分类求和

（3）按照商品型号可以查询每个城市的库存总量，商品型号为"CAR-WB3008J"的产品全国总库存最多，为196，而这196个中北京市的库存量是8个城市最多的，为60个，深圳市的库存量最少，为7个。同理还可以查询其他商品型号的产品在不同城市中的总库存量。

2. 库存数据平均值查询

（1）打开如图9-5所示的"商品库存模拟数据"表，选择所有数据。

（2）单击"数据"选项卡"分级显示"组工具栏的"分类汇总"命令按钮，在弹出的对话框中进行汇总，"分类字段"选择"商品型号"，汇总方式选择"平均值"，在"选定汇总项"的下拉列表框中选择"全部"复选框，形成的汇总结果如图9-38所示。

商品编号	商品型号	全国总库存	北京市库存	上海市库存	广州市库存	成都市库存	武汉市库存	沈阳市库存	西安市库存	深圳市库存
1518723	CAR-WB3008J	50	15	8	11	5	5	2	2	2
1518728	CAR-WB3008J	49	15	8	10	5	5	2	2	2
1518697	CAR-WB3008J	48	15	8	11	5	5	2	1	1
1518717	CAR-WB3008J	49	15	7	11	5	5	2	2	2
1518716		49	15	7.75	10.75	5	5	2	1.75	1.75
1496878	CAR-WB3012J	62	17	11	15	7	5	3	2	2
1496879	CAR-WB3012J	55	15	9	13	6	5	3	2	2
1496880	CAR-WB3012J	60	15	11	15	7	5	3	2	2
1496879		59	15.66667	10.33333	14.33333	6.666667	5	3	2	2
1361422	CAR-WB1005J	17	1	3	2	2	0	4	2	3
1361415	CAR-WB1005J	85	22	14	13	12	6	4	7	7
1361418	CAR-WB1005J	60	19	13	6	0	7	9	5	1
1361418		54	14	10	7	4.666667	4.333333	5.666667	4.666667	3.666667
1380521	CAR-WB4002J	38	8	5	5	8	3	0	7	2
1380519	CAR-WB4002J	74	15	13	13	11	3	5	7	7
1380518	CAR-WB4002J	43	12	8	8	7	4	1	2	1
1380519		51.67	11.66667	8.666667	8.666667	8.666667	3.333333	2	5.333333	3.333333

图9-38 商品库存分类平均值

（3）按照商品型号可以查询每个城市的库存平均值，商品型号为"CAR-WB3012J"的产品全国总库存最多，为59，而这59个中北京市的库存量平均值是8个城市最多的，为15.6个，西安市和深圳市的库存量平均值最少，为2个，但是总量确实西安市多于深圳市。同理，还可以查询其他商品型号的产品在不同城市中的平均库存量。

9.4.2 库存商品分析

库存数据的"总和"和"平均值"可以给运营者提供是否需要补充货源的信息，哪些城市需要补充货源，补充货源数量可以根据平均值进行估算。本小节分析库存，进行补货提醒标识，结合销量和可订购数量的描述统计分析给库存补充量和滞销量提供指导。

在管理商品库存时，让库存智能起来的手段就是自动提示哪些商品库存不足需要补充，哪些类型商品库存过量需要及时适量处理。在设置的过程中可以将库存数量和可订购数量之间的差异大于7的用绿色标记表示库存充足，将差异小于2的用红色标记提醒补货。

打开如图9-25所示的"可订购和销量汇总"表，选择H、P、X、AB、AF及AJ列的单元格区域，单击"开始"选项卡"条件格式"组工具栏的"新建规则"命令按钮，在弹出的对话框中，在"选择规则类型"选区中选择"基于各自值设置所有单元格的格式”选项，在“格式样式”的下拉列表中选择“图标集”，在“图标样式”的下拉列表中选择“三色交通灯”，“值”设置为“7”和“2”，在“类型”的下拉列表中选择“数字”选项，如图 9-39 所示，单击“确定”按钮得到如图 9-40 所示的结果，在图中插入文本框说明红灯和绿灯的含义。

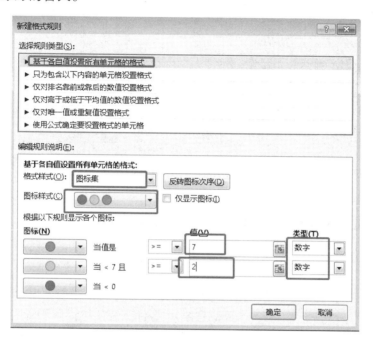

图 9-39　各城市库存、销量及可订购数据

绿灯：表示库存充裕
红灯：表示库存紧张

商品型号	全国总销量	全国总库存	总可订购	北京市 销量	北京市 可订购	北京市 库存	北京市 差异	上海市 销量	上海市 可订购	上海市 库存	上海市 差异	广州市 销量	广州市 可订购	广州市 库存	广州市 差异
CAR-WB3008J 汇总	3	196	196	0	60	60	0	0	31	31	31	0	43	43	0
CAR-WB1001JLHC 汇总	104	0	0	0	0	0	0	0	0	0	0	104	0	0	0
AR-WB1109JLHC-2 汇						0	0	0	0	0	0	14	0	0	0
CAR-WB3010J 汇总					[illegible]	20	0	1	8	8	7	0	15	15	0
CAR-WB4006J 汇总						1	-8	2	0	0	-2	2	3	3	0
CAR-WB1114J 汇总						3	0	0	4	4	4	155	4	5	1
CAR-WB3007J 汇总					[illegible]	4	-18	1	9	9	8	0	9	9	0
CAR-WB1110J 汇总	10	71	79	1	17	9	-8	1	11	11	10	0	22	22	0
CAR-WB1107J 汇总	7	26	36	3	1	1	0	1	4	4	3	0	4	4	0
CAR-WB3006J 汇总	9	82	100	1	26	8	-18	1	17	17	16	0	19	19	0
AR-WB1111JLHC-2 汇	47	0	0	0	0	0	0	0	0	0	0	0	0	0	0
CAR-WB3011J 汇总	1	37	37	0	6	6	0	0	8	8	8	0	8	8	0
CAR-WB3012J 汇总	4	177	177	2	47	47	0	1	31	31	30	0	43	43	0
CAR-WB1005J 汇总	98	162	498	16	127	42	-85	9	105	30	96	14	73	21	52
CAR-WB4002J 汇总	127	155	228	23	95	35	-60	13	25	26	12	21	26	26	0
CAR-WB1003J 汇总	12	53	57	5	9	5	-4	5	1	1	-4	2	17	17	0
AR-WB1103JLHC-2 汇	26	0	0	0	0	0	0	13	0	0	-13	0	0	0	0

商品型号	成都市 销量	成都市 可订购	成都市 库存	成都市 差异	武汉市 销量	武汉市 可订购	武汉市 库存	武汉市 差异	沈阳市 销量	沈阳市 可订购	沈阳市 库存	沈阳市 差异	西安市 销量	西安市 可订购	西安市 库存	西安市 差异	深圳市 销量	深圳市 可订购	深圳市 库存	深圳市 差异
CAR-WB3008J 汇总	0	20	20	0	0	20	20	0	0	8	8	0	1	7	7	0	1	7	7	0
CAR-WB1001JLHC 汇总	0	0	0	0	0	0	0	0	0	0	0	0	0	0	0	0	0	0	0	0
AR-WB1109JLHC-2 汇	0	0	0	0	0	0	0	0	0	0	0	0	0	0	0	0	0	0	0	0
CAR-WB3010J 汇总	0	8	8	0	0	7	7	0	2	1	2	1	0	3	3	0	1	1	1	0
CAR-WB4006J 汇总	2	2	2	0	1	2	2	0	0	2	2	0	1	3	3	0	5	5	5	0
CAR-WB1114J 汇总	0	3	3	0	0	3	3	0	0	0	0	0	0	0	0	0	0	2	2	0
CAR-WB3007J 汇总	0	8	8	0	0	7	7	0	0	4	4	0	0	4	4	0	0	9	9	0
CAR-WB1110J 汇总	3	8	8	0	0	3	3	0	1	6	6	0	0	8	8	0	1	4	4	0
CAR-WB1107J 汇总	0	3	3	0	0	5	5	0	1	3	3	0	0	5	5	0	1	11	1	-10
CAR-WB3006J 汇总	1	11	11	0	1	8	8	0	2	3	3	0	0	6	6	0	1	10	10	0
AR-WB1111JLHC-2 汇	15	0	0	0	0	0	0	0	0	0	0	0	0	0	0	0	0	0	0	0
CAR-WB3011J 汇总	0	5	5	0	0	4	4	0	1	1	1	0	0	0	0	0	0	5	5	0
CAR-WB3012J 汇总	0	20	20	0	0	15	15	0	0	9	9	0	0	6	6	0	0	6	6	0
CAR-WB1005J 汇总	12	59	14	-45	9	36	13	-23	4	34	17	-17	3	28	14	-14	4	36	11	-25
CAR-WB4002J 汇总	7	26	26	0	10	10	10	0	9	5	6	1	3	16	16	0	14	25	10	-15
CAR-WB1003J 汇总	0	5	5	0	0	6	6	0	0	5	5	0	0	5	5	0	0	9	9	0
AR-WB1103JLHC-2 汇	0	0	0	0	0	0	0	0	0	0	0	0	0	0	0	0	13	0	0	0

图 9-40　各城市库存、销量及可订购数据

库存产品的总和与平均值可以单方面分析库存是否充足，是否需要补货。但是从整体运营分析中可结合销量与可订购数据指导库存数量的合理性。

9.4.3　库存商品查询可视化

在销售数据和可订购数据中增加库存数据，进一步分析这 3 个变量之间的关系。在图 9-41 中对各个城市的 3 个变量进行对比，对每个商品型号的数据进行对比查询，对每个城市的不同产品进行对比查询，本小节在 3 个数据上进行可视化对比查询。

商品型号	CAR-WB300 8J	CAR-WB100 1JLHC	CAR-WB1109 JLHC-2	CAR-WB3	CAR-WB40 06J	CAR-WB11 14J	CAR-WB300 7J	CAR-WB111 0J	CAR-WB11 07J	CAR-WB11	CAR-WB111 06J	CAR-WB111 1JLHC-	CAR-WB30 11J	CAR-WB301 2J	CAR-WB100 05J	CAR-WB40 02J	CAR-WB10	CAR-WB110 3JLHC-
全国总销量	3	104	42	7	24	156	7	1	10	7	9	47	1	4	98	127	12	26
全国总库存	196	0	0	65	18	20	54	71	26	82	0	37	177	162	155	53	0	
总可订购	196	0	0	64	26	19	72	79	36	100	0	37	177	498	228	57	0	
销量 北京市	0	0	0	0	6	1	0	1	3	1	0	0	2	16	23	5	0	
销量 上海市	0	0	0	0	0	0	1	1	1	1	0	0	1	9	13	5	13	
销量 广州市	0	104	14	0	2	155	0	0	0	0	15	0	0	14	21	2	0	
销量 成都市	0	0	0	0	0	0	0	0	3	0	1	0	0	12	7	0	0	
销量 武汉市	0	0	0	0	1	0	0	0	1	0	0	0	0	9	10	0	0	
销量 沈阳市	0	0	0	2	0	0	0	1	1	2	0	1	0	4	9	0	0	
销量 西安市	1	0	0	0	0	0	0	1	1	1	0	0	0	4	14	0	13	
销量 深圳市	1	0	0	1	5	0	0	0	1	1	0	0	5	6	23	5	0	
可订购 北京市	60	0	0	20	9	3	22	17	1	26	0	6	47	127	95	9	0	
可订购 上海市	31	0	0	8	4	3	4	11	4	17	0	8	31	105	25	1	0	
可订购 广州市	43	0	0	15	3	4	9	22	4	19	0	8	43	73	26	17	0	
可订购 成都市	20	0	0	8	2	3	8	4	3	11	0	5	20	59	26	5	0	
可订购 武汉市	20	0	0	7	2	1	7	3	5	8	0	4	15	36	10	6	0	
可订购 沈阳市	8	0	0	1	2	0	4	6	3	6	0	1	9	34	5	5	0	
可订购 西安市	7	0	0	3	3	0	4	8	5	6	0	0	6	28	16	5	0	
可订购 深圳市	7	0	0	1	5	2	4	9	11	10	0	5	6	36	25	9	0	
库存 北京市	60	0	0	20	1	3	4	9	1	17	0	6	47	42	35	5	0	
库存 上海市	31	0	0	8	4	4	9	11	4	17	0	8	31	30	26	1	0	
库存 广州市	43	0	0	15	3	5	9	22	4	19	0	8	43	21	26	17	0	
库存 成都市	20	0	0	8	2	3	8	4	3	11	0	5	20	14	26	5	0	
库存 武汉市	20	0	0	7	2	2	7	4	5	3	0	4	15	13	10	6	0	
库存 沈阳市	8	0	0	1	2	0	4	6	5	6	0	1	9	17	6	5	0	
库存 西安市	7	0	0	3	3	0	4	8	6	6	0	5	6	14	16	5	0	
库存 深圳市	7	0	0	1	5	2	9	4	1	10	0	5	6	11	10	9	0	

图 9-41　商品库存可订购销售汇总

1. 销量、可订购数据和库存数据对比查询及可视化

各个城市的 3 个变量进行对比查询，对每个商品型号的数据进行对比查询，具体操作步骤如下。

Step 1　打开如图 9-41 所示的"商品库存可订购销售汇总"表，取所有值的平均值，整理成如图 9-42 所示的各个商品型号所对应的销量、可订购和库存的平均值。

平均值	CAR-WB3 008J	CAR-WB110 1JLHC	CAR-WB110 9JLHC-2	CAR-WB3010J	CAR-WB4 006J	CAR-WB11 14J	CAR-WB30 07J	CAR-WB111 0J	CAR-WB110 7J	CAR-WB30 06J	CAR-WB11 11JLHC-2	CAR-WB301 1J	CAR-WB30 12J	CAR-WB100 5J	CAR-WB40 02J	CAR-WB10 03J	CAR-WB11 03JLHC-2
销量	0.25	13	1.75	0.5	2.38	19.5	0.125	0.875	0.75	0.875	1.875	0.125	0.375	8.875	12.5	1.5	3.25
可订购	24.5	0	0	7.875	3.25	2.375	9	9.875	4.5	12.5	0	4.625	22.13	62.25	28.5	7.125	0
库存	24.5	0	0	8	2.25	2.5	6.75	8.875	3.25	10.25	0	4.625	22.13	20.25	19.4	6.625	0

图 9-42　3 个变量平均值

Step 2　单击"插入"选项卡"图表"组工具栏任一图表的下三角形，选择"查看所有图表"选项，弹出"插入图表"对话框，选择"所有图表"选项卡中的图表类型"柱形图"，标题为"库存、销量及可订购数据"，字体为"宋体"，大小为"12"，形成如图 9-43 所示的结果。

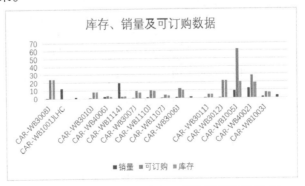

图 9-43　各商品型号库存、销量及可订购数据

Step 3 分析图 9-43 所示结果，商品型号为"CARWB1001JLHC"和"CAR-WB1109JLHC-2"出现异常，可进一步进行分析。

2. 8个城市销量、可订购和库存数量对比查询及可视化

按照城市整理库存、可订购和销售数据的平均值，形成如图 9-44 中左端所示的表格，单击"插入"选项卡"图表"组工具栏任一图表的下三角形，选择"查看所有图表"选项，弹出"插入图表"对话框，选择"所有图表"选项卡中的图表类型"柱形图"，在图中添加 3 个变量的趋势线，销量为线性，库存为指数，可订购为线性，标题为"8 个城市销量可订购和库存数量"，字体为"宋体"，大小为"12"。

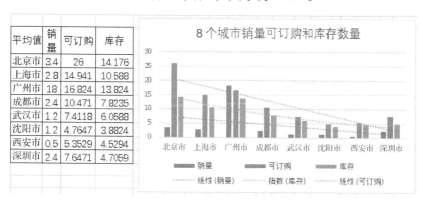

图 9-44　各城市库存、销量及可订购数据

从图 9-44 中可以看出，3 个城市中差异值显著的是北京市和沈阳市，在该产品的运营中 3 个变量差距较大。

9.5　流量数据查询与分析

线上电商平台生意的好坏一定程度上与顾客的访问量有很大关系，也直接关系到交易量。访问量通常有两个指标，商品浏览量和访客数，依据一段时间（如一周或一个月）的访问量走势来衡量平台的人气走势，间接反应该商品的顾客欢迎度和推广经营策略是否得当。本节对不同商品类型的流量走势进行分析。

9.5.1　流量数据查询

本小节对流量数据表进行分类汇总并按照"商品型号"进行数据查询，对流量数据产品求 "总和"和"平均值"，进行查询，具体操作如下。

1. 流量数据总和查询

Step 1 打开如图 9-6 所示的"商品流量模拟数据"表，选择所有数据。

Step 2 单击"数据"选项卡"分级显示"组工具栏的"分类汇总"命令按钮，在弹出的对话框中进行汇总，"分类字段"选择"商品型号"，汇总方式选择"求和"，在"选定汇总项"的下拉列表中选择"全部"选项，形成的汇总结果如图 9-45 所示。

	商品型号	下单量	商品浏览量	访客数	下单转化率	加入购物车量	购物车转化率	评价数量	好评数量	好评率	站内流量比	站外流量比
	CAR-WB1103JLHC-2	1	4	4	25.00%	0	0.00%	0	0	0%	50.00%	50.00%
	CAR-WB1103JLHC-2	2	13	12	15.38%	0	0.00%	0	0	0%	69.23%	30.77%
CAR-WB1		3	17	16	40.38%	0	0.00%	0	0	0%	119.23%	80.77%
	CAR-WB1103JLHC	0	1	1	0.00%	0	0.00%	0	0	0%	0.00%	100.00%
	CAR-WB1103JLHC	0	0	0	0.00%	0	0.00%	0	0	0%	0%	0%
CAR-WB1		2	0	1	1	0.00%	0	0.00%	0	0	0%	0%	100%
	CAR-WB1003J	10	1041	800	0.67%	27	2.59%	5	5	100.00%	91.05%	8.95%
	CAR-WB1003J	10	1045	799	0.48%	42	4.02%	1	1	100.00%	90.92%	9.08%
CAR-WB1		2	20	2086	1599	1.15%	69	6.61%	6	6	200.00%	181.97%	18.03%
	CAR-WB4002J	44	1422	1015	2.39%	103	7.24%	12	12	100.00%	86.53%	13.47%
	CAR-WB4002J	32	1125	767	2.31%	84	7.47%	9	9	100.00%	86.36%	13.64%
	CAR-WB4002J	98	2493	1590	2.89%	208	8.34%	26	23	88.46%	84.55%	15.45%
CAR-WB4		3	174	5040	3372	7.59%	395	23.05%	47	44	288.46%	257.44%	42.56%
	CAR-WB1005J	35	3103	2292	0.71%	205	6.61%	13	12	92.31%	86.89%	13.11%
	CAR-WB1005J	19	1335	922	1.05%	59	4.42%	7	6	85.71%	90.28%	9.72%
	CAR-WB1005J	91	3008	1862	2.09%	242	8.05%	22	19	86.36%	84.65%	15.35%

图 9-45　流量数据分类汇总

Step 3 按照商品型号可以查询每个商品型号的下单总量，商品型号为"CAR-WB4002J"的下单总量最多，为 174，而它的商品浏览量和访客数也是最多的，好评率以及站内、外流量比也达到最大值。

2．流量数据平均值查询

Step 1 打开如图 9-6 所示的"商品流量模拟数据"表，选择所有数据。

Step 2 单击"数据"选项卡"分级显示"组工具栏的"分类汇总"命令按钮，在弹出的对话框中进行汇总，"分类字段"选择"商品型号"，汇总方式选择"平均值"，在"选定汇总项"的下拉列表中选择"全部"选项，形成的汇总结果如图 9-46 所示。

商品型号	下单量	商品浏览量	访客数	下单转化率	加入购物车量	购物车转化率	评价数量	好评数量	好评率	站内流量比	站外流量比
CAR-WB1103JLHC-2	1	4	4	25.00%	0	0.00%	0	0	0%	50.00%	50.00%
CAR-WB1103JLHC-2	2	13	12	15.38%	0	0.00%	0	0	0%	69.23%	30.77%
0	1.5	8.5	8	20.19%		0.00%	0	0	0%	59.62%	40.39%
CAR-WB1103JLHC	0	1	1	0.00%	0	0.00%	0	0	0%	0.00%	100.00%
CAR-WB1103JLHC	0	0	0	0.00%	0	0.00%	0	0	0%	0%	0%
0	0	0.5	0.5	0.00%		0.00%	0	0	0%	0%	50%
CAR-WB1003J	10	1041	800	0.67%	27	2.59%	5	5	100.00%	91.05%	8.95%
CAR-WB1003J	10	1045	799	0.48%	42	4.02%	1	1	100.00%	90.92%	9.08%
0	10	1043	799.5	0.58%		3.31%	3	3	100.00%	90.99%	9.02%
CAR-WB4002J	44	1422	1015	2.39%	103	7.24%	12	12	100.00%	86.53%	13.47%
CAR-WB4002J	32	1125	767	2.31%	84	7.47%	9	9	100.00%	86.36%	13.64%
CAR-WB4002J	98	2493	1590	2.89%	208	8.34%	26	23	88.46%	84.55%	15.45%
0	58	1680	1124	2.53%		7.68%	15.66667	14.66667	96.15%	85.81%	14.19%
CAR-WB1005J	35	3103	2292	0.71%	205	6.61%	13	12	92.31%	86.89%	13.11%
CAR-WB1005J	19	1335	922	1.05%	59	4.42%	7	6	85.71%	90.28%	9.72%
CAR-WB1005J	91	3008	1862	2.09%	242	8.05%	22	19	86.36%	84.65%	15.35%
0	48.33333	2482	1692	1.28%		6.36%	14	12.33333	88.13%	87.27%	12.73%

图 9-46　流量数据分类平均值

Step 3 按照商品型号可以查询每个商品型号的下单平均量，商品型号为"CAR-WB4002J"的下单平均量最大，为58，而它的商品浏览量和访客数的平均值也是最多的，好评率以及站内、外流量的平均值也达到最大值。同理，还可以查询其他商品型号的产品的下单平均量、平均访问量等。

 ## 9.5.2 流量数据分析

1. 站内流量比和站外流量比的占比关系

客户搜索访问电商平台都会产生流量，主要由付费流量和免费流量构成，本小节描述成站内流量比和站外流量比。站内流量占经营成本的一部分，通过分析电商平台流量的占比关系来进行经营策略的调整，以实现电商平台经营的最大盈利。

（1）采用饼图建立描述站内流量比和站外流量比的占比关系

具体操作如下。

选择"商品型号""站内流量比""站外流量比"3列；单击"插入"选项卡"图表"组工具栏任一图表的下三角形，选择"查看所有图表"选项，弹出"插入图表"对话框，选择"所有图表"选项卡中的图表类型"饼图"；设置图表标题为"所有商品型号流量比"，形成如图9-47所示的饼图。

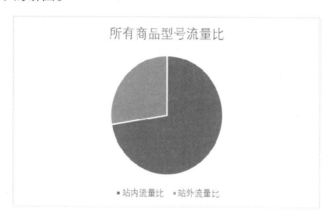

图9-47 "商品型号"站内外流量比

（2）分析站内流量比和站外流量比的占比关系

从如图9-47所示的饼图中发现站内流量远远高于站外流量，而站内流量比一般指的是该平台会员的访问比例，而站外流量比是指访客的访问比例，从图中可以看出会员下单购买的比例远远高于访客，引导和动员访客成为会员是运营决策的目标之一。

2. 商品价格和成交量关系分析

打开如图9-6所示的"商品流量模拟数据"表，在表中添加对应商品型号的商品价格，选择"商品型号""商品价格""成交量"3列形成商品成交量表，如图9-48所示。

商品型号	商品价格（百元）	成交量
CAR-WB1103JLHC-2 汇总	12.8	3
CAR-WB1103JLHC 汇总	21.8	0
CAR-WB1003J 汇总	23.8	20
CAR-WB4002J 汇总	12.8	174
CAR-WB1005J 汇总	9.66	145
CAR-WB3012J 汇总	9.98	14
CAR-WB3011J 汇总	15.38	2
CAR-WB1111JLHC 汇总	4.09	0
CAR-WB1111JLHC-2 汇总	8.08	6
CAR-WB3006J 汇总	10.99	12
CAR-WB1109JLHC 汇总	12.8	0
CAR-WB1107J 汇总	26.8	9
CAR-WB1110J 汇总	10.99	12
CAR-WB3007J 汇总	8.08	2
CAR-WB1114J 汇总	12.8	8
CAR-WB4006J 汇总	8.99	31
CAR-WB3010J 汇总	26.8	12
CAR-WB1109JLHC-2 汇总	7.99	4
CAR-WB1001JLHC 汇总	8.08	4
CAR-WB3008J 汇总	26.8	8
CAR-WB1111JLHC 汇总	5.05	0

图 9-48　商品成交量

从图 9-48 中找出异常值，价格为 1280 元，商品型号为"CAR-WB4002J"的商品成交量非常高，为 174 个。查询商品特征信息表发现商品型号为"CAR-WB4002J"的商品，颜色为"玫红色""黑色""粉色"3 个常规色系，价格为 1280，运营分析中可结合商品颜色，追踪该价位的消费者在线购物的痕迹，进一步分析这个消费群体的特征。

商品型号为"CAR-WB1111JLHC"的商品成交量为 0。查询商品特征信息表发现商品型号为"CAR-WB1111JLHC"的商品，颜色为"深紫色""深蓝""黑色"3 个普通色系，价格为 2180，商品规格比较大，据此分析可认为该商品颜色为大众色的情况下，价格和型号应该是影响该商品成交量的关键因素。据此可分析其他成交量为 0 的商品型号。

9.5.3　流量数据可视化

流量数据直接关系到顾客对商品的关注程度和由下单量转化的销量。在"流量数据"表中，"下单量""商品浏览量""下单转化率"和"访客数"密切相关，本小节通过可视化图表展示这 4 个变量之间的对比关系，并通过"加入购物车量"，进一步分析"下单量""商品浏览量""下单转化率"和"访客数"对比查询及可视化。

对 4 个变量进行汇总，对每个商品型号下的数据进行对比查询，可了解商品的受欢迎程度，具体操作步骤如下。

Step 1 打开如图 9-6 所示的"商品流量模拟数据"表，选择"商品型号""下单量""商品浏览量""访客数"4 列，单击"插入"选项卡"图表"组工具栏任一图表的下三角形，选择"查看所有图表"选项，弹出"插入图表"对话框，选择"所有图表"选项卡中的图表类型"折线图"，为了凸显下单量，修改纵轴坐标上限为 200，形成如图 9-49 所示的流量汇总图，在图中可以清晰地看到不同商品型号的下单量和实际购买量之间的关系。

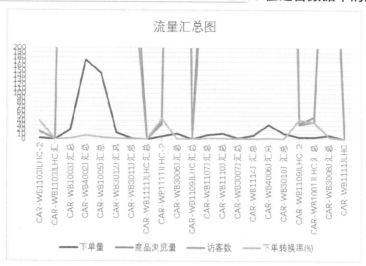

图 9-49　流量数据分类汇总折线图

[Step] 2　选择"商品型号""下单量""商品浏览量""访客数""加入购物车""评价数量""好评数量"7 列，单击"插入"选项卡"图表"组工具栏任一图表的下三角形，选择"查看所有图表"选项，弹出"插入图表"对话框，选择"所有图表"选项卡中的图表类型"柱形图"，为了凸显下单量，修改图中纵轴坐标可显示的上限为 70，如图 9-50所示。

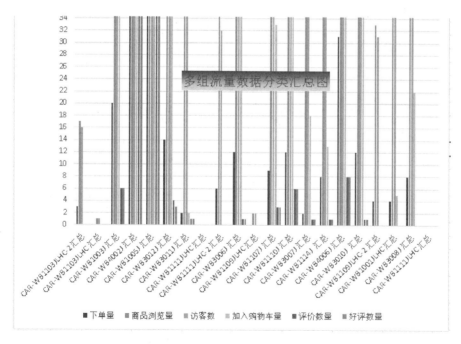

图 9-50　流量数据分类汇总柱形图

通过 6 个变量的对比分析，发现各个商品型号的浏览量均远远高于该商品的下单量。在图 9-50 中出现异常值的商品型号为"CAR-WB1103JLHC"和"CAR-WB1109JLHC"，其下单量为 0。"CAR-WB1111JLHC-2" 6 个指标均不显著，不但下单量很小，其他指标也不能描述该商品的受关注程度。而商品型号为 "CAR-WB4002J" 和 "CAR-WB1005J" 的商品的 6 个指标均显著标识了该商品的受欢迎程度。

通过如图 9-50 所示的指标对比能够清晰地发现各个产品型号产品的综合性能。可进一步通过下单转化率和购物车转化率来分析消费者在该商品购置过程中的需求程度。

同理可，进一步通过商品价格和成交量关系分析可视化它们之间的关系。

本章小结

本章介绍了运营数据分析的 6 个阶段，以及在 Excel 中如何进行运营数据的清洗、整理和分析，包含销售数据、可订购数据、库存数据及流量数据的汇总对比分析，以及变量间的相关分析并进行可视化。

为了有效解决电商运营数据分析的复杂性，本章在 Excel 基础上获取 8 个城市的运营数据，对数据行列进行清洗整理。结合运营数据特点，采用 Excel 数据分析中数据分类汇总工具及条件格式中的格式规则进行销售盈利分析；基于描述统计和回归分析等方法，汇总销售盈利的好坏判断、库存销售等商品型号合理性判断；通过对比分析和异常值检测判断该商品型号的受欢迎程度和需求程度，期望给运营分析及其预测以有效的支持和合理性判断。在 Excel 基础上分析影响数据销量库存等相关变量及其关系进而给商品供应和销售提供支持，分析流量数据中各个特征之间的对比关系，为运营数据分析的有效性提供保障。

实践 1：成交转化率分析与可视化

以"流量数据"表为数据源，完成以下任务。

（1）在"商品流量表"中整理出商品型号对应的下单量、商品浏览量、访客数、下单实际转化率（下单量/访客数），下单可能转化率（下单量/商品浏览量）。

（2）采用"簇状柱形图"制作不同"商品型号"的"访客数"和"下单量"柱形图。

（3）设置柱形图的样式包含主题、图表元素和趋势线等。

（4）成交转化率分析，描述商品浏览量和下单实际转化率及下单可能转化率之间的关系。

操作步骤：

Step 1 在"商品流量表"中选定"商品型号""下单量""商品浏览量""访客数" 4 列，并增加和计算出"下单实际转化率"（下单量/访客数）"下单可能转化率"（下单量/商品浏览量）列，修改异常值，形成"成交转化率分析表"，如图 9-51 所示。

商品型号	下单量	商品浏览量	访客数	下单实际转化率(%)	下单可能转化率(%)	下单转化率
CAR-WB1103JLHC-2 汇总	3	17	16	18.75	17.647	0.1875
CAR-WB1103JLHC 汇总	0	1	1	0	0	0
CAR-WB1003J 汇总	20	2086	1599	1.2508	0.9588	0.01251
CAR-WB4002J 汇总	174	5040	3372	5.1601	3.4524	0.0516
CAR-WB1005J 汇总	145	7446	5076	2.8566	1.9474	0.02857
CAR-WB3012J 汇总	14	1874	1447	0.9675	0.7471	0.00968
CAR-WB3011J 汇总	2	526	390	0.5128	0.3802	0.00513
CAR-WB1111JLHC 汇总	0	0	0	0	0	0
CAR-WB1111JLHC-2 汇总	6	37	32	18.75	16.216	0.1875
CAR-WB3006J 汇总	12	2469	1961	0.6119	0.486	0.00612
CAR-WB1109JLHC 汇总	0	2	2	0	0	0
CAR-WB1107J 汇总	9	686	515	1.7476	1.312	0.01748
CAR-WB1110J 汇总	12	1649	1235	0.9717	0.7277	0.00972
CAR-WB3007J 汇总	2	762	593	0.3373	0.2625	0.00337
CAR-WB1114J 汇总	8	1646	1164	0.6873	0.486	0.00687
CAR-WB4006J 汇总	31	1134	964	3.2158	2.7337	0.03216
CAR-WB3010J 汇总	12	2164	1488	0.8065	0.5545	0.00806
CAR-WB1109JLHC-2 汇总	4	33	31	12.903	12.121	0.12903
CAR-WB1001JLHC 汇总	4	48	38	10.526	8.3333	0.10526

图9-51　成交转化率分析表

[Step] 2　选择所有数据，单击"插入"选项卡"图表"组工具栏任一图表的下三角形，选择"查看所有图表"选项，弹出"插入图表"对话框，选择"所有图表"选项卡中的图表类型"组合图"，设置"下单量""商品浏览量""访客数"为簇状柱形，"下单实际转化率"和"下单可能转化率"为折线，设置坐标轴为0～100之间，间隔为1。

[Step] 3　调整混合图样式。选中"下单量""商品浏览量""访客数"柱形，调整颜色，并增加图表元素（包含网格线、数据表及趋势线），设置图表标题，如图 9-52 所示。

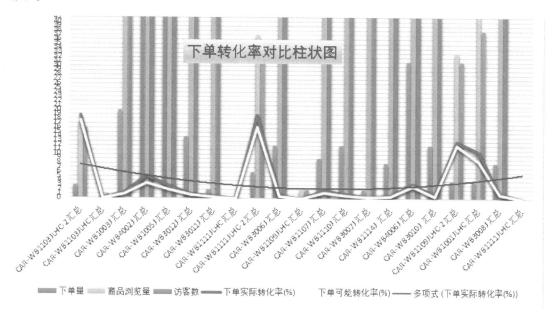

图9-52　成交转化率分析图

[Step] 4　成交转化率分析。采用回归分析对"下单量""下单可能转化率"和"下单实际转化率"进行比较分析，查看对应的 R^2 值和 P 值。

实践2：高校大学生图书借阅信息的管理与处理

以"高校大学生图书借阅数据管理"工作簿为数据源，完成以下任务。

（1）在图书信息表中，按"出版社"进行描述统计分析。

（2）在图书借阅表中，按"出版社"分析不受欢迎的出版社。

（3）在读者信息表中，按"年"分析喜欢借书的年龄段。

（4）在图书信息表中，按"出版社"汇总不受欢迎的出版社。

习题

一、选择题

1. 关于数据清洗中，下面错误的是（   ）。

A. 处理无效值　　　　　　　　　　　　B. 处理重复值

C. 不删除重复列　　　　　　　　　　　D. 处理数据不一致

2. 关于 Excel，下面描述正确的是（   ）。

A. 数据库管理软件　　　　　　　　　　B. 电子数据表格软件

C. 文字处理软件　　　　　　　　　　　D. 幻灯制作软件

3. Excel 图表是数据表中数据大小的形象化表示，欲改变该数据，（   ）。

A. 只能在数据表中修改

B. 只能在图表中修改

C. 既可在图表中修改、也可在数据表中修改

D. 以上 3 项都不正确

4. Excel 能把工作表数据显示成图表格式，图表的位置（   ）。

A. 可直接出现在原工作表内　　　　　　B. 放在工作簿的图表工作表内

C. 可放在其他工作表内　　　　　　　　D. 以上 3 项均正确

5. Excel 的主要功能是（   ）。

A. 电子表格、文字处理、数据库管理

B. 电子表格、网络通信、图表处理

C. 工作簿、工作表、图表

D. 电子表格、数据库管理、图表处理

6. 在 Excel 中，加上填充色是指（   ）。

A. 在单元格边框的颜色　　　　　　　　B. 单元格中字体的颜色

C. 单元格区域中的颜色　　　　　　　　D. 不是指颜色

7. 在 Excel 中，对于已经建立的图表，下列说法中正确的是 (　　)。

A. 源工作表中的数据发生变化，图表相应更新

B. 源工作表中的数据发生变化，图表不更新，只能重新创建

C. 建立的图表，不可以改变图表中的字体大小、背景颜色等

D. 已经建立的图表，不可以再增加数据项目

8. 关于描述统计分析中，下面错误的是 (　　)。

A. 分析结果中包含最大值和最小值　　　　B. 分析结果中包含平均值

C. 分析结果中包含中位数　　　　　　　　D. 分析结果中包含假设检验

9. 对图表选项的编辑，下面叙述不正确的是 (　　)。

A. 图例的位置可以在图表的任何位置

B. 对于已经完成的图表可以更换不同的表类型

C. 鼠标指向图表区的 8 个方向控制点之一拖放，可以进行对图表的缩放

D. 不能实现将嵌入图表与独立图表的互换

10. Excel 中的嵌入图表是指 (　　)。

A. 工作簿中只包含图表的工作表　　　　　B. 包含在工作表中的工作簿

C. 置于工作表中的图表　　　　　　　　　D. 新创建的工作表

二、填空题

1. 描述统计分析结果包含_____、_____、_____、_____等值。

2. 运营数据分析包含_____、_____、_____、_____等过程。

3. 电商数据分析的目的是_____。

4. Excel 环境中存储和处理数据最基本的文件_____。

三、简答题

1. 简述描述统计分析的操作步骤及结果。

2. 对商品销售数据进行分类汇总，简述求平均值的过程。

3. 商品销售表中实现按照三色交通灯实现条件格式标注，全国销量设置 3 个等级：大于 100，大于 50、小于或等于 100，小于或等于 50。

4. 采用柱形图绘制任意 5 个城市商品销售和商品库存的平均值。

5. 采用折线图绘制不同商品型号下任意两个城市商品销售最大值。

第 10 章
Excel 在税收和生产决策中的应用

【学习目标】

- ✓ 学会应用 Excel 进行个人所得税的相关计算。
- ✓ 学会应用 Excel 处理税收征管中的计算与分析问题。
- ✓ 学会应用 Excel 数据分析工具计算和分析盈亏平衡点。
- ✓ 学会应用规划求解工具进行企业产品最优组合决策分析。

【学习重点】

- ✓ 掌握个人所得税的计算方法。
- ✓ 熟练掌握常用趋势预测方法。
- ✓ 熟练掌握企业生产成本分析。
- ✓ 掌握企业产品最优组合决策分析步骤。

【思政导学】

- ✓ 关键字：税收数据、个人所得税、最优决策。
- ✓ 内涵要义：依法纳税是每个公民应尽的义务，利用 Excel 在对税收数据进行管理与分析时要科学严谨、实事求是。企业发展离不开生产决策，合理、合法、合规的决策不仅能够直接给企业带来经济效益，也能促进企业进入发展的良性循环。通过企业生产决策分析培养学生形成坚持绿色可持续发展，坚持节能减排，从大局观考虑问题的能力。
- ✓ 思政点播：税收作为国家收入的主要来源，反映了国家主权和国家权力，同时，税收也是国家实施宏观调控的重要经济杠杆之一，促进了国家生产要素的流动，以及促进了国家的经济增长和产业发展。通过员工薪酬表中的个人所得税专项附加扣除，使学生体会到我国税制的科学性、公平性、合理性，并了解幼有所育、学有所教、病有所医、住有所居、老有所养的民生保障目标。通过生产成本的内容，让学生知道成本的产生，形成降低成本、创造价值的理念。通过介绍本量利分析相关案例，培养学生具有组织管理能力和分析能力，也让学生重视生产生活中的节能减排，培养学生具有绿色可持续发展的正确发展观和价值观。

✓ 思政目标：培养学生具有独立思考的能力和勤俭节约的美德，树立正确的三观；培养学生具有求真务实的学习态度，具有"科学精准"的品质。

10.1 Excel 在个人所得税中的应用

税收是国家公共财政最主要的收入形式和来源。税收的本质是国家为满足社会公共需要，凭借公共权力，按照法律所规定的标准和程序，参与国民收入分配，强制取得财政收入所形成的一种特殊分配关系。常见的税种有增值税、消费税、企业所得税和个人所得税等。

我国现行个人所得税实行分类课征制，对于不同性质的个人所得税分别规定了比例税率和超额累进税率两种税率。采用比例税率计算的个人所得税应税项目在计算应纳税额时比较简单，而采用超额累进税率计算的个人所得税应税项目在计算应纳税额时相对于比例税率就比较复杂了，所以就容易出错。但是，如果能将 Excel 函数运用到计算中，那么个人所得税的计算就会变得简单、快速、高效。

10.1.1 常见税种的介绍

1. 增值税

增值税是以商品（含应税劳务）在流转过程中产生的增值额作为计税依据而征收的一种流转税。从计税原理上说，增值税是对商品生产、流通、劳务服务中多个环节的新增价值或商品的附加值征收的一种流转税。实行价外税，也就是由消费者负担，有增值才征税，没增值不征税。

2. 消费税

消费税是以消费品的消费额为课税对象的一种税的统称。现代消费税，除了增加国库收入以外，更重要的是发挥其独特的灵活调节功能，以弥补市场机制的缺陷。消费税只是对在我国境内生产、委托加工和进口应税消费品征收的一种价内税。

3. 企业所得税

企业所得税是对我国境内的企业和其他取得收入的组织的生产经营所得和其他所得征收的一种所得税。

根据《企业所得税条例》规定：企业所得税，按年计算，分月份或者分季度预缴，月份或者季度终了后 15 日内预缴，年度终了后 4 个月内汇算清缴，多退少补。

4. 个人所得税

个人所得税是以个人（自然人）取得的各项应税所得为征税对象所征收的一种税，

是政府利用税收对个人收入进行调节的一种手段。个人所得税是对中国境内有住所，或者无住所而在境内居住满 1 年的个人就其来源于中国境内、外的所得，以及在中国境内无住所又不居住，或者无住所而在境内居住不满 1 年的个人，就其来源于中国境内的所得征收的一种税。

个人所得税中常见应纳税所得额的确定。

（1）对工资、薪金所得，以每月扣除三险一金和专项附加扣除额后的收入额减除个人所得税免征额的余额为应纳税所得额。

（2）对个体工商户的生产、经营所得，以每一纳税年度的收入总额，减除成本、费用及损失后的余额为应纳税所得额。

（3）对企事业单位的承包经营、承租经营所得，以每一纳税年度的收入总额，减除必要费用后的余额为应纳税所得额。

（4）劳务报酬所得是指个人从事劳务取得的所得。劳务报酬和工资、薪金不同，劳务报酬所得不存在雇佣与被雇佣关系，是个人独立从事劳务取得的所得，如个人独立从事设计、翻译、讲学、表演等劳务取得的报酬。对劳务报酬所得，以每次收入额减除规定费用后为应纳税所得额，计算应预扣预缴税额。属于一次性收入的，以取得该项收入为一次；属于同一项目连续性收入的，以 1 个月内取得的收入为一次。

📺 10.1.2 个人所得税的计算

个人取得的工资、薪金所得，是指个人因任职或者受雇而取得的工资、薪金、奖金、年终加薪、劳动分红、津贴、补贴及与任职或受雇有关的其他所得。对个人取得的工资、薪金所得，按以下步骤计算缴纳的个人所得税：每月取得工资、薪金收入后，首先减去个人承担的基本养老保险金、医疗保险金、失业保险金，以及按省级政府规定标准缴纳的住房公积金，减去专项附加扣除再减去起征点 5000 元为应纳税所得额，按 3%至 45%的 7 级超额累进税率计算缴纳的个人所得税。个人取得的工资、薪金所得适用税率表如表 10-1 所示。

表 10-1 个人取得的工资、薪金所得适用税率表

级数	全月应纳税所得额	税率（%）	速算扣除数（元）
1	不超过 3000 元	3	0
2	超过 3000 元至 12000 元的部分	10	210
3	超过 12000 元至 25000 元的部分	20	1410
4	超过 25000 元至 35000 元的部分	25	2660
5	超过 35000 元至 55000 元的部分	30	4410
6	超过 55000 元至 80000 元的部分	35	7160
7	超过 80000 元的部分	45	15160

表 10-1 中的速算扣除数是指按全额累进计算方法计算的税额与按超额累进计算方法计算的税额之间的差额。它的主要作用是简化计算过程。本级速算扣除数和全月应缴

纳的个人所得税的计算公式分别为

本级速算扣除数=前级最高所得额×（本级税率−前级税率）+前级速算扣除数

全月应缴纳的个人所得税=全月应纳税所得额×适用税率−速算扣除数

例 10-1 对某市捷达公司员工的个人所得税进行计算。

1. 数据源

首先建立名为“个人所得税数据管理”的工作簿。工作簿中有两个工作表，分别是工资表和专项附加扣除表。

（1）工资表

在工资表中输入如下内容。

① 员工个人信息。包括工号、姓名和部门，不同的部门收入有所不同。

② 员工工资信息包括基本工资、津贴和奖金。

③ 允许扣除的三险一金。

因此，将给出的捷达公司员工的个人信息、工资信息和允许扣除的三险一金输入到工作表中，效果如图 10-1 所示。

捷达公司工资表

2020年12月

工号	姓名	部门	基本工资	津贴	奖金	应发工资	允许扣除的三险一金	所得税	扣款合计	实发工资
200101	沈一丹	开发部	6000	14500	7000		660			
200102	刘力国	测试部	4600	8900	5500		450			
200103	王红梅	市场部	6200	13800	7500		680			
200104	张开芳	测试部	4800	9100	5800		480			
200105	杨帆	开发部	6900	15500	8000		700			
200106	高浩飞	开发部	5400	12800	6900		600			
200107	洛奇	开发部	4200	8500	4500		390			
200108	冷强	市场部	4500	8700	5000		430			
200109	肖花	测试部	5300	12000	6600		550			
200110	赵庆	市场部	5250	11500	6000		520			

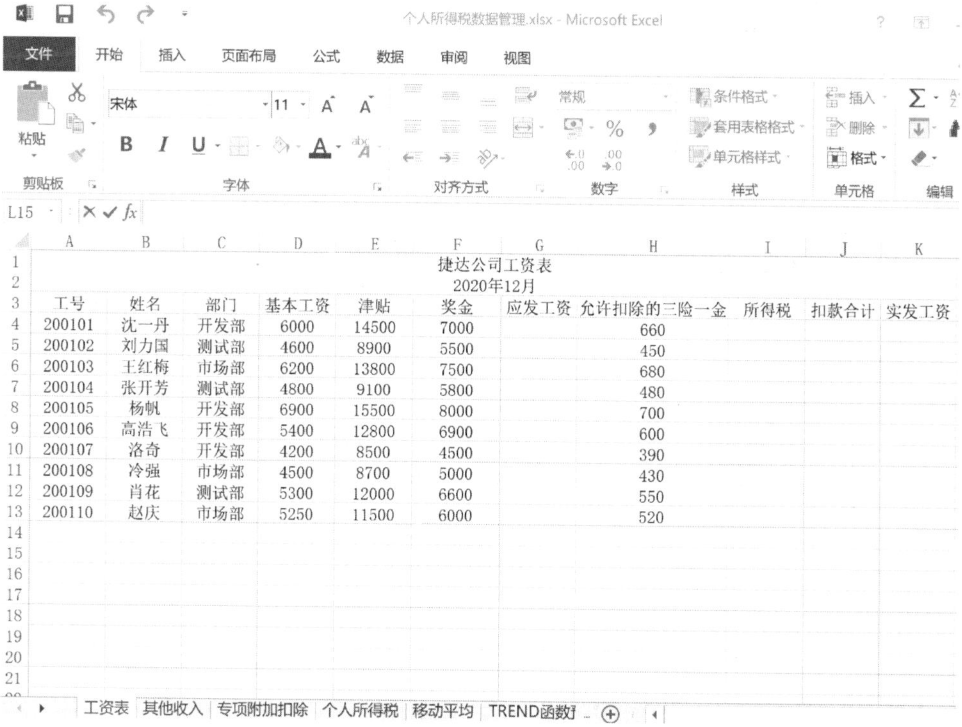

图 10-1 工资表

（2）专项附加扣除表

个人所得税专项附加扣除是指个人所得税法规定的子女教育、继续教育、大病医疗、住房贷款利息、住房租金、赡养老人、婴幼儿照护 7 项专项附加扣除，是落实个人所得税法的税收优惠政策措施之一。

针对 7 项专项附加扣除，国家规定了每一项的扣除范围、扣除方式、扣除标准、扣除主体和注意事项，在此就不一一叙述了。根据专项附加扣除表的需要，现提供 7 项专项附加扣除项目及标准，如表 10-2 所示。

表 10-2　专项附加扣除项目及标准

项目	子女教育	继续教育	大病医疗	住房贷款利息	住房租金	赡养老人	婴幼儿照护
扣除方式	定额扣除	定额扣除	限额内据实扣除	定额扣除	定额扣除	定额扣除	定额扣除
扣除标准	1000 元/月/每个子女	① 学历继续教育支出：400/月，最长不超过 48 个月 ② 技能人员、专业技术人员职业资格：3600 元	每年在 80000 元限额内据实扣除	1000 元/月	① 直辖市、省会（首府）城市、计划单列市及国务院确定城市：1500 元/月 ② 市辖区户籍人口>100 万城市：1100 元/月 ③ 市辖区户籍人口≤100 万城市：800 元/月	① 独生子女：2000 元/月 ② 非独生子女：每人不超过 1000 元/月	1000 元/月/每孩

专项附加扣除表主要包括员工的工号、姓名、子女教育、继续教育、大病医疗、住房贷款利息、住房租金、赡养老人和 3 岁以下婴幼儿照顾专项附加扣除项，如图 10-2 所示。通过工资表中员工的工号可以在专项附加扣除表中查到员工相应的专项附加扣除项。

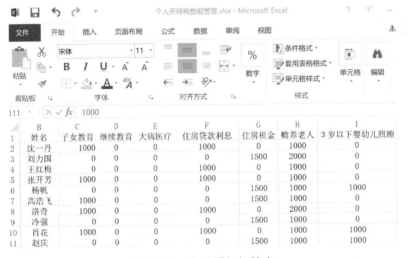

图 10-2　专项附加扣除表

2. 判断是否需要缴纳个人所得税

从工资表中可以看到，若想判断是否需要缴纳个人所得税，要把每个员工的收入计算出来，减去三险一金，再减去专项附加扣除，根据最后得到的结果才能判断是否缴税。因此，先对工资表中的应发工资进行计算，再对专项附加扣除表中项目金额进行合计计算。

（1）汇总计算

① 在工资表中定义应发工资的计算公式：在 G4 单元格中输入公式"=D4+E4+F4"，然后拖动填充柄复制公式到 G5:G13 的所有单元格中，即可得到计算结果。

② 在专项附加扣除表中进行合计计算：在 J2 单元格中输入公式"=SUM(C2:I2)"，然后拖动填充柄复制公式到 J3:J11 的所有单元格中，即可得到专项附加扣除合计计算结果，如图 10-3 所示。

	B	C	D	E	F	G	H	I	J
4	王红梅	0	0	0	1000	0	1000	0	2000
5	张开芳	1000	0	0	1000	0	1000	0	3000
6	杨帆	0	0	0	0	1500	1000	1000	3500
7	高浩飞	1000	0	0	0	1500	1000	0	3500
8	洛奇	1000	0	0	1000	0	2000	0	4000
9	冷强	0	0	0	0	1500	1000	0	2500
10	肖花	1000	0	0	1000	0	1000	1000	4000
11	赵庆	0	0	0	0	1500	1000	1000	3500

图 10-3　专项附加扣除合计计算结果

（2）是否需要缴纳个人所得税的判断

根据我国个人所得税最新政策，所缴纳个人所得税的应纳税所得额的计算公式为

应纳税所得额=每月收入-专项扣除-专项附加扣除-5000 元

其中，专项扣除指的就是个人所缴纳的三险一金；个人所得税的起征点是 5000 元。因此，如果应纳税所得额为零，则说明不需要缴纳个人所得税。

在工资表中，使用 IF 函数来判断是否需要缴纳个人所得税。先求出每个员工的应纳税所得额，如果应纳税所得额大于零，则说明需要缴纳个人所得税，否则，不用缴纳个人所得税。具体操作步骤如下。

Step 1　选定 L4 单元格，输入公式"=IF((G4-H4-专项附加扣除!J2)>5000,(G4-H4-专项附加扣除!J2)-5000,0)"，即可计算出第 1 个员工的应纳税所得额。

注意：以上公式是判断工资表中 G4 单元格中值减去 H4 单元格中值减去专项附加扣除表中 J2 单元格中值后得到的数值，如果大于 5000 元，则用该数值减去起征点 5000 元，得到应纳税所得额，否则返回 0，即不计个人所得税。

Step 2　选定 L4 单元格，拖动填充柄复制公式到 L13 单元格，通过自动填充功能计算出其他员工的应纳税所得额，工资表判断结果如图 10-4 所示。

在其他收入表中，根据《中华人民共和国个人所得税法》规定：劳务报酬所得每次收入不超过 4000 元的，减除费用 800 元，4000 元以上的，减除 20% 的费用，其余额为应纳税所得额。因此，只需要判断每次劳务报酬是否超过 800 元，如果超过 800 元，则需要缴税。同样使用 IF 函数来判断是否需要缴纳个人所得税。具体操作步骤如下。

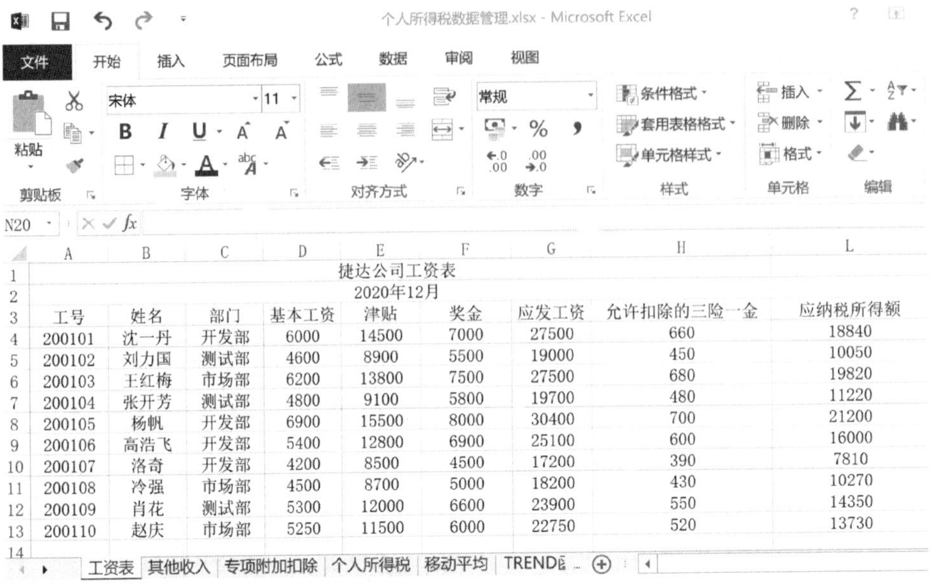

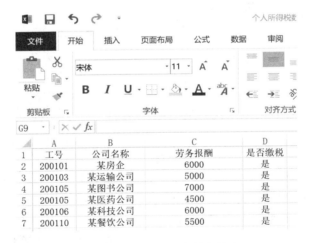

图 10-4　工资表判断结果

Step 1 选定 D2 单元格，输入公式 "=IF(C2>800,"是","否")"，即可判断出第 1 个员工是否缴税。

Step 2 选定 D2 单元格，拖动填充柄复制公式到 D7 单元格，通过自动填充功能判断出其他员工是否缴税，其他收入表判断结果如图 10-5 所示。

图 10-5　其他收入表判断结果

3. 计算个人所得税

利用 Excel 计算个人所得税的常用计算方法有 VLOOKUP 函数计算法、MAX 函数计算法等。

（1）VLOOKUP 函数计算法

在判断完是否缴纳个人所得税后，需要使用 Excel 中的 VLOOKUP 函数查找在税率表中的哪一个档次中，最后再计算个人所得税。

VLOOKUP 函数可用于匹配或查找信息，可用于将另一个表格中的目标列按需查找的值映射到目标表格中。

VLOOKUP 函数的语法为：VLOOKUP(lookup_value, table_array, col_index_num, [range_lookup])。其中，lookup_value 为查找值（匹配查找的内容单元格）；table_array 为查找区间（选定查找范围中第 1 列中的值必须是要查找的值）；col_index_num 为列序数（表示要返回的值在 table_array 选定的查找范围中第几列，首列为 1）；range_lookup 为匹配条件（近似匹配为 TRUE，精确匹配为 FALSE)，如果该参数省略不写，则是近似匹配。

将工资、薪金所得适用税率表放在工资表中，如图 10-6 所示。

	A	B	C	D	E	F	G	H	I	L
1					捷达公司工资表					
2					2020年12月					
3	工号	姓名	部门	基本工资	津贴	奖金	应发工资	允许扣除的三险一金	所得税	应纳税所得额
4	200101	沈一丹	开发部	6000	14500	7000	27500	660		18840
5	200102	刘力国	测试部	4600	8900	5500	19000	450		10050
6	200103	王红梅	市场部	6200	13800	7500	27500	680		19820
7	200104	张开芳	测试部	4800	9100	5800	19700	480		11220
8	200105	杨帆	开发部	6900	15500	8000	30400	700		21200
9	200106	高浩飞	开发部	5400	12800	6900	25100	600		16000
10	200107	洛奇	开发部	4200	8500	4500	17200	390		7810
11	200108	冷强	市场部	4500	8700	5000	18200	430		10270
12	200109	肖花	测试部	5300	12000	6600	23900	550		14350
13	200110	赵庆	市场部	5250	11500	6000	22750	520		13730
14										
15		工资、薪金所得适用税率表								
16	全月应纳税所得额	上一范围上限	税率	速算扣除数（元）						
17	不超过3000元	0	3%	0						
18	超过3000元至12000元的部分	3000	10%	210						
19	超过12000元至25000元的部分	12000	20%	1410						
20	超过25000元至35000元的部分	25000	25%	2660						
21	超过35000元至55000元的部分	35000	30%	4410						
22	超过55000元至80000元的部分	55000	35%	7160						
23	超过80000元的部分	80000	45%	15160						
24										

工资表 其他收入 专项附加扣除 税率表 移动平均 TREND函数预测 某房企

图 10-6　带有税率表的工资表

① 查找个人所得税税率的公式为：VLOOKUP(应纳税所得额,$B$17:$D$23,2,1)。

② 查找个人所得税速算扣除数的公式为：VLOOKUP(应纳税所得额,$B$17:$D$23,3,1)。

③ 计算个人所得税的公式为：=应纳税所得额*VLOOKUP(应纳税所得额,$B$17:$D$23,2,1)-VLOOKUP(应纳税所得额,$B$17:$D$23,3,1)。

在工资表中使用 VLOOKUP 函数计算法计算个人所得税的具体操作步骤如下。

Step 1　选定 I2 单元格，输入公式"=L4*VLOOKUP(L4,$B$17:$D$23,2,1)-VLOOKUP(L4,$B$17:$D$23,3,1)"，即可计算出第 1 个员工的个人所得税。

Step 2　选定 I2 单元格，拖动填充柄复制公式到 I13 单元格，通过自动填充功能计算出其他员工的个人所得税，使用 VLOOKUP 函数计算法计算个人所得税结果如　　图

10-7 所示。

`I4    fx  =L4*VLOOKUP(L4, $B$17:$D$23, 2, 1)-VLOOKUP(L4, $B$17:$D$23, 3, 1)`

	A	B	C	D	E	F	G	H	I	L
1				捷达公司工资表						
2				2020年12月						
3	工号	姓名	部门	基本工资	津贴	奖金	应发工资	允许扣除的三险一金	所得税	应缴纳所得额
4	200101	沈一丹	开发部	6000	14500	7000	27500	660	2358	18840
5	200102	刘力国	测试部	4600	8900	5500	19000	450	795	10050
6	200103	王红梅	市场部	6200	13800	7500	27500	680	2554	19820
7	200104	张开芳	测试部	4800	9100	5800	19700	480	912	11220
8	200105	杨帆	开发部	6900	15500	8000	30400	700	2830	21200
9	200106	高浩飞	开发部	5400	12800	6900	25100	600	1790	16000
10	200107	洛奇	开发部	4200	8500	4500	17200	390	571	7810
11	200108	冷强	市场部	4500	8700	5000	18200	430	817	10270
12	200109	肖花	测试部	5300	12000	6600	23900	550	1460	14350
13	200110	赵庆	市场部	5250	11500	6000	22750	520	1336	13730
14										
15		工资、薪金所得适用税率表								
16	全月应纳税所得额	上一范围上限	税率	速算扣除数（元）						
17	不超过3000元	0	3%	0						
18	超过3000元至12000元的部分	3000	10%	210						
19	超过12000元至25000元的部分	12000	20%	1410						
20	超过25000元至35000元的部分	25000	25%	2660						
21	超过35000元至55000元的部分	35000	30%	4410						
22	超过55000元至80000元的部分	55000	35%	7160						
23	超过80000元的部分	80000	45%	15160						
24										

工资表　其他收入　专项附加扣除　税率表　移动平均　TREND函数预测　某房企

图 10-7　使用 VLOOKUP 函数计算法计算个人所得税结果

VLOOKUP 函数计算法是根据应纳税所得额查找对应的税率与速算扣除数，然后根据计算公式进行计算。所以，在计算个人所得税时，必须先建立一个税率表，其中包括全月应纳税所得额、税率、速算扣除数等，且应按应纳税所得额递增排序。用 VLOOKUP 函数最简单，但是税率表的第 1 列必须是全月应纳税所得额。值得注意的是，VLOOKUP 函数计算公式中，为了方便复制，必须将税率表的引用写为绝对引用。

微课视频 10-1

（2）MAX 函数计算法

利用 Excel 计算个人所得税的难点在于如何根据应纳税所得额找到适用税率和速算扣除数，这是一个条件查找问题：通过 1 个条件（应纳税所得额）在 7 个结果（7 级税率、速算扣除数）中查找唯一正确的结果。由于每次都会减去速算扣除数，因此判断标准就只有一个：按照个人所得税的计算公式，结果最大且不小于零。

显然，MAX 函数是计算个人所得税的最佳工具。解决思路是：在 Excel 中根据所有的税率、速算扣除数逐一计算应缴纳的个人所得税，然后比较 7 个结果，取其不小于零的最大值。为此，我们需要列举全部税率和速算扣除数，在 Excel 中定义两个数组，同时利用 Excel 的数组计算功能。

在 Excel 中定义数组，就是列举若干个元素，以"；"隔开，并用"{}"标识。数组可以进行计算，计算结果仍然是一个数组。数组与数组之间计算时，它们的元素数量必须相同。根据 7 级税率和对应的速算扣除数，可以定义两个有 7 个元素的一维数组，并对其进行计算。

税率数组为{3;10;20;25;30;35;45}%，其中"%"是 Excel 计算符，也是百分比符号。速算扣除数数组为 10*{0;21;141;266;441;716;1516}，其中"10*"是为了使公式更加简短。

数组与常数计算是依次进行的，即常数会与每个元素都进行一次计算，结果还是一个元素数量相同的数组。应纳税所得额 A 依次乘以税率数组中的元素，再减去速算扣除数数组中同一序次的元素，就可以得到一个包含 7 个个人所得税计算结果元素的数组：$A*\{3;10;20;25;30;35;45\}\%-10*\{0;21;141;266;441;716;1516\}$。

把上述数组计算式代入到 MAX 函数中，就可以在一个单元格中返回这 7 个元素中的最大值。由于这些元素可能会小于零，因此在 MAX 函数中还需要加入一个重要的常数 0。

假设 E4 单元格中是应纳税所得额，那么用 MAX 函数计算个人所得税的最终公式为：$=\mathrm{MAX}(0,E4*\{3;10;20;25;30;35;45\}\%-10*\{0;21;141;266;441;716;1516\})$。

在工资表中使用 MAX 函数计算法计算个人所得税的具体操作步骤如下。

Step 1 选定 I2 单元格，输入公式"=MAX(0,L4*{0.03;0.1;0.2;0.25;0.3;0.35;0.45}−10*{0;21;141;266;441;716;1516})"，即可计算出第 1 个员工的个人所得税。

Step 2 选定 I2 单元格，拖动填充柄复制公式到 I13 单元格，通过自动填充功能计算出其他员工的个人所得税，使用 MAX 函数计算法计算个人所得税结果如图 10-8 所示。

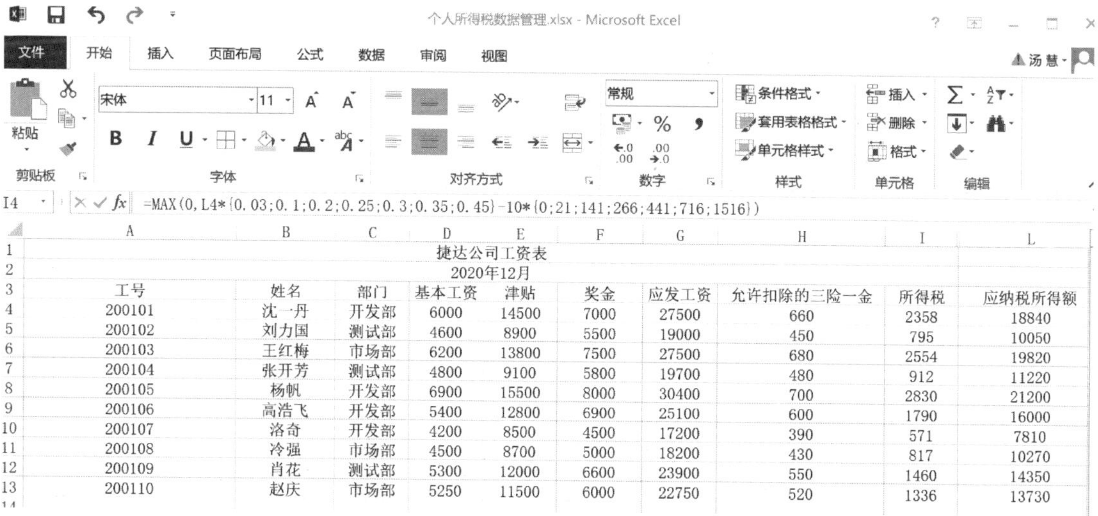

图 10-8　使用 MAX 函数计算法计算个人所得税结果

10.2　Excel 在税收征管中的应用

税收征管是指国家税务征收机关依据税法、征管法等有关法律法规的规定，对税款征管过程进行的组织、管理、检查等一系列工作的总称。为确保国家税收，发挥税收的职能作用，国家在税收征管方面制定了相应的法规制度，但在税收征管方面，仍然存在管理监督不够、管理手段应用不到位、管理职责不明确等各种问题。例如，由于管理未落实到位，管理人员无法掌握纳税人生产、经营和财务状况，不能对其纳税的准确性做出大致判断，致使偷逃税款不同程度地存在。

下面以趋势预测为例，介绍 Excel 在税收征管中的应用。各纳税义务人办理纳税登记后，在其持续经营期间，在税收政策不发生变化的情况下，该纳税人实纳税额应在各连续可比的税款缴纳期限内有趋势可循（注：税款缴纳期限可以为 5 日、10 日、15 日、1 月、1 季度或 1 年）。如果经营状况持续向好，则实纳税额逐期增加；如果经营状况较平稳，则实纳税额趋于不变；如果经营状况持续恶化，则实纳税额逐期递减。如果人为调节税款缴纳情况，则会造成税款入库数额与数据内在趋势的背离。在总体中远离平均趋势的个体称为离群点。查找离群点，可以确定核查重点，通过核对当月企业纸质财务报表和经营情况等，以确定企业当月是否存在少缴或缓缴税款的行为。

在 Excel 中常用的趋势预测方法有：分析工具库（移动平均分析、指数平滑分析、回归分析等）、函数库（LINEST 函数、LOGEST 函数、TREND 函数等）和图表趋势线分析法。

📺 10.2.1　使用分析工具库进行趋势预测实例

例 10-2　在"个人所得税数据管理"工作簿中，根据提供的某市捷达公司的纳税记录，使用移动平均分析法预测该企业纳税数据的变化趋势，并根据预测值与实际发生值的偏离程度，确定重点核查的月份。考虑到季节性因素和其他可能存在的时间周期性对企业经营产生的影响，本例中选择移动平均的周期数为 3。

Step 1　单击"数据"选项卡"分析"组工具栏中的"数据分析"命令按钮，弹出"数据分析"对话框。

Step 2　在"分析工具"下拉列表中选择"移动平均"选项，单击"确定"按钮，弹出"移动平均"对话框，将"输入区域"设置为"$B$2:$B$13"，在"间隔"文本框中输入"3"，将"输出区域"设置为"$C$2"，勾选"图表输出"和"标准误差"复选框，如图 10-9 所示。

Step 3　单击"确定"按钮，得到各月税款的 3 期移动平均预测值、图表分析和误差分析结果。

图 10-9　"移动平均"对话框

Step 4　修改图表横坐标轴为"税款所属期"数据区域，调整图表的整体布局，最终得到如图 10-10 所示的结果。

Step 5　关注实纳税额大幅少于 3 期移动平均预测税额的点，这些点可能存在当月税款未足额征收入库的情况，如图 10-10 中的 8 月和 11 月。

	A	B	C	D
1	税款所属期	实纳税额	3期移动平均预测	误差值
2	202001	12234208.34	#N/A	#N/A
3	202002	14272315.45	#N/A	#N/A
4	202003	13342369.32	13282964.37	#N/A
5	202004	18923814.37	15512833.05	#N/A
6	202005	19215548.01	17160577.23	2299364.219
7	202006	15561289.17	17900217.18	2666350.985
8	202007	16462368.84	17079735.34	1832542
9	202008	12042564.09	14688740.7	2069941.73
10	202009	17264124.54	15256352.49	1950601.672
11	202010	18989231.24	16098639.96	2542237.677
12	202011	12323712.56	16192356.11	3019551.264
13	202012	19865312.78	17059418.86	3224642.699

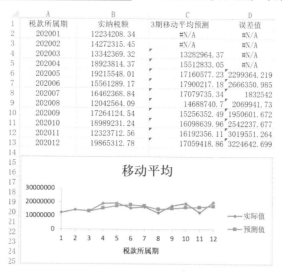

图 10-10　使用移动平均分析法趋势预测结果

10.2.2　使用函数进行趋势预测实例

Excel 提供了大量的统计分析函数，利用这些函数同样可以实现趋势预测的结果，如 LINEST 函数、LOGEST 函数、TREND 函数等。下面以 TREND 函数为例，介绍函数趋势预测法在税收征管中的应用。

TREND 函数的功能是返回一条线性回归拟合线的一组纵坐标值（y 值），即找到适合给定的数组 known_y's 和 known_x's 的直线（用最小二乘法），并返回指定数组 new_x's 值在直线上对应的 y 值。TREND 函数的语法为：TREND(known_y's,known_x's,new_x's, const)。known_y's 是必要参数，是关系表达式 $y=mx+b$ 中已知的 y 值集合。如果数组 known_y's 在单独一列中，则 known_x's 的每一列被视为一个独立的变量。如果数组 known_y's 在单独一行中，则 known_x's 的每一行被视为一个独立的变量。known_x's 是可选参数，是关系表达式 $y=mx+b$ 中已知的可选 x 值集合。数组 known_x's 可以包含一个或多个变量。如果只用到一个变量，则只要 known_y's 和 known_x's 维数相同，它们可以是任何形状的区域。如果省略 known_x's，则假设该数组为 {1,2,3,…}，其大小与 known_y's 相同。new_x's 是可选参数，表示需要 TREND 函数返回对应 y 值的新 x 值。new_x's 与 known_x's 一样，每个独立变量必须为单独的一行（或一列）。因此，如果 known_y's 是单列的，known_x's 和 new_x's 应该有同样的列数。const 是可选参数，为逻辑值，用于指定是否将常量 b 强制设为 0。如果 const 为 TRUE 或省略，b 将按正常计算；如果 const 为 FALSE，b 将被设为 0，m 将被调整以使 $y=mx$。

说明：

① 可以使用 TREND 函数计算同一个变量的不同乘方的回归值来拟合多项式曲线。例如，假设 A 列包含 y 值，B 列包含 x 值，则可以在 C 列中输入 x^2，在 D 列中输入 x^5，等等，然后根据 A 列，对 B 列到 D 列进行回归计算。

② 对于返回结果为数组的公式，必须以数组公式的形式输入。

③ 当为参数（如 known_x's）输入数组常量时，应当使用逗号分隔同一行中的数据，用分号分隔不同行中的数据。

例 10-3 在"个人所得税数据管理"工作簿中，根据提供的某市捷达公司的纳税记录，使用 TREND 函数预测该企业纳税数据的变化趋势，并根据预测值与实际发生值的偏离程度，确定重点核查的月份。

Step 1 选定单元格区域 C2:C13，输入公式"=TREND(B2:B13,A2:A13)"，公式输入完成时按下 Ctrl+Shift+Enter 组合键，以数组公式的形式输入。

Step 2 选定单元格区域 A1:C13，为其制作带数据标记的折线图，修改图表横坐标轴为"税款所属期"数据区域，并调整图表的整体布局，最终得到 TREND 函数预测实效图，如图 10-11 所示。

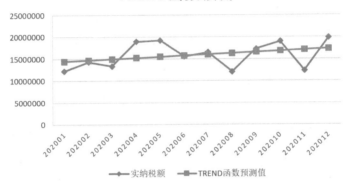

图 10-11 TREND 函数预测实效图

Step 3 关注实纳税额大幅少于 TREND 函数预测值的点，这些点可能存在当月税款未足额征收入库的情况，如图 10-11 中的 8 月和 11 月。

微课视频 10-2

10.2.3 使用图表进行趋势预测实例

图表在数据统计中有着广泛的用途，利用 Excel 的图表功能，可以将数据图形化，以便更直观地显示数据之间的比较关系、分配关系或发展变化趋势。

例 10-4 打开"个人所得税数据管理"工作簿，根据其他收入表中相关联的某房企的纳税记录，如图 10-12 所示，使用图表预测该企业纳税数据的变化趋势，并根据预测值与实际发生值的偏离程度，确定重点核查的月份。

Step 1 在"某房企纳税记录"工作表中选定单元格区域 B1:C12，单击"插入"选项卡"图表"组工具栏中的"散点图"命令按钮，选择下拉列表中的"仅带数据标记的散点图"选项，生成散点图。

Step 2 双击"水平（值）轴"，在出现的"设置坐标轴格式"窗格中单击"坐标轴选项"按钮。设置"最小值"为"3.0E7"，"垂直（值）轴"同样如此处理。

图 10-12　某房企的纳税记录

Step 3 单击图表中的某一个数据点，选定"土地增值税"数据系列，单击"图表工具"选项卡"设计"组工具栏中的"添加图表元素"命令按钮，选择为该数据系列添加数据标签于右侧，并为该数据系列添加趋势线为"线性"，这条线性趋势线是 Excel 利用一元线性回归分析得到的土地增值税与增值税之间的关系。

Step 4 双击趋势线，在出现的"设置趋势线格式"窗格中单击"趋势线选项"按钮，勾选"显示公式"复选框，可以在趋势线旁得到土地增值税与增值税关系的公式表示，最终得到图表预测实效图，如图 10-13 所示。

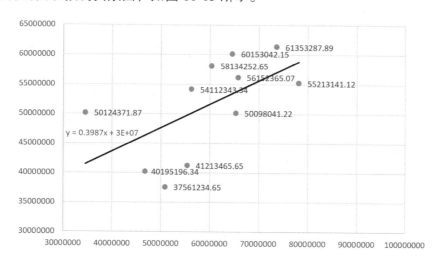

图 10-13　图表预测实效图

Step 5 从图 10-13 中可以观察到各点对该趋势线的偏离程度。数据点出现在趋势线上方，表示土地增值税入库数较正常应入库数大；数据点出现在趋势线下方，表示土地增值税入库数较正常应入库数小。考虑土地增值税征收管理实际情况，由于在对项目进行土地增值税清算时，单独补缴入库的土地增值税不存在与其线性相关的税，该补缴额反映在图表上会使数据点产生一个沿数据轴 y 的向上位移。因此，在图中应重点观察位于趋势线下方的数据点，核查其是否少缴纳了土地增值税。

10.3　Excel 在生产决策中的应用

在企业生产管理过程中，通常会涉及如何对现有的生产要素进行有效组合，以满足市场对产品需求的问题；在企业生产过程中，也会有生产成本的考虑，如何在扩大生产的前提下控制生产成本，提高产品利润。如何将现有的生产要素组合起来发挥最大效率等一些决策问题是企业面临及需要解决的问题。

📺 10.3.1　本量利分析

在企业生产中，如果由于原材料及人力资本的变化导致产品的单位变动成本增加，最终导致企业利润降低或出现亏损，且扩大生产会使亏损加剧，此时，企业就应该从内部找原因，考虑降低单位变动成本或固定成本，以提高企业的利润。但是单位变动成本或固定成本应该降低到什么程度，才可以保证一定的利润呢？就需要企业进行本量利分析。

本量利分析是"成本-产量（或销量）-利润分析"的简称，也称 CVP 分析（Cost-Volume-Profit Analysis），是指在变动成本计算模式的基础上，以数学化的会计模型与图文来揭示固定成本、变动成本、销量（也称销售量）、单价、销售额、利润等变量之间的内在规律性的联系，为会计预测决策和规划提供必要的财务信息的一种定量分析方法。它被用来研究产品价格、业务量（销售量、服务量或产量）、单位变动成本、固定成本总额、销售产品的品种结构等因素的相互关系，据此做出关于产品结构、产品定价、促销策略及生产设备利用等决策的一种方法。

本量利分析可用于企业经营风险分析，对企业进行保本预测、确保目标利润实现的业务量预测等，指导企业生产决策、定价决策和投资不确定性分析。企业还可以利用本量利分析进行全面预算、成本控制和责任会计等。

本量利分析考虑的相关因素主要包括固定成本（用 a 表示）、单位变动成本（用 b 表示）、产量或销量（用 x 表示）、销售单价（用 p 表示）、销售收入（用 px 表示）和营业利润（用 P 表示）等。变量之间的关系可用如下公式表示，该公式反映了价格、成本、业务量和利润各因素之间的相互关系，即

营业利润(P)=销售收入-总成本=$px-(a+bx)$

=销售收入-变动成本-固定成本

=销售单价×销量-单位变动成本×销量-固定成本=$px-bx-a$

=（销售单价-单位变动成本）×销量-固定成本=$(p-b)x-a$

即

$$P=px-bx-a=(p-b)x-a$$

该公式是本量利分析的基本出发点，所有本量利分析均在该公式的基础上进行，故

该公式为本量利关系基本公式。

例 10-5 某汽车企业生产一辆汽车的单位成本为 40 万元，固定成本为 10 万元，售价为 50 万元/件。根据给出的销量，计算该企业的成本、收入和利润。

Step 1 在 Excel 中建立如图 10-14 所示本量利模型，根据已知条件计算产品成本。产品成本=销量×单位成本+固定成本，在 B7 单元格中输入公式“=ROUND(A7*$B$2/10000,2)+$B$3”，这里使用 ROUND 函数对计算结果进行四舍五入，并保留两位小数。拖动填充柄复制公式到单元格区域 B8:B18 中，计算出不同销量下的成本。

Step 2 计算收入和利润。根据收入公式，即收入=销量×售价，在 C7 单元格中输入公式“=ROUND(A7*$B$1/10000,2)”，并复制公式到单元格区域 C8:C18 中，计算出收入。根据利润公式，即利润=收入−成本，在 D7 单元格中输入公式“=C7−B7”，并复制公式到单元格区域 D8:D18 中，计算出利润，本量利计算结果如图 10-15 所示。

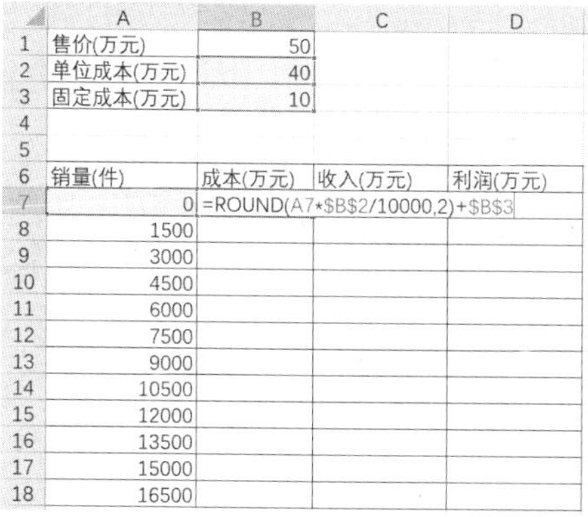

	A	B	C	D
1	售价(万元)	50		
2	单位成本(万元)	40		
3	固定成本(万元)	10		
4				
5				
6	销量(件)	成本(万元)	收入(万元)	利润(万元)
7	0	=ROUND(A7*$B$2/10000,2)+$B$3		
8	1500			
9	3000			
10	4500			
11	6000			
12	7500			
13	9000			
14	10500			
15	12000			
16	13500			
17	15000			
18	16500			

图 10-14 本量利模型

	A	B	C	D
1	售价(万元)	50		
2	单位成本(万元)	40		
3	固定成本(万元)	10		
4				
5				
6	销量(件)	成本(万元)	收入(万元)	利润(万元)
7	0	10	0.00	-10.00
8	1500	16	7.50	-8.50
9	3000	22	15.00	-7.00
10	4500	28	22.50	-5.50
11	6000	34	30.00	-4.00
12	7500	40	37.50	-2.50
13	9000	46	45.00	-1.00
14	10500	52	52.50	0.50
15	12000	58	60.00	2.00
16	13500	64	67.50	3.50
17	15000	70	75.00	5.00
18	16500	76	82.50	6.50

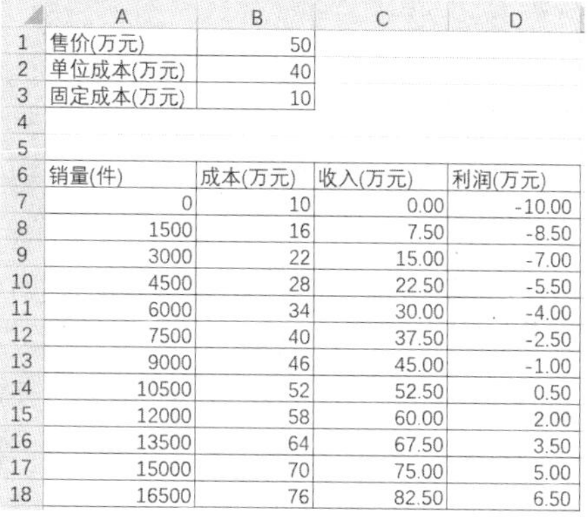

图 10-15 本量利计算结果

Step 3 为了更直观地看到本量利分析中几种因素之间的关系，选定单元格区域 A6:D18，单击“插入”选项卡“图表”组工具栏中的“散点图”命令按钮，选择“带直线的散点图”选项，修改图表标题为“本量利分析”，如图 10-16 所示。

	A	B	C	D
1	售价(万元)	50		
2	单位成本(万元)	40		
3	固定成本(万元)	10		
4				
5				
6	销量(件)	成本(万元)	收入(万元)	利润(万元)
7	0	10	0.00	-10.00
8	1500	16	7.50	-8.50
9	3000	22	15.00	-7.00
10	4500	28	22.50	-5.50
11	6000	34	30.00	-4.00
12	7500	40	37.50	-2.50
13	9000	46	45.00	-1.00
14	10500	52	52.50	0.50
15	12000	58	60.00	2.00
16	13500	64	67.50	3.50
17	15000	70	75.00	5.00
18	16500	76	82.50	6.50
19				

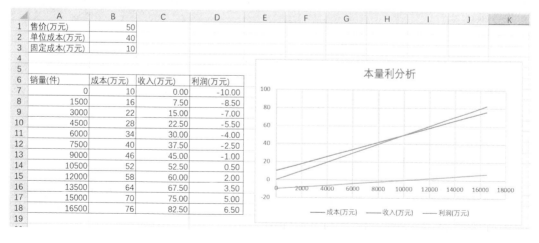

图 10-16 本量利分析图

由图 10-16 中可以看出，销量小于 10000 件时，企业成本大于收入，企业处于亏损状态；当销量大于 10000 件时，企业收入大于成本，企业盈利；当销量为 10000 件时，利润恰好为零，此时成本与收入相等，企业处于保本状态，这个点称为盈亏平衡点。

微课视频 10-3

10.3.2 盈亏平衡点的计算

盈亏平衡点又称保本点，指能使企业达到保本状态的业务量的总称。在该业务量水平上，企业收入与变动成本之差刚好与固定成本持平。若增加一点业务量，企业盈利；反之，减少一点业务量就会亏损。保本分析是研究当企业恰好处于保本状态时本量利关系的一种定量分析方法。保本分析是确定企业经营安全程度的基础，也称盈亏临界分析。保本分析的关键是盈亏平衡点的确定。

盈亏平衡点可以采用下列两种方法进行计算。

（1）按实物单位计算，即保本点销量（保本量），其公式为

$$保本量(x_0)=固定成本/(单价-单位变动成本)=a/(p-b)$$

（2）按金额综合计算，即保本点销售额（保本额），其公式为

$$保本额(y_0)=单价×保本量=px_0$$

例 10-6 某企业只经营一种产品，其 2020 年企业销售情况如图 10-17 所示。2020 年实际销售量为 10000 件，单价为 100 元/件，单位变动成本为 70 元/件，固定成本为 200000 元，实现利润 100000 元。假设各种条件不变，试求企业该年度保本量及保本单价。

2020年企业销售情况表					
A	销售量（件）	单价（元）	单位变动成本（元）	固定成本（元）	利润（元）
A产品	10000	100	70	200000	100000

图 10-17　2020 年企业销售情况

Step 1 计算保本量，在 B7 单元格中输入公式"=E3/(C3−D3)"，可计算出保本量，如图 10-18 所示。

2020年企业销售情况表					
	销售量（件）	单价（元）	单位变动成本（元）	固定成本（元）	利润（元）
A产品	10000	100	70	200000	100000
企业保本量计算					
	保本量（件）	保本单价（元）	保本单位变动成本（元）	保本固定成本（元）	
A产品	=E3/(C3-D3)				

图 10-18　企业保本量计算

Step 2 计算保本单价，根据公式保本单价=现有单位变动成本+现有单位固定成本，在 C7 单元格中输入公式"=D3+E3/B3"；根据公式保本单位变动成本=现有单价−现有单位固定成本，在 D7 单元格中输入公式"=C3−E3/B3"；根据公式保本固定成本=(现有单价−现有单位变动成本)×现有销售量，在 E7 单元格中输入公式"=(C3−D3)*B3"。企

业盈亏平衡点计算结果，如图 10-19 所示。

	A	B	C	D	E	F
1				2020年企业销售情况表		
2		销售量（件）	单价（元）	单位变动成本（元）	固定成本（元）	利润（元）
3	A产品	10000	100	70	200000	100000
4						
5				企业保本点分析		
6		保本量（件）	保本单价（元）	保本单位变动成本（元）	保本固定成本（元）	
7	A产品	6666.67	90	80	300000	

图 10-19 企业盈亏平衡点计算结果

由计算结果可知，企业的盈亏平衡点约为 6667 件，即企业的销售量为 6667 件时，可保证企业不亏损；且产品单价不低于 90 元/件，或者单位变动成本不超过 80 元/件，或者固定成本不超过 300000 元，企业就不会亏损。

10.3.3 企业生产利润的计算

例 10-7 某企业专门收集各类废旧纸张用于企业产品生成，如报纸、包装纸袋、纸盒等，利用这些回收纸张，企业可以生产成不同的再生用纸。生产的再生用纸分为打印纸、复写纸、硬纸板、包装纸 4 种。生产各种再生用纸耗用的原料及单价表和各种原料的库存及成本单价表分别如表 10-3 和表 10-4 所示。在现有情况下，应生产各种类型再生用纸各多少数量才能保证最大利润？最大利润是多少？

表 10-3 生产各种再生用纸耗用的原料及单价表

产品	报纸（千克）	纸袋（千克）	纸盒（千克）	旧书本（千克）	单价（元）
打印纸	55	54	76	23	105.00
复写纸	64	32	45	20	84.00
硬纸板	43	32	98	44	105.00
包装纸	18	45	23	18	57.00

表 10-4 生产各种再生用纸各种原料的库存及成本单价表

项目	库存（千克）	单位成本（元）
报纸	4100	0.18
纸袋	3200	0.15
纸盒	3500	0.10
旧书本	1600	0.22

本例所求是在现有原材料的情况下，如何合理搭配才能获得最大利润，可以利用 Excel 中规划求解工具解决此类问题。

Step 1 在 Excel 中建立如图 10-20 所示的企业生产模型表格。

	A	B	C	D	E	F	G	H
1	表1：成品用料及价格表							
2	产品	报纸（kg）	纸袋（kg）	纸盒（kg）	旧书本（kg）	单价（元）	生产数量	总价（元）
3	打印纸	55	54	76	23	105		
4	复写纸	64	32	45	20	84		
5	硬纸板	43	32	98	44	105		
6	包装纸	18	45	23	18	57		
7								
8	表2：材料库存及成本价格表							
9	项目	报纸	纸袋	纸盒	旧书本			
10	现有库存	4100	3200	3500	1600			
11	可用库存							
12	单位成本	0.18	0.15	0.1	0.22			
13	单项成本							
14								
15	表3：盈余表							
16	总收入							
17	总成本							
18	总利润							

图 10-20　企业生产模型表格

[Step] **2**　在图 10-20 中的表 1 成品用料及价格表中先计算出各种纸张的总价，在 H3 单元格中输入公式 "=F3*G3"，拖动填充柄复制公式到单元格区域 H4:H6 中，由于单元格区域 G3:G6 中的值是有待求解的，在规划求解时作为可变单元格。

在图 10-20 中的表 2 材料库存及成本价格表中，在 B11 单元格中输入公式 "=SUM(B3:B6*$G$3:$G$6)"，求出报纸材料的可用库存，拖动填充柄复制公式到单元格区域 C11:E11 中；计算出其他每项材料的可用库存后，再乘以单位成本，可得到每项材料的单项成本，其计算结果如图 10-21 所示。

	A	B	C	D	E	F	G	H
1	表1：成品用							
2	产品	报纸（kg）	纸袋（kg）	纸盒（kg）	旧书本（kg）	单价（元）	生产数量	总价（元）
3	打印纸	55	54	76	23	105		=F3*G3
4	复写纸	64	32	45	20	84		=F4*G4
5	硬纸板	43	32	98	44	105		=F5*G5
6	包装纸	18	45	23	18	57		=F6*G6
7								
8	表2：材料库							
9	项目	报纸	纸袋	纸盒	旧书本			
10	现有库存	4100	3200	3500	1600			
11	可用库存	=SUM(B3:B6*$G$3:$G$6)	=SUM(C3:C6*$G$3:$G$6)	=SUM(D3:D6*$G$3:$G$6)	=SUM(E3:E6*$G$3:$G$6)			
12	单位成本	0.18	0.15	0.1	0.22			
13	单项成本	=B12*B11	=C12*C11	=D12*D11	=E12*E11			

图 10-21　每项材料的可用库存及单项成本的计算结果

[Step] **3**　在图 10-20 中的表 3 盈余表中，B16 单元格中是总收入，B17 单元格中是总成本，B18 单元格中是总利润。根据公式总利润=总收入-总成本（B18=B16-B17），其中总收入在 B16 单元格中输入公式 "=SUM(H3:H6)" 即可求出，总成本在 B17 单元格中输入公式 "=SUM(B13:E13)" 即可求出，最终结果如图 10-22 所示。

	A	B
14		
15	表3：盈余表	
16	总收入	=SUM(H3:H6)
17	总成本	=SUM(B13:E13)
18	总利润	=B16-B17

图 10-22　总利润计算模型

[Step] **4**　建立好以上规划求解模型后，选定任意一个单元格，单击"数据"选项卡

"分析"组工具栏中的"规划求解"命令按钮,弹出"规划求解参数"对话框,按照图10-23所示进行设置。

图10-23 "规划求解参数"对话框

Step 5 在"设置目标"文本框中指定目标函数所在的单元格B16,即"$B$16";本例中计算总成本,因此设置目标函数的要选中"最大值"单选按钮。可变单元格的设置影响着规划求解的结果,本例中各种再生用纸的生产数量是不确定的,因此可变单元格区域为"$G$3:$G$6"。在"规划求解参数"对话框中单击"添加"按钮,弹出"添加约束"对话框,在"单元格引用"文本框中输入约束条件所在单元格的引用位置,然后从条件下拉列表中选择一个比较运算符,在"约束"文本框中输入条件值,本例中约束条件主要如下。

① 各种再生用纸的生产数量不能小于0,即"$G$3:$G$6>=0"。

② 各种原料的可用量不能小于0,即"$B$11: $E$11>=0"。

③ 生产过程中,各种原料的可用量不能超过其对应的库存量,即"$B$11:$E$11<= $B$10:$E$10"。

Step 6 添加完所有的约束条件后,单击"添加约束"对话框中的"确定"按钮,返回到"规划求解参数"对话框,从"选择求解方法"下拉列表中选择"单纯线性规划"选项,单击"求解"按钮,显示如图10-24所示的"规划求解结果"对话框。

Step 7 选中"规划求解结果"对话框中的"保留规划求解的解"单选按钮,将把求解结果保存在规划求解模型中,单击"确定"按钮。本例的规划求解结果如图10-25所示。

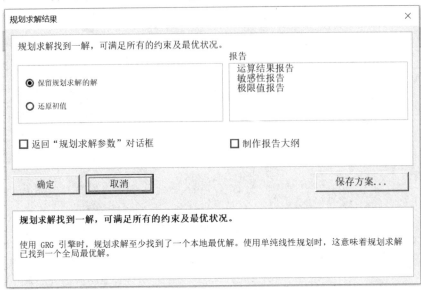

图 10-24 "规划求解结果"对话框

	A	B	C	D	E	F	G	H
1	表1：成品用料及价格表							
2	产品	报纸（kg）	纸袋（kg）	纸盒（kg）	旧书本（kg）	单价（元）	生产数量	总价（元）
3	打印纸	55	54	76	23	105	10.802613	1134.27438
4	复写纸	64	32	45	20	84	48.961736	4112.78581
5	硬纸板	43	32	98	44	105	0.000000	0
6	包装纸	18	45	23	18	57	20.683621	1178.9664
7								
8	表2：材料库存及成本价格表							
9	项目	报纸	纸袋	纸盒	旧书本			
10	现有库存	4100	3200	3500	1600			
11	可用库存	4100	3080.879608	3500	1600			
12	单位成本	0.18	0.15	0.1	0.22			
13	单项成本	738	462.1319412	350	352			
14								
15	表3：盈余表							
16	总收入	6426.0266						
17	总成本	1902.1319						
18	总利润	4523.8947						

图 10-25 规划求解结果

由图 10-25 中可知，表 1 中生产数量和表 3 中总收入是求解结果，求解后，Excel 会把求解结果存入相关单元格中，其余结果则是根据输入公式计算获得的。由结果可知，该企业在最优搭配下的生产总成本和总利润分别约为 1902 元和 4524 元。

10.4 生产企业产品生产能力优化决策

生产企业为了实现更多的利益，必须保证产销平衡。如果企业有足够的设备生产能力，就可以尽可能增加产量，以提高企业的经济效益。如果企业增产后产品产量不超过在竞争条件下达到的最大销量则企业可以盈利，若增产后产量超过最大销量则会导致产品积压。若企业目前设备生产能力不足，产品的最大产量小于市场销量，那就需要一个盈亏分析模型，分析出生产计划的最优量，以保证企业利益最大化。

10.4.1　企业生产总成本的计算

例 10-8　某企业现有设备可安排生产 A 产品和 B 产品。A 产品、B 产品的月固定成本均为 2500 万元。A 产品的单价为 16 万元，单位变动成本为 11 万元；B 产品的单价为 13.5 万元，单位变动成本为 9 万元。企业上半年 A、B 两种产品的销量表如表 10-5 所示。计算该企业上半年总成本和总利润。

微课视频 10-4

表 10-5　企业上半年 A、B 两种产品销量表　　　　　　　　单位：件

月份	A 产品销量	B 产品销量
1 月	280	300
2 月	330	350
3 月	340	355
4 月	360	368
5 月	421	456
6 月	450	460

Step 1　在 Excel 中建立如图 10-26 所示的企业生产模型表格，根据公式生产成本=销量×单位变动成本+固定成本，在 B16 单元格中输入公式 "=SUM(B8:B13)*C3+SUM(C8:C13)*C4+D3*6"，计算出该企业上半年总成本。

Step 2　根据公式总利润=单价×销量-总成本，在 B17 单元格中输入公式 "=SUM(B8:B13)*B3+SUM(C8:C13)*B4-B16"，计算出该企业上半年总利润。

企业上半年总成本和总利润的计算结果如图 10-27 所示。

	A	B	C	D
1	表1：企业生产成本（单位:万元）			
2	产品	单价	单位变动成本	月固定成本
3	A产品	16	11	2500
4	B产品	13.5	9	
5				
6	表2：上半年度产品销量表（单位:件）			
7	月份	A产品销量	B产品销量	
8	1月	280	300	
9	2月	330	350	
10	3月	340	355	
11	4月	360	368	
12	5月	421	456	
13	6月	450	460	
14				
15	企业上半年总成本及利润（单位:万元）			
16	总成本			
17	总利润			

图 10-26　企业生产模型表格

	A	B	C	D
1	表1：企业生产成本（单位:万元）			
2	产品	单价	单位变动成本	月固定成本
3	A产品	16	11	2500
4	B产品	13.5	9	
5				
6	表2：上半年度产品销量表（单位:件）			
7	月份	A产品销量	B产品销量	
8	1月	280	300	
9	2月	330	350	
10	3月	340	355	
11	4月	360	368	
12	5月	421	456	
13	6月	450	460	
14				
15	企业上半年总成本及利润（单位:万元）			
16	总成本	59592		
17	总利润	6205.5		

图 10-27　企业上半年总成本和总利润的计算结果

🖵 10.4.2　扩大生产后企业成本的计算

　　企业为了自身发展考虑,通常会考虑通过增加产品销量及扩大生产来增加企业利润。扩大生产必然会增加企业成本,而有效控制生产成本,就可以最大限度地提高企业获利,增强企业的市场竞争力。

　　例 10-9　在不改变例 10-8 中产品单价和单位变动成本的基础上,企业决定扩大生产,若将月固定成本增至 3000 万元,根据前 6 个月的产品销售情况,预测该企业 7 月份的销量,并计算企业 7 月份总成本和总利润。

　　Step 1　使用移动平均分析法预测两种产品 7 月份的销量。单击"数据"选项卡"分析"组工具栏中的"数据分析"命令按钮,在弹出的"数据分析"对话框中选择"移动平均"选项,单击"确定"按钮,弹出"移动平均"对话框,在"输入区域"输入"$B$9:$B$14",在"间隔"文本框中输入"2",在"输出区域"文本框中指定单元格"$D$9",如图 10-28 所示,单击"确定"按钮,得到 A 产品前 6 个月的预测值。

　　Step 2　在 B15 单元格中输入公式"=(D13+D14)/2",计算出 A 产品 7 月份的预测销量,以同样的方法计算出 B 产品 7 月份的预测销量,计算结果如图 10-29 所示。

7	表2: 产品销量表（单位：件）			
8	月份	A产品销量	B产品销量	A产品预测	B产品预测
9	1月	280	300	#N/A	#N/A
10	2月	330	350	305	325
11	3月	340	355	335	352.5
12	4月	360	368	350	361.5
13	5月	421	456	390.5	412
14	6月	450	460	435.5	458
15	7月	413	435		

图 10-28　"移动平均"对话框　　　图 10-29　A、B 两种产品 7 月份的预测销量计算结果

　　Step 3　在 B18 单元格中输入公式"=B15*C3+C15*C4+D3",计算出企业 7 月份总成本;在 B19 单元格中输入公式"=B15*B3+C15*B4−B18",计算出企业 7 月份利润。企业 7 月份总成本及利润预测结果如图 10-30 所示。

　　由预测结果可以看出,企业月固定成本增至 3000 万元,企业仍保持盈利状态。当然,企业也不能盲目扩大生产,必须根据盈利情况来判断固定成本增加的程度。在本例中,如果企业月固定成本增至 3500 万元、4000 万元、4500 万元时,盈利状况如何?

　　这里只需要修改 D3 单元格中的数值,就可计算出不同固定成本下的总成本和总利润,并制作出如图 10-31 所示的成本与利润数据图。由图中可知,固定成本增至 4000 万元时企业还能盈利,但盈利较少,增至 4500 万元时企业亏损。由此,企业可根据预测结果适度增加生产成本,扩大生产规模,以获取较好利润。

	A	B	C	D	E
1	表1：企业生产成本（单位:万元）				
2	产品	单价	单位变动成本	月固定成本	
3	A产品	16	11	3000	
4	B产品	13.5	9		
5					
6					
7	表2：产品销量表（单位：件）				
8	月份	A产品销量	B产品销量	A产品预测	B产品预测
9	1月	280	300	#N/A	#N/A
10	2月	330	350	305	325
11	3月	340	355	335	352.5
12	4月	360	368	350	361.5
13	5月	421	456	390.5	412
14	6月	450	460	435.5	458
15	7月	413	435		
16					
17	表3：企业7月份成本及利润预测（单位:万元）				
18	总成本	11458			
19	利润	1022.5			

图 10-30　企业 7 月份总成本及利润预测结果

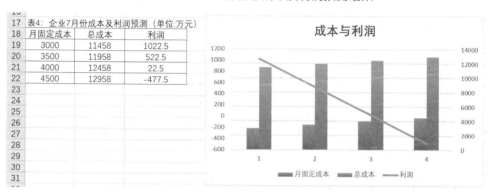

图 10-31　成本与利润数据图

10.4.3　生产能力决策分析

例 10-10　某公司是生产 A 产品的一家生产企业，A 产品的单位售价为 6000 元，单位变动成本为 3500 元，公司的月固定成本为 150000 元，月市场销量预计为 200 件，但是目前该产品每月的最大产量为 100 件，若要扩大生产量到 130 件，月固定成本将增加 5 万元。

① 在这种情况下，公司是否可以通过扩大生产来进一步提高经济效益呢？

② 若公司保持固定的 100000 元利润，则应如何控制生产成本？

1．企业是否扩大生产的决策

Step 1　在 Excel 中建立如图 10-32 所示的企业生产决策模型表格。

Step 2　计算现阶段生产模式下的总利润。根据公式总利润=（市场单价-单位变动成本）×目前最大产量-固定成本，在 C5 单元格中输入公式"=(A5-B5)*B3-C3"，计算出现阶段总利润，如图 10-33 所示。

Step 3　计算扩大生产后的总产量和总固定成本。根据公式总产量=目前最大产量+增加产量，总固定成本=固定成本+增加固定成本，因此在 A11 单元格中输入公式"=B3+A9"，计算出总产量为 130 件，在 B11 单元格中输入公式"=C3+B9"，计算出总

固定成本为 200000 元，如图 10-34 所示。

	A	B	C
1	现阶段产品生产模型		
2	市场最大销量	目前最大产量	固定成本
3	200	100	150000
4	市场单价	单位变动成本	总利润
5	6000	3500	
6			
7	扩大生产后的产品生产模型		
8	增加产量	增加固定成本	保本点
9	30	50000	
10	总产量	总固定成本	总利润
11			
12			
13	决策结果		
14			

图 10-32　企业生产决策模型表格

	A	B	C
1	现阶段产品生产模型		
2	市场最大销量	目前最大产量	固定成本
3	200	100	150000
4	市场单价	单位变动成本	总利润
5	6000	3500	=(A5-B5)*B3-C3
6			
7	扩大生产后的产品生产模型		
8	增加产量	增加固定成本	保本点
9	30	50000	
10	总产量	总固定成本	总利润
11			
12			
13	决策结果		
14			

图 10-33　现阶段总利润计算结果

Step 4 计算扩大生产后保本点。根据公式保本点=总固定成本/（市场单价-单位变动成本），在 C9 单元格中输入公式"=B11/(A5-B5)"，计算出产量保本点为 80 件，如图 10-35 所示。

	A	B	C
1	现阶段产品生产模型		
2	市场最大销量	目前最大产量	固定成本
3	200	100	150000
4	市场单价	单位变动成本	总利润
5	6000	3500	100000
6			
7	扩大生产后的产品生产模型		
8	增加产量	增加固定成本	保本点
9	30	50000	
10	总产量	总固定成本	总利润
11	130	200000	
12			
13	决策结果		
14			

图 10-34　扩大生产后的总产量和总固定成本计算结果

	A	B	C
1	现阶段产品生产模型		
2	市场最大销量	目前最大产量	固定成本
3	200	100	150000
4	市场单价	单位变动成本	总利润
5	6000	3500	100000
6			
7	扩大生产后的产品生产模型		
8	增加产量	增加固定成本	保本点
9	30	50000	80
10	总产量	总固定成本	总利润
11	130	200000	
12			
13	决策结果		
14			

图 10-35　保本点计算结果

Step 5 计算扩大生产后的总利润。扩大生产后，总利润受到市场最大销量影响，若总产量小于市场最大销量，则总利润=（市场单价-单位变动成本）×总产量-总固定成本；若总产量超出市场最大销量，则总利润=（市场单价-单位变动成本）×市场最大销量-总固定成本。可以使用 IF 函数计算总利润，在 C11 单元格中输入公式"=IF(A11>A3,(A5-B5)*A3-B11,(A5-B5)*A11-B11)"，可计算出扩大生产后的总利润，如图 10-36 所示。

Step 6 得到决策结果。若扩大生产后的保本点大于总产量，或者扩大生产后的总利润小于等于扩大生产前的总利润，则不增加产量；反之增加产量。因此，可使用 IF 函数得到决策结果，在 A14 单元格中输入公式"=IF(OR(C9>A11,C11<=C5),"不增加产量","增加产量")"，得到决策结果为"增加产量"，如图 10-37 所示。

在企业生产中，由于生产材料、人力成本等增加导致产品单位变动成本增加，最终可能导致企业利润下降，甚至出现亏损，如果再扩大生产会使企业亏损加剧。在本例中，如果产品的单位变动成本增加到 4500 元，则现阶段的总利润为 0，扩大生产后总利润出现亏损。改变单位变动成本后的决策结果如图 10-38 所示。

	A	B	C
1	现阶段产品生产模型		
2	市场最大销量	目前最大产量	固定成本
3	200	100	150000
4	市场单价	单位变动成本	总利润
5	6000	3500	100000
6			
7	扩大生产后的产品生产模型		
8	增加产量	增加固定成本	保本点
9	30	50000	80
10	总产量	总固定成本	总利润
11	130	200000	125000
12			
13	决策结果		
14			

图 10-36　扩大生产后的总利润计算结果

	A	B	C	IF(logical_test, [va
1	现阶段产品生产模型			
2	市场最大销量	目前最大产量	固定成本	
3	200	100	150000	
4	市场单价	单位变动成本	总利润	
5	6000	3500	100000	
6				
7	扩大生产后的产品生产模型			
8	增加产量	增加固定成本	保本点	
9	30	50000	80	
10	总产量	总固定成本	总利润	
11	130	200000	125000	
12				
13	决策结果			
14	=IF(OR(C9>A11,C11<=C5),"不增加产量","增加产量")			

图 10-37　决策结果

	A	B	C
1	现阶段产品生产模型		
2	市场最大销量	目前最大产量	固定成本
3	200	100	150000
4	市场单价	单位变动成本	总利润
5	6000	4500	0
6			
7	扩大生产后的产品生产模型		
8	增加产量	增加固定成本	保本点
9	30	50000	133.3333333
10	总产量	总固定成本	总利润
11	130	200000	-5000
12			
13	决策结果		
14	不增加产量		

图 10-38　改变单位变动成本后的决策结果

2．本量利分析

企业要正常运转，必须盈利。假设公司要保持 100000 元的利润，那么产品的单位变动成本或固定成本降低到什么程度？这里可利用单变量求解方法对企业盈利情况进行分析。

（1）降低单位变动成本

Step 1 新建工作表，将第一问解答中"现阶段产品生产模型"复制到新表中，修改表名。

Step 2 单击"数据"选项卡"预测"组工具栏中的"模拟分析"命令按钮，在下拉菜单中选择"单变量求解"命令，弹出"单变量求解"对话框，"目标单元格"设置为"C5"，在"目标值"文本框中输入"100000"，"可变单元格"设置为"$B$5"，如图 10-39所示。

图 10-39　单位变动成本计算模型

Step 3 单击"确定"按钮，弹出"单变量求解状态"对话框，显示当前的求解状态，完成求解后，单击"确定"按钮，返回到工作表中，即可求得总利润为100000元时的单位变动成本为3500元，如图10-40所示。

图10-40 单变量求解状态及求解结果

由上述计算结果可知，公司总利润若要保持在100000元，单位变动成本必须降低到3500元。

（2）降低固定成本

除降低单位变动成本外，也可以通过降低固定成本来保证利润。具体计算方法如下。

Step 1 将第一问解答中"现阶段产品生产模型"复制到单元格区域A7:C11中，修改表名。

Step 2 单击"数据"选项卡"预测"组工具栏中的"模拟分析"命令按钮，在下拉菜单中选择"单变量求解"命令，弹出"单变量求解"对话框，"目标单元格"设置为"C11"，在"目标值"文本框中输入"100000"，"可变单元格"设置为"$C$9"，如图10-41所示。

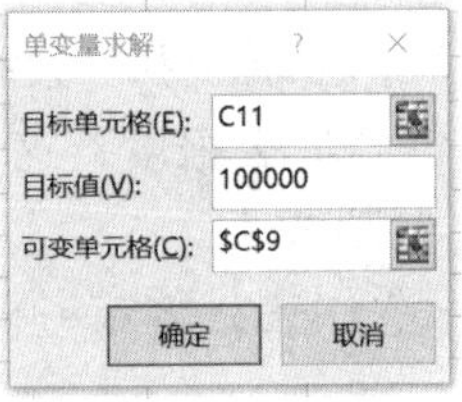

图10-41 固定成本计算模型

Step 3 单击"确定"按钮，弹出"单变量求解状态"对话框，显示当前的求解状态，如图10-42所示。完成求解后，单击"确定"按钮，返回到工作表中，即可求得总利润为100000元时的固定成本为50000，如图10-43所示。

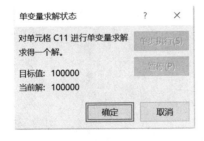

图10-42 "单变量求解状态"对话框

图10-43 固定成本求解结果

本章小结

本章首先从税收基础知识入手，重点介绍了 Excel 在个人所得税和税收征管方面的应用，以及税收分析指标的计算。通过本章的学习，学生应该掌握 3 种常用的个人所得税计算方法，即 IF 函数计算法、VLOOPUP 函数计算法和 MAX 函数计算法；同时要掌握常用的 3 种税款征收趋势预测方法，即分析工具库、函数库和图表趋势线分析法。本章还介绍了 Excel 在企业生产决策中的应用，重点介绍了本量利分析、盈亏平衡点的计算和企业生产利润的计算。利用 Excel 中的数据分析工具，可以对生产、经营各环节进行合理分析；并根据分析结果指导生产成本和生产产品进行合理、有效调整，以确保企业绿色可持续发展。

实践 1：企业生产成本分析

某企业生产甲、乙两种产品，本月领用材料 1053 千克，实际单位成本为 2 元，材料费用为 2106 元。本月甲产品完工 400 件，乙产品完工 300 件；甲产品每件消耗量定额1.2 千克，乙产品每件消耗量定额 1.1 千克。根据以上数据计算：

（1）企业当月的生产成本。

（2）若企业生产的产品全部销售，求企业当月的利润。

（3）若企业每月生产甲、乙两种产品分别不少于 200 件，分析该企业在保证利润为3000 元的前提下如何合理分配甲、乙两种产品的产量，才能使得成本最少。

操作步骤：

Step 1 建立企业产品成本表，如图 10-44 所示；在 G2 单元格中输入公式"=F2+D2*B2"，计算出甲产品的当月生产成本；复制公式到 G3 单元格中，计算出乙产品的当月生产成本在 C5 单元格中输入公式"=G2+G3"，计算出企业当月的生产成本。

	A	B	C	D	E	F	G
G2				fx	=F2+D2*B2		
1		产量（件）	每件额定消耗（千克）	实际单位成本（元）	单价（元）	固定成本（元）	总成本（元）
2	甲产品	400	1.2	2.4	11	1500	2460
3	乙产品	300	1.1	2.2	9	1500	2160

图10-44　企业产品成本表

Step 2 在 H2 单元格中输入公式"=(E2−D2)*B2−F2"，计算出甲产品的当月利润；复制公式到 H3 单元格中，计算出乙产品的当月利润；在 C6 单元格中输入公式"=H2+H3"，计算出企业当月的利润，如图 10-45 所示。

	A	B	C	D	E	F	G	H
1		产量（件）	每件额定消耗（千克）	实际单位成本（元）	单价（元）	固定成本（元）	总成本（元）	利润(元)
2	甲产品	400	1.2	2.4	11	1500	2460	1940
3	乙产品	300	1.1	2.2	9	1500	2160	540
4								
5			总成本（元）	4620				
6			总利润（元）	2480				

图 10-45　计算结果

Step 3 建立规划求解模型，单击"数据"选项卡"分析"组工具栏中的"规划求解"命令按钮，弹出"规划求解参数"对话框，按照图 10-46 所示进行设置，规划求解结果如图 10-47 所示。

图 10-46　"规划求解参数"对话框设置

	A	B	C	D	E	F	G	H	I
1		产量（件）	每件额定消耗（千克）	实际单位成本（元）	单价（元）	固定成本（元）	总成本（元）	利润(元)	材料消耗
2	甲产品	200	1.2	2.4	11	1500	1980	220	240
3	乙产品	200	1.1	2.2	9	1500	1940	-140	220
4									
5			总成本（元）	3920					
6			总利润（元）	3000					
7									
8			材料消耗数（千克）	460					
9			领取材料数量（千克）	1053					

图 10-47　规划求解结果

实践2：个人所得税数据管理中某公司个人所得税的计算

某科技公司某月工资表数据如图 10-48 所示，请根据个人所得税的知识，完成以下任务。

（1）应发合计的计算。

（2）三险一金的计算。

（3）计税基数的计算。

（4）个人所得税的计算。

（5）实发合计的计算。

其中，失业保险=（基本工资+绩效工资）×1%

养老保险=（基本工资+绩效工资）×8%

医疗保险=（基本工资+绩效工资）×6%

住房公积金=（基本工资+绩效工资）×12%

图 10-48　工资表数据

习题

一、选择题

1. 在 Excel 中计算个人所得税时，常用的方法不包括（　　）计算法。

A．IF 函数　　　　　　　　　　B．VLOOKUP 函数

C．MAX 函数　　　　　　　　　D．TREND 函数

2. 在企业生产决策中，回归分析不可用于（　　）。

A．生产运营预测　　　　　　　B．计算指标的相关性

C. 计算期望 D. 统计量分析

3. 与盈亏平衡点无关的因素是（　　　　）。

A. 单位变动成本　　B. 单价　　　　C. 总固定成本　　　D. 销量

4. 企业扩大生产后，生产成本中一定会发生变动的部分是（　　　　）。

A. 单位变动成本　　B. 单价　　　　C. 总固定成本　　　D. 销量

5. 分析销量与其影响因素的相关性，可使用 Excel 数据分析中的（　　　　）方法。

A. 相关系数　　　　B. 回归　　　　C. 指数平滑　　　　D. 方差分析

二、填空题

1. 在 Excel 中，筛选函数格式是_____，条件函数格式是_____。

2. Excel 中提供了大量的统计分析函数，利用这些函数可以实现趋势预测的结果，常用的函数有 TREND 函数、_____函数和_____函数。

3. 王某当月取得工资收入 9000 元，当月个人承担三险一金共计 1000 元，费用扣除额为 1600 元，则王某当月应纳税所得额是_____元，应缴纳个人所得税税额是_____元。

4. 本量利分析的基本公式是_____，它主要研究产品_____、业务量（销量、服务量或产量）、单位变动成本、_____、销售产品的品种结构等因素的相互关系。

5. 保本分析也称_____，其关键是_____的确定。保本点有_____和_____两种计算方法。

6. 为了使生产成本最小，可通过降低_____或_____来达到。

三、简答题

1. 在 Excel 中，如何使用 MAX 函数计算个人所得税？

2. 简述 TREND 函数的功能及参数含义。

3. Excel 在税收征管中常用的趋势预测方法有哪些？

4. 什么是本量利分析？它有哪些用途？它在企业生产决策中起到什么作用？

5. 在企业生产决策中，规划求解方法主要的作用是什么？

6. 简述决策分析的主要过程。

参考文献

[1] 伊娜. Excel 在会计中的应用[M]. 3 版. 北京：高等教育出版社，2020.

[2] 杜茂康，刘友军，武建军. Excel 与数据处理[M]. 6 版. 北京：电子工业出版社，2019.

[3] 郑小玲，刘威. Excel 数据处理与分析案例及实战[M]. 北京：电子工业出版社，2019.

[4] 郭晔，张天宇，田西壮. 大学计算机基础[M]. 3 版. 北京：高等教育出版社，2020.

[5] 神龙工作室，Excel 高效办公：数据处理与分析[M]. 3 版. 北京：人民邮电出版社，2019.

[6] 贾小军，童小素. 办公软件高级应用与案例精选（Office 2016）[M]. 北京：中国铁道出版社，2020.

[7] 杨维忠，庄君，黄国芬. Excel 在会计和财务管理中的应用[M]. 4 版. 北京：机械工业出版社，2019.

[8] 杨丽君，常桂英，蔚淑君. Excel 在经济管理中的应用[M]. 北京：清华大学出版社，2017.

[9] 林科炯. Excel 在电商运营数据管理中的应用[M]. 北京：中国铁道出版社，2017.

[10] 郭晔，王命宇，王浩鸣. 数据库技术及应用（Access 2013）[M]. 北京：科学出版社，2017.

[11] 张杰. Excel 数据之美：科学图表与商业图表的绘制[M]. 北京：电子工业出版社，2016.

[12] 齐涛. Excel 人力资源管理实操从入门到精通[M]. 北京：中国铁道出版社，2016.

[13] 点金文化. Excel 2016 数据处理与分析从新手到高手[M]. 北京：电子工业出版社，2016.

[14] 陈荣兴. Excel 图表拒绝平庸[M]. 北京：电子工业出版社，2013.

[15] 郑丽敏. Excel 数据处理与分析[M]. 北京：人民邮电出版社，2012.

[16] 李红梅. Excel 人力资源管理应用教程[M]. 北京：人民邮电出版社，2013.

反侵权盗版声明

电子工业出版社依法对本作品享有专有出版权。任何未经权利人书面许可，复制、销售或通过信息网络传播本作品的行为，歪曲、篡改、剽窃本作品的行为，均违反《中华人民共和国著作权法》，其行为人应承担相应的民事责任和行政责任，构成犯罪的，将被依法追究刑事责任。

为了维护市场秩序，保护权利人的合法权益，我社将依法查处和打击侵权盗版的单位和个人。欢迎社会各界人士积极举报侵权盗版行为，本社将奖励举报有功人员，并保证举报人的信息不被泄露。

举报电话：（010）88254396；（010）88258888

传　　真：（010）88254397

E-mail：　dbqq@phei.com.cn

通信地址：北京市海淀区万寿路 173 信箱
　　　　　电子工业出版社总编办公室

邮　　编：100036